猪流行性腹泻病毒研究进展

孙东波　武　瑞　孔凡志　著

科学出版社
北　京

内 容 简 介

猪流行性腹泻病毒属于α-冠状病毒属，是导致哺乳仔猪高死亡率的“第一杀手”，给我国养猪业带来了巨大的经济损失，近年来被广泛关注。本书在著者多年研究的基础上，结合国内外最新研究进展，对猪流行性腹泻病毒病原学、流行病学、致病机理、感染临床症状、病理变化、诊断和防治7个方面进行了详细阐述。本书内容丰富，数据确凿，反映了猪流行性腹泻病毒的最新研究进展。

本书既包括猪流行性腹泻病毒基础理论，又涵盖了猪流行性腹泻病毒应用技术，适合畜牧兽医行业和生物医学相关领域不同层次的专业人员阅读使用，同时也可作为高等院校和科研院所相关专业的本科生和研究生的教学参考书。

图书在版编目（CIP）数据

猪流行性腹泻病毒研究进展/孙东波，武瑞，孔凡志著. —北京：科学出版社，2018.9

ISBN 978-7-03-057500-5

Ⅰ. ①猪… Ⅱ. ①孙… ②武… ③孔… Ⅲ. ①猪病–腹泻–病毒–防治 Ⅳ. ①S858.28

中国版本图书馆CIP数据核字(2018)第097240号

责任编辑：李 迪 陈 新 / 责任校对：王晓茜
责任印制：张 伟 / 封面设计：刘新新

科学出版社 出版
北京东黄城根北街16号
邮政编码：100717
http://www.sciencep.com

北京虎彩文化传播有限公司 印刷
科学出版社发行 各地新华书店经销

*

2018年9月第 一 版 开本：B5 (720×1000)
2018年9月第一次印刷 印张：17 1/4
字数：348 000

定价：128.00元

(如有印装质量问题，我社负责调换)

序

我国养猪业历史悠久，是世界第一养猪大国，经过改革开放近40年的快速发展，猪的年出栏量和猪肉年产量都已经占世界的一半，在全球猪产业中的影响力也越来越大。但是我国的养猪业生产水平和生产效率还低于养猪业发达的国家或地区，同时养猪业也处在由小规模分散饲养方式向集约化饲养方式的转型阶段，目前我国养猪业发展面临着调整产业结构、提高生产效率、降低综合成本、保护生态环境及满足猪肉消费升级等挑战，因此，依靠科技进步提高养猪生产水平和猪肉产品质量、增加养猪业经济效益和生态效益是促进我国养猪业可持续健康发展的必由之路。

在猪种、营养与饲养、环境、猪群健康、管理等影响养猪业生产水平和经济效益的诸多因素中，保证猪群健康及有效的疫病防控是重点和难点。现代化养猪业必须是可控的，养猪场只有遵循健康养猪理念，建立完善的生物安全体系，控制疫病的发生，保证猪群的健康，同时提供适宜的饲养管理条件，才能够达到更高的生产水平，获得更大的生产效率和经济效益。目前，影响我国生猪健康养殖、制约我国生猪产业发展的三大系统性疾病包括繁殖障碍类疾病、呼吸道类疾病和消化道类疾病。在消化道类疾病中，猪流行性腹泻病毒是导致哺乳仔猪高死亡率的"第一杀手"，给我国养猪业带来了巨大的经济损失。

针对猪流行性腹泻病毒严重的危害性，黑龙江八一农垦大学孙东波教授、武瑞教授和孔凡志博士，在多年积累的学术成果的基础上，结合国内外最新研究进展，撰写了《猪流行性腹泻病毒研究进展》。该书主要著者孙东波教授在猪流行性腹泻病毒流行病学、抗原表位、诊断技术和致病机理等方面取得了重要的学术成果，发表的SCI论文入选了ESI高被引论文数据库，部分成果获得了黑龙江省技术发明奖一等奖，在国内外猪流行性腹泻病毒研究领域具有重要的影响力。该书内容包括猪流行性腹泻病毒病原学、流行病学、致病机理、感染临床症状、病理变化、诊断和防治7个方面，内容系统、知识新颖、数据确凿、信息量大、实用性强，既包括基础研究又包括应用技术，目前国内尚无内容相似的专著。该书的出版无疑有助于提高我国猪流行性腹泻的防控水平，有助于养猪业的持续和谐发展。

陈焕春 中国工程院院士

华中农业大学动物科学技术学院 动物医学院

2018年1月23日

前　言

“猪粮安天下”，我国是世界第一养猪大国，猪肉生产在我国国民经济中占有重要地位。然而，在我国养猪业快速发展的今天，猪传染病仍然是阻碍养猪业健康发展的一个重要因素。猪流行性腹泻是由猪流行性腹泻病毒引起的以腹泻、呕吐、脱水为主要特征的一种高度接触性肠道传染病。猪流行性腹泻病毒能够使各个年龄段的猪只感染发病，尤其是对 10 日龄以内仔猪的感染最为严重，猪只发病率和病死率可达 100%。猪流行性腹泻病毒感染耐过的猪只常常表现为生长迟缓，饲料报酬降低，药费和人工费增加。自 2010 年末开始，猪流行性腹泻在我国大部分省（自治区、直辖市）和地区暴发。2013 年 4 月底，猪流行性腹泻在美国猪群中暴发，随后该病在美国蔓延。目前，猪流行性腹泻病毒感染在亚洲、欧洲和北美洲养猪国家的猪群中广泛流行。猪流行性腹泻在世界范围内频繁发生，给养猪业带来了巨大的经济损失。

鉴于猪流行性腹泻病毒严重的危害性及其研究现状，笔者总结了研究团队多年来在猪流行性腹泻病毒领域研究的成果，结合猪流行性腹泻病毒当前最新的研究进展，撰写了本书。本书共七章，其中，第一章（猪流行性腹泻病毒病原学）、第四章（猪流行性腹泻病毒感染临床症状）、第五章（猪流行性腹泻病毒病理变化）、第七章（猪流行性腹泻病毒防治）由孙东波编写（12.1 万字），第三章（猪流行性腹泻病毒致病机理）由武瑞编写（10.3 万字），第二章（猪流行性腹泻病毒流行病学）、第六章（猪流行性腹泻病毒诊断）由孔凡志编写（9.1 万字）。

本书的研究工作得到了国家自然科学基金项目［猪整合素 β3 在 PEDV 感染过程中的作用（31472209）、基于 scFv 分子的 PEDV 细胞受体阻断剂的筛选（31001081）、噬菌体在兽医临床微生物治疗中的应用（31310103022）、PEDV N 蛋白通过 p53-DREAM 信号通路介导宿主细胞 S 期阻滞的分子机制（31873011）］，“十三五”国家重点研发计划（2017YFD0501604-5），黑龙江省杰出青年基金项目（JC2017007），黑龙江省普通高等学校新世纪优秀人才培养计划项目［基于运载 scFv 减毒沙门氏菌的 PEDV 口服抗病毒制剂研究（1252-NCET-016）］，兽医生物技术国家重点实验室开放课题［猪 DC-SIGN 介导 PEDV 入侵细胞的作用研究（SKLVBF201506）、基于 scFv 分子的 TGEV 细胞受体靶向阻断剂的筛选（SKLVBF201104）、PEDV 感染介导仔猪肠黏膜蛋白时序变化的分子基础（SKLVBF201302）］，黑龙江省普通高等学校青年学术骨干支持计划项目［猪呼吸系统传染病多重 PCR 诊断方法建立（1154G60）]，黑龙江省博士后科研启动基金项目［PEDV 流行毒株遗传演化及致病性研究（LBH-Q16188）]，黑龙江省自然科学基金面上项目［猪流行性腹泻病毒感染过程中整合素 β1 的作用研究（C2018049）]，黑龙江八一农垦大学“三纵”科研支持计划——团队支持计划项目［猪病防治创新团队（TDJH201804）］和黑龙江八一农垦大学创新人才项目［冷应激仔猪体内 Hsp70 调控 PEDV 复制的机制研究（CXRC2017005）］等科研项目的资助。本书的出版得到了黑龙江八一农垦大学“学术专著出版资助计划”的资助。

本书在撰写过程中，得到了中国农业科学院哈尔滨兽医研究所猪消化道传染病创新团队首席科学家冯力研究员和黑龙江八一农垦大学动物科技学院魏国生教授、郭东华教授、翟军军博士、原冬伟博士的悉心指导，以及研究生朱庆贺、张红、谷城、王彩宏、李春秋、高晶、刘娜、姚爽、苏明俊、耿雨菲、王欣宇、王恩雨、赵喜文、魏姗、朱金海、张备、乔成鹏、刘秋瑾、杨丹、齐珊珊、姜宁和许雅茹在本书的研究工作、组稿和校稿等方面的辛勤付出，在此向他们表示由衷的感谢！

由于笔者水平有限，本书可能仍然存在一些不足，诚恳希望同行专家和广大读者予以批评指正。

孙东波　武　瑞　孔凡志

黑龙江八一农垦大学

2017 年 8 月 1 日

目 录

第一章　猪流行性腹泻病毒病原学

第一节　猪流行性腹泻病毒概述

一、中国猪流行性腹泻病毒概述

（一）猪流行性腹泻病毒简介

猪流行性腹泻（porcine epidemic diarrhea，PED）是由猪流行性腹泻病毒（porcine epidemic diarrhea virus，PEDV）引起的急性、高度接触性胃肠道疾病，症状与猪传染性胃肠炎（transmissible gastroenteritis，TGE）类似，感染的仔猪主要临床表现为严重呕吐、腹泻、精神抑郁及食欲下降等，最后因消瘦、严重脱水而死亡。虽然各年龄段的猪均可感染 PEDV，但是，仔猪的临床症状最严重，死亡率最高可达 100%。PED 是一种世界范围流行性疾病，1971 年，英国科学家首次报道了 PED 并将其命名为流行性病毒腹泻（epidemic viral diarrhea，EVD）（Oldham，1972）。1976 年相似的病毒性腹泻在几个欧洲国家流行，被命名为 EVD Ⅱ（Chasey and Cartwright，1978）。自此以后，其他多个欧洲国家也报道了该病。1978 年，比利时科学家采集了多个 EVD Ⅱ样品，包含一个名称为 CV777 的样品，后来经过实验室检测发现其为一株全新的引发猪腹泻的冠状病毒（coronavirus，CoV）毒株（Debouck and Pensaert，1980；Pensaert and de Bouck，1978）。1982 年，该病被统一命名为 PED（Pensaert et al.，1982）。中国从 1973 年开始陆续出现有关 PED 的报道，但是，直到 1984 年才确认 PED 的病原为 PEDV（宣华等，1984）。2010 年 10 月，PED 在中国南方地区暴发，随后蔓延至全国各省（自治区、直辖市）（Li et al.，2012）。2013 年 4 月，PED 在美国暴发，随后蔓延至美国各州（Jung and Saif，2015）。目前，PED 在亚洲、北美洲和欧洲等养猪国家流行，已经成为一个世界性的问题。

（二）中国猪流行性腹泻病毒历史

从 1973 年开始，中国连续出现有关 PED 的报道，当时报道的临床症状与 TGE 相似，但是，一直没有鉴定出病原，直到 1984 年宣华等通过荧光标记的抗体和血清中和试验鉴别了该病的抗原，确定 PED 在中国出现。1988 年，Hofmann 和 Wyler 在含有胰蛋白酶的非洲绿猴肾细胞（Vero 细胞）中对 PEDV 进行连续传代，并首次从细胞中分离出该病毒。中国学者最初在原代胎猪肠组织单层细胞上成功地对 PEDV 进行分离及传代培养。后来，李树根等（1991）也利用 Vero 细胞成功分离出 PEDV 毒株。PEDV 在 Vero 细胞上分离方法的建立，为后续 PEDV 疫苗的研发奠定了重要基础。1999 年，钱永清等在病毒耐受细胞中接种 PEDV 后，通过逐步减少培养液中胰蛋白酶的含量，当病毒传至第五代时，获得了胰蛋白酶非依赖型的 PEDV 毒株。

虽然 2010 年以前，PEDV 感染一直影响着中国养猪业的发展，但是 PED 仅仅是零星的、地域性发病，没有大规模流行。直到 2010 年 10 月，该病在中国南方地区开始暴发，随后，在短时间内蔓延至全国各养猪地区（Li et al.，2012）。在此次流行中，PED 导致的仔猪死亡率高达 80%～100%，给中国养猪业带来了毁灭性的打击（Sun et al.，2012）。

（三）猪流行性腹泻病毒在中国的流行情况

PED 从 20 世纪 80 年代开始，在中国呈局域散发流行。1987～1989 年对中国 26 个省（自治区、直辖市）的 PED 流行病学调查结果显示，由 PED 导致的猪病死亡率占 36 种猪病引起总死亡率的 1.74%，而 TGE 占 9.53%（Li et al.，2010）。2004 年，Du 等（2004）对广西壮族自治区 6 个城市进行 PEDV 流行病学调查，结果显示，PEDV 阳性率为 42%（4658/11 090），致死率为 2.39%（265/11 090）。然而，PED 在仔猪中的发病率为 46.7%（4302/9212），致死率为 2.78%（256/9212）；PED 在经产母猪中的发病率为 18.96%（356/1878），致死率为 0。以上结果显示，仔猪比成年猪有更高的 PEDV 感染率和死亡率。甘振磊等（2010）调查了 2005～2007 年不同的猪腹泻病例，结果表明，PED 占所有猪腹泻病例的 46%。张坤（2010）建立了可鉴别 TGEV、PEDV 和猪轮状病毒（porcine rotavirus，PoRV）的多重反转录聚合酶链反应（reverse transcription polymerase chain reaction，RT-PCR）检测方法，他应用该方法检测了 2009～2010 年采集自湖北、湖南、广西、江西、河南和其他省（自治区、直辖市）的 197 个腹泻样品，结果显示，TGEV、PEDV 和 PoRV 的感染率分别为 0.51%（1/197）、29.44%（58/197）和 7.61%（15/197）。该结果表明，PEDV 是导致中国部分地区猪腹泻的主要病原。

从 2010 年冬季开始，PED 首先在中国南方地区暴发，很快传遍全国，给中国养猪业造成巨大的经济损失。即使接种过疫苗的仔猪也未能幸免，发病率和死亡率接近 100%。感染仔猪主要表现为排出黄色水样粪便、体重下降和脱水死亡。经过全基因组测序发现，该病病原为 PEDV 突变毒株（Sun et al.，2016）。Bi 等（2012）采用实时定量 PCR（real-time quantitative PCR）法检测了 2010～2011 年采集自中国东部、南部和中部地区的 600 份组织及粪便样品，PEDV 平均感染率为 58.32%，所有采样地的 PEDV 阳性率均高于 50%。因此，PEDV 在这些地区有较高的致病率。全基因组测序结果显示，从阳性样品中分离的毒株 AJ1102 为当时的流行毒株（Bi et al.，2012）。动物实验结果表明，该毒株可引起 PED 典型的临床症状，包括水样腹泻、呕吐、脱水和新生仔猪的高死亡率。3～5 日龄的哺乳仔猪在感染后 2～3d 发病，死亡率为 100%；28 日龄的断奶仔猪也在感染后 2～3d 发病，腹泻持续超过 5d。Liu 等（2012）通过 RT-PCR、胶体金方法，对采集自中国 12 个省（自治区、直辖市）PEDV 阳性猪的小肠和粪便样品进行了其他腹泻病原检测。结果显示，由 PEDV 单一感染导致的发病率为 33.33%（73/219），由 PEDV、TGEV 和 PoRV 混合感染导致的发病率为 27.85%（61/219）。PEDV 总感染率为 61.19%（134/219），远远高于其他两种肠道病原的感染率。一份自 2011 年 2 月至 2014 年 3 月的流行病学调查结果表明，PEDV 在中国除西藏和海南之外的 30 个省（自治区、直辖市）流行，PEDV 样品阳性率为 61.10%～78.49%，而 PEDV 呈阳性的猪场占比为 71.43%～83.47%（张志等，2014；Feng，2014）。

（四）中国猪流行性腹泻病毒的分子特性

1. 中国猪流行性腹泻病毒流行毒株的基因型

为了研究在中国流行的 PEDV 毒株的遗传演化，Wang 等（2016a）基于中国 60 株 PEDV 和 15 株其他国家代表性的 PEDV 全基因组序列，构建了遗传进化树，这些 PEDV 毒株形成了两个群：GⅠ（经典株）和 GⅡ（突变株）。每个群分别包括两个亚群：GⅠ-a、GⅠ-b 和 GⅡ-a、GⅡ-b。中国经典毒株（LZC、CH/S/1986 和 CHM2013）与原型毒株（CV777 和 DR13/1999）同属 GⅠ-a 亚群，而 GⅠ-b 亚群主要包括细胞适应疫苗毒株（弱毒 CV777 和 DR13）和其他流行的经典毒株（AH-M、SD-M、SQ2014 和 SC1402）。2010 年年末，在亚洲暴发的 PEDV 毒株和最近在亚洲及北美洲暴发的 PEDV 毒株都属于 GⅡ群（Lee，2015）。从 2010 年开始，GⅡ群 PEDV 变异株在中国广泛流行。由于 GⅠ群和 GⅡ群 PEDV 毒株的遗传关系较远，目前使用的 GⅠ群 PEDV 弱毒株疫苗（CV777 和 DR13 弱毒苗）对临床广泛流行的 GⅡ群 PEDV 变异株的保护效果不佳。

2. 中国猪流行性腹泻病毒流行毒株的变异

与经典 PEDV 毒株 CV777 相比（GⅠ群），当前中国流行的大部分 PEDV 毒株为变异毒株（GⅡ群）（Xia et al.，2013）。基于全基因组序列的差异序列分析结果显示，PEDV 中含有 4 个超变区，V1、V2、V3 和 V4。V1 主要包括 *nsp2* 基因的 C 端和 *nsp3* 基因的 N 端（Sun et al.，2015a）。V2 位于 *S* 基因的 S1 区域，包含在受体结合域（receptor binding domain，RBD）中，该区域高度突变会导致 PEDV 的组织嗜性发生改变（Belouzard et al.，2012）。V3 从 *S* 基因的 C 端跨越到可读框（open reading frame，ORF）ORF3 区域，根据该区域的变化鉴别适应细胞培养的疫苗毒株（弱毒 DR13，GⅠ-b 亚组）和野生型流行毒株（GⅠ-a、GⅡ-a 和 GⅡ-b 亚群）(Park et al.，2008)。研究显示，ORF3 区域的改变与病毒适应体外细胞连续传代有关（Ye et al.，2015）。V4 位于 *N* 基因区域，这与 N 蛋白高度保守相矛盾（Li et al.，2013a）。进一步比较 PEDV 经典毒株（GⅠ群）和变异毒株（GⅡ群）发现，变异株 *S* 基因的突变位点最多，尤其是在 S1 区域。与经典毒株 CV777 相比，PEDV 突变株的 S1 区（1～2217nt）出现 3 处插入突变（162nt、170～180nt 和 413～415nt）和一处缺失突变（470～475nt）。对经典 PEDV 毒株与突变株的 S1 蛋白抗原表位进行比较分析发现，3 个主要的抗原表位（248～280aa、442～499aa 和 697～742aa）均发生了突变（Sun et al.，2007），这可能是突变株（GⅡ群）毒力增强和疫苗（GⅠ群）免疫失败的主要原因（Sun et al.，2015a）。

3. 中国猪流行性腹泻病毒变异株的起源

在 2005 年以前，中国 PED 呈零星暴发。Sun 等（2015b）对亚洲 PEDV 毒株的基因型进行了区域性进化树分析，PED 暴发的病原包括中国的 4 株经典毒株（GenBank 编号：KC109141、JN547228、EF185992 和 JX560761）、日本的一株经典毒株（GenBank 编号：KT968509）和韩国的 3 株经典毒株（GenBank 编号：JQ023161、GU937797 和 KF898124）。然而，韩国报道的两株流行毒株（GenBank 编号：KC189828 和 KC189829）可能是接下来亚洲暴发 PED 的来源。到 2010 年，越来越多的地区感染 PEDV，韩国出现多株流行毒株、日本出现两株流行毒株和一株经典毒株、中国出现 4 株经典毒株、泰国首次出现两株新流行毒株。2010～2011 年，在泰国和韩国的很多地区频繁出现 PEDV，但感染率不高。在中国，PEDV 在所有年龄段猪群中广泛流行（Wang et al.，2013）。在中国流行的毒株中，不仅包括突变株（GⅡ基因组），还有经典毒株（GenBank 编号：AH-M、SD-M、SQ2014、SC1402 和 GⅠ-b 亚群）。2012～2014 年，PED 的流行影响了泰国、韩国、中国，甚至越南养猪业的发展（Sun et al.，2015b）。一直没有 PEDV 报道的美国，在 2013 年 5 月出现首例 PEDV 感染病例。进化树分析显示，2013 年在美国流行的 PEDV 毒株与 2010 年在中国流行的毒株有高度同源性。该毒株随后被研究人员命名为“AH/2012-like Chinese PEDV”（Jung and Saif，2015）。然而，基于 *E* 基因和 *M* 基因全序列的进化树分析显示，韩国 PEDV 野生型毒株和其他相关毒株，与韩国 2007～2010 年分离的 PEDV 毒株及美国 2014 年流行的 PEDV 毒株（USA/Colorado/2013，GenBank 编号：KF272920）属于同一个进化组（Kim et al.，2015a）。综上所述，美国的毒株最有可能来自韩国，中国的突变毒株（GⅡ基因组）也可能来自韩国（Kim et al.，2015a；Sun et al.，2015b）。

4. 中国猪流行性腹泻病毒重组毒株的出现

目前，美国分离到多株 *S1* 基因不同程度缺失的 PEDV 毒株，这表明决定毒力的 *S1* 基因正在经历快速突变。2014 年，第一株名为 USA/OH851/2014 的 *S* 基因插入和缺失（S-INDEL）突变 PEDV 毒株在美国出现。该毒株与 2013 年发现的原型 PEDV 毒株相比，*S* 基因有一个新的插入缺失位点（Vlasova et al.，2014；Wang et al.，2014a）。S-INDEL 突变 PEDV 毒株较原型毒株致病性变弱，因此，其对养猪业的影响较小（Goede et al.，2015；Lin et al.，2015a）。在国内，肖少波课题组检测了 320 份 PEDV 阳性样品的 *S1* 基因，其中 8 份样品很有可能被 S-INDEL 样病毒感染；对其中一株（ZL29）进行全基因组测序显示，PEDV ZL29 与 S-INDEL 突变株同属一个进化分支，表明中国已经出现 S-INDEL 突变 PEDV 毒株（Wang et al.，2016a）。Li 等（2016a）也分离出一株 PEDV 重组毒株，命名为 CH/HNQX-3/14，重组分析显示，该毒株为弱毒疫苗株（CV777 或 DR13）和流行毒株（CH/ZMDZY/2011）的重组产物。这种重组不仅发生在结构蛋白编码区（*S* 基因和 *N* 基因），也发生在非结构蛋白编码区（replicase 1a 和 ORF3）。

对采集自中国和其他地区的 77 株 PEDV 毒株进行全基因组序列分析，结果显示，中国在 2006～2015 年发现的 7 株毒株与弱毒疫苗株（弱毒 CV777 和 DR13，GⅠ-b 亚群）属同一进化分支，另两只中国毒株（LZC 和 CHM2013）与来自比利时的原型毒株 CV777（GⅠ-a 亚群）属同一进化分支。中国在 2011～2015 年分离的 50 株 PEDV 与 2014 年报道在美国、墨西哥和韩国流行的 PEDV 毒株属同一进化分支。还有一些证据显示中国的 PEDV 毒株与来自其他国家的毒株表现为严重的混合感染。PEDV 跨区域或跨国传播极大地促进了该病毒的突变与流行（Sun et al.，2015a）。

二、国外猪流行性腹泻病毒概述

（一）世界猪流行性腹泻病毒历史

1972 年，一位来自英国的外科兽医，以 *How it all began* 为题，投稿给 *Pig Farming Supplement*（Oldham，1972）。在稿件中，他描述了在英国一些猪场中出现的新型疾病，该病以架子猪、育肥猪和母猪的严重水样腹泻为特征。然而，哺乳仔猪不受影响。该症状被命名为“TOO”，即“the other one”，或者称为“猪传染性胃肠炎 2 型”（TGE2），之所以这样命名，是因为该病的临床症状与当时欧洲猪群发生的 TGE 类似。然而，该病与 TGE 相比，一个重要的不同点是初生仔猪不受影响。因此，从科学角度出发，这样的命名并不合理，该病的名字很快被改为“流行性腹泻”（epidemic diarrhea，ED）。

1971 年春，ED 在猪场第一次暴发。6 个月后，2mile① 外的另一个猪场也暴发了 ED，在该猪场，除哺乳仔猪外，10 周龄以上猪表现为持续一周的急性腹泻，此次疫情持续了 3～4 周。1971 年秋、冬两季，又暴发了几次 ED 疫情。基于架子猪、成年猪的高发病率和哺乳仔猪、断奶仔猪不发病的事实，通过临床诊断可以区别 ED 与 TGE。在大多数腹泻病例中，通过实验室诊断，TGEV 被排除。实际上，在暴发过 TGE 的猪场中，猪群已经对 TGEV 产生免疫力，继而又暴发 ED 疫情，显然可以排除 TGEV 感染的可能。1972 年，ED 在猪场间快速传播，尤其是育肥场，死亡病例很少，ED 暴发导致的经济损失大约为两周的饲料成本。

17 世纪早期的比利时也出现过类似病例，并且快速传入西欧邻国。此次疫情中哺乳仔猪也未受影响，即便其母亲经历过多天的水样腹泻。一些初生仔猪由于其母亲没有乳汁而被饿死。在比利时还出现了另外一种现象，一些猪场中的育肥猪出现死亡现象，尤其是在育肥后期，该现象只在一部分猪场中重复出现，后来德国也出现了类似现象，死亡率大约为 3%。育肥猪突然死亡的原因不是腹泻导致的脱水，而是严重的背部肌肉坏死。虽然临床症状与 ED 病毒感染之间的联系已经清楚，但其致病原因仍然不明。当时，比利时猪群对于刺激高度敏感，并且在 ED 暴发期间，成年猪经常出现严重的腹痛，这可能是育肥猪死亡的原因。

总体来说，ED 的暴发没有导致仔猪死亡，因此，该新型腹泻综合征没有得到足够的重视，研究人员也没有对其病原学进行深入研究。然而，据推测有病毒参与其致病机理中，因为对粪便样品进行细菌学检测后，并没有发现导致腹泻的特殊细菌，也没有发现与该病有关的已知猪病毒，因此当时怀疑出现了一种新的病毒。

1976 年，一位来自英国诺里奇兽医研究中心名为 Wood（1977）的研究人员报道了一种新型腹泻综合征的出现，该腹泻综合征与 ED 不同，可以影响所有生长阶段的猪，包括初生仔猪和哺乳仔猪。该病仅可导致仔猪死亡，平均致死率为 30%左右。该新发疾病与 ED 相比，更像 TGE。但是，通过对小肠进行直接免疫荧光检测和使用 TGEV 抗体进行血清学检测后，TGEV 再一次被排除。为了区别于 1971 年发现的 ED，该新型腹泻综合征被命名为 ED2。随后，ED2 也快速传入欧洲大陆。1977 年，在比利时发现该病，不久后，该病传入荷兰、德国、法国、保加利亚、匈牙利和瑞士。在比利时，初生仔猪死亡率差异大，最高可达 80%（30%～80%），平均死亡率为 50%。初生仔猪的死亡率与产仔环境和农场环境有关。但是，产仔环境的具体信息在当时没有被报道。农场大小（当时还有很多小型家庭农场）、农场结构（一个或多个产床）、疾病暴发初期的产仔数、出现症状一周内怀孕母猪的数量和其他可能的因素均与初生仔猪死亡率有关。然而，ED2

① 1mile≈1.609 344km

分离毒株的毒力差异没有得到任何关注。

ED2 在仔猪上新的遗传演化，尤其是仔猪死亡造成的巨大经济损失，为该病病原研究实验材料的采集提供了很好的机会，推进了 ED2 致病机理及病原学和血清学检测技术的研究。1978 年，Chasey 和 Cartwright 检测到了病毒样颗粒，Pensaert 和 de Bouck 从腹泻猪体内成功分离出一个新的冠状病毒样病原（coronavirus-like agent，CVLA）。以上两个研究团队在实验猪上成功复制出分离病毒所引起腹泻的临床症状。新型冠状病毒分离后不久，研究人员在非初乳喂养的仔猪上对比利时毒株 CV777 进行了深入的病原学研究，该毒株后来成为欧洲 PEDV 的原型毒株（Debouck and Pensaert，1980；Ducatelle et al.，1981）。不久后，ED2 被命名为"porcine epidemic diarrhea"（PED），该病由 PEDV 引起，该名称沿用至今。1970～1980 年，PEDV 在欧洲国家广泛传播，导致哺乳仔猪大量死亡（Saif et al.，2012）。之后，PED 在欧洲只是零星暴发，因此，这个时期欧洲国家一直没有开发和使用该病的疫苗。截至 2010 年，PED 在多个欧洲国家发生，包括英国、比利时、捷克、匈牙利、法国、瑞士、德国和意大利（Song and Park，2012）。

1992 年，韩国首次报道了 PEDV（Park et al.，2014）。2004～2013 年，通过口腔接种细胞培养的 DR13 弱毒疫苗很好地控制了 PED 的蔓延（Park et al.，2013；Song and Park，2012）。20 世纪 80 年代末期，日本首次暴发 PED（Song et al.，2015a），2006 年 PEDV 暂时消失，可能与该国从 1997 年开始使用 PEDV 83-P5（P-5V）弱毒疫苗（Nisseiken Co. Ltd.，Japan）有关。相似的 PEDV 经典毒株也导致 PED 在越南、泰国、中国、菲律宾等国暴发。自 2011 年起，菲律宾也开始使用 PEDV DR13 弱毒疫苗（Song and Park，2012）。

直到 2013 年，美洲、非洲和澳大利亚都没有 PED 病例的报告，研究者将这些过去分离鉴定的 PEDV 毒株称为经典毒株。因为 PEDV 毒株仍然可以在野外检测到，经典毒株的命名主要是用来区别于 2010 年后那些在世界范围内检测到的新型 PEDV 毒株。

（二）亚洲、美洲和欧洲高致病性猪流行性腹泻病毒毒株的出现

2013 年 4 月，第一株高毒力 PEDV 毒株在美国猪场中出现（Stevenson et al.，2013）。截至 2015 年 3 月 12 日，PEDV 已经传遍美国 36 个州，包括地理位置远离陆地的夏威夷和美属波多黎各。在 PEDV 感染的第一年里，美国 10%的猪死亡，大约有 7×10^6 头，给美国养猪业带来了重大经济损失。PED 在美国的最后一次大暴发结束于 2014 年春季（Jarvis et al.，2016）。截至 2014 年，高毒力 PEDV 已经传至美洲其他国家，包括加拿大、墨西哥和哥伦比亚等国（Vlasova et al.，2014）。2013 年 10 月，高致病力的 PEDV 变异毒株在日本出现，截至 2015 年 PED 暴发 1000 次。全基因组测序分析发现，高毒力 PEDV 毒株于 2013 年在韩国和越南出

现（Kim et al.，2015a；Vui et al.，2014）。Cheun-Arom 等（2015）报道，2013 年，在泰国，经典 PEDV 毒株和高毒力 PEDV 毒株流行。研究显示，2013 年末，PED 在中国台湾暴发（Lin et al.，2014）；2014 年，PED 在菲律宾暴发（Kim et al.，2016），但是，始终没有这些毒株的基因序列数据。2013 年是除中国外，高毒力 PEDV 毒株在其他国家猪群流行的关键一年。但是，除了乌克兰，高毒力 PEDV 毒株没有在欧洲、非洲和澳大利亚出现（Dastjerdi et al.，2015）。

（三）亚洲和欧洲猪流行性腹泻病毒 S-INDEL 毒株的出现

PEDV 突变毒株 OH851/2014，后来被命名为 S-INDEL PEDV 毒株，该毒株首次出现在美国俄亥俄州（Wang et al.，2014a）。后来，在 2013 年 6 月采集自美国猪群的样品中发现的 S-INDEL 毒株，如 USA/Indiana12.83/2013 和 Minnesota52，仅仅比美国高毒力 PEDV 毒株晚发现 1～2 个月（Vlasova et al.，2014）。S-INDEL 毒株与那些高毒力 PEDV 毒株相比，S 蛋白的 N 端存在 1 个氨基酸插入（161～162aa）和 2 个氨基酸的缺失位点（59～62aa 和 140aa），其他方面与 PEDV 经典毒株相似（Oka et al.，2014）。虽然 S-INDEL 毒株 S 蛋白的氨基酸序列较高毒力毒株来说与经典毒株更接近，但是，S-INDEL 毒株的其他基因（*ORF1*、*ORF3*、*E*、*M* 和 *N*）与来自中国和北美洲的新型高毒力 PEDV 毒株一样（Vlasova et al.，2014）。因此，在全基因组序列水平上，PEDV S-INDEL 毒株被归于新型北美洲毒株进化分支。

2013 年 12 月，日本检出一株 S-INDEL 毒株 PEDV——JPN/MYZ-1/2013（Suzuki et al.，2015）。从 2014 年开始，与美国报道的 S-INDEL 毒株类似的 PEDV 毒株陆续在加拿大、韩国、比利时、法国、德国、葡萄牙、斯洛文尼亚和荷兰被报道（Kim et al.，2016；Mesquita et al.，2015）。

（四）猪流行性腹泻病毒其他变异毒株

1. S 蛋白部分区域缺失的猪流行性腹泻病毒变异毒株

冠状病毒 S 蛋白的主要功能是与细胞表面受体结合并启动侵入、诱导机体产生中和抗体等（Li，2015）。突变，尤其是 S 蛋白的缺失或插入可能改变冠状病毒的致病性和组织嗜性。对于 TGEV，*S* 基因 N 端的大片段缺失（621～681nt）导致其毒力减弱，并改变其组织嗜性（Saif et al.，2012）。在韩国，PEDV MF3809/2008 毒株 S 蛋白 713～916aa 的大片段缺失（204aa）导致其毒力减弱（Park et al.，2014）。后来，有报道发现了 S 蛋白仅有 2 个氨基酸缺失的高毒力毒株（Marthaler et al.，2014）；又有报道发现了 S 蛋白含有 194 个氨基酸缺失（23～216aa）的野生型毒株 JPN/Tottori2/2014（Murakami et al.，2015）。有趣的是，从体外培养的 Vero 细胞中分离得到一株美国 PEDV 毒株 PC177，在其 S 蛋白的相似位置（34～230aa）

有 197 个氨基酸的缺失（Oka et al.，2014）。后来，该片段的缺失被确认为发生在适应细胞培养的过程中，因为从猪小肠分离得到的野生型毒株 PC177 已经成功测序，其 S 蛋白没有大片段的缺失。

2. ORF1a 区缺失的猪流行性腹泻病毒变异毒株

在越南，从一头严重腹泻的仔猪中检测到一株高毒力 PEDV 毒株 HUA-14PED96/2014。对 PEDV HUA-14PED96/2014 毒株进行序列分析发现，其 ORF1a 区存在 72 个核苷酸的缺失，导致 nsp3 蛋白出现 24 个氨基酸缺失，该毒株属中国高毒力 PEDV 进化群（Choe et al.，2016）。

3. 猪流行性腹泻病毒重组毒株

PEDV 毒株的重组频繁发生在其基因组中除 5′非翻译区（5′-untranslated region，5′-UTR）和 3′非翻译区（3′-UTR）外的 5 个区域：nsp2、nsp3、nsp14～16、S1 结构域和 *N* 基因（Jarvis et al.，2016）。例如，S-INDEL 毒株 USA/Iowa106/2013 和 USA/Iowa107/2013（GenBank 编号为 KJ645696；基因水平上与 USA/Iowa106/2013 仅有 1 个核苷酸不同）的形成可能是多个重组事件发生的结果，它们的 ORF1a 和 ORF1b 区分别与高毒力毒株 CHN/AH/2012 和 CHN/ZMDZY/2011 非常相似；其 S 蛋白的 S1 区和 S2 区分别与经典毒株 CH/S/1986 和高毒力毒株 CHN/ZMDZY/2011 非常相似；而其 3′端（*E* 基因、*M* 基因和 *N* 基因）却与 CHN/AH/2012 或 CHN/ZMDZY/2011 不同（Vlasova et al.，2014）。最近，有报道称，CH/HNQX-3/14 毒株是经典毒株 CV777、DR13/1999 和高毒力毒株 CHN/ZMDZY/2011 的重组体，在核苷酸水平上，CH/HNQX-3/14 毒株与 CHN/ZMDZY/2011 毒株属于同一进化群（Li et al.，2016a）。CH/HNQX-3/14 毒株来自于与 CHN/ZMDZY/2011 毒株同一个省份（河南省）的一个猪场，并且在该猪场同时使用过 CV777 和 DR13/1999 的疫苗。

4. 重组肠道冠状病毒

虽然 PEDV 和 TGEV 同属 α-冠状病毒，二者均能引起猪腹泻的发生，二者在临床上无法区分，经常出现混合感染（Saif et al.，2012），但是，在 2016 年之前未见 PEDV 和 TGEV 重组的研究报道。Boniotti 等（2016）报道了一个猪肠道病毒重组毒株 Italy/213306/2009。分析发现，Italy/213306/2009 毒株可能是由亲本毒株 TGEV H16（大部分，主干）和经典 PEDV 毒株 CV777（小部分，*S* 基因）重组产生的。Italy/213306/2009 毒株于 2009～2012 年在意大利流行。另外，德国报道了一个 TGEV/PEDV 的嵌合病毒 SeCoV/GER/L00930/2012，其与 Italy/213306/2009 毒株有相似的重组形式，并且二者分享 99.5%的同源性核苷酸序列（Akimkin et al.，2016）。由此可见，Italy/213306/2009 和 SeCoV/GER/L00930/2012 等毒株的毒力、组织嗜性及它们如何在猪群中进化的确定，对 PEDV 的防控具有重要意义。

第二节 猪流行性腹泻病毒病原学特性

一、猪流行性腹泻病毒形态结构与分类

PEDV 病毒粒子结构与其他冠状病毒相似，位于病毒粒子表面的是纤突蛋白（S）、膜糖蛋白（M）和小包膜糖蛋白（E）；位于病毒粒子内部的是核衣壳蛋白（N），N 蛋白与病毒基因组 RNA 相互缠绕形成病毒的核衣壳。粪便中检出的病毒粒子具有多形性，大多呈球形，病毒粒子直径为 95～190nm，其平均直径（包括纤突在内）约为 130nm。外有囊膜，上有从核心向外呈放射状排列的纤突，纤突长 18～23nm，许多病毒粒子有中心电子不透明区，在形态学上很难与猪传染性胃肠炎病毒（TGEV）相区别。

二、猪流行性腹泻病毒基因组与复制

（一）基因组结构

PEDV 基因组是单股正链具有感染性的 RNA，与其他冠状病毒相似，其基因组 5′端有一个帽子（cap）结构，3′端有一个 poly（A）尾，基因组全长为 28 033nt（PEDV CV777 毒株）。基因组 5′非翻译区（5′-UTR）位于基因 *1* 上游，长 296nt；5′-UTR 内含有长为 65～98nt 的前导序列（L）和一个 AUG 起始密码子，拥有科扎克（Kozak）序列（ACCAUGG）和编码 12 个氨基酸的可读框（ORF）。目前，除人冠状病毒 229E（HCoV-229E）外，其他已知的冠状病毒成员都有 Kozak 序列，但各序列间有差异（Tobler and Ackermann，1995）。基因组 3′非翻译区（3′-UTR）长度为 334nt，末端连有 poly（A）序列，3′-UTR 内含有由 8 个碱基（GGAAGAGC）组成的保守序列，起始于 poly（A）上游的 73nt 处，所有冠状病毒成员都包含这个序列，只是在基因组中的位置不同（Duarte et al.，1993）。剩余基因组序列包括 6 个 ORF，从 5′端向 3′端依次为编码复制酶 1ab（replicase 1ab）、纤突蛋白（S）、ORF3 蛋白、小包膜糖蛋白（E）、膜糖蛋白（M）和核衣壳蛋白（N）的基因。复制酶多聚蛋白基因（基因 *1*）占全基因组的 2/3，长 20 346nt，包括 ORF1a（12 354nt）和 ORF1b（8037nt）两个可读框，二者之间有 46nt 的重叠序列，重叠处有滑动序列（UUUAAAC）和假结结构，它们能使核糖体进行移码（frameshift）阅读，从而保证基因 *1* 的正确翻译。*S* 基因、*E* 基因、*M* 基因和 *N* 基因分别编码病毒的结

构蛋白，长度分别为 4152nt、231nt、681nt、1326nt。*ORF3* 基因长 675nt，编码非结构蛋白。在每两个相邻基因之间有基因间隔序列（interval sequence，IS），它与基因组和亚基因组 mRNA L 序列的 3′端有 7～18nt 相同，在病毒基因组复制和翻译过程中发挥重要作用（Brian and Baric，2005）。

（二）基因组复制

PEDV 基因组的复制过程与其他冠状病毒相似，病毒粒子通过膜融合侵入宿主细胞，然后释放其具有感染性的基因组 RNA（Knipe et al.，2001）。首先，基因 *1* 翻译一个多聚前体蛋白质，经共转译处理后产生 RNA 依赖性 RNA 聚合酶（RNA dependent RNA polymerase，RdRp）和其他合成病毒 RNA 的蛋白质，RdRp 以基因组 RNA 为模板转录产生负链 RNA，然后以负链 RNA 为模板合成不同长度的亚基因组 mRNA（subgenome mRNA，sgmRNA）和基因组 RNA，所有 sgmRNA 的共同特征是 5′端有与基因组 RNA 相同的 L 序列，3′端有一套相同的重叠序列。一般情况下，每个 sgmRNA 翻译合成其 5′端 ORF 所编码的一种蛋白质，这样不同的 sgmRNA 在细胞质中合成了病毒全部的结构蛋白。N 蛋白与新合成的基因组 RNA 在细胞质中形成螺旋的核衣壳，核衣壳与固定在内质网和高尔基体之间空隙的 M 蛋白结合后再与 E 蛋白结合，E 蛋白和 M 蛋白相互作用促使病毒粒子出芽，形成包裹的核衣壳。最后，包裹的核衣壳与在高尔基体内经糖基化等修饰的三聚体 S 蛋白结合形成成熟的病毒粒子，通过类似融合的胞吐作用释放到细胞外。

三、猪流行性腹泻病毒编码的蛋白质及其功能

（一）非结构蛋白及其功能

1. 非结构蛋白 nsp1

PEDV 的非结构蛋白 nsp1 由约 110 个氨基酸组成。PEDV nsp1 能够在细胞核中降解转录辅激活因子（transcriptional co-activator）CAMP 应答元件结合蛋白质（cAMP response element binding protein，CBP），以拮抗 I 型干扰素（interferon，IFN）的形成（Zhang et al.，2016a）。p300 蛋白是调控 CBP 转录的激活因子，其具有组蛋白乙酰转移酶活性，在协调、整合多信号依赖的基因转录中发挥重要功能。PEDV nsp1 不改变 p300 的表达，进一步研究确认了其特异性降解 CBP 的功能。PEDV nsp1 还可以通过抑制干扰素调节因子 1（interferon regulatory factor 1，IRF1）的核移位，从而抑制III型 IFN 的形成（Zhang et al.，2018）。

2. 非结构蛋白 nsp2

PEDV nsp2 编码 785 个氨基酸。SARS 冠状病毒（SARS-CoV）nsp2 自身可形成二聚体或多聚体，并与其他病毒蛋白相互作用（von Brunn et al.，2007）。但 nsp2 不是该类病毒生长所必需的，它可通过与宿主蛋白或病毒蛋白的相互作用来促进 RNA 的合成，其机制有待进一步探究（Graham et al.，2005；Cornillez-Ty et al.，2009）。

3. 非结构蛋白 nsp3

nsp3 由 1621 个氨基酸构成，是 PEDV 编码的最长的蛋白质，据预测，它有 2～3 个保守结构域和 3 个疏水结构域。ADP-核糖-F-单磷酸酶（ADP-ribose-F-monophosphatase，ADRP）结构域是保守结构域中的一员，属于 marcoH2A 样家族，缺失 ADRP 的 SARS- CoV 和人冠状病毒 229E 对 IFN-α 的敏感性增加，ADRP 可能与病毒的免疫逃逸机制有关（Kuri et al.，2011）。PEDV nsp3 还包括两个木瓜蛋白酶样蛋白酶（papain-like proteinase，PLPro）。PLPro 可负责 nsp1/nsp2 或 nsp2/nsp3 的裂解（Herold et al.，1998；Ziebuhr et al.，2001）。

4. 非结构蛋白 nsp4、nsp5 和 nsp6

nsp4 是跨膜蛋白，含有 4 个疏水结构域；nsp6 也是跨膜蛋白，理论预测其含有 7 个疏水结构域。鼠肝炎病毒（mouse hepatitis virus，MHV）nsp4 能影响病毒正常复制所需的双膜囊泡的形成，并能与 nsp3、nsp6 相互作用（Hagemeijer et al.，2011）。SARS-CoV、MHV 和鸡传染性支气管炎病毒（infectious bronchitis virus，IBV）nsp6 可诱导宿主细胞自噬体的形成（Cottam et al.，2011）。nsp5 是 PEDV 中协助病毒成熟的主要蛋白酶。冠状病毒中的 nsp5 与小分子抑制剂形成复合物的晶体结构，为抗病毒药物提供了新的靶点（Chuck et al.，2011）。

5. 非结构蛋白 nsp7、nsp8、nsp9、nsp10 和 nsp11

冠状病毒的 nsp7 与 nsp8 可聚集在一起，其晶体结构在 SARS-CoV 和猫冠状病毒研究中有报道。PEDV nsp7 与 nsp8 和猫冠状病毒的同源性高达约 81%，因此其结构可能与猫冠状病毒相似，可为其晶体结构解析提供理论基础。nsp9 能与核酸结合，有助于病毒基因组的合成。nsp10 在多聚蛋白的加工过程中发挥重要的作用。nsp11 是 RNA 依赖性 RNA 聚合酶（RdRp），在 SARS-CoV 中，nsp11 可在 nsp8 引物酶的参与下高效地行使功能（te Velthuis et al.，2010）。

6. 非结构蛋白 nsp12、nsp13、nsp14、nsp15 和 nsp16

冠状病毒的 nsp12 为解旋酶，其具有 NTP、dNTP 和 RNA 5′-三磷酸酶的活性，

C 端具有解旋酶区域，N 端为锌指结构域。nsp13 解旋酶具有使 DNA 双链与 RNA 解旋的能力，可能与病毒 RNA 5′加帽结构有关（te Velthuis et al.，2010；Ivanov et al.，2004）。nsp14 为核糖核酸内切酶。nsp15 与 nsp16 为核糖核酸外切酶，具有 3′→5′的外切酶活性，能影响病毒 RNA 的合成（Ivanov and Ziebuhr，2004）。nsp15 是 2′-*O*-甲基转移酶，只有与 nsp10 相互结合后才具有甲基转移酶的活性。

7. ORF3

ORF3 是 PEDV 的由 224 个氨基酸组成的非结构蛋白，分子质量约为 25kDa，预测其有 4 个跨膜区并能形成同源四聚体（Wang et al.，2012）。ORF3 的具体功能目前还不是很清楚，但 ORF3 可能与 PEDV 的毒力强弱有关，且 ORF3 是 PEDV 唯一的辅助因子。在疫苗株、弱毒株和体外适应毒株中 ORF3 只有 91 个氨基酸，ORF3 对体外培养的病毒来说是非必需的（Youn et al.，2005；Schwarz et al.，1990），并且 ORF3 可能降低体外病毒的适应能力（Lissenberg et al.，2005；Woods et al.，2001），这有可能是强毒株 PEDV 在体外难培养的一个原因。

（二）结构蛋白及其功能

1. S 蛋白

S 蛋白由 1383 个氨基酸组成，分子质量为 180～220kDa，是位于病毒粒子表面的纤突蛋白，在病毒粒子与细胞表面受体结合后通过膜融合方式侵入宿主细胞，并在感染宿主体内介导中和抗体产生的过程中发挥重要的生物学作用。S 蛋白有 27～29 个潜在的糖基化位点，在 pH 为 4.0 的低渗非离子溶剂中溶解度最大。S 蛋白从 N 端到 C 端分成 3 个结构域：大的外部结构域、转膜结构域、短的羧基端细胞质结构域。外部结构域含有介导机体产生中和抗体的抗原表位和与宿主细胞表面大分子结合的受体结合域。羧基端细胞质结构域主要是由疏水氨基酸组成的疏水区，对整个 S 蛋白起固定作用（Duarte and Laude，1994）。PEDV 的 S 蛋白在病毒粒子成熟后不能被细胞蛋白酶切割，而鼠肝炎病毒（MHV）和牛冠状病毒（bovine coronavirus，BCoV）的 S 蛋白能被切割成通过非共价键连接的 S1 和 S2 两个亚基，这样能够增强病毒的细胞融合力和感染力。但是根据其他冠状病毒 S 蛋白保守的结构域可以将 PEDV S 蛋白人为划分为 S1 区（1～789aa）和 S2 区（790～1383aa）（孙东波等，2007）。PEDV S 蛋白与 TGEV S 蛋白的同源性非常低，二者在血清学上没有交叉反应，但是根据 TGEV 中和抗原表位推导的 PEDV S 蛋白中和抗原表位制备的抗血清能够明显地抑制 PEDV 在 Vero 细胞上的蚀斑的形成，说明这两种病毒 S 蛋白中和抗原表位的线性位置可能存在相似之处。利用原核表达系统对 PEDV S 蛋白 S1 部分进行截短表达后研究其免疫原性，结果发现 PEDV S 蛋白的 S1D 区（696～789aa）重组蛋白的多克隆抗血清对 Vero E6 细胞培养的 PEDV 有中和作用（Sun et al.，2007）。PEDV S 蛋白中和抗原表位区被构建到一系列表达载体中进行了表达，Bae 等（2003）对 PEDV 转基因疫苗进行了探索性研究并取得了一定进展，这为 PEDV 新型疫苗的开发奠定了物质基础。

2. N 蛋白

N 蛋白由 441 个氨基酸组成，分子质量为 55～58kDa，是磷酸化的核衣壳蛋白，与病毒基因组 RNA 相互缠绕形成病毒核衣壳。N 蛋白有 6～7 个潜在的磷酸化位点，在 pH 9.0 的低渗非离子溶剂中溶解度最大。N 蛋白有 3 个相对保守的结构域，位于中间的是一个能与病毒 RNA 前导序列结合的 RNA 结合域。N 蛋白在病毒 RNA 合成过程中发挥重要作用，它能与细胞膜和磷脂结合，促进病毒的组装和 RNA 复制体的形成。N 蛋白在 PEDV 的结构蛋白中所占比例最大，在感染的细胞中能得到大量表达，在猪感染 PEDV 的早期，其体内就能产生抗 N 蛋白的高水平抗体，鉴于其冠状病毒 N 蛋白的保守性强，所以利用 N 蛋白来建立 PEDV 分子生物学诊断技术具有很好的应用前景（Hou et al.，2007a）。除此之外，PEDV N 蛋白抗原决定簇是诱导机体免疫的重要组成成分。PEDV N 蛋白，免疫机体后能引起系统免疫和黏膜免疫（葛俊伟等，2009），所以 N 蛋白能作为免疫增强剂或分子佐剂（Liu et al.，2012）。N 蛋白可抑制 I 型干扰素的产生，PEDV N 蛋白通过 TBK1 或上游分子 MDA5、TRAF5、IPS-1 和视黄酸诱导基因 I（retinoic acid induced gene I，RIG-I）可抑制 IFN-β 的启动子活性，从而能抑制仙台病毒诱导的 IFN-β 的产生。N 蛋白可通过抑制 IRF3 和 TBK1 的相互作用来抑制 I 型干扰素的产生。PEDV N 在病毒的感染和复制中起着重要的作用，N 蛋白主要存在于细胞质中，也有部分存在于细胞核内（Shi et al.，2014）。N 蛋白上游有两个核输出信号（nuclear export signal，NES）：221～236aa 和 325～364aa，研究表明只有 325～364aa 起作用。N 蛋白的 71～90aa 螺旋在细胞核内，并且 87 位和 89 位精氨酸（R）起着关键作用。此外，N 蛋白的全基因序列可用于亲缘关系较近毒株之间系统进化关系的分析（Chen et al.，2013a）。

3. M 蛋白

M 蛋白是由 226 个氨基酸组成、分子质量为 27～32kDa 的膜糖蛋白，在病毒粒子的组装和出芽过程中具有重要作用。M 蛋白在被病毒感染的细胞中位于高尔基体内，不能被转运到细胞膜，由 3 个结构域组成：暴露于病毒囊膜外短的糖基化 N 端区、病毒囊膜中大的 C 端区、中间为 α 螺旋区。在补体存在的条件下，抗 M 蛋白囊膜外抗原表位的单克隆抗体能中和病毒的感染性。另外，M 蛋白能够介导机体产生 α-干扰素（α-IFN），所以 M 蛋白可以作为 PEDV 基因工程疫苗的候选抗原。

4. E 蛋白

E 蛋白是由 76 个氨基酸组成、预测分子质量为 8.8kDa、位于病毒囊膜上的小包膜糖蛋白，对病毒的组装和出芽是必要的。研究者将 PEDV 的 *E* 基因和 *M* 基因导入甲病毒载体（plasmid Semliki forest virus，pSFV），在 BHK-21 细胞中成功表达，为进一步探讨 E 蛋白和 M 蛋白在抗病毒中的作用奠定了基础（余丽芸和侯喜林，2005）。E 蛋白主要位于内质网内，另外一部分存在于细胞核内。E 蛋白可引起内质网应激和 NF-κB 的激活，从而上调 IL-8 和 Bcl-2（Xu et al.，2013a）。此外，E 蛋白在出芽和病毒粒子的形成中起着重要的作用，目前关于 PEDV E 蛋白功能的研究较少。

四、猪流行性腹泻病毒的理化特性

猪流行性腹泻病毒的抗药性弱，一般消毒药都能将其杀死。PEDV 对脂溶性溶剂敏感，5-碘-2′-脱氧尿嘧啶不能抑制病毒的复制，在 1mol/L $MgCl_2$ 存在时其热稳定性下降。Quist-Rybachuk 等（2015）对 PEDV 的热敏感性进行了检测，研究发现，在 4℃时，PEDV 在 pH 7.2～10.2 的环境中［MEM 培养基（minimum essential medium）或猪血清］可以稳定存在；然而，在≥40℃时，碱性条件或猪血清都会增加 PEDV 的热敏感性，使其失活。PEDV 在蔗糖中的浮力密度为 1.18g/cm^3。

五、猪流行性腹泻病毒的细胞嗜性

（一）体内细胞和组织的嗜性

猪肠上皮细胞（porcine intestinal epithelial cell，PIEC）可表达大量的氨肽酶 N（aminopeptidase N，APN），它是一个 150kDa 大小的跨膜糖基化蛋白，是细胞膜上与 PEDV 结合的受体蛋白（Li et al.，2007）。肠上皮细胞上高密度的受体蛋白使得 PEDV 通过病毒-受体复合物进入细胞并开始复制（Li et al.，2007）。PEDV 感染肠上皮细胞后，细胞很快出现坏死并导致小肠绒毛萎缩。PEDV 抗原主要集中在小肠（十二指肠到回肠）绒毛上皮细胞中（Madson et al.，2014）。

PEDV 和 TGEV 一样，不会引起病猪小肠上皮细胞凋亡（Kim and Chae，2000）。在 PEDV 感染后期，猪肠隐窝细胞或淋巴结中偶尔会出现少量的 PEDV。Jung 等（2008）的早期研究结果显示，无菌猪接种 PEDV 30～72h 后，其小肠绒毛中的杯状细胞数量（<2 个/小肠绒毛）明显比对照组少（6～18 个/小肠绒毛）。

杯状细胞可以分泌黏蛋白，为小肠防御外源微生物提供了第一道防线。与 TGEV 相同，PEDV 可能通过感染杯状细胞，导致在猪腹泻早期其数量就急剧减少。在通过口鼻感染 PEDV 的病猪肺中没有发现 PEDV 抗原，因此，没有证据表明 PEDV 可以在下呼吸道中复制。除肺之外，PEDV 的抗原也没有出现在其他几个主要脏器中，如胃幽门、脾、肝和肾。有研究表明，PEDV 可以在体内和体外培养的猪肺泡巨噬细胞中复制（Park and Shin，2014）。目前，关于 PEDV 能否在肠外组织中复制，这一问题的答案仍不明确。

另外，猪氨肽酶 N（pAPN）作为 PEDV 细胞受体的报道，开启了 PEDV 侵入机理的深入研究。然而，在后续研究中发现，表达 pAPN 的猪睾丸（swine testis，ST）细胞并不能被 PEDV 感染；非洲绿猴肾细胞（Vero 细胞）容易被 PEDV 感染，但并不依赖于相关的氨肽酶 N；pAPN 不是 PEDV 的功能性细胞受体，仅是 pAPN 的酶活性促进了 PEDV 的感染。这些研究结果显示，PEDV 细胞受体研究正处在探索阶段，仍然存在许多有待于解决的理论问题，甚至是争议或矛盾。

（二）体外细胞嗜性

与其他冠状病毒相比，PEDV 的细胞培养相对比较困难，从 PEDV 被发现开始，很多研究人员尝试用不同的方法将 PEDV 适应细胞进行培养，都没有取得成功，这在一定程度上限制了 PEDV 的研究进程。早在 1984 年，中国学者宣华等曾经用胎猪肠组织原代单层细胞培养物成功分离出 PEDV，并将其接种在猴肾传代细胞上，但是后续的研究没有报道。1988 年，Hofmann 和 Wyler 首次在培养基中含胰酶的 Vero 细胞中成功培养了 PEDV，并认为胰酶对 PEDV 纤突蛋白的切割作用增强了该病毒对 Vero 细胞的感染力，此方法在后续的 PEDV 分离、细胞培养和疫苗研究中被广泛应用。此后，各国研究者对 PEDV 的细胞培养进行了深入研究，相继在仔猪膀胱、肾的原代细胞和 KSEK6、IB-RS-2、MA104、CPK、ESK 的传代细胞系上成功培养了 PEDV（Kadoi et al.，2002）。近期研究发现，PEDV 能在猪肺泡巨噬细胞、鸭肠细胞系上复制（Park and Shin，2014；Khatri，2015）。PEDV 在细胞上的成功培养对其研究具有重要意义，解决了 PEDV 研究的瓶颈问题，为 PEDV 的理化特性、疫苗及其相关分子生物学研究奠定了物质基础，使 PEDV 的研究进入了一个新阶段。

六、猪流行性腹泻病毒血清学交叉反应及抗原变异

（一）猪流行性腹泻病毒与其他 α-冠状病毒的抗原性关系

根据传统的抗原交叉反应，可以将冠状病毒分为三类，在 α-冠状病毒 PEDV 和人冠状病毒 229E 被发现以前，这种基于抗原性的分类结果与进化分析结果保持着良好的一致性。基于 TGEV 和 PEDV 的基因组序列可知，它们属于 α-冠状病毒属的两个不同种。TGEV 和 α-冠状病毒属中的其他成员，包括猪呼吸道冠状病

毒（porcine respiratory coronavirus，PRCoV）、猫传染性腹膜炎病毒（feline infectious peritonitis virus，FIPV）和犬冠状病毒（canine coronavirus，CCoV），在多种免疫检测中表现出抗原交叉反应。恰恰相反，此前多个研究报道，PEDV 毒株和 TGEV 拥有不同的抗原反应性，从 PEDV 原型毒株 CV777 到其他 PEDV 突变体，与 TGEV 和其他冠状病毒均无血清学交叉反应。

然而，也有一些报道与上述结果相悖。有些报道显示，PEDV 与其他 α-冠状病毒有低水平的抗原交叉反应。例如，收集经 FIPV 感染后的猫腹水，通过免疫荧光（immunofluorescence，IF）技术检测到了猪小肠上皮细胞中的 CV777 抗原（Zhou et al.，1988）。通过酶联免疫吸附测定（enzyme-linked immunosorbent assay，ELISA）和蛋白质印迹法（Western blotting）在 N 蛋白水平检测到了 PEDV 和 FIPV 的双向抗原交叉反应。Have 等（1992）研究显示，感染冠状病毒貂的血清与 PEDV 和 TGEV 的 N 蛋白有交叉反应，这支持不同种的冠状病毒具有部分相关抗原的观点。Lin 等（2015b）研究显示，4 种 PEDV 毒株（CV777、高毒力的 PC22A、S-INDEL Iowa106 和 S 197-del PC177）均可在体外通过细胞免疫荧光法被超免疫猪体内的抗 TGEV Miller 毒株阳性血清识别。在抗 TGEV Miller 猪血清中，抗 TGEV Miller 的同源抗体滴度/（1∶10 640）很高，但抗 PEDV CV777 和其他 PEDV 美国毒株的异源抗体滴度/（1∶160～640）较低。Zhou 等（1988）报道，利用 TGEV N 蛋白单克隆抗体 14G9.3C，在 TGEV N 蛋白上鉴定了一个保守的抗原表位（1～205 位氨基酸），支持此前 TGEV N 蛋白与 PEDV N 蛋白存在交叉反应的观点。通过序列比对发现，在 TGEV 和 PEDV 的 N 蛋白上有两处高度保守的结构域（66-QIGYWN-71 和 92-FYYLGTGPH-100），后一个结构域（92-FYYLGTGPH-100）在其他冠状病毒中也是保守的，并且该结构域介导了不同冠状病毒种间的抗原交叉反应，甚至介导了不同属间的抗原交叉反应（Vlasova et al.，2007）。仅 TGEV Miller 毒株与 PEDV 毒株表现出单向抗原交叉反应，而 TGEV Purdue 毒株与 PEDV 无交叉反应。目前尚未明确是什么原因导致了这种结果。然而，PEDV 和 TGEV 之间的抗原交叉反应，提醒我们应该在 PEDV 全病毒或 N 蛋白的基础上对其进行血清学分析。基于重组 PEDV N 蛋白的 ELISA 分析显示，其与一株 TGEV 和一株 PRCV 感染的猪血清有反应。因此，在这个实验中，应该使用更加保守的阴阳性临界值（cut-off 值）。然而，另一个以 PEDV N 蛋白为基础的 ELISA 分析显示，TGEV（Purdue 和 Miller）和 PRCV 抗体血清与 PEDV 均无抗原交叉反应（Okda et al.，2015）。含有 TGEV Miller 抗体的血清与 PEDV N 蛋白表现出的低水平交叉反应，可以解释为背景高或非特异性反应。这也是关于 TGEV 和 PEDV 抗原交叉反应的报道很少的原因。截短 N 端抗原位点，有助于排除抗原交叉反应的可能，并且可以增强免疫反应的特异性和灵敏性。另外，PEDV 的 M 蛋白和 S 蛋白也可以作为免疫反应的特异性抗原。由于病毒的中和抗原表位位于 S 蛋白，因此基于

PEDV S 蛋白的免疫分析与病毒中和抗体滴度相关（Paudel et al.，2014a），这对于动物的临床保护非常重要。感染 PEDV 猪体内的抗 S 蛋白抗体比抗 N 蛋白抗体的存在时间长（Knuchel et al.，1992）。相关 PEDV 毒株的 S 蛋白抗原表位之间抗原性的差别（Lin et al.，2015b；Wang et al.，2015）也提醒我们，对于不同的 PEDV 毒株需要进行全面的检测。

TGEV 和 PEDV 毒株间的病毒中和抗体滴度检测显示二者无交叉反应（Lin et al.，2015b）。因此，在 PEDV 和 TGEV 流行的国家，控制和预防猪腹泻使用的灭活苗或弱毒苗（TGEV、PEDV 和猪轮状病毒 G5 型）均被设计成二价或三价（Sun et al.，2015a）。

（二）猪流行性腹泻病毒、猪传染性胃肠炎病毒和猪 δ-冠状病毒的抗原性关系

猪 δ-冠状病毒（porcine deltacoronavirus，PDCoV）是在 2014 年发现的新型猪肠道致病冠状病毒（Wang et al.，2014a）。基于重组 PDCoV S 蛋白的 N 端或 S1 区域全长序列的 ELISA 方法已经建立，分析结果显示，该病毒与 PEDV 抗血清无交叉反应。然而，基于全病毒的 ELISA 或 Western blotting 分析显示，该病毒与 PEDV VBS2 和 PDCoV Michigan/8977/2014 毒株表现为双向抗原交叉反应（Ma et al.，2016）。对 PEDV 和 PDCoV 的 N 蛋白进行序列分析，结果显示，在 N 蛋白中具有 4 个保守的结构域，这可能是上述免疫分析中发生交叉反应的原因。在病毒感染的细胞或肠组织中，采用细胞免疫荧光或免疫组织化学（immuno histochemistry，IHC）方法染色，均未发现抗原交叉反应（Ma et al.，2016）。不同分析方法之所以会产生矛盾的结果，可能是因为不同分析方法的敏感度不同，或者 N 蛋白隐藏的抗原表位在 ELISA 和 Western blotting 实验的蛋白质变性过程中暴露了出来。Lin 等（2015b）发现，在细胞免疫荧光试验中，猪抗 TGEV Miller 血清（S409 及 M20）和鼠抗 TGEV N 蛋白单克隆抗体（14G9.3C）与 PEDV 有交叉反应；上述抗体与 PDCoV 均无交叉反应。另外，未发现 PEDV 和 TGEV 或 PEDV 和 PDCoV 的病毒交叉中和反应。如果 PDCoV 大范围扩散并且成为猪肠道致病因素，未来在猪肠道病毒病的多价疫苗中应该增加 PDCoV 疫苗。

（三）猪流行性腹泻病毒不同毒株的抗原性变化

1. 猪流行性腹泻病毒经典毒株和流行毒株的抗原性变化

在免疫压力下，冠状病毒的 *S* 基因频繁突变，一些氨基酸的变化导致了其抗原性的改变，使得病毒可以逃避机体已经存在的免疫反应。因此，为了保证疫苗对 PEDV 变异毒株的有效性，需要定期升级疫苗。例如，Kanno 等（2013）通过病毒中和试验（viral neutralization test，VNT）发现了牛冠状病毒野生型毒株和疫苗毒株的抗原性变化。采用恢复期血清和超免疫血清进行病毒中和试验，结果显

示 PEDV 只有一种血清型。然而，基于现场观察、病毒基因序列分析和病毒血清学分析等的研究显示，当前流行的高毒力（non S-INDEL）PEDV 毒株与经典 PEDV 毒株在抗原性上表现出不同程度的差别。

在亚洲国家中，许多经典毒株，包括原型毒株 CV777、日本的 83P-5 和韩国的 DR13/1999 毒株，都通过体外细胞连续传代被减毒，然后被授权制成灭活苗或减毒苗（Park et al.，2012）。在 2010 年中国暴发 PEDV 变异毒株（Song et al.，2015a；Sun et al.，2015a）之前，这些传统的减毒苗对于经典毒株有良好的临床效果。迄今，基于经典 PEDV 毒株制成的灭活苗或减毒苗仍然有助于降低疾病的严重性，但是，很多采取常规免疫接种程序的猪场，在出现高毒力 PEDV 变异毒株后，仍导致新生仔猪大量死亡（Jung and Saif，2015；Song et al.，2015a）。流行病学调查显示，高毒力的 PEDV 毒株已经遍布世界猪群（Chiou et al.，2017）。

比对经典 PEDV 毒株和新型 non S-INDEL（高毒力）PEDV 毒株的 S 蛋白上的中和抗原表位序列时（Li et al.，2014）发现，抗原性的变化是导致免疫失败的主要潜在原因。PEDV S 蛋白上的多个区域包含中和抗原表位，包括 COE（CO-26K equivalent，499～638aa）、SS2（748～755aa）、SS6（764～771aa）和 2C10（1368～1374aa）（Ge et al.，2012）。与经典 PEDV 疫苗毒株相比，在高毒力 PEDV 毒株上多个 SNP 位点导致 COE 抗原表位的 8～11 个氨基酸残基发生变化，SS6 抗原表位 1～2 个氨基酸残基发生变化（Li et al.，2014）。在这些突变的氨基酸中，COE 上有 3 个氨基酸被丝氨酸取代，SS6 上有 1 个氨基酸被丝氨酸取代。另外，生物信息学预测高毒力 PEDV 毒株的 S 蛋白在一级结构、二级结构、高特异性 N-糖基化位点、潜在磷酸化位点和棕榈酰化位点均发生了变化（Chiou et al.，2017；Hao et al.，2014）。这些变化可能影响 PEDV 的抗原性和病毒中和活性。

多个血清学交叉反应试验也证实了经典毒株和高毒力 PEDV 毒株（non S-INDEL）的抗原性变化（Kim et al.，2015a；Lin et al.，2015b）。一项回顾性研究分析了韩国在 1998～2013 年发现的 27 株 PEDV 毒株，结果发现，野生型毒株的 S 蛋白序列与经典弱毒株 S 蛋白序列的最大差异达到 10%（Kim et al.，2015a）。将一份采集自免疫了 PEDV 弱毒疫苗（毒株 SM98/2010）的猪血清与其同源毒株 SM98/2010 进行病毒中和试验，结果显示，抗体滴度达到 1∶512。同样的血清，与另一个 PEDV 弱毒株 83-P5（P5-V）和 4 株 PEDV 野生型毒株反应，抗体滴度较低（1∶8～32）（Kim et al.，2015a）。Lin 等（2015b）采用一组猪抗 PEDV 血清和鼠抗 PEDV 的单克隆抗体，研究 PEDV 原型毒株 CV777 与其他 3 株不同序列的美国 PEDV 毒株（高毒力的 non S-INDEL PEDV PC22A、S-INDEL USA/Iowa106/2013 和 S 197-del PC177）的抗原交叉反应，结果显示，它们之间表现为双向抗原交叉反应。上述结果与系统进化树遗传距离相吻合（Oka et al.，2014；Vlasova et al.，2014）。经典毒株 CV777 与其他 3 株病毒毒株相比，抗原交叉反应差异更大。然而，使用来自不同猪的血清进行抗原交叉反应试验时，结果是矛盾的。两支超免疫 PEDV PC22A 的猪血清中的一支（PE125），以及两支感染 PEDV CV777 后处于恢复期的猪血清中的一支（PC13），其同源和异源病毒的中和滴度均相差 16 倍之多。随后，对于 S 蛋白的研究也得到了相似的结果。Wang 等（2015）给小鼠免疫 CV777 毒株或免疫来自中国的新型高毒力毒株 LNCT2 后，在其血清中均发现了含有抗同源或异源 PEDV 毒株的多克隆中和抗体。通过细胞免疫荧光试验、ELISA 和病毒中和试验发现，同源抗体滴度是异源抗体滴度的 2 倍。上述结果显示，免疫了经典弱毒 PEDV 疫苗的猪或鼠体内抗新型高毒力 PEDV 毒株的血清抗体滴度下降 50%～93.75%，结果表明，经典 PEDV 毒株疫苗对于高毒力 PEDV 毒株只能提供部分交叉保护（Song et al.，2015a）。在体内仍然需要进行交叉保护研究来证明体外交叉反应结果。

2. 猪流行性腹泻病毒流行毒株抗原性预测与分析

目前虽然已经有关于经典毒株和高毒力 PEDV 毒株抗原性变化的研究，但是，关于同种系 PEDV 毒株抗原性变化的血清学分析还很少。通过对比 TGEV、PRCV 和鼠肝炎病毒序列发现，S 蛋白 S1 区域中的 N 端结构域（N-terminal domain，NTD）和 C 端受体结合域（RBD）包含两个主要的抗原位点。Jarvis 等（2016）报道，来自中国的高毒力 PEDV 毒株与来自美国的高毒力 PEDV 毒株相比，中国毒株的 S1 区域有更多的氨基酸被替换，这可能是由于中国 PEDV 在猪体内的传播时间更长。与传统弱毒株 DR13/1999 相比，16%的北美洲 non S-INDEL PEDV 毒株（29/185）和 56%的亚洲 PEDV 变异毒株（19/34）的 RBD 中至少有一个氨基酸被替换。不同 PEDV 毒株中和抗原表位对比分析显示，SS2 和 2C10 抗原表位是高度保守的（Li et al.，2014）。除了在 SS6 抗原表位中有一个氨基酸的差别（$S^{764}P$），PEDV 原型毒株 CV777 的中和抗原表位与经典 PEDV SM98/2010 疫苗毒株相同。与 PEDV 原型毒株 CV777 相比，在经典 PEDV 弱毒株（PEDV 83-P5 和 DR13/1999）和经典亚洲野生型毒株的 COE 与 SS6 抗原表位中，有 7～8 个或 1～2 个氨基酸差异。另外，新型高毒力 PEDV 毒株主要在 COE 区域发生变化（突变频率最高的是第 517 个、第 521 个、第 523 个和第 605 个氨基酸位点）。与疫苗毒株 CV777 相比，5 株来自中国甘肃省的高毒力 PEDV 毒株（JY5C、JY6C、JY7C、YJ3F 和 YJ7C）的中和抗原表位 COE 存在 8 处氨基酸突变（$A^{517}S$、$S^{523}G$、$V^{527}I$、$T^{549}S$、$G^{594}S$、$A^{605}E$、$L^{612}F$ 和 $I^{635}V$）；其中，3 株高毒力 PEDV 毒株（JY5C、JY6C 和 JY7C）的中和抗原表位 COE 还有一处额外突变（$L^{521}H$）（Tian et al.，2013）。在中国广东省毒株突变频率更高，在 2011～2013 年分离的 10 株（含有 1 株经典毒株 GDS03）PEDV 毒株的中和抗原表位 COE 中，发现 5 种不同的氨基酸突变谱（Hao et al.，2014）。大部分新型高毒力北美洲 PEDV 毒株的中和抗原表位氨基酸序列相同，与其他北美洲高毒力 PEDV 毒株相比，在 COE 抗原表位中，USA/Minnesota79/2013 含有 1 处（$E^{605}D$）突变，USA/Missouri177/2014 含有 3 处（$E^{605}D$、$E^{633}D$ 和 $V^{635}A$）突变，USA/Oklahoma32/2013 含有 1 处（$G^{523}D$）突变，USA/Oklahoma35/2013 含有 1 处（$H^{521}R$）突变。目前，还没有人采用单克隆抗体血清学试验或猪体内交叉保护试验去研究这些高毒力 PEDV 毒株中和抗原表位上氨基酸序列变化的意义，在未来很有可能出现更多的抗原变化。

Lin 等（2015a）通过体内、体外研究证实，S-INDEL 毒株的中和抗原表位氨基酸序列与大多数北美洲高毒力 PEDV 毒株一样，表明二者之间存在交叉中和反应的可能。Chen 等（2016a）对 S-INDEL（USA/IL20697/2014）毒株和 non S-INDEL（USA/IN19338/2013）毒株进行了血清学交叉和交叉中和分析。他们在体外感染 PEDV 的 Vero 细胞（ATCC CCL-81）中进行免疫荧光检测，结果显示，接种 non S-INDEL 毒株的猪血清可以与同源毒株和异源毒株（S-INDEL）反应。然而，同源 PEDV 毒株的抗体滴度高于异源 PEDV 毒株的抗体滴度。采用免疫荧光试验和病毒中和试验进行分析，Chen 等（2016a）发现接种 S-INDEL 毒株猪血清的同源和异源抗体滴度与之前的结果相似。体内交叉保护容易受其他因素影响，如细胞免疫反应和泌乳母猪的产奶量等（Goede et al.，2015；Lin et al.，2015a）。血清中病毒中和抗体的水平不一定能够反映在乳汁中免疫球蛋白 A（immunoglobulin A，IgA）病毒中和抗体的水平（Scherba et al.，2016）。仔猪体内的循环抗体是否在保护仔猪对抗 PEDV 感染中发挥作用仍然是未知的（Poonsuk et al.，2016），因此，体内交叉保护不一定总是与体外病毒中和抗体的水平相一致的（Lin et al.，2015a）。

3. 猪流行性腹泻病毒血清学交叉反应的局限性与解决方法

实时动态监视 PEDV 毒株的基因和抗原性变化对于控制疫情暴发和促进疫苗开发至关重要（Chattha et al.，2015）。全面阐明各 PEDV 毒株的抗原变化仍然存在很多限制，虽然交叉保护活性是目前选择疫苗毒株的标准，但是，免疫反应被认为是病毒进化的主要驱动力。

首先，与病毒基因组信息可以从 GenBank 上获得不同，大量的 PEDV 毒株及用于评价交叉反应中和抗体滴度的高特异性猪抗血清很难采集。适应体外细胞培养的毒株很少，各国研究者很难引进外国毒株用于比对。特异性抗体容易被实验动物本身的背景所影响（Lin et al.，2015b）。除通过病毒序列信息推断其抗原性外（Li et al.，2014；Sun et al.，2013），在真核系统中表达重组蛋白，免疫实验动物后，产生抗血清或单克隆抗体，也是一种探索 PEDV 毒株抗原性变化的方法（Wang et al.，2015）。重组蛋白的结构是否能反映病毒中蛋白的结构（Makadiya et al.，2016），以及来自小的实验动物血清中的交叉反应中和抗体谱与从养殖场感染病毒后的天然宿主中采集的血清相比是否一致，还需进一步研究（Chia et al.，2014）。

养殖场中病毒感染后或恢复期猪血清内包含的多克隆抗体可以与保守的抗原表位反应，但不能反映 PEDV 毒株间的抗原性变化。TGEV 毒株间的抗原性变化可以通过单克隆抗体进行区分（Simkins et al.，1992），但是不能通过传统血清进行区分（Laude et al.，1986）。因此，全面制备 PEDV 毒株中和单克隆抗体和抗原表位鉴定研究，有助于更加精确地识别与抗原性改变相关的区域。一种抗高毒力 PEDV 毒株 CHN/LNCT S 蛋白的单克隆抗体 5F7 与 CV777 毒株没有交叉反应。关于 PEDV 毒株的抗原表位鉴定还在进行中（Wang et al.，2015）。

血清学分析的结果一般都以滴度报道。当分析大量病毒毒株和血清数据时，实验结果很难被整合，而且，低于实验敏感度阈值的结果无法解释。来自不同实验室的数据可能是不一致的。为了解决这一问题，最早有人提出绘制流感病毒抗原进化的抗原图谱，在抗原图谱中采用多维标度法定位抗原或抗血清（Smith et al.，2004）。对于从世界各地不同实验室获得的血清学分析数据，可以通过计算框架法进行整合，建成全面的 PEDV 抗原图谱（Cai et al.，2010）。相似的方法也可以应用在其他抗原性变化率高的 RNA 病毒中，如人肠道病毒（Chia et al.，2014）和诺如病毒（Debbink et al.，2014）。Lin 等（2014）通过细胞免疫荧光试验和病毒中和试验研究发现，3 株美国 PEDV 毒株的抗原决定簇是保守的。对 3 株美国 PEDV 毒株与原型毒株 CV777 的双向抗原交叉反应活性再次进行抗原图谱分析。在抗原图谱中，S-INDEL Iowa106 毒株和 S 197-del PC177 毒株位于高毒力 PEDV PC22A 和经典毒株 CV777 之间，表明系统发生距离与抗原性变化有很好的相关性。抗原图谱将会在未来获得更多数据时得到广泛应用。

第三节　猪流行性腹泻病毒 S 蛋白抗原表位研究

一、猪流行性腹泻病毒 *S* 基因的克隆及其分子特性分析

（一）材料与方法

1. 病毒与细胞

PEDV CV777 毒株由比利时根特大学 Pensaert 教授赠送，Vero E6 细胞由中国农业科学院哈尔滨兽医研究所禽传染病研究室刘胜旺研究员赠送。

2. 质粒与菌种

E. coli TG1 由本实验室保存；pMD18-T 载体购自宝生物工程（大连）有限公司（简称大连 TaKaRa 公司）。

3. 生化试剂

ExTaq DNA 聚合酶购自宝生物工程（大连）有限公司；TRIzol 购自 Invitrogen 公司；小量质粒纯化试剂盒及胶回收试剂盒购自 BioFlux 公司；M-MLV 反转录酶购自 Promega 公司；杜尔贝科改良伊格尔培养基（Dulbecco's modified Eagle medium，DMEM）购自 Hyclone 公司；琼脂糖购自 Gibco 公司，其他试剂均为分析纯。

4. 主要仪器

低温台式高速离心机（Allegra™ 21R Centrifuge，美国 Beckman 公司）；PCR 仪（Gene Amp PCR System 2400 型，美国 Perkin-Elmer 公司）；紫外凝胶成像仪（Image Master VDS，瑞典 Pharmacia 公司）；核酸电泳仪和电泳槽[DYY-6C，北京市六一仪器厂（现北京六一生物科技有限公司）]；连接仪（ThermoStat plus，德国 Eppendorf 公司）；电热恒温水浴槽（DK-8D 型，上海精宏实验设备有限公司）；振荡培养箱（HZQ-X100，哈尔滨市东联电子技术开发有限公司）；室温台式离心机（Centrifuge 5415D，德国 Eppendorf 公司）；Ⅱ级生物安全柜（Forma class Ⅱ，A2 Biological Safety Cabinet，Thermo Electron Corporation）。

5. 猪流行性腹泻病毒的细胞培养

根据 Hofmann 和 Wyler（1988）报道的方法，用病毒接种液（含 100U/mL 青霉素、100μg/mL 链霉素和 10μg/mL 胰蛋白酶的 DMEM）将 PEDV 稀释成 $10^3 TCID_{50}$/mL 后接种至单层的 Vero E6 细胞，在 37℃、5% CO_2 的培养箱中培养 72h，然后观察细胞病变（cytopathic effect，CPE）。

6. 猪流行性腹泻病毒 RNA 的提取

当感染 PEDV 病毒的 Vero E6 细胞出现 70%～80%细胞病变（CPE）时，将培养物反复冻融 3 次，4℃ 12 000r/min 离心 10min，取 200μL 病毒的上清液加 400μL TRIzol 剧烈振荡 15s，室温静置 5min，加 400μL 三氯甲烷（氯仿）剧烈振荡 15s，室温静置 5min，4℃ 10 000r/min 离心 10min，转移上层水相加 1mL 异丙醇，于−20℃沉淀 30min，4℃ 12 000r/min 离心 10min，弃上清液，沉淀用 1mL 75%乙醇洗一次，真空干燥后溶于 13μL 焦碳酸二乙酯处理的水中，于−20℃保存备用。

7. cDNA 合成的引物

根据 GenBank 发表的 PEDV CV777 *S* 基因序列（GenBank 登录号为 AF353511），用 Oligo 6.0 软件设计 3 对引物（表 1-1），通过 RT-PCR 扩增的 Sa、Sb 和 Sc 3 个 cDNA 片段是相互重叠的，包含了 PEDV *S* 基因完整的可读框（ORF）（图 1-1）。

表 1-1　PEDV CV777 *S* 基因特异性扩增引物

片段名称	引物（5′→3′）	片段长度/bp
Sa	Sa-F：ATTTGTGGCTTTTCTAATCA Sa-R：GCACCACTAGTGACATTCTT	2107
Sb	Sb-F：CTGATTCTGGACAGTTGTTA Sb-R：CCATTAACGCATAAGCCAGC	1495
Sc	Sc-F：TGGCTGATCTAGTCTGTGCG Sc-R：CTTCGAGACATCTTTGACAA	1441

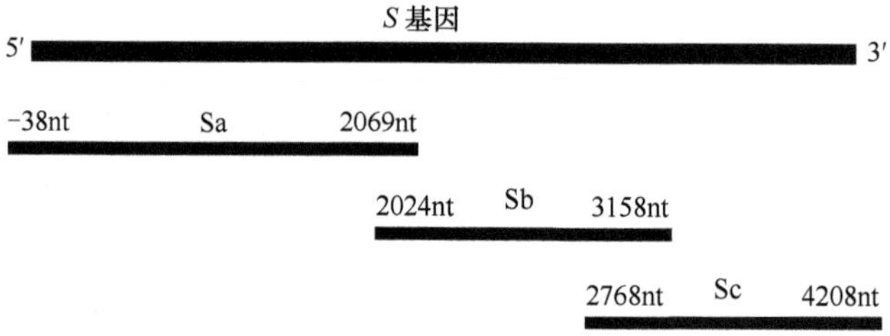

图 1-1　PEDV *S* 基因 PCR 扩增片段结构图

"–"代表起始密码子 ATG 上游序列位置

8. Sa、Sb 和 Sc 片段的克隆

RT 反应：在 13μL 病毒总 RNA 中分别加 1μL 的反转录引物 Sa-R、Sb-R 和 Sc-R，70℃反应 10min，冰浴 5min，加入下列试剂：M-MLV RT 5×缓冲液（buffer）5μL、2.5mmol/L dNTP 4μL、RNA 酶抑制剂 1μL、M-MLV 反转录酶 1μL，混匀，42℃反应 2h，95℃ 5min，冰浴 2min，将反转录产物于–20℃保存备用。PCR 反应：在 25μL 反应体系中，加入 1μL 反转录产物，相应的上、下游引物各 0.4μmol/L。反应条件：95℃预变性 5min；94℃ 1min，50℃ 1min，72℃ 2min，30 个循环；72℃延伸 10min。PCR 产物于 0.8%琼脂糖凝胶电泳中检测。Sa、Sb 和 Sc 片段的 PCR 产物用胶回收试剂盒纯化，然后分别与 pMD18-T 载体连接，转化至 *E. coli* TG1 感受态细胞，涂布含氨苄青霉素（ampicillin，Amp）（50μg/mL）的 LB 平板，37℃培养 12h，挑取单个菌落接种于含氨苄青霉素（50μg/mL）的 LB 液体培养基，37℃摇菌 12h，提取质粒 DNA 并进行鉴定，阳性质粒送至生工生物工程（上海）股份有限公司（以下简称上海生工）进行测序。

9. *S* 基因及其编码蛋白的分子特性分析

用生物信息学软件对拼接的全长 *S* 基因进行序列比对、氨基酸疏水性和分子进化树分析，其中 CV777、Br1/87、JS-2004-2、KPEDV、KOR/Chinju99/1999、DX、LJB/03、LZC 和 DR13/1999 毒株的 *S* 基因序列均引自 GenBank，获取的序列号分别为 AF353511、Z25483、AY653204、AF500215、AY167585、EU031893、

DQ985739、EF185992 和 DQ862099。根据 N-糖基化位点的保守结构域，即 Asn-X-Ser/Thr 对克隆的 *S* 基因推导的氨基酸进行分析，确定其潜在的糖基化位点数目及位置。用在线信号肽预测软件（http://www.cbs.dtu.dk/services/SignalP/）对 S 蛋白信号肽切割位点进行预测，确定其信号肽序列。根据 Follis 等（2006）报道的冠状病毒 I 群和 II 群成员 S 蛋白的 S1 亚基与 S2 亚基之间的保守结构域 GxCx 及保守九肽，对克隆的 *S* 基因推导的氨基酸序列进行分析，从而对 PEDV S 蛋白的功能区进行划分。

（二）结果

1. 猪流行性腹泻病毒的细胞培养

根据 Hofmann 和 Wyler（1988）报道的方法，将 PEDV CV777 病毒在单层的 Vero E6 细胞上进行培养，当病毒感染细胞 48h 后开始出现 CPE，到 72h 时 CPE 明显（图 1-2）。细胞病变初期表现为部分细胞开始融合、边缘界线不清、溶胀的细胞核蓄积，随后溶胀的细胞核移至合胞体形成大小不一的空泡，然后细胞结构被破坏，病毒释放。

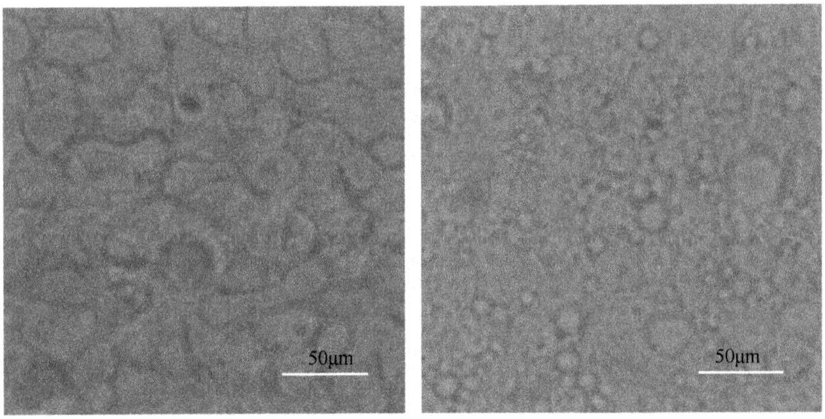

A　　　　B

图 1-2　PEDV CV777 毒株的细胞病变（CPE）（彩图请扫封底二维码）

A. 正常 Vero E6 细胞对照；B. PEDV CV777 毒株感染的 Vero E6 细胞

2. Sa、Sb 和 Sc 片段的 RT-PCR 扩增

将 Sa、Sb 和 Sc 片段的 RT-PCR 产物于 0.8%琼脂糖凝胶电泳中检测。结果显示，扩增的 Sa、Sb 和 Sc 片段长度与预期的 2107bp、1495bp 和 1441bp 相符（图 1-3）。

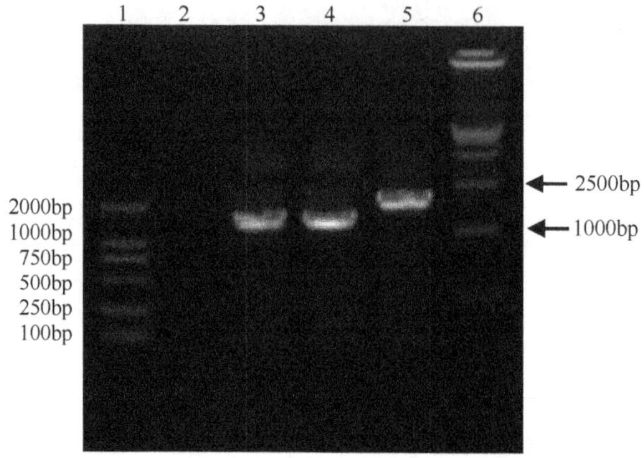

图 1-3　Sa、Sb 和 Sc 片段 RT-PCR 产物 0.8%琼脂糖凝胶电泳图

1. DL2000 DNA Marker；2. H_2O 对照；3. Sc RT-PCR 产物；4. Sb RT-PCR 产物；5. Sa RT-PCR 产物；6. DL15 000 DNA Marker

3. 猪流行性腹泻病毒 *S* 基因序列分析及分子特性

（1）可读框（ORF）特征

将 Sa、Sb 和 Sc 片段的 RT-PCR 产物使用 pMD18-T 载体克隆后进行测序，对 Sa、Sb 和 Sc 片段的测序结果进行拼接，我们获得了由 A 为 1009bp（24.24%）、G 为 877bp（21.07%）、T 为 1438bp（34.55%）和 C 为 838bp（20.13%）组成的长 4162bp 的 CV777 毒株 *S* 基因全长序列，它包括一个以 ATG 为起始密码子、TGA 为终止密码子、编码 1383 个氨基酸的可读框（ORF），在起始密码子 ATG 上游 8 个碱基处有“GUAAAC”序列，该序列是亚基因组 mRNA 转录位点。

（2）*S* 基因分子进化树

用 DNASTAR 软件 Clustal W 法构建 CV777、Br1/87、DR13/1999、LZC、JS-2004-2、LJB/03、DX、KPEDV 和 KOR/Chinju99/1999 毒株的 *S* 基因分子进化树，结果显示，这 10 个毒株分成两个群：第一群中包括两个亚群，第一亚群由中国现地分离株 DX、LJB/03、JS-2004-2 和 LZC 组成，第二亚群由 CV777、Br1/87 和 DR13/1999 组成；第二群由 KOR/Chinju99/1999 和 KPEDV 毒株组成。我们克隆的 CV777 毒株细胞适应毒株 *S* 基因与经典 CV777 毒株的亲缘关系最近，同时也发现中国现地分离株 *S* 基因与经典毒株 CV777 和 Br1/87 的亲缘关系较近（图 1-4）。

（3）S 蛋白氨基酸的疏水性

用 DNAMAN 软件对 CV777 *S* 基因推导的氨基酸序列进行疏水性分析，结果表明，S 蛋白 C 端第 1326～1364 位氨基酸有一个高度疏水区（图 1-5），这个结果与 PEDV CV777 S 蛋白一致。

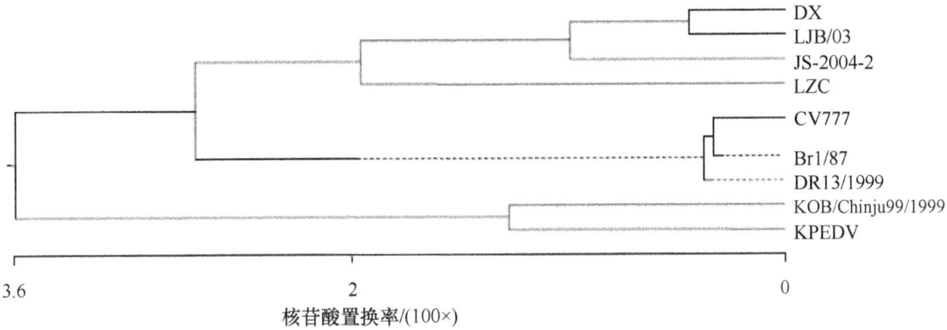

图 1-4　PEDV *S* 基因分子进化树

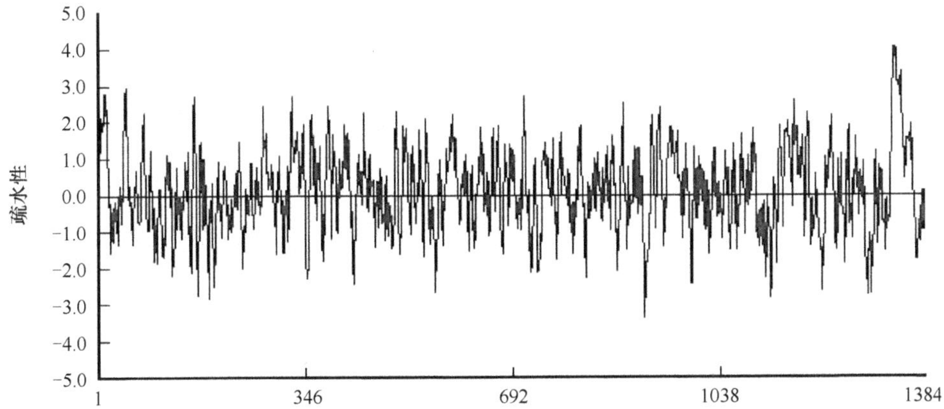

图 1-5　PEDV CV777 S 蛋白氨基酸疏水性分析（彩图请扫封底二维码）

（4）S 蛋白信号肽预测结果

利用在线信号肽预测软件，对 S 蛋白信号肽切割位点进行预测。结果显示，我们克隆的 *S* 基因推导氨基酸的 N 端第 20 位氨基酸是其信号肽切割位点，信号肽序列位于第 1～20 位氨基酸（$M^{1}TPLIYFWLFLPVLLTLSLP^{20}$），这个结果与 CV777 毒株 S 蛋白完全一致（图 1-6）。

（5）S 蛋白潜在糖基化位点分析

PEDV S 蛋白属于典型的 I 型糖蛋白，糖基化是体现其功能的一个重要指标，根据 N-糖基化位点的保守结构域“Asn-X-Ser/Thr”对克隆的 *S* 基因推导的氨基酸进行潜在糖基化位点分析。结果表明，CV777 S 蛋白含有 28 个潜在的糖基化位点，其序列和位置分别为 $N^{57}SS^{59}$、$N^{112}TS^{114}$、$N^{127}KT^{129}$、$N^{213}VT^{215}$、$N^{230}CS^{232}$、$N^{261}DS^{263}$、$N^{297}QT^{299}$、$N^{321}DT^{323}$、$N^{341}LS^{343}$、$N^{348}SS^{350}$、$N^{422}FT^{424}$、$N^{511}IT^{513}$、$N^{553}VT^{555}$、$N^{664}SS^{666}$、$N^{685}VT^{687}$、$N^{719}ST^{721}$、$N^{723}NT^{725}$、$N^{740}CT^{743}$、$N^{778}IS^{780}$、$N^{784}FS^{785}$、$N^{870}FS^{872}$、$N^{1006}IT^{1007}$、$N^{1229}LT^{1231}$、$N^{1246}KT^{1248}$、$N^{1270}AT^{1272}$、$N^{1275}LT^{1277}$、

N1292TT1294、N1305NT1307，CV777 S 蛋白潜在的糖基化位点数目和位置与 PEDV CV777 亲本毒株 S 蛋白相一致。

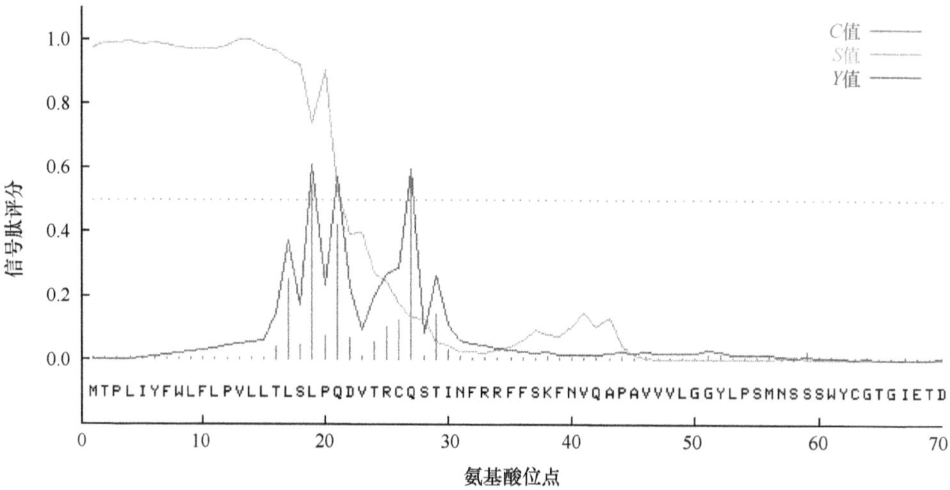

图 1-6　PEDV CV777 毒株 S 蛋白信号肽预测（彩图请扫封底二维码）

C 值：剪切位点值，每个氨基酸有一个 *C* 值，在剪切位点处 *C* 值最高；*S* 值：每个氨基酸对应一个 *S* 值，信号肽区域的 *S* 值较高；*Y* 值：综合考虑 *S* 值和 *C* 值的一个参数，其比单独考虑 *C* 值更精确

4. S 蛋白 S1 和 S2 功能区的划分

根据 Follis 等（2006）报道的冠状病毒Ⅱ群成员 S 蛋白的 S1 亚基和 S2 亚基的序列特征，我们对冠状病毒Ⅰ群成员的 PEDV、TGEV、FIPV、HCoV-229E 和 HCoV-NL63，冠状病毒Ⅱ群成员的 MHV、SARS-CoV、BCoV 和 HCoV-OC43，以及冠状病毒Ⅲ群成员的 IBV 的 S 蛋白序列进行了分析。结果显示，Ⅰ群成员的 S 蛋白也具有与Ⅱ群成员 S 蛋白的 S1 亚基和 S2 亚基接合处相似的结构域，即 GxCx 和保守的九肽序列（表 1-2）。根据这两个保守的序列，我们将 PEDV S 蛋白第 1～789 位氨基酸定义为 S1 功能区（S1），将第 790～1383 位氨基酸定义为 S2 功能区（S2）。

（三）讨论

冠状病毒纤突蛋白（S）突出于病毒粒子外，在受体细胞结合吸附、膜融合等方面可发挥重要的作用，也是诱导机体产生保护性中和抗体的主要免疫蛋白（Duarte and Laude，1994）。冠状病毒的基因组是单股、正链的 RNA，由于 RNA 聚合酶缺乏矫正功能，因此冠状病毒基因组 RNA 在复制过程中容易发生变异。冠状病毒的 *S* 基因是其结构蛋白编码基因中最大的一个，而且 S 蛋白存在于病毒粒子的表面，因此，*S* 基因被认为是冠状病毒中发生变异可能性最大的基因。PEDV 是冠状病毒科 α-冠状病毒属的Ⅰ群成员，与其同科的有另外一个猪病毒性腹泻病

表 1-2 部分冠状病毒 S 蛋白推测的 S1 亚基和 S2 亚基接合区序列分析

冠状病毒部分成员	GxCx 结构域	保守序列
PEDV（Ⅰ群）	^{752*}GVCK^{755*}	^{781*}IPTNFSMSI^{789*}
TGEV（Ⅰ群）	^{806*}GVCK^{809*}	^{835*}IPTNFTISV^{843*}
FIPV（Ⅰ群）	^{811*}GVCK^{814*}	^{840*}IPTNFTISV^{848*}
HCoV-229E（Ⅰ群）	^{551*}GVCA^{554*}	^{581*}IPSNWTTSV^{589*}
HCoV-NL63（Ⅰ群）	^{735*}GICA^{738*}	^{765*}IPSNWTTSV^{773*}
MHV（Ⅱ群）	^{756*}GLCV^{759*}	^{803*}IPTNFTIGH^{811*}
BCoV（Ⅱ群）	^{755*}GYCV^{758*}	^{802*}IPSEFTIGN^{810*}
HCoV-OC43（Ⅱ群）	^{753*}GYCV^{756*}	^{800*}IPSEFTIGN^{808*}
SARS-CoV（Ⅱ群）	^{655*}GICA^{658*}	^{696*}IPTNFSISI^{704*}
IBV（Ⅲ群）	^{435*}GECV^{438*}	^{593*}IPDSFNLTV^{601*}

*分别代表 GxCx 结构域和保守九肽在部分冠状病毒 S 蛋白上相对应的氨基酸位置；以上各冠状病毒 S 蛋白及其在 GenBank 上的登录号如下：PEDV（AF353511），TGEV（AJ271965），FIPV（AY994055），HCoV-229E（DQ243986），HCoV-NL63（NC005831），MHV（NC001846），BCoV（NC003045），HCoV-OC43（S62886），SARS-CoV（AY864806），IBV（DQ490220）

原——猪传染性胃肠炎病毒（TGEV）。自 SARS 暴发后，人们非常关注冠状病毒的遗传变异。自 PEDV 首次报道以来，已有 40 多年的时间，那么目前 PEDV 的遗传演化情况，也是学者关注的问题。近年来，PEDV *S* 基因遗传演化方面的研究表明，PEDV 的 *S* 基因在病毒感染和流行过程中确实发生了一定的变化。但是，从 *S* 基因的核苷酸和推导的氨基酸水平上看，PEDV *S* 基因在病毒进化过程中是保守的，因为各地分离株 *S* 基因的核苷酸与推导的氨基酸序列的同源性均达到 90% 以上，而且 S 蛋白氨基酸的糖基化位点和疏水区在各毒株之间也仅有较小的变化。另外，目前的资料显示，PEDV 和 TGEV 只有一个血清型，这个结果与这两个冠状病毒 *S* 基因的保守性是切实相关的。相反，冠状病毒属Ⅲ群的鸡传染性支气管炎病毒（IBV）*S* 基因的核苷酸序列在病毒流行过程中发生了较大变化，这也是 IBV 多血清型存在的一个原因。

Follis 等（2006）研究发现，冠状病毒Ⅱ群成员 S 蛋白在 S1 亚基和 S2 亚基接合区有两个保守的结构域，即“GxCx”和“保守九肽”，在这两个保守结构域之间含有蛋白酶切割位点，在病毒感染细胞过程中，S 蛋白被切割成 S1 亚基和 S2 亚基，这样能增强病毒对宿主细胞的感染力。根据 Follis 等（2006）报道的结果，我们对部分冠状病毒的 *S* 基因和本试验克隆的 *S* 基因进行了序列分析，发现本试验克隆的 *S* 基因和其他 PEDV 毒株的 *S* 基因也含有与冠状病毒Ⅱ群成员 S 蛋白相似的两个保守结构域，即“GxCx”和“保守九肽”。PEDV S 蛋白的“GxCx”结构域与猪传染性胃肠炎病毒（TGEV）和猫传染性腹膜炎病毒（FIPV）的相同，“保守九肽”与 SARS 冠状病毒（SARS-CoV）的同源性最高，只有一个氨基酸不同。虽然冠状病毒Ⅰ群成员的S蛋白在感染过程中不被切割成S1亚基和S2亚基，但是在相对应的位置上存在这两个结构域，这为PEDV S蛋白的受体结合域、抗原表位区域（S1区）和膜融合区域（S2区）的人为划分提供了依据。

目前，GenBank中收录的PEDV *S*基因全长序列有9个毒株，分别为CV777、Br1/87、DR13/1999、LZC、JS-2004-2、LJB/03、DX、KPEDV和KOR/Chinju99/1999毒株。其中LZC、JS-2004-2、LJB/03和DX毒株为中国分离株，KPEDV、KOR/Chinju99/1999和DR13/1999毒株为韩国分离株，CV777和Br1/87毒株是PEDV的经典毒株，分别分离于比利时和英国。序列比对结果显示，9个毒株*S*基因的同源性高于90%，说明PEDV *S*基因在各毒株之间具有较高的保守性。分子进化树分析结果表明，CV777、Br1/87、DR13/1999、LZC、JS-2004-2、LJB/03和DX位于同一群，KPEDV和KOR/Chinju99/1999毒株位于同一群，这个结果提示，中国现地流行的PEDV毒株与PEDV经典毒株CV777和Br1/87毒株的亲缘关系较近。因此，PEDV CV777毒株*S*基因作为试验材料可以用于研究预防中国PEDV的基因工程疫苗及诊断试剂。

本试验克隆了PEDV CV777毒株Vero E6细胞适应毒株*S*基因的全长序列，序列分析和S蛋白特性分析结果表明，我们克隆的PEDV *S*基因保持了经典CV777毒株*S*基因的分子特性，并且与其他分离株具有较高的同源性。根据冠状病毒Ⅱ群成员S蛋白S1亚基和S2亚基接合区两个保守的结构域，可以将PEDV S蛋白人为分成两个功能区，即S1（1～789aa）和S2（790～1383aa）。本试验的研究结果为后续的PEDV S蛋白抗原表位和受体结合域的研究奠定了物质基础。

二、猪流行性腹泻病毒S蛋白S1区B细胞抗原表位的筛选和鉴定

（一）材料与方法

1. 载体与菌种

George P. Smith教授的fd丝状噬菌体展示系统由中国农业科学院哈尔滨兽医研究所禽传染病研究室王笑梅研究员赠送，*E. coli* TG1感受态细胞和pGEX-6p-1载体均由本实验室保存。

2. 主要生化试剂

QIAquick®胶回收试剂盒（货号28704）、QIAGEN®质粒中量提取试剂盒（货号12143）和QIAquick®PCR纯化试剂盒（货号28104）购自QIAGEN公司；辣根过氧化物酶（horseradish peroxidase，HRP）标记的羊抗兔IgG和异硫氰酸荧光素（fluorescein isothiocyanate，FITC）标记的羊抗鼠IgG购自Sigma公司；克列

诺片段（Klenow fragment）、T4 DNA 聚合酶、牛小肠碱性磷酸酶（calf intestinal alkaline phosphatase，CIP）、ExTaq DNA 聚合酶和 DNase I 购自大连 TaKaRa 公司；T4 DNA 连接酶、*Pvu* II 限制性内切酶购自 Fermentas 公司；B-PER® GST 自旋纯化试剂盒购自 Pierce 公司；DNA Marker、异丙基硫代-β-D-半乳糖苷（isopropylthio-β-D- galactoside，IPTG）、丙烯酰胺、甲叉双丙烯酰胺均购自宝生物工程（大连）有限公司；分子量标准蛋白购自 Fermentas；其他试剂均为分析纯。

3. 实验动物与血清

清洁级 8 周龄雌性 BALB/c 小鼠购自中国农业科学院哈尔滨兽医研究所，实验动物许可证号为 SYXK（黑）20020008；兔抗 PEDV 多克隆血清由本实验室制备、保存。

4. 仪器设备

低温台式高速离心机（Allegra™ 21R Centrifuge，美国 Beckman 公司）；PCR 仪（Gene Amp PCR System 2400 型，美国 Perkin-Elmer 公司）；紫外凝胶成像仪（Image Master VDS，瑞典 Pharmacia 公司）；酶标仪（Bio-Rad 680）；电穿孔仪（Bio-Rad Gene Pulser Xcell）；转印仪（Bio-Rad Semi-Dry Transfer Cell Trans-Blot SD）；连接仪（ThermoStat plus，德国 Eppendorf 公司）；电热恒温水浴槽（DK-8D 型，上海精宏实验设备有限公司）；振荡培养箱（HZQ-X100，哈尔滨市东联电子技术开发有限公司）；室温台式离心机（Centrifuge 5415D，德国 Eppendorf 公司）；Ⅱ级生物安全柜（Forma class Ⅱ，A2 Biological Safety Cabinet，Thermo Electron Corporation）；ELISA 板购自 Nunc 公司。

5. 猪流行性腹泻病毒 *S1* 基因特异性肽库的构建

（1）PEDV *S1* 基因的克隆

根据 PEDV CV777 病毒 *S* 基因的核苷酸序列，利用特异性的上游引物 S1F（5′-ATTTGTGGCTTTTCTAATCA-3′）和下游引物 S1R（5′-TACTCATACTAAAG-TTGGTGGG-3′）扩增含有 PEDV S 蛋白免疫优势区的 *S1* 基因（1～2367nt），将 PCR 产物纯化后连接到 pMD18-T 载体上进行克隆，测序验证后，将序列正确的阳性质粒命名为 pMD18-TS1。

（2）DNase Ⅰ对基因的消化

用 0.85% NaCl 溶液将 DNase Ⅰ分别稀释成 1U/mL、0.75U/mL、0.5U/mL 和 0.25U/mL 的使用液，用不同稀释度的 DNase Ⅰ对以 pMD18-TS1 质粒为模板通过 PCR 扩增获得的 S1 片段进行随机消化，酶切体系如下：*S1* 基因 PCR 产物（0.5μg/μL）5μL、10×G buffer 2μL、$MnCl_2$（0.1mol/L）2μL、DNase Ⅰ（1U/mL、

0.75U/mL、0.5U/mL 和 0.25U/mL）5μL、ddH$_2$O 6μL，16℃反应 10min，迅速加 2μL 250mmol/L 的 EDTA 终止反应，然后取 20μL 酶切产物于 2%琼脂糖凝胶电泳中检测，以酶切产物集中在 50～400bp 为标准来确定 DNase Ⅰ最佳的消化浓度。

（3）*S1* 基因随机片段的制备

根据确定的 DNase Ⅰ消化条件，将 *S1* 基因 PCR 产物用终浓度为 1U/mL 的 Dnase Ⅰ进行消化，酶切体系如下，*S1* 基因 PCR 产物（0.5μg/μL）20μL、10×Dnase Ⅰ buffer 8μL、MnCl$_2$（0.1mol/L）8μL、DNase Ⅰ（1U/mL）20μL、ddH$_2$O 24μL，16℃反应 10min，迅速加 8μL 250mmol/L 的 EDTA 终止反应，然后用 QIAquick® 胶回收试剂盒回收 50～400bp 长的 *S1* 基因短片段，取 5μL 于 2%琼脂糖凝胶电泳中检测。

（4）*S1* 基因随机片段的补平

取 *S1* 基因随机片段 30μL、10×T4 DNA 聚合酶 buffer 5μL、0.1%牛血清白蛋白（bovine serum albumin，BSA）5μL、2.5mmol/L dNTP 5μL，70℃加热 5min，37℃反应 2min，加 5μL T4 DNA 聚合酶，37℃反应 5min，剧烈振荡 30s。然后加入 10×Klenow buffer 10μL、2.5mmol/L dNTP 5μL、Klenow 片段 2.5μL、ddH$_2$O 32.5μL，37℃反应 1h，65℃加热 5min，用酚/氯仿（1∶1）抽提后转移上清，加 10μL 乙酸钠（3mol/L，pH 5.2），加 220μL 无水乙醇，−20℃沉淀 30min，15 000r/min 4℃离心 15min，弃掉上清，用 1mL 冰冷的 70%乙醇洗一次，干燥后用 25μL TE 缓冲液溶解，取 5μL 用凝胶成像系统进行定量测量，其余样品于−20℃保存备用。

（5）fuse Ⅰ丝状噬菌体载体制备

用 fuse Ⅰ载体转化 *E. coli* TG1 后，挑取单个菌落接种于含有 20μg/mL 四环素的 50mL LB 培养基，37℃培养 12h 后收集菌液，用 QIAGEN® 质粒中量提取试剂盒提取并纯化 fuse Ⅰ载体。纯化的 fuse Ⅰ载体用 *Pvu* Ⅱ限制性内切酶进行单酶切，酶切体系如下，fuse Ⅰ载体（0.1μg/μL）20μL、*Pvu* Ⅱ限制性内切酶 2μL、10×G buffer 5μL、ddH$_2$O 23μL，37℃作用 1h，酶切产物用酚/氯仿（1∶1）抽提后转移上清，加 5μL 乙酸钠（3mol/L，pH 5.2），加 110μL 无水乙醇，−20℃沉淀 30min，12 000r/min 4℃离心 15min，弃上清，用 1mL 冰冷的 70%乙醇洗一次，干燥后用 25μL ddH$_2$O 溶解，取 2μL 酶切产物于 0.8%琼脂糖凝胶电泳中检测。fuse Ⅰ载体酶切沉淀产物用牛小肠碱性磷酸酶（CIP）进行去磷酸化，反应体系如下，fuse Ⅰ载体切割产物 20μL、10×CIP buffer 10μL、CIP 4μL、ddH$_2$O 66μL，37℃作用 4h，然后用 QIAquick® PCR 纯化试剂盒对去磷酸化的产物进行纯化，取 1μL 纯化产物于 0.8%琼脂糖凝胶电泳中进行检测，同时用凝胶成像系统对纯化产物浓度进行定量测量。

（6）*E. coli* MC1061 电转化感受态细胞的制备

E. coli MC1061 菌种于 LB 平板划线，37℃培养 12h 后挑取单个菌落接种到

5mL LB 培养基中，37℃过夜培养，取 2mL 过夜培养物接种到 100mL LB 培养基中，振荡培养至 OD_{600} 为 0.4，冰浴 30min，4℃ 2000r/min 离心 15min，弃上清，用 50mL 冰冷的含 20%甘油的 4-羟乙基哌嗪乙磺酸［4-(2-hydroxyethyl)-1-piperazineethanesulfonic acid，HEPES］液（1mmol/L）轻柔悬起细胞，4℃ 2000r/min 离心 15min，弃上清，用 20mL 冰冷的含 20%甘油的 HEPES 液轻柔悬起细胞，4℃ 2000r/min 离心 15min，弃上清，用 2mL 冰冷的含 20%甘油的 HEPES 液轻柔悬起细胞，分装于预冷的 1.5mL EP 管中（每管 200μL），然后置于−80℃保存备用。

（7）*S1* 基因特异性肽库的构建

将处理的 *S1* 基因随机片段（16ng）和 fuse Ⅰ载体（250ng）连接后，电转化（C 为 25μF，R 为 200Ω，U 为 2500V）200μL *E. coli* MC1061 感受态细胞，转化产物接种于 10mL 含 0.2μg/mL 四环素的 SOC 培养基中，37℃ 220r/min 摇菌 1h，然后转移至 20mL 含 20μg/mL 四环素的 LB 培养基中，37℃ 220r/min 振荡培养 12h，用 PEG/NaCl 法（PEG_{8000} 16.7%，NaCl 3.3mol/L）对过夜培养物上清液中的噬菌体进行纯化，纯化的噬菌体为 PEDV *S1* 基因特异性肽库，将其于−80℃保存。纯化噬菌体浓度的计算公式如下：

$$\text{病毒粒子数/mL}=\frac{(A_{269}-A_{320})\times 6\times 10^{16}}{9312} \tag{1-1}$$

（8）*S1* 基因特异性肽库容量测定

将 *S1* 基因随机片段和 fuse Ⅰ载体连接，电转化 *E. coli* MC1061 后，取出 5μL 转化菌液加入 495μL SOC 培养基中（1∶100），混匀取出 50μL 加入第二管 450μL SOC 培养基中（1∶1000），混匀后再取出 50μL 加入第三管 450μL SOC 培养基中（1∶10 000），涂板后于 37℃过夜培养，然后计算细菌菌落数，肽库容量=菌落个数×稀释度。

（9）*S1* 基因特异性肽库四环素转导单位（transducing unit，TU）测定

E. coli K91BluKan 接种于 20mL TB 培养基中（含有 50μg/mL 卡那霉素），37℃振荡培养，当 1/10 稀释菌液的 OD_{600} 为 0.1～0.2 时，温和振荡（100r/min）培养 5min，此时的细胞为饥饿细胞，于 37℃保存备用。用含 0.1%明胶的 TBS 溶液将病毒粒子分别稀释成 2×10^5 个病毒粒子/mL、2×10^6 个病毒粒子/mL 和 2×10^7 个病毒粒子/mL，每个稀释度的溶液取 10μL。向每个稀释的噬菌体中加 10μL 饥饿细胞充分混匀，室温孵育 10min，然后加入 500μL SOC 培养基（含 0.2μg/mL 四环素），37℃摇菌培养 1h，3000r/min 4℃离心 10min，涂布含 40μg/mL 四环素、100μg/mL 卡那霉素的 LB 平板，37℃培养 24h，记录细菌菌落数，用公式 TU/mL=100×菌落数×病毒粒子稀释倍数来计算肽库的 TU。

（10）*S1* 基因特异性肽库的随机性和插入片段长度测定

S1 基因原始肽库 TU 测定后，随机挑取 12 个单菌落，按照 Smith（2005a）

介绍的方法提取噬菌体的双链复制型，以提取的噬菌体基因组为模板，上游引物为 5′-TTTTGGAGATTTTCAACGTG-3′，下游引物为 5′-CAGCCCTCATAGTTAGCGTA-3′，进行 PCR 扩增，fuse Ⅰ空载体对照扩增大小为 201bp，PCR 产物于 1%琼脂糖凝胶电泳中检测，然后用 BioFlux 公司的 BioSpin 胶回收试剂盒纯化 PCR 产物，对纯化的 PCR 产物进行测序，分析插入片段的大小和位置。

（11）*S1* 基因特异性肽库的扩增

E. coli K91BluKan 接种于 10mL TB 培养基中（含有 50μg/mL 卡那霉素），37℃振荡培养，当 1/10 稀释菌液的 OD_{600} 为 0.1～0.2 时，温和振荡（100r/min）培养 5min，加 100μL 原始肽库，继续温和振荡（100r/min）培养 15min，将 10mL 培养物加到预温的含有 0.22μg/mL 四环素的 50mL LB 培养基中，振荡培养 35min，补加四环素至终浓度为 18μg/mL，37℃振荡培养 12h，用 PEG/NaCl（PEG_{8000} 16.7%，NaCl 3.3mol/L）对过夜培养物上清液中的噬菌体进行纯化，纯化的噬菌体为 PEDV *S1* 基因扩增肽库，于−80℃保存。

6. *S1* 基因特异性肽库的生物淘选及展示表位的鉴定

（1）*S1* 基因特异性肽库的生物淘选

以纯化的 PEDV 多克隆抗体为靶蛋白，按 Smith GP 试剂盒程序对 *S1* 基因噬菌体展示肽库进行 3 轮生物淘选（Smith，2005b）。第一轮生物淘选条件为将 PEDV 多克隆抗体 1∶50 稀释后作为包被原，TBST 洗液中 Tween-20 的含量为 0.1%；第二轮生物淘选条件为将 PEDV 多克隆抗体 1∶100 稀释后作为包被原，TBST 洗液中 Tween-20 的含量为 0.3%；第三轮生物淘选条件为将 PEDV 多克隆抗体 1∶200 稀释后作为包被原，TBST 洗液中 Tween-20 的含量为 0.5%；每一轮淘选噬菌体肽库加入量为 10^8 TU。按上述“构建”步骤（9）和（11）对每一轮淘选后洗脱的病毒粒子分别进行 TU 测定和扩增，计算每一轮淘选后病毒粒子的产率，计算公式：产率=产出病毒粒子数/投入病毒粒子数×100%。

（2）噬菌体展示表位的鉴定

在 *S1* 基因特异性肽库第三轮生物淘选后，对其洗脱的噬菌体病毒粒子进行 TU 测定，测定后随机挑取 30 个单菌落，按照 Smith（2005a）介绍的方法提取噬菌体的双链复制型，以提取的噬菌体基因组为模板，上游引物为 5′-TTTTGGAGATTTTCAACGTG-3′，下游引物为 5′-CAGCCCTCATAGTTAGCGTA-3′，进行 PCR 扩增，fuse Ⅰ空载体对照扩增大小为 201bp，PCR 产物于 1%琼脂糖凝胶电泳中检测。然后用 BioFlux 公司的 BioSpin 胶回收试剂盒对 PCR 产物进行纯化，对纯化的 PCR 产物进行测序，从而确定 PEDV S 蛋白淘选表位的序列。然后将淘选的表位序列与 Br1/87、DR13/1999、LZC、JS-2004-2、LJB/03、DX、KPEDV 和 KOR/Chinju99/1999 毒株 S 蛋白进行比对分析。

7. S1P1、S1P2 和 S1P3 抗原短肽 ELISA 与 Western blotting 分析

（1）S1P1、S1P2 和 S1P3 噬菌体 ELISA

将展示 S1P1、S1P2 和 S1P3 序列的噬菌体克隆后，用 PEG/NaCl 法进行纯化。然后以纯化的噬菌体作为包被原进行 ELISA，噬菌体 ELISA 程序如下：纯化噬菌体（1.0×10^{10}个/mL）和野生噬菌体对照（1.0×10^{10}个/mL）4℃包被 12h，5%脱脂乳 37℃封闭 1h，100μL 兔抗 PEDV 抗体（1∶100 稀释）37℃作用 1h，100μL HRP 标记的羊抗兔 IgG（1∶8000 稀释）37℃作用 1h，用四甲基联苯胺（tetramethylbenzidine，TMB）底物在 37℃显色 10min，用 2mol/L H_2SO_4 终止 5min，在 450nm 处测定吸光值。

（2）S1P1、S1P2、S1P3 和 S1P123 原核表达及纯化

为了进一步验证 S1P1、S1P2 和 S1P3 表位的抗原性，将 S1P1、S1P2 和 S1P3 克隆到 pGEX-6p-1 原核表达载体，同时利用剪接重叠延伸 PCR（splicing overlapping extension PCR，SOE-PCR）技术构建了 S1P1、S1P2 和 S1P3 串联表位 S1P123 的 pGEX-6p-1 原核表达载体，并在 S1P1、S1P2 和 S1P3 序列之间依次加上不影响抗原性的甘氨酸（G）、脯氨酸（P）和甘氨酸（G）3 个疏水性氨基酸的密码子。S1P123 串联表位 SOE-PCR 的特异性引物见表 1-3，操作程序如下：以 pMD18-TS1 质粒为模板，利用 S1P1、S1P2 和 S1P3 特异性引物分别扩增 S1P1、S1P2 和 S1P3 片段，PCR 产物用 BioFlux 公司的 BioSpin 胶回收试剂盒进行纯化，以 S1P1 和 S1P3 纯化产物互为引物进行 SOE-PCR，扩增 S1P1 和 S1P3 的融合片段 S1P13，将 S1P13 PCR 产物纯化后再与纯化的 S1P2 互为引物进行 SOE-PCR，扩增 S1P1、S1P2 和 S1P3 的融合片段 S1P123，S1P123 PCR 产物经 *Bam*H Ⅰ和 *Xho* Ⅰ双酶切纯化后连接到 pGEX-6p-1 原核表达载体上。S1P1、S1P2、S1P3 和 S1P123 重组 pGEX-6p-1 载体转化 *E. coli* BL21（DE3）后用 IPTG 进行诱导表达，表达后的 GST 融合蛋白用 B-PER® GST 自旋纯化试剂盒纯化。

S1P123 核苷酸序列如下：

ggatccATACCAGAAGGTTTTAGTTTTAATAATTGGTTTCTTTTGTCCAATGACTCCACTTTGTTGCATGGTAAAGTGGTTTCAAACCAACCTTTGTTGGTCAACggaccgggaCCATGTTCTTTTTCAGAGCAGGCTGCATATGTTGATGATGATATAGTGGGTGTTATTTCTAGTTTGTCTAACTCCACTTTTAACAATACCAGGGAGTTGCCTGGTTTCTTCTACCATTCTAATGATGGCTCCAATTGTggaccgggaACTAATTTTGTTGATGCACTCATCGAGGTTCAAGGAACTGCCATTCAGCGTATTCTTTATTGTGATGACCCTGTTAGCCAACTTAAGTGTTCTCAGGTTTCTTTTGACCTTGATGATGGTTTTTACCCTATTTCTTCTAGAAACCTTCTGAGTCATGAACAGCCAATTTCTTTTctcgag。

表 1-3 S1P1、S1P2 和 S1P3 SOE-PCR 的特异性引物

短肽名称	引物序列（5′→3′）
S1P1	F：AATGGATCCATACCAGAAGGTTTTAGTTTT R：TCCCGGTCCGTTGACCAACAAAGGTTGG
S1P2	F：GGACCGGGAACTAATTTTGTTGATGCAC R：GCAACTCGAGAAAAGAAATTGGCTGTTC
S1P3	F：GGACCGGGACCATGTTCTTTTTCAGAGCAG R：TCCCGGTCCACAATTGGAGCCATCATTA

（3）S1P1、S1P2、S1P3 和 S1P123 重组蛋白 ELISA 与 Western blotting 分析

为了分析 S1P1、S1P2、S1P3 和 S1P123 重组蛋白与 PEDV 多克隆血清的反应性，对纯化的 S1P1-GST、S1P2-GST、S1P3-GST 和 S1P123-GST 融合蛋白进行 ELISA 和 Western blotting 分析。ELISA 程序：用浓度为 1μg/mL 的 GST 融合蛋白和纯化的 PEDV 对照（10μg/mL）包被，其他操作程序同噬菌体 ELISA［上述“分析”步骤（1）］。Western blotting 按萨姆布鲁克等（1992）《分子克隆实验指南》（第二版）上的方法进行，其中兔抗 PEDV 多克隆血清按 1∶100 稀释，HRP 标记的羊抗兔 IgG 按 1∶2000 稀释。

8. S1P1、S1P2 和 S1P3 抗原短肽的免疫原性分析

（1）S1P1、S1P2、S1P3 和 S1P123 重组蛋白单因子鼠血清的制备

用纯化的 GST、S1P1-GST、S1P2-GST、S1P3-GST 和 S1P123-GST 蛋白对 8 周龄雌性 BALB/c 小鼠进行 3 次免疫（每种蛋白免疫两只小鼠），每次间隔 14d，3 次免疫后测定抗体效价，然后对免疫小鼠进行眼球采血，分离血清，于−20℃保存备用。

（2）S1P1、S1P2、S1P3 和 S1P123 重组蛋白单因子鼠血清的 ELISA 检测

以纯化的 PEDV 作为包被原，用单因子鼠血清进行 ELISA 试验。ELISA 程序如下：用纯化的 PEDV（10μg/mL）4℃包被 12h，用 PBST 洗 3 次，加入 1∶100 稀释的单因子鼠血清，37℃作用 1h，用 PBST 洗 3 次，加入 HRP 标记的羊抗鼠 IgG（按 1∶8000 稀释），37℃作用 1h，用 PBST 洗 3 次，用 TMB 底物在 37℃显色 10min，然后用 2mol/L H_2SO_4 终止 5min，在 450nm 处测定吸光值。在实验中，将鼠抗 PEDV 血清和免疫前鼠血清分别设为阳性和阴性对照。

（3）S1P1、S1P2、S1P3 和 S1P123 重组蛋白单因子鼠血清的 IFA①检测

用 PEDV（10^3TCID$_{50}$/0.1mL）感染在 96 孔板上培养的 Vero E6 细胞，当 70%～80%细胞出现细胞病变（CPE）时，弃去培养液，用磷酸盐缓冲液（phosphate buffered saline，PBS）（pH 7.4）洗板 3 次，加入冰冷的丙酮（50%）和甲醇（50%）混合液固定 10min，用 PBS 洗板 3 次，加入 100μL 单因子鼠血清（按 1∶50 稀释），

① IFA：indirect fluorescence antibody，间接荧光抗体

同时将鼠抗 PEDV 阳性血清、GST 免疫血清和正常鼠血清设为对照，37℃作用 1h，用 PBS 洗板 3 次，加入 50μL FITC 标记的羊抗鼠 IgG（按 1∶100 稀释），37℃作用 45min，用 PBS 洗板 5 次，自然干燥后在荧光显微镜下观察。

（二）结果

1. 猪流行性腹泻病毒 *S1* 基因 PCR 扩增

用特异性引物通过 PCR 扩增了 PEDV *S1* 基因，PCR 产物与预期的 2367bp 大小相符（图 1-7）。

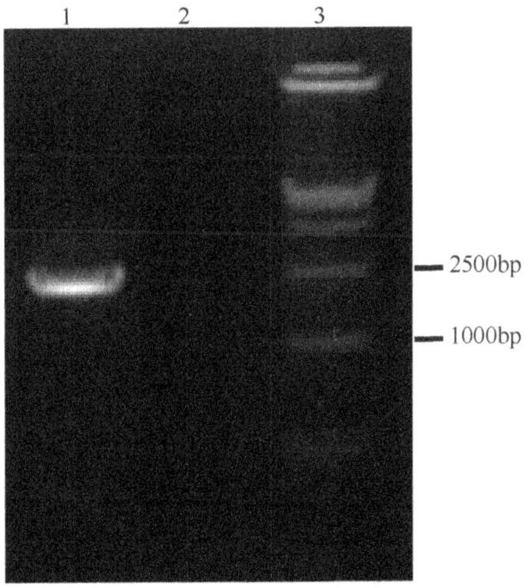

图 1-7　PEDV *S1* 基因 PCR 产物 0.8%琼脂糖凝胶电泳图

1. PEDV *S1* 基因 PCR 产物；2. 阴性对照；3. DL2000 DNA Marker

2. 用 DNase Ⅰ消化猪流行性腹泻病毒 *S1* 基因

用 1U/mL、0.75U/mL、0.5U/mL 和 0.25U/mL 4 个浓度的 DNase Ⅰ对 *S1* 基因 PCR 产物进行随机消化。结果表明，1U/mL 的 DNase Ⅰ对 *S1* 基因 PCR 产物消化后产生的随机片段主要集中在 50～400bp，符合 *S1* 基因特异性肽库的条件（图 1-7）。

3. *S1* 基因特异性肽库的鉴定

S1 基因特异性肽库的库容为 2.0×10^6，四环素转导单位（TU）为 2.7×10^8TU/mL，病毒浓度为 2.58×10^{12} 个/mL。12 个随机噬菌体克隆经 PCR 扩增后，对其进行琼脂糖凝胶电泳检测，结果显示，*S1* 基因特异性肽库的插入片段范围为 50～400bp（图 1-8，图 1-9）。进一步测序结果表明，12 个随机噬菌体克隆中，有 10 个展示可读框中的 *S1* 基因序列，并且它们位于 *S1* 基因的不同位置。

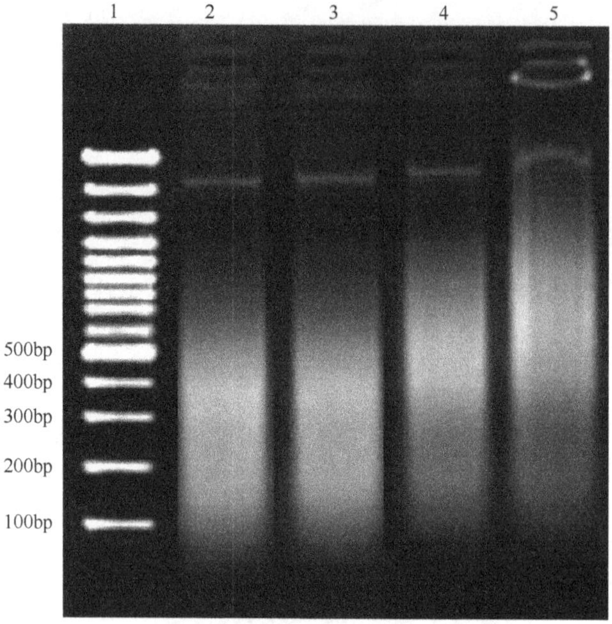

图 1-8 PEDV *S1* 基因用 DNase Ⅰ消化的结果

1. DNA Marker；2. 1U/mL DNase Ⅰ消化产物；3. 0.75U/mL DNase Ⅰ消化产物；4. 0.5U/mL DNase Ⅰ消化产物；5. 0.25U/mL DNase Ⅰ消化产物

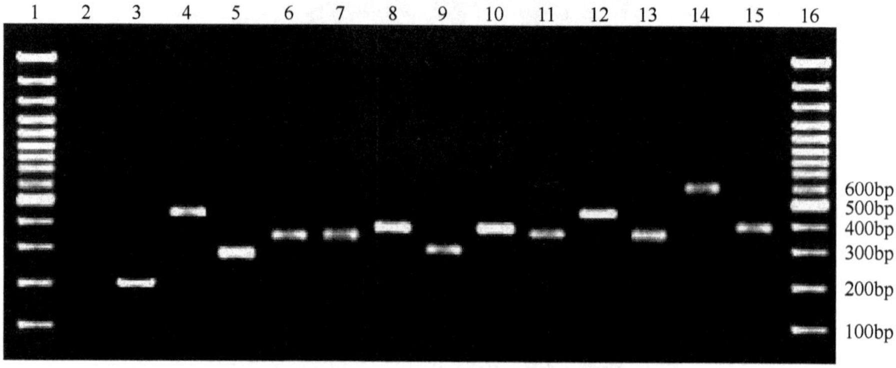

图 1-9 *S1* 基因特异性肽库随机片段 PCR 鉴定

1，16. DNA Marker；2. 阴性对照；3. fuse Ⅰ载体对照；4～15. 插入片段

4. *S1* 基因特异性肽库生物淘选

S1 基因特异性肽库 3 次生物淘选的产率分别为 1.75×10^{-6}、3.28×10^{-6}、1.13×10^{-4}，说明噬菌体病毒粒子得到了富集。30 个噬菌体克隆的测序结果显示，它们均展示正确的 *S1* 基因可读框序列，其中 10 个噬菌体克隆展示 S1P1 序列（248～280aa），7 个噬菌体克隆展示 S1P2 序列（442～499aa），13 个噬菌体克隆

展示 S1P3 序列（697～742aa）。序列比对分析显示，这 3 个序列与 PEDV KOR/Chinju99/1999、KPEDV、JS-2004-2、Br1/87 和 CV777 毒株的 S 蛋白相对应的氨基酸序列同源性分别为 99.02%、96.55%和 96.74%，这说明获得的 3 个短肽序列在各毒株之间是比较保守的（图 1-10）。

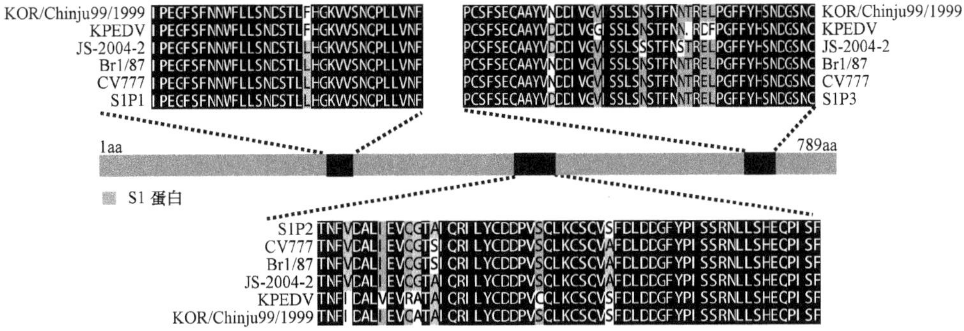

图 1-10　S1P1、S1P2 和 S1P3 表位的氨基酸序列比对（彩图请扫封底二维码）

5. 抗原短肽 ELISA 和 Western blotting 分析

S1P1、S1P2、S1P3 和 S1P123 经 PCR 扩增后（图 1-11），将其构建到原核表达载体 pGEX-6p-1 上进行原核表达，对表达后的蛋白进行纯化（图 1-12）。噬菌体 ELISA 和 GST 融合蛋白的 ELISA（图 1-13）与 Western blotting（图 1-14）结果表明，S1P1、S1P2 和 S1P3 短肽都与兔抗 PEDV 多克隆血清发生了反应，而且均以 S1P3 短肽的反应性最强。S1P123-GST 融合蛋白 ELISA 和 Western blotting 结果

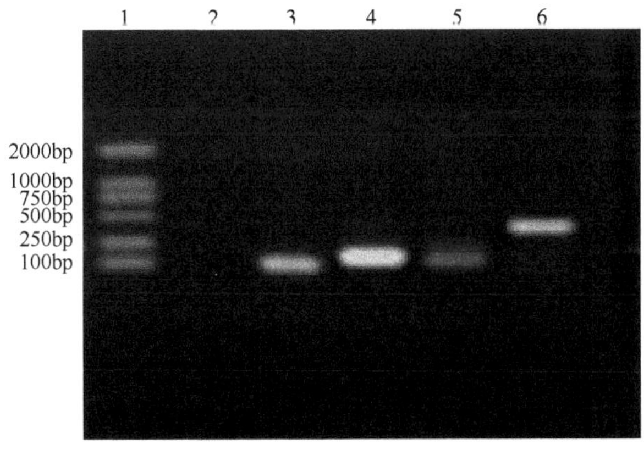

图 1-11　S1P1、S1P2 和 S1P3 SOE-PCR 产物琼脂糖凝胶电泳图

1. DL2000 DNA Marker；2. 阴性对照；3. S1P1 PCR 产物；4. S1P2 PCR 产物；5. S1P3 PCR 产物；6. S1P123 PCR 产物

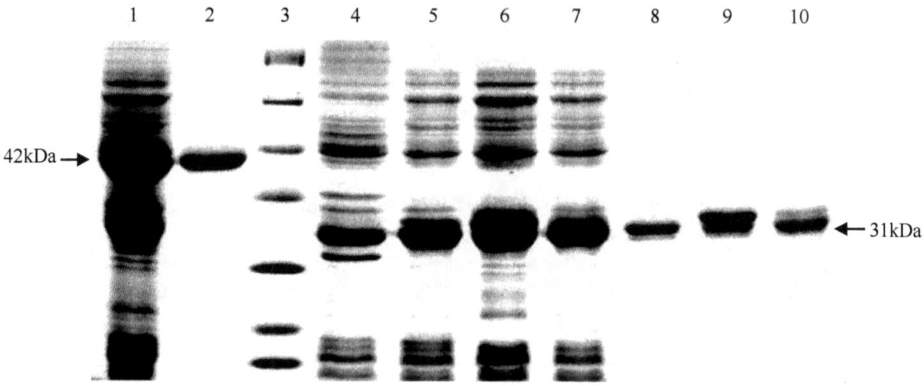

图 1-12 S1P1、S1P2 和 S1P3 与 GST 融合蛋白表达和纯化的 SDS-PAGE①

1. S1P123-GST 融合蛋白；2. 纯化的 S1P123-GST 融合蛋白；3. 蛋白质 Marker；4. GST 诱导表达对照；5. S1P1-GST 融合蛋白；6. S1P2-GST 融合蛋白；7. S1P3-GST 融合蛋白；8. 纯化的 S1P1-GST 融合蛋白；9. 纯化的 S1P2-GST 融合蛋白；10. 纯化的 S1P3-GST 融合蛋白

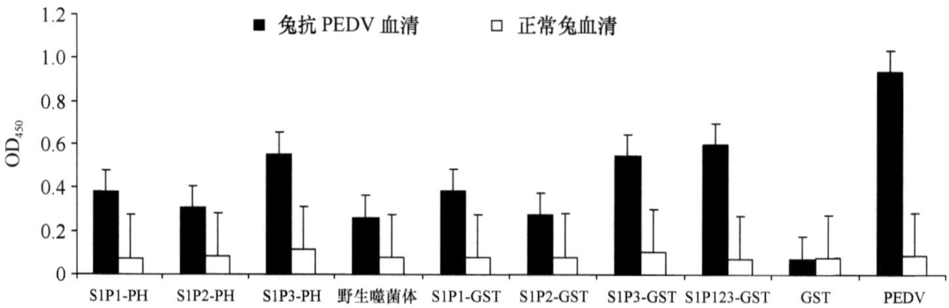

图 1-13 S1P1、S1P2 和 S1P3 重组噬菌体与 GST 融合蛋白的 ELISA 结果

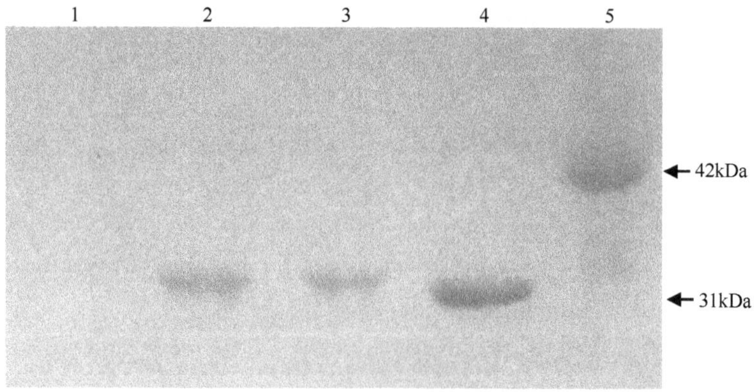

图 1-14 S1P1-GST、S1P2-GST、S1P3-GST 和 S1P123-GST 融合蛋白的 Western blotting 分析

1. GST 蛋白对照；2. S1P1-GST 融合蛋白；3. S1P2-GST 融合蛋白；4. S1P3-GST 融合蛋白；5. S1P123-GST 融合蛋白

① SDS-PAGE：sodium dodecylsulfate polyacrylamide gel electrophoresis，十二烷基硫酸钠聚丙烯酰胺凝胶电泳

显示，S1P123-GST 融合蛋白与兔抗 PEDV 多克隆血清的反应性高于 S1P1-GST、S1P2-GST 和 S1P3-GST 融合蛋白。这个结果提示我们，S1P3 是 PEDV S1 蛋白中一个主要的抗原表位，同时揭示了 S1P1、S1P2 和 S1P3 的串联表位 S1P123 具有更好的抗原性。

6. 抗原短肽的免疫原性分析

pvELISA 结果显示，S1P1、S1P2、S1P3 和 S1P123 与 GST 的融合蛋白均能够诱导小鼠产生 PEDV S 蛋白特异性的抗体(图 1-15)。IFA 结果显示，抗 S1P2-GST 血清、抗 S1P3-GST 血清和抗 S1P123-GST 血清呈现出较强的荧光信号，这个结果表明，S1P2 和 S1P3 表位序列位于 PEDV S 蛋白表面结构域上，同时也证明 S1P1、S1P2 和 S1P3 的串联表位 S1P123 具有更好的免疫原性（图 1-16）。

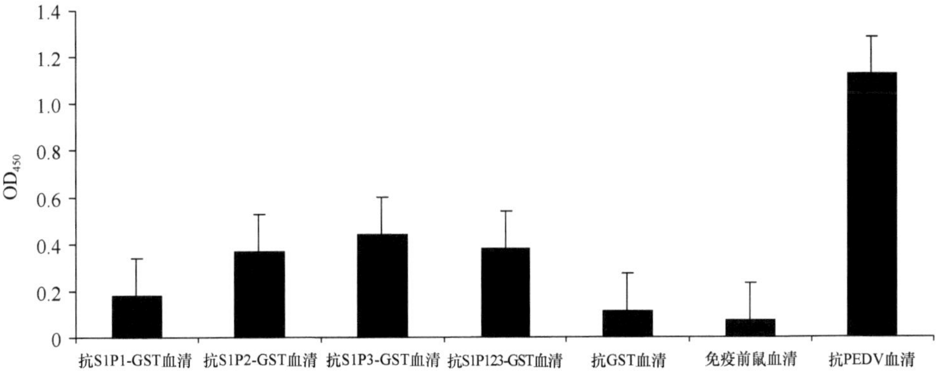

图 1-15　抗 S1P1、S1P2、S1P3 和 S1P123 与 GST 融合蛋白鼠血清的 ELISA

（三）讨论

抗原表位也称抗原决定簇，是抗原分子上刺激机体产生抗体或致敏 T 细胞的活性区域。根据抗原受体细胞的不同可将抗原表位分为 B 细胞抗原表位和 T 细胞抗原表位，二者分别在机体的体液免疫和细胞免疫中起重要作用。根据表位组成氨基酸的连续性可将 B 细胞抗原表位分为线性表位和构象表位。根据对病原有无中和作用可将 B 细胞抗原表位分为中和抗原表位和非中和抗原表位。在以体液免疫为主的病毒中，B 细胞抗原表位具有重要的意义。中和抗原表位能为病毒基因工程疫苗的研制提供依据，非中和、抗原性好的表位在病毒特异性诊断方法研究中具有很好的应用。冠状病毒成员抗原表位的特征和相对位置具有很高的相似性，主要的中和抗原表位一般都是位于 S 蛋白的 S1 亚基或 S1 区。目前，TGEV、BCoV、FIPV、IBV、MHV 和 SARS-CoV 等冠状病毒 S 蛋白的抗原表位得到了研究和定位，鉴定的抗原表位在疾病诊断和基因工程疫苗研究等方面得到了很好的应用。

PEDV 是冠状病毒属中的一员，它的 S 蛋白抗原表位的研究和揭示同样具有重要的意义。

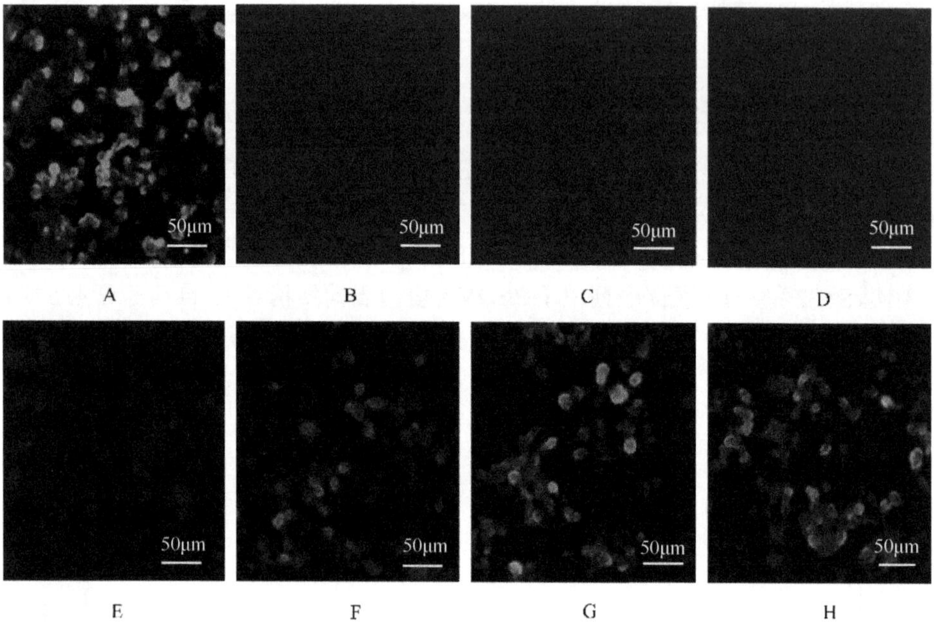

图 1-16 抗 S1P1、S1P2、S1P3 和 S1P123 与 GST 融合蛋白鼠血清的 IFA
（彩图请扫封底二维码）

A. 抗 PEDV 血清；B. Vero E6 细胞对照；C. 免疫前鼠血清；D. 抗 GST 血清；E. 抗 S1P1-GST 血清；F. 抗 S1P2-GST 血清；G. 抗 S1P3-GST 血清；H. 抗 S1P123-GST 血清

本试验用纯化病毒制备的兔抗 PEDV 多克隆抗体对 PEDV *S1* 基因特异性肽库进行了生物淘选，获得了 3 个高亲和力的表位序列。在淘选过程中，我们逐渐降低抗体的包被浓度，同时提高洗液中 Tween-20 的含量，这样可以大大提高筛选的特异性。3 个表位 GST 融合蛋白的 ELISA 和 Western blotting 结果进一步印证，这 3 个表位序列是 S1 蛋白特异性的抗原表位，而不是噬菌体非特异性结合产生的。S1P1、S1P2 和 S1P3 表位在 PEDV S 蛋白中的位置分别是 248～280aa、442～499aa 和 697～742aa，它们是位于已报道的 PEDV S 蛋白抗原表位区（499～638aa）和模拟表位 $G^{1368}PRLQPY^{1374}$ 之外的新线性抗原表位。S1P1、S1P2 和 S1P3 表位 GST 融合蛋白的噬菌体 ELISA、Western blotting 及其单因子鼠血清的 IFA 结果表明，S1P3 表位的抗原性最强，S1P2 表位的抗原性次之，S1P1 表位的抗原性较弱。我们对这 3 个表位的氨基酸组成进行分析后发现，S1P3 表位的亲水氨基酸最多，占氨基酸总数的 58%，其次是 S1P2（52%），最少的是 S1P1（40%）。亲水性氨基酸残基一般位于蛋白质表面，有利于抗原表位的形成，这也是 S1P3 表位抗原性强的一个原因。目前，多表位基因工程疫苗是疫苗研究的新方向，为了研究 S1P1、

S1P2 和 S1P3 3 个串联表位的免疫原性，我们合成了编码 S1P1、S1P2 和 S1P3 表位的核苷酸序列，为了能够保持各表位区域结构的相对独立性，在每两个表位序列之间加上甘氨酸（G）、脯氨酸（P）和甘氨酸（G）3 个疏水性氨基酸，以 G-P-G 的形式间隔。经 ELISA、Western blotting 及融合蛋白单因子鼠血清的 IFA 检测，结果表明，S1P1、S1P2 和 S1P3 串联表位具有良好的免疫原性。我们应用 fd 噬菌体展示技术鉴定了 PEDV S 蛋白 3 个新的抗原表位，并且验证了 3 个串联表位的抗原性，这为 PEDV S 抗原表位结构的进一步分析提供了依据，同时也为 PEDV 表位疫苗和诊断方法的研究奠定了理论基础。

三、猪流行性腹泻病毒 S 蛋白 S1 区原核表达及其免疫优势区鉴定

（一）材料与方法

1. 质粒、细胞与菌种

PEDV CV777 毒株 *S1* 基因阳性质粒 pMD18-TS1 由本实验室构建，Vero E6 细胞、*E. coli* Rosetta™ plysS（DE3）感受态细胞、*E. coli* TG1 感受态细胞和 pGEX-6p-1 原核表达载体均由本实验室保存。

2. 生化试剂

HRP 标记的羊抗兔 IgG、HRP 标记的羊抗鼠 IgG 和 FITC 标记的羊抗鼠 IgG 购自 Sigma 公司，除菌滤器购自 Millipore 公司，小量质粒纯化试剂盒及胶回收试剂盒购自 BioFlux 公司，M-MLV 反转录酶购自 Promega 公司，ExTaq DNA 聚合酶购自大连 TaKaRa 公司，T4 DNA 连接酶、*Bam*H Ⅰ限制性内切酶和 *Sal* Ⅰ限制性内切酶均购自 Fermentas 公司，B-PER® GST 自旋纯化试剂盒购自 Pierce 公司；其他试剂均为分析纯。

3. 实验动物与血清

清洁级 8 周龄雌性 BALB/c 小鼠购自中国农业科学院哈尔滨兽医研究所，实验动物许可证号为 SYXK（黑）20020008；兔抗 PEDV 多克隆血清由本实验室制备、保存。

4. 仪器设备

低温台式高速离心机（Allegra™ 21R Centrifuge，美国 Beckman 公司）；PCR 仪（Gene Amp PCR System 2400 型，美国 Perkin-Elmer 公司）；紫外凝胶成像仪（Image Master VDS，瑞典 Pharmacia 公司）；酶标仪（Bio-Rad 680）；电穿孔仪（Bio-Rad Gene Pulser Xcell）；转印仪（Bio-Rad Semi-Dry Transfer Cell Trans-Blot

SD)；连接仪（ThermoStat plus，德国 Eppendorf 公司）；电热恒温水浴槽（DK-8D 型，上海精宏实验设备有限公司）；振荡培养箱（HZQ-X100，哈尔滨市东联电子技术开发有限公司）；室温台式离心机（Centrifuge 5415D，德国 Eppendorf 公司）；Ⅱ级生物安全柜（Forma class Ⅱ，A2 Biological Safety Cabinet，Thermo Electron Corporation）；ELISA 板购自 Nunc 公司。

5. S1A、S1B、S1C 和 S1D 片段的原核表达与纯化

（1）S1A、S1B、S1C 和 S1D 片段的扩增引物

根据本实验室克隆的 PEDV CV777 毒株的 *S* 基因序列，用 Oligo 6.0 软件设计 4 对在 5′端含有 *Bam*H Ⅰ位点、3′端含有 *Sal* Ⅰ位点的特异性引物（表 1-4），其扩增片段分别命名为 S1A、S1B、S1C 和 S1D。S1A、S1B、S1C 和 S1D 片段之间是相互重叠的，覆盖了 PEDV 的 *S1* 基因（图 1-17）。

表 1-4 PEDV *S1* 基因截短片段的 PCR 扩增引物

短肽名称	引物序列（5′→3′）	扩增区位置/nt
S1A	F：CTAGGATCCGATGTCACTAGGTGCCAGT R：CAAGTCGACTTATGTTCCTAAAGCAGTATGA	64～1020
S1B	F：ACTGGATCCATTCTTGCTGAAGGCTCA R：ATTGTCGACTTACAAAGTAACAAAAGAAAT	976～1515
S1C	F：GTTGGATCCGTTACTTTGCCATCATTCA R：AGTGTCGACTTAAACGTCTGTGATACCTTC	1495～1914
S1D	F：GGTGGATCCGACGTTTCTTTTATGACTCTG R：ATAGTCGACTTAAATACTCATACTAAAGTTG	1906～2367

注：下划线和阴影部分序列表示酶切位点

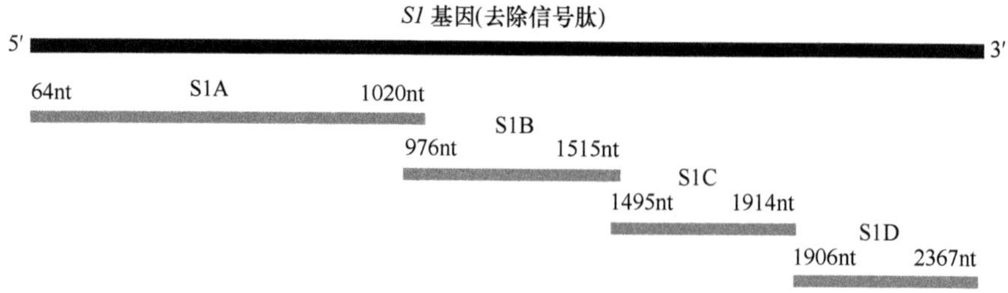

图 1-17 PEDV *S1* 基因截短片段 S1A、S1B、S1C 和 S1D 示意图

（2）S1A、S1B、S1C 和 S1D 片段重组 pGEX-6p-1 表达载体构建

以 PEDV *S1* 基因阳性质粒 pMD18-TS1 为模板，通过 PCR 扩增 S1A、S1B、S1C 和 S1D 片段，PCR 扩增产物用 *Bam*H Ⅰ和 *Sal* Ⅰ双酶切后与相同酶切处理的 pGEX-6p-1 原核表达载体进行连接，将连接产物转化至 *E. coli* TG1 感受态细胞，提取质粒后进行 PCR，对 PCR 产物进行单、双酶切鉴定，鉴定为阳性的质粒送至上海生工进行测序。

（3）S1A、S1B、S1C 和 S1D 片段的表达及其重组蛋白纯化

经测序印证后，选取 S1A、S1B、S1C 和 S1D 阳性质粒分别转化至 *E. coli* Rosetta™ plysS（DE3）感受态细胞，提取质粒后进行 PCR，对 PCR 产物进行单、双酶切鉴定，将鉴定为阳性克隆的菌液扩大培养后用终浓度为 1.0mmol/L 的 IPTG 进行诱导表达，通过 SDS-PAGE 鉴定蛋白的表达情况及其可溶性。用 B-PER® GST 自旋纯化试剂盒对表达后的重组蛋白进行纯化，按照相同的程序对 GST 标签蛋白进行纯化。

6. S1A、S1B、S1C 和 S1D 重组蛋白的免疫活性分析

（1）S1A、S1B、S1C 和 S1D 重组蛋白的 Western blotting 检测

对纯化的 S1A、S1B、S1C 和 S1D 重组蛋白及 GST 蛋白进行 SDS-PAGE（胶浓度为 12%），将电泳产物转印至硝酸纤维素膜（nitrocellulose membrane，NC 膜），将转印后的 NC 膜浸入 5%脱脂乳中，室温封闭 1h，将封闭后的 NC 膜与兔抗 PEDV 多克隆血清（1∶200 稀释）室温感作 1h，用 PBST（10mmol/L，pH 7.4；Tween-20，0.05%）洗 3 次，然后将其与 HRP 标记的羊抗兔 IgG（1∶2000 稀释）室温感作 1h，用 PBST 洗 5 次，用 3,3′-二氨基联苯胺（3,3′-diaminobenzidine，DAB）底物溶液进行显色。

（2）S1A、S1B、S1C 和 S1D 重组蛋白的 ELISA 检测

以纯化的 S1A、S1B、S1C 和 S1D 重组蛋白作为包被原（包被浓度为 1μg/mL），4℃包被 12h，同时将 PEDV 和 GST 蛋白包被分别设为阳性和阴性对照，包被后用 5%脱脂乳 37℃封闭 1h，然后与兔抗 PEDV 抗体（1∶200 稀释）37℃作用 1h，与 HRP 标记的羊抗兔 IgG（1∶8000 稀释）37℃作用 1h，用 TMB 底物在 37℃显色 10min，用 2mol/L H_2SO_4 终止 5min，在 450nm 处测定吸光值。

7. S1A、S1B、S1C 和 S1D 重组蛋白单因子鼠血清制备及其免疫活性分析

（1）S1A、S1B、S1C 和 S1D 重组蛋白单因子鼠血清的制备

用 50μg 纯化的 S1A、S1B、S1C、S1D 重组蛋白及 GST 蛋白对 8 周龄雌性 BALB/c 小鼠进行 3 次免疫（每种蛋白免疫两只小鼠），免疫间隔时间为 14d，第一次免疫用弗氏完全佐剂（Freund's complete adjuvant，FCA），第二次及第三次免疫用弗氏不完全佐剂（Freund's incomplete adjuvant，FICA），第三次免疫后 14d 于眼球采血，分离免疫小鼠血清，用 ELISA 方法测定免疫小鼠血清的效价。

（2）S1A、S1B、S1C 和 S1D 重组蛋白单因子鼠血清的 Western blotting 检测

用蔗糖密度梯度法对 Vero E6 细胞培养的 PEDV CV777 毒株进行纯化，将纯化的 PEDV 和预染蛋白 Marker 进行 SDS-PAGE（胶浓度为 10%），将电泳产物转印至硝酸纤维素膜（NC 膜），将转印后的 NC 膜浸入 0.1%丽春红溶液中染色 2min，剪开每个泳道的 PEDV 蛋白条带及预染蛋白 Marker 条带（保存备用）。然后将含

有 PEDV 蛋白的 NC 膜条带放入去离子水中清洗 10min，用 5%脱脂乳室温封闭 1h，将封闭后的 NC 膜条带分别与抗 S1A、S1B、S1C、S1D 重组蛋白及 GST 蛋白的单因子鼠血清室温孵育 1h，用 PBST（10mmol/L，pH 7.4；Tween-20，0.05%）洗 3 次，然后与 HRP 标记的羊抗鼠 IgG（1∶8000 稀释）室温孵育 1h，用 PBST 洗 5 次，用 3,3′-二氨基联苯胺（DAB）底物溶液进行显色。

（3）S1A、S1B、S1C 和 S1D 重组蛋白单因子鼠血清的 IFA 检测

用 PEDV（10^3TCID_{50}/0.1mL）感染在 96 孔板上培养的 Vero E6 细胞，当 70%～80%细胞出现细胞病变（CPE）时，弃去培养液，用 PBS（pH 7.4）洗板 3 次，加入冰冷的丙酮（50%）和甲醇（50%）混合液固定 10min，用 PBS 洗板 3 次，加入 100μL 单因子鼠血清（1∶50 稀释），同时将鼠抗 PEDV 血清、鼠抗 GST 血清和免疫前鼠血清设为对照，37℃作用 1h，用 PBS 洗板 3 次，加入 50μL FITC 标记的羊抗鼠 IgG（1∶100 稀释），37℃作用 45min，用 PBS 洗板 5 次，自然干燥后在荧光显微镜下观察。

8. S1A、S1B、S1C 和 S1D 重组蛋白单因子鼠血清的病毒中和试验

抗 S1A、S1B、S1C 和 S1D 重组蛋白的鼠血清用 0.45μm 滤膜过滤除菌后，56℃灭活 30min，然后用 MEM 培养基将各血清按 1∶16、1∶32、1∶64、1∶128、1∶256 和 1∶512 稀释，将各稀释度血清与 $200TCID_{50}$ 的 PEDV 等体积混合，37℃作用 1h，取病毒混合液 100μL 接种于 96 孔板培养的单层 Vero E6 细胞，每个稀释度平行做 4 孔，37℃培养 72h 后判定 CPE 结果。将鼠抗 PEDV 阳性血清和鼠抗 GST 血清分别设为阳性和阴性对照，其操作程序同上。各血清样本的中和效价（PD_{50}）用 Karber 法进行计算，计算公式为 $PD_{50}=L+d(s-0.5)$，其中 L 为血清最低稀释倍数的对数值，d 为稀释系数（即组距），s 为出现 CPE 孔数与总孔数的比值的和（廖延雄，1991）。

9. 猪流行性腹泻病毒 S 蛋白 S1D 区的序列比对分析

为了确定 S1D 区是否在 PEDV 各毒株之间高度保守，用 DNAMAN 软件对 PEDV CV777（GenBank 登录号为 AF353511）、Br1/87（GenBank 登录号为 Z25483）、JS-2004-2（GenBank 登录号为 AY653204）、KOR/Chinju99/1999（GenBank 登录号为 AY167585）和 KPEDV（GenBank 登录号为 AF500215）毒株 S 蛋白的 S1 区及 S1D 区进行比对分析。

（二）结果

1. S1A、S1B、S1C 和 S1D 片段的 PCR 扩增

以 pMD18-TS1 阳性质粒为模板，通过 PCR 扩增 S1A、S1B、S1C 和 S1D 片

段，扩增片段的大小与预期的957bp、540bp、420bp和459bp相符（图1-18）。

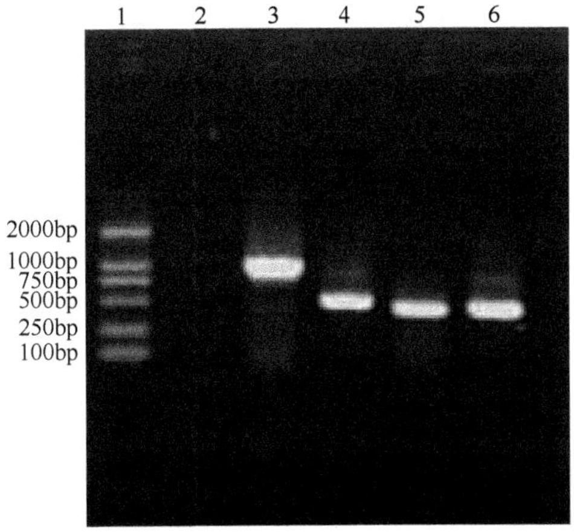

图1-18　S1A、S1B、S1C和S1D片段PCR产物琼脂糖凝胶电泳图

1. DL2000 DNA Marker；2. H_2O对照；3. S1A PCR产物；4. S1B PCR产物；5. S1C PCR产物；6. S1D PCR产物

2. S1A、S1B、S1C和S1D片段的表达与纯化

S1A、S1B、S1C和S1D片段经pGEX-6p-1原核表达载体克隆后，将其转化至*E. coli* Rosetta™ plysS（DE3）感受态细胞，然后用IPTG对各片段的阳性菌进行诱导表达，表达后的蛋白用B-PER® GST自旋纯化试剂盒进行纯化。SDS-PAGE结果显示，S1A、S1B、S1C和S1D片段在大肠杆菌中均得到了大量表达，而且表达的重组蛋白均以混合形式存在（包涵体形式和可溶形式）。用B-PER® GST自旋纯化试剂盒对可溶形式的重组蛋白进行纯化，得到了纯度较高的重组蛋白（图1-19）。

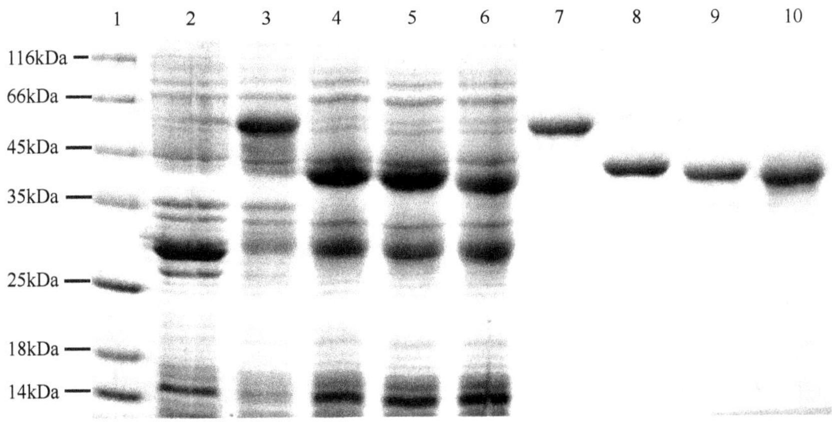

图1-19　S1A、S1B、S1C和S1D重组蛋白表达与纯化的SDS-PAGE

1. 蛋白质Marker；2. pGEX-6p-1空载体诱导表达产物；3～6. S1A-GST、S1B-GST、S1C-GST和S1D-GST诱导表达产物；7～10. S1A-GST、S1B-GST、S1C-GST和S1D-GST纯化产物

3. S1A、S1B、S1C 和 S1D 重组蛋白的免疫活性分析

ELISA 检测结果显示，纯化的 S1A-GST、S1B-GST、S1C-GST 和 S1D-GST 融合蛋白均与 PEDV 血清发生了反应，其中 S1D-GST 融合蛋白的反应性最强（图 1-20）。Western blotting 结果显示，S1D-GST 融合蛋白与 PEDV 血清具有强反应性，S1A-GST 融合蛋白与 PEDV 血清呈现微弱反应性，而 S1B-GST 融合蛋白和 S1C-GST 融合蛋白检测不到反应信号（图 1-21）。

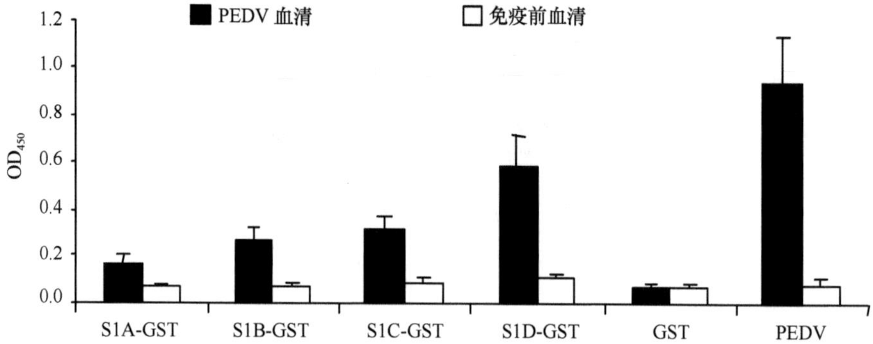

图 1-20　S1A-GST、S1B-GST、S1C-GST 和 S1D-GST 融合蛋白的 ELISA 结果

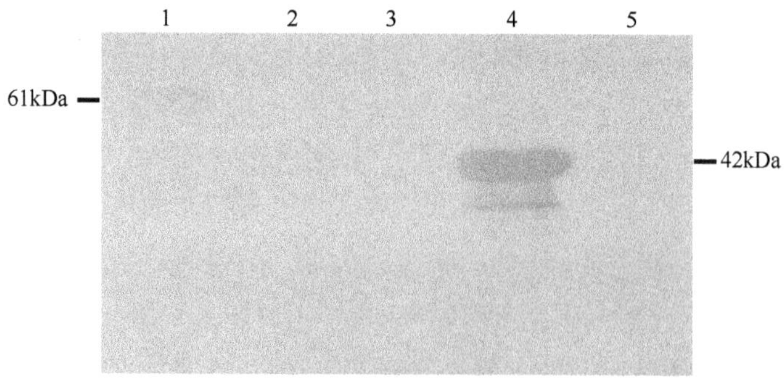

图 1-21　S1A-GST、S1B-GST、S1C-GST 和 S1D-GST 融合蛋白 Western blotting 分析
（彩图请扫封底二维码）

1. S1A-GST；2. S1B-GST；3. S1C-GST；4. S1D-GST；5. GST

4. S1A、S1B、S1C 和 S1D 重组蛋白单因子鼠血清的免疫活性分析

抗 S1A-GST、S1B-GST、S1C-GST 和 S1D-GST 融合蛋白的单因子鼠血清与纯化 PEDV 的 Western blotting 结果显示，抗 S1D-GST 融合蛋白的单因子鼠血清能够识别天然 PEDV 中的 S 蛋白，而抗 S1A-GST、S1B-GST 和 S1C-GST 融合蛋白的单因子鼠血清不能识别天然的 S 蛋白（图 1-22）。IFA 检测结果进一步证实了抗 S1D-GST 融合蛋白的单因子鼠血清与天然 PEDV S 蛋白具有较强的反应性（图 1-23）。

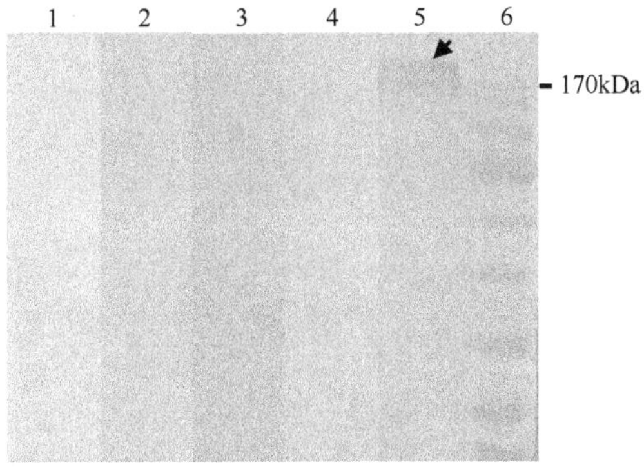

图 1-22　抗 S1A-GST、S1B-GST、S1C-GST 和 S1D-GST 融合蛋白单因子鼠血清的 Western blotting 分析（彩图请扫封底二维码）

1. 抗 GST 血清对照；2. 抗 S1A-GST 血清；3. 抗 S1B-GST 血清；4. 抗 S1C-GST 血清；5. 抗 S1D-GST 血清；6. 蛋白质 Marker

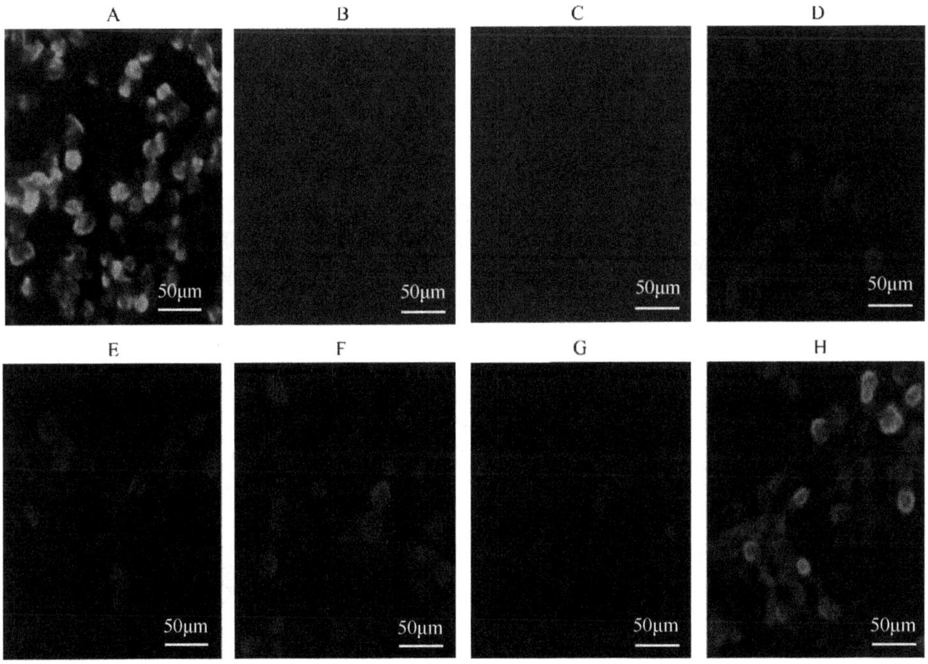

图 1-23　抗 S1A-GST、S1B-GST、S1C-GST 和 S1D-GST 融合蛋白单因子鼠血清的 IFA 检测（彩图请扫封底二维码）

A. PEDV 多克隆血清；B. Vero E6 细胞对照；C. 免疫前鼠血清；D. 抗 GST 蛋白血清；E. 抗 S1A-GST 融合蛋白血清；F. 抗 S1B-GST 融合蛋白血清；G. 抗 S1C-GST 融合蛋白血清；H. 抗 S1D-GST 融合蛋白血清

5. S1D 重组蛋白单因子鼠血清中和活性

病毒中和试验结果表明，抗 S1D-GST 融合蛋白的单因子鼠血清对 PEDV 病毒在 Vero E6 细胞上复制具有较强的抑制作用，其中和效价为 1∶210。而抗 S1A-GST、S1B-GST、S1C-GST 和 GST 蛋白的单因子鼠血清及免疫前鼠血清呈现较低的中和效价，分别为 1∶75、1∶90、1∶45、1∶40 和 1∶40（图 1-24）。

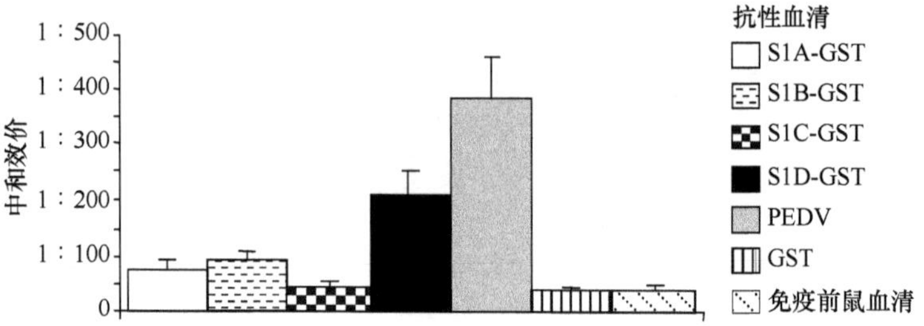

图 1-24　抗 S1A-GST、S1B-GST、S1C-GST 和 S1D-GST 融合蛋白单因子鼠血清的病毒中和试验

6. 猪流行性腹泻病毒 S 蛋白 S1D 区序列比对分析

序列比对分析结果表明，PEDV CV777、Br1/87、JS-2004-2、KOR/Chinju99/1999 和 KPEDV 毒株 S 蛋白的 S1 区同源性为 94.84%，S1D 区的同源性为 97.55%。这个结果说明，PEDV S 蛋白的 S1D 区在 PEDV 各毒株之间高度保守（图 1-25）。

图 1-25　PEDV S1D 区氨基酸序列比对分析（彩图请扫封底二维码）

（三）讨论

PEDV S 蛋白是由 1383 个氨基酸组成的、位于病毒粒子表面的纤突蛋白，它能介导机体产生具有中和作用的抗体。根据以前的试验结果可知，PEDV S 蛋白的 1～789aa 被划分为 S 蛋白的 S1 区，并且 S1 区包含 PEDV 主要的中和抗原表

位。PEDV S 蛋白 S1 区是由 2367 个核苷酸编码的、含有 789 个氨基酸的蛋白质；S 蛋白 S1 区的氨基酸序列含有 20 个潜在的糖基化位点；S1 区的 1～340aa 的等电点（isoelectric point，pI）为 6.93，而 341～789aa 的 pI 为 4.40，说明酸性氨基酸主要富集在 S1 区的 C 端后 1/2 区域。基因工程疫苗研究的前提条件是目标基因能否成功地表达。目前，蛋白质的表达系统主要包括原核与真核表达系统，因表达蛋白质的长短和特性不同，这两个系统在表达目的蛋白时各有优势。但是一般认为，无论是真核表达系统还是原核表达系统，当表达的目的蛋白的基因超过 2000bp 时，目的蛋白都很难得到大量表达。免疫优势区一般是指在保护性抗原基因中抗原表位富集的区域，尤其是中和抗原表位。与基因全长的保护性抗原相比，免疫优势区的优点是含有多个抗原表位，尤其是中和抗原表位和构象表位，同时它又剔除了非表位区域的氨基酸序列。PEDV S 蛋白 S1 区的编码基因长 2367bp，虽然它含有病毒重要的中和抗原表位，但是在实际研究中不利于蛋白表达等基因工程操作。因此，PEDV S 蛋白 S1 区免疫优势区的鉴定能够为 PEDV 基因工程疫苗等相关研究提供便利条件。

为了分析和鉴定 PEDV S 蛋白 S1 区的免疫优势区，本试验利用 pGEX-6p-1 原核表达载体对 S1 区截短形式的片段进行了原核表达。最初，对 S 蛋白全长的 S1 区（22～789aa），以及 S 蛋白 S1 区两个截短的片段 S1A（22～340aa）和 S1B（326～789aa）进行表达，SDS-PAGE 结果显示，只有 S1A 片段获得表达，而 S1 和 S1B 片段均未表达。S1B 片段基因的核苷酸序列分析显示，该基因中大肠杆菌稀有密码子的含量较高，而且酸性氨基酸较多，S1B 片段的氨基酸等电点为 4.71，而 S1A 片段的氨基酸等电点为 6.57，这些因素可能是 S1B 片段不表达的原因。为了能够获得 S1B 片段的重组蛋白，将 S1B 片段再次分成 3 个相互重叠的截短片段进行表达，结果 S1B 截短形式的 3 个片段在大肠杆菌中都获得了表达。在原核表达试验中，我们除了截短目的基因来获得表达，还对表达的宿主菌进行了优化。在本试验中使用的菌株是 *E. coli* Rosetta™ plysS（DE3）感受态细胞，该菌株含有编码大肠杆菌稀有密码子的质粒，能提供携带稀有密码子的 tRNA，保证了基因中稀有密码子的翻译。

与已鉴定的 PEDV S 蛋白抗原表位相比，本试验鉴定的 S1D 表位是一个新的 B 细胞抗原表位。S1D-GST 融合蛋白介导小鼠产生的抗体能够识别天然 PEDV 中的 S 蛋白，同时该血清对 Vero E6 细胞中培养的 PEDV 具有中和作用。序列比对分析显示，PEDV CV777、Br1/87、JS-2004-2、KOR/Chinju99/1999 和 KPEDV 毒株 S 蛋白的 S1 区同源性为 94.84%，S1D 区的同源性为 97.55%，这个结果显示 S1D 区在 PEDV 各毒株之间是高度保守的。PEDV S 蛋白 S1D 表位介导小鼠产生的抗体具有一定的病毒中和作用，这个结果表明 S1D 表明可以应用到现有 PEDV 疫苗的优化中。例如，将 S1D 重组蛋白作为一种辅助抗原添加到疫苗中，这将促进机体产生PEDV特异性抗体。另外，S1D抗原表位由154个氨基酸组成，与PEDV S蛋白S1区相比，其更为精确，有利于基因工程疫苗研究的操作，以及S蛋白抗原表位的进一步精确定位。

四、猪流行性腹泻病毒S蛋白S1D区单克隆抗体的制备及表位鉴定

（一）材料与方法

1. 质粒与菌种

PEDV *S1* 基因特异性肽库由本实验室构建并保存；*E. coli* TG1感受态细胞、*E. coli* BL21（DE3）和pGEX-6p-1载体均由本实验室保存。

2. 主要生化试剂

B-PER® GST自旋纯化试剂盒购自Pierce公司；SBA Clonotyping™ System/HRP抗体类型鉴定试剂盒购自Southern Biotech公司；弗氏完全佐剂（FCA）、弗氏不完全佐剂（FICA）、四甲基联苯胺（TMB）、HT混合盐、HAT混合盐和HRP标记羊抗鼠IgG均购自Sigma公司；DMEM培养基购自Hyclone公司；S1D5和S1D6表位短肽由西安联美生物科技有限公司合成；其他试剂均为分析纯。

3. 实验动物

清洁级8周龄雌性BALB/c小鼠购自中国农业科学院哈尔滨兽医研究所，实验动物许可证号：SYXK（黑）20020008。

4. 仪器设备

低温台式高速离心机（Allegra™ 21R Centrifuge，美国Beckman公司）；PCR仪（Gene Amp PCR System 2400型，美国Perkin-Elmer公司）；紫外凝胶成像仪（Image Master VDS，瑞典Pharmacia公司）；酶标仪（Bio-Rad 680）；电穿孔仪（Bio-Rad Gene Pulser Xcell）；转印仪（Bio-Rad Semi-Dry Transfer Cell Trans-Blot SD）；连接仪（ThermoStat plus，德国Eppendorf公司）；电热恒温水浴槽（DK-8D型，上海精宏实验设备有限公司）；振荡培养箱（HZQ-X100，哈尔滨市东联电子技术开发有限公司）；室温台式离心机（Centrifuge 5415D，德国Eppendorf公司）；Ⅱ级生物安全柜（Forma class Ⅱ，A2 Biological Safety Cabinet，Thermo Electron Corporation）；ELISA板购自Nunc公司。

5. 单克隆抗体制备

（1）重组蛋白纯化

表达S1D蛋白的重组pGEX-6p-1原核表达载体（pGEX-S1D）由本实验室构

建并保存。含 pGEX-S1D 重组质粒的 *E. coli* BL21 经终浓度为 1.0mmol/L 的 IPTG 诱导表达后，用 B-PER® GST 自旋纯化试剂盒对表达的 S1D 重组蛋白进行纯化。

（2）免疫程序

以纯化的 S1D 重组蛋白作为免疫原，对 8 周龄雌性 BALB/c 小鼠进行 3 次免疫（共免疫 4 只小鼠）。免疫方案如下：首免，每只小鼠用 50μg 的 S1D 重组蛋白与等量 FCA 混合，制成乳化剂，颈、背部皮下多点注射及腹腔注射；二免于首免后 2 周进行，将 FCA 换成 FICA，剂量和方法同上；三免于二免后 2 周进行，剂量和方法同二免。融合前 3d 进行加强免疫，方法是腹腔注射 100μg 纯化的 S1D 重组蛋白。

（3）间接 ELISA 检测方法的建立

三免后 10d 于小鼠眼眶采血，分离血清。用方阵法确定抗原包被浓度、血清稀释度和酶标二抗稀释度。ELISA 程序如下：①包被，用包被液（50mmol/L pH 9.6，碳酸氢钠缓冲液）将终浓度为 1μg/mL 的 S1D 重组蛋白加至酶标板（100μL/孔），4℃包被 12h，然后用 PBST（50mmol/L pH 7.6，磷酸盐缓冲液；Tween-20，0.05%）洗 3 次，每次间隔 3min；②封闭，5%脱脂乳，37℃封闭 1h，洗涤同上；③一抗，加待测血清和培养液上清，每板设空白对照、阴性对照和阳性对照各两孔（均按 1∶100 稀释），37℃孵育 1h，洗涤同上；④酶标二抗，加 HRP 标记的羊抗鼠 IgG（1∶8000 稀释），37℃孵育 1h，洗涤同上；⑤显色，于每孔中加 TMB 底物（100μL/孔），37℃避光 15min；⑥终止读数，加入 2mol/L H_2SO_4（50μL/孔），用酶标仪读取各孔 OD 值（450nm）。以空白孔调零，*P*/*N*≥2.1 即为阳性。

（4）细胞融合和克隆

将 SP2/0 骨髓瘤细胞与免疫鼠脾细胞按 1∶10 的比例混合，在 50% PEG_{1450} 作用下融合，将融合后的细胞悬液加到 96 孔培养板中，于 37℃、5% CO_2 培养箱中培养。待融合细胞生长到培养孔底面积的 1/4 时采用已建立的间接 ELISA 条件进行筛选。经两次检测都呈阳性的孔，立即用有限稀释法进行克隆化培养。

（5）单克隆抗体的亚类和型别的鉴定及腹水制备

采用 SBA Clonotyping™ System/HRP（货号 5300-05）抗体类型鉴定试剂盒测定单克隆抗体的亚类和型别。取 8 周龄雌性 BALB/c 小鼠，腹腔注射弗氏不完全佐剂（0.5mL/只），7～10d 后腹腔注射杂交瘤细胞（5×10^6 个/只），7～10d 后抽取小鼠腹水，离心取上清液，用间接 ELISA 测定抗体效价。

（6）杂交瘤细胞株抗体分泌稳定性的测定

用 ELISA 方法对 6 株杂交瘤细胞株的第三次克隆的培养上清液、扩大培养的上清液和液氮复苏后的培养上清液的抗体效价进行测定，用于检测 6 株杂交瘤细胞株在连续的体外培养和冻存后分泌抗体能力的变化。

6. 单克隆抗体免疫活性与中和活性鉴定

（1）单克隆抗体免疫活性鉴定

6 株单克隆抗体的免疫活性用 Western blotting 实验进行检测。Western blotting 程序如下：用蔗糖密度梯度法对 Vero E6 细胞培养的 PEDV CV777 毒株进行纯化，将纯化的 PEDV 和预染蛋白 Marker 进行 SDS-PAGE（胶浓度为 10%），将电泳产物转印至硝酸纤维素膜（NC 膜），将转印后的 NC 膜浸入 0.1%丽春红溶液中染色 2min，剪开每个泳道的 PEDV 蛋白条带及预染蛋白 Marker 条带（保存备用）。然后将含有 PEDV 蛋白的 NC 膜条带放入去离子水中清洗 10min，用 5%脱脂乳室温封闭 1h，封闭后的 NC 膜条带分别与 2C4、3G5、3G3、6E6、5F8 和 3C3 单克隆抗体细胞株培养物上清液及正常 SP2/0 细胞的培养上清液室温孵育 1h，用 PBST（10mmol/L，pH 7.4；Tween-20，0.05%）洗 3 次。然后与 HRP 标记的羊抗鼠 IgG（1∶8000 稀释）室温孵育 1h，用 PBST 洗 5 次，用 3,3′-二氨基联苯胺（DAB）底物溶液进行显色。

（2）单克隆抗体中和活性鉴定

6 株单克隆抗体的腹水用 0.45μm 滤膜过滤除菌后在 56℃条件下灭活 30min，然后用 MEM 培养基将各除菌的腹水按 1∶8、1∶16、1∶32、1∶64、1∶128 和 1∶256 稀释，将各稀释度血清与 200$TCID_{50}$的 PEDV 等体积混合，37℃作用 1h，取 100μL 混合液接种于 96 孔板培养的单层 Vero E6 细胞，每个稀释度平行做 4 孔，37℃培养 72h 后判定 CPE 结果。将猪抗 PEDV 阳性血清和免疫前鼠血清分别设为阳性和阴性对照，其操作程序同上。各血清样本的中和效价用 Karber 法进行计算，计算公式为 $PD_{50}=L+d(s-0.5)$，其中 L 为血清最低稀释倍数的对数值，d 为稀释系数（即组距），s 为出现 CPE 孔数与总孔数的比值的和（廖延雄，1991）。

7. S1D 单克隆抗体对 PEDV *S1* 基因特异性肽库的生物淘选及噬菌体 ELISA

（1）*S1* 基因特异性肽库的生物淘选

用 2C4、3G3、5F8、3G5、6E6 和 3C3 单克隆抗体的腹水作为包被原，按 Smith GP 试剂盒程序对 *S1* 基因特异性肽库进行 3 轮生物淘选（Smith，2005b）。第一轮生物淘选条件：将 2C4、3G3、5F8、3G5、6E6 和 3C3 单克隆抗体的腹水 1∶50 稀释后作为包被原，TBST 洗液中 Tween-20 的含量为 0.1%。第二轮生物淘选条件：将 2C4、3G3、5F8、3G5、6E6 和 3C3 单克隆抗体的腹水 1∶100 稀释后作为包被原，TBST 洗液中 Tween-20 的含量为 0.3%。第三轮生物淘选条件：将 2C4、3G3、5F8、3G5、6E6 和 3C3 单克隆抗体的腹水 1∶200 稀释后作为包被原，TBST 洗液中 Tween-20 的含量为 0.5%。3 轮生物淘选后，对第三轮洗脱的噬菌体病毒粒子进行 TU 测定，测定后从每株单克隆抗体淘选测定的平板上随机挑取 10 个单菌落，按照 Smith（2005a）介绍的方法提取噬菌体的双链复制型，以提取的噬菌体基因组为模板，上游引物为 5′-TTTTGGAGATTTTCAACGTG-3′，下游引物为 5′-CAGCCCTCATAGTTAGCGTA-3′，进行 PCR 扩增，fuse Ⅰ空载体对照扩增片段大小为 201bp，PCR 产物于 1%琼脂糖凝胶电泳中检测。PCR 产物用 BioFlux 公司的 BioSpin 胶回收试剂盒纯化后进行测序，确定 PEDV S 蛋白淘选表位的序列。

（2）噬菌体 ELISA

展示 696～770aa 和 712～779aa 的两个噬菌体克隆分别命名为 $phage^{696}$ 和 $phage^{712}$。$phage^{696}$ 和 $phage^{712}$ 展示的表位相互重叠，覆盖了 6 株单克隆抗体淘选的所有表位序列。$phage^{696}$ 和 $phage^{712}$ 噬菌体克隆用 PEG_{8000}/NaCl 纯化之后，按本章第三节“构建”步骤（9）进行 TU 测定。用 50μL 纯化的 $phage^{696}$（10^8TU/mL）和 $phage^{712}$（10^8TU/mL）包被 ELISA 板，4℃作用 12h，用 5%脱脂乳在 37℃封闭 1h，用 PBST 洗 3 次后分别加入 100μL 1∶200 稀释的 2C4、3G3、5F8、3G5、6E6 和 3C3 单克隆抗体腹水，37℃作用 1h，用 PBST 洗 3 次之后加 100μL 1∶8000 稀释的 HRP 标记的羊抗鼠 IgG，37℃作用 1h，然后用 PBST 洗 3 次，用 TMB 底物于 37℃显色 10min，用 2mol/L H_2SO_4 终止 5min，在 450nm 处测定吸光值。在试验中，分别将 S1D-GST 融合蛋白和野生噬菌体设为阳性和阴性对照，与它们作用的一抗为 6 株单克隆抗体的混合物，其他操作程序同上。

8. S1D 淘选表位区的原核表达与表位鉴定

（1）S1D 淘选表位区融合短肽的表达与纯化

为了对 6 株单克隆抗体共同识别的表位区（696～779aa）进行抗原表位作图，根据 Hua 等（2004）报道的方法设计了 7 个覆盖整个表位区的短肽，命名为 S1D1～S1D7。为了表达这些短肽，设计合成了 7 对寡核苷酸链。在编码链的 5′端引入 *Bam*H Ⅰ位点，3′端引入 *Sal* Ⅰ位点。反义链与编码链互补，且退火后形成的双链 DNA 正向为 *Bam*H Ⅰ黏性末端，反向为 *Sal* Ⅰ黏性末端（表 1-5）。编码 S1D1～S1D7 各短肽的正义链和反义链退火后与 *Bam*H Ⅰ、*Sal* Ⅰ双酶切的 pGEX-6p-1 载体连接，转化至 *E. coli* TG1，质粒 DNA 经 PCR 初步鉴定后送上海生工进行测序。测序正确的重组质粒转化至 *E. coli* BL21（DE3），然后用 IPTG 进行诱导表达，表达后的蛋白质用 B-PER® GST 自旋纯化试剂盒进行纯化。

（2）融合短肽的 ELISA 检测

以纯化的 S1D1～S1D7 重组蛋白设为包被原（包被浓度为 1μg/mL），4℃包被 12h，同时将纯化的 PEDV 和 GST 蛋白包被抗原分别设为阳性和阴性对照。5%脱脂乳 37℃封闭 1h 后，用 PBST 洗 3 次；然后分别与 1∶200 稀释的 6 株单克隆抗体腹水在 37℃作用 1h，用 PBST 洗 3 次；与 HRP 标记的羊抗鼠 IgG（1∶8000 稀释）在 37℃作用 1h，用 PBST 洗 3 次；用 TMB 底物在 37℃显色 10min，然后用

2mol/L H_2SO_4 终止 5min，在 450nm 处测定吸光值。

表 1-5 表位区的合成短肽与寡核苷酸序列表

短肽名称	合成短肽序列（5′→3′）	预测氨基酸序列及其在 S 蛋白中的位置
S1D1	（+） gatccccatgttctttttcagagcaggctgcatatgttgatgatgatatagtg**taa**g （–） tcgacttacactatatcatcatcaacatatgcagcctgctctgaaaaagaacatggg	P^{696}CSFSEQAAYVDDDIV^{711}
S1D2	（+） gatccgatgatatagtgggtgttatttctagtttgtctaactccacttttaac**taa**g （–） tcgacttagttaaaagtggagttagacaaactagaaataacacccactatatcatcg	D^{708}DIVGVISSLSNSTFN^{723}
S1D3	（+） gatcctccacttttaacaatacctgggagttgcctggtttcttctaccattct**taa**g （–） tcgacttaagaatggtagaagaaaccaggcaactcccaggtattgttaaaagtggag	S^{720}TFNNTRELPGFFYHS^{735}
S1D4	（+） gatccttctaccattctaatgatggctccaattgtacagagcctgtgttggtg**taa**g （–） tcgacttacaccaacacaggctctgtacaattggagccatcattagaatggtagaag	F^{732}YHSNDGSNCTEPVLV^{747}
S1D5	（+） gatcccctgtgttggtgtatagtaacataggtgtctgtaaatctggcagtatt**taa**g （–） tcgacttaaatactgccagatttacagacacctatgttactatacaccaacacaggg	P^{744}VLVYSNIGVCKSGSI^{759}
S1D6	（+） gatcctctggcagtattggctatgtcccacttcaggatggccaagtcaagatt**taa**g （–） tcgacttaaatcttgacttggccatcctgaagtgggacatagccaatactgccagag	S^{756}GSIGYVPLQDGQVKI^{771}
S1D7	（+） gatcccttcaggatggccaagtcaagattgcacccatggttactgggaatatt**taa**g （–） tcgacttaaatattcccagtaaccatgggtgcaatcttgacttggccatcctgaagg	L^{764}QDGQVKIAPMVTGNI^{779}

注：“合成短肽序列”一列中的下划线序列表示酶切位点，加粗序列为终止密码子

（3）融合短肽的 Western blotting 检测

对纯化的 S1D1～S1D7 重组蛋白、纯化的 PEDV 和 GST 蛋白进行 SDS-PAGE（胶浓度为 12%），电泳产物转印至硝酸纤维素膜（NC 膜），将转印后的 NC 膜浸入 5%脱脂乳中，室温封闭 1h，封闭后的 NC 膜分别与 1∶200 稀释的单克隆抗体腹水在 37℃作用 1h，用 PBST 洗 3 次，然后与 HRP 标记的羊抗鼠 IgG（1∶2000 稀释）在 37℃作用 1h，用 PBST 洗 3 次，用 3,3′-二氨基联苯胺（DAB）底物溶液进行显色。

9. S1D5 和 S1D6 抗原表位免疫原性鉴定

（1）S1D5 和 S1D6 表位单因子鼠血清的制备

用 50μg 纯化的 S1D5-GST 和 S1D6-GST 融合蛋白对 8 周龄雌性 BALB/c 小鼠进行 3 次免疫，免疫间隔时间为 14d，第一次免疫用弗氏完全佐剂，第二次、第三次免疫用弗氏不完全佐剂，第三次免疫后 14d 于眼球采血，分离血清，用 ELISA 方法测定血清的效价。

（2）S1D5 和 S1D6 表位单因子鼠血清的 ELISA 检测

以纯化 PEDV 作为包被原，用抗 S1D5-GST 和 S1D6-GST 融合蛋白的单因子鼠血清进行 ELISA（pvELISA）。pvELISA 程序如下：用纯化的 PEDV（10μg/mL）4℃包被 12h，用 PBST 洗 3 次，加入 1∶100 稀释的单因子鼠血清，37℃作用 1h，用 PBST 洗 3 次，加入 HRP 标记的羊抗鼠 IgG（1∶8000 稀释），37℃作用 1h，用 PBST 洗 3 次，用 TMB 底物在 37℃显色 10min，然后用 2mol/L H_2SO_4 终止 5min，在 450nm 处测定吸光值。在实验中，将鼠抗 PEDV 血清和免疫前鼠血清分别设为阳性和阴性对照。

（3）S1D5 和 S1D6 表位单因子鼠血清的 IFA 检测

用 PEDV（10^3TCID$_{50}$/0.1mL）感染在 96 孔板上培养的 Vero E6 细胞，当 70%～80%细胞出现细胞病变（CPE）时，弃去培养液，用 PBS（pH 7.4）洗板 3 次，加入冰冷的丙酮（50%）和甲醇（50%）混合液固定 10min，用 PBS 洗板 3 次，加入 100μL 抗 S1D5-GST 和 S1D6-GST 融合蛋白的单因子鼠血清（1∶50 稀释），同时将鼠抗 PEDV 血清、鼠抗 GST 血清和免疫前鼠血清设为对照，37℃作用 1h，用 PBS 洗板 3 次，加入 50μL FITC 标记的羊抗鼠 IgG（1∶100 稀释），37℃作用 45min，用 PBS 洗板 5 次，自然干燥后在荧光显微镜下观察。

10. S1D5 和 S1D6 表位核心氨基酸的鉴定

为鉴定 S1D5 和 S1D6 表位核心氨基酸，7 条相互重叠的、覆盖 S1D5 和 S1D6 表位的氨基酸短肽被合成（表 1-6）。用 6 株单克隆抗体通过 ELISA 对合成的短肽进行肽扫描。

表 1-6　S1D5 和 S1D6 表位的合成短肽序列

短肽名称	预测氨基酸序列及其在 S 蛋白中的位置
SS1	$P^{744}VLVYSNI^{751}$
SS2	$Y^{748}SNIGVCK^{755}$
SS3	$G^{752}VCKSGSI^{759}$
SS4	$S^{756}GSIGYVP^{763}$
SS5	$G^{760}YVPLQDG^{767}$
SS6	$L^{764}QDGQVKI^{771}$
SS7	$P^{744}VLVYSNIGVCKSGSIGYVPLQDGQVKI^{771}$

肽扫描程序如下：以合成的短肽为包被原（包被浓度为 10μg/mL），4℃包被 12h，用 PBST 洗 3 次，5%脱脂乳 37℃封闭 1h，用 PBST 洗 3 次，然后分别与 1∶200 稀释的 6 株单克隆抗体腹水在 37℃作用 1h，用 PBST 洗 3 次，与 HRP 标记的羊抗鼠 IgG（1∶8000 稀释）在 37℃作用 1h，用 PBST 洗 3 次，用 TMB 底物在 37℃显色 10min，然后用 2mol/L H_2SO_4 终止 5min，在 450nm 处测定吸光值。

（二）结果

1. S1D 重组蛋白的纯化

用 B-PER® GST 自旋纯化试剂盒对原核表达的 S1D 重组蛋白进行纯化，纯化蛋白浓度为 1.15mg/mL（图 1-26）。

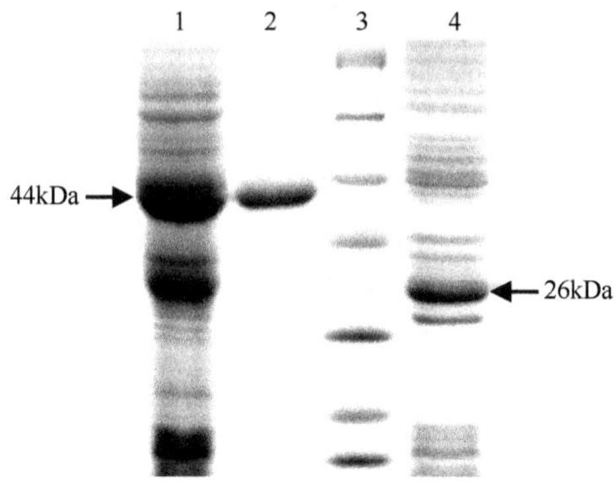

图 1-26 PEDV S 蛋白中和抗原表位区的表达与纯化

1. S1D-GST 融合蛋白诱导表达产物；2. S1D-GST 融合蛋白纯化产物；3. 蛋白质 Marker；4. pGEX-6p-1 载体诱导表达对照

2. S1D 单克隆抗体的亚类、型别及腹水效价的测定

融合后的细胞经 3 次克隆后，我们获得了 6 株稳定分泌抗 S1D 重组蛋白的单克隆抗体细胞株，分别命名为 2C4、3G3、5F8、3G5、6E6 和 3C3，它们诱生小鼠产生的腹水效价分别为 1∶51 200、1∶6400、1∶12 800、1∶6400、1∶51 200 和 1∶25 600。用 SBA Clonotyping™ System/HRP（货号 5300-05）抗体类型鉴定试剂盒对这 6 株单克隆抗体的亚类和型别进行测定。结果显示，2C4、3G5、3G3、6E6、5F8 和 3C3 细胞株所分泌的单克隆抗体的亚类均为 IgG1，抗体的轻链均为 κ 型（图 1-27）。

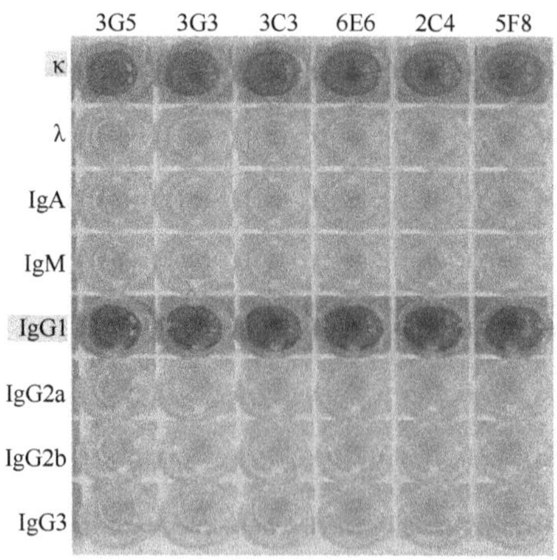

图 1-27 单克隆抗体亚类和型别的鉴定（彩图请扫封底二维码）

3. S1D 单克隆抗体免疫活性和中和活性的鉴定

Western blotting 结果显示，2C4、3G5、3G3、6E6、5F8 和 3C3 细胞株分泌的单克隆抗体均能识别天然 PEDV 的 S 蛋白，而 SP2/0 细胞的培养上清液不与天然 PEDV 的 S 蛋白反应（图 1-28）。病毒中和试验结果表明，我们制备的 6 株单克隆抗体对 Vero E6 细胞中培养的 PEDV 不具有中和作用。

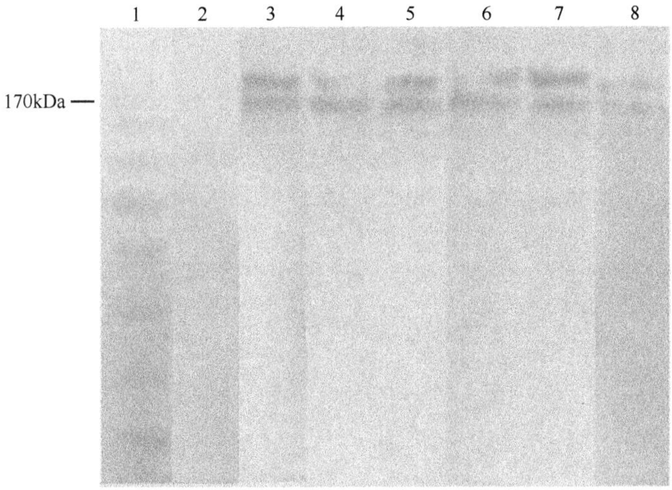

图 1-28 单克隆抗体免疫活性分析（彩图请扫封底二维码）

1. 蛋白质 Marker；2. SP2/0 细胞培养上清液；3. 2C4 单克隆抗体杂交瘤细胞培养上清液；4. 3G5 单克隆抗体杂交瘤细胞培养上清液；5. 3G3 单克隆抗体杂交瘤细胞培养上清液；6. 6E6 单克隆抗体杂交瘤细胞培养上清液；7. 5F8 单克隆抗体杂交瘤细胞培养上清液；8. 3C3 单克隆抗体杂交瘤细胞培养上清液

4. *S1* 基因特异性肽库的生物淘选及噬菌体 ELISA

6 株单克隆抗体对 *S1* 基因特异性肽库进行 3 轮生物淘选后，每株单克隆抗体随机挑取 10 个噬菌体克隆。测序结果表明，30 个噬菌体克隆展示的氨基酸序列位于 PEDV S 蛋白的 696～770aa（SME Ⅰ），25 个噬菌体克隆展示的氨基酸序列位于 PEDV S 蛋白的 712～779aa（SME Ⅱ），其余 5 个噬菌体克隆展示无义序列（图 1-29A）。从整体上看，6 株单克隆抗体识别的表位区位于 PEDV S 蛋白的 696～779aa（MER）。噬菌体 ELISA 结果进一步印证，6 株单克隆抗体与展示 SME Ⅰ区的噬菌体（$phage^{696}$）和展示 SME Ⅱ区的噬菌体（$phage^{712}$）均能发生特异性的反应（图 1-29B，图 1-29C）。

5. S1D 淘选表位区 MER 抗原表位的精确定位

S1D1～S1D7 各短肽的寡核苷酸退火后，将其插入 pGEX-6p-1 原核表达载体，经 IPTG 诱导后各融合蛋白均获得了表达（图 1-30A），表达产物均为可溶形式。

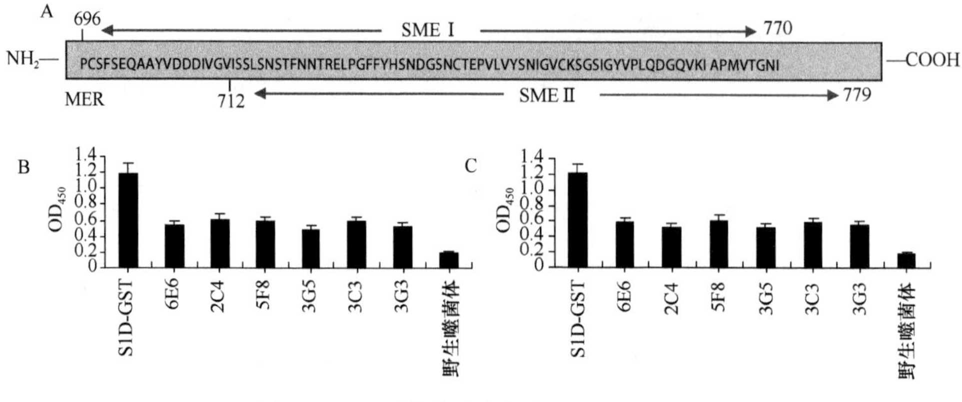

图 1-29　S1 噬菌体肽库淘选及噬菌体 ELISA

A. MER 结构图；B. phage696 ELISA 结果；C. phage712 ELISA 结果

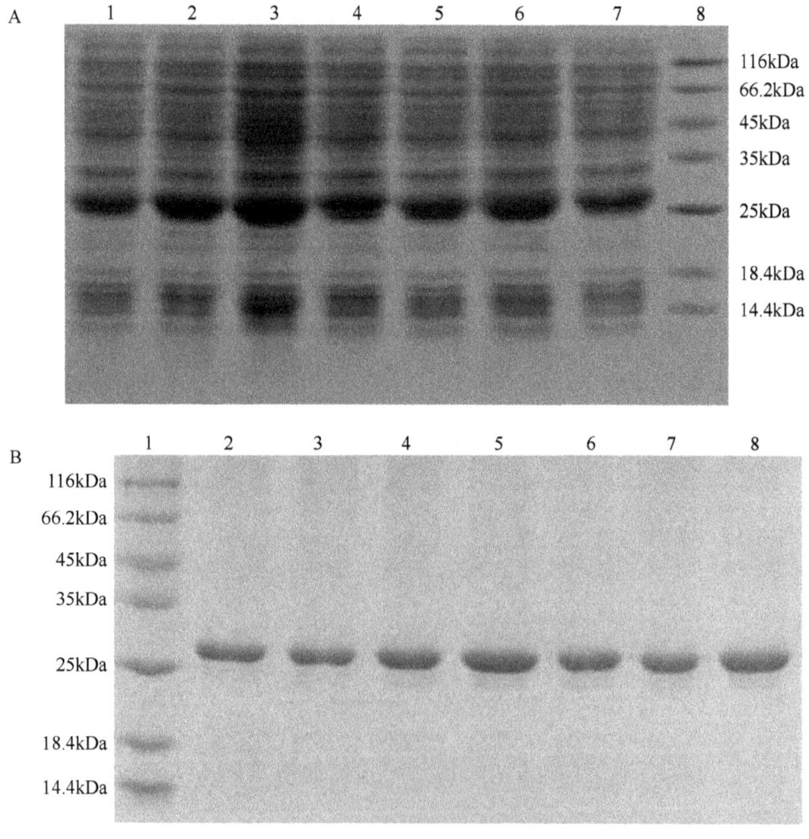

图 1-30　S1D1～S1D7 截短片段的表达与纯化

A. 重组蛋白表达：1～7. S1D1-GST、S1D2-GST、S1D3-GST、S1D4-GST、S1D5-GST、S1D6-GST 和 S1D7-GST 融合蛋白表达图；8. 蛋白质 Marker；B. 重组蛋白纯化：1. 蛋白质 Marker；2～8. S1D1-GST、S1D2-GST、S1D3-GST、S1D4-GST、S1D5-GST、S1D6-GST 和 S1D7-GST 融合蛋白纯化图

用 B-PER®GST 自旋纯化试剂盒对表达的融合蛋白进行纯化（图 1-30B）。纯化重组蛋白与 6 株单克隆抗体的反应性通过 Western blotting（图 1-31A，图 1-31B）和 ELISA 进行检测（图 1-32）。结果表明，2C4、3C3 和 5F8 单克隆抗体识别的是 S1D5-GST 融合蛋白，3G3、6E6 和 3G5 单克隆抗体识别的是 S1D6-GST 融合蛋白。上述结果说明，S1D5（$P^{744}VLVYSNIGVCKSGSI^{759}$）和 S1D6（$S^{756}GSIGYVPLQDGQVKI^{771}$）是 PEDV S 蛋白的两个线性抗原表位。

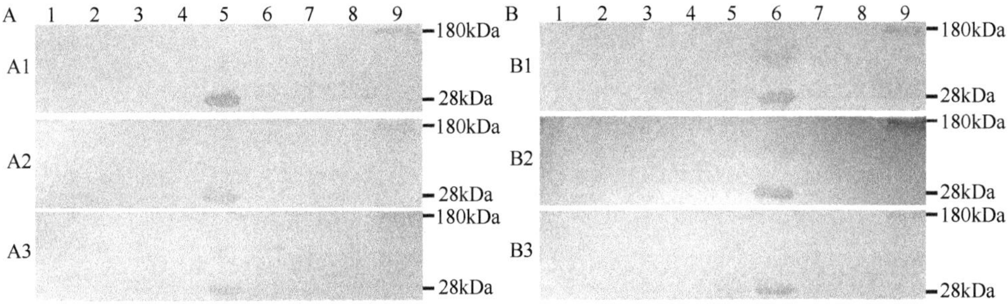

图 1-31　S1D1～S1D7 重组蛋白的 Western blotting 分析（彩图请扫封底二维码）

A. 重组蛋白与 2C4、3C3 和 5F8 单克隆抗体的 Western blotting 分析：1～9. S1D1-GST、S1D2-GST、S1D3-GST、S1D4-GST、S1D5-GST、S1D6-GST、S1D7-GST、GST 和 PEDV；B. 重组蛋白与 3G3、6E6 和 3G5 单克隆抗体的 Western blotting 分析：1～9. S1D1-GST、S1D2-GST、S1D3-GST、S1D4-GST、S1D5-GST、S1D6-GST、S1D7-GST、GST 和 PEDV

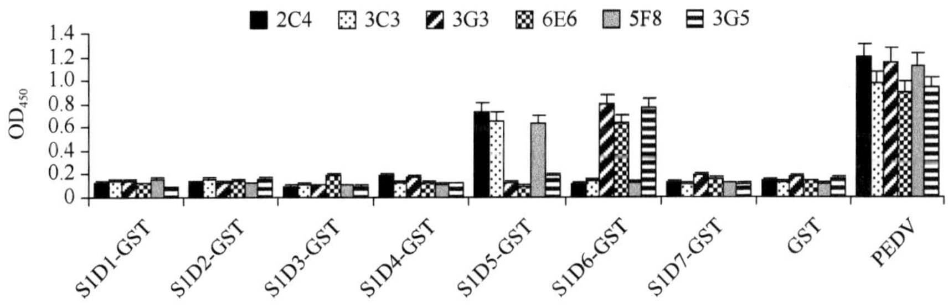

图 1-32　S1D1～S1D7 重组蛋白的 ELISA 检测

6. S1D5 和 S1D6 抗原表位免疫原性鉴定

为检测 S1D5 和 S1D6 抗原表位的免疫原性，用 S1D5-GST 和 S1D6-GST 融合蛋白免疫雌性 BALB/c 小鼠，制备单因子鼠血清。ELISA（图 1-33）和 IFA（图 1-34）结果表明，S1D5 和 S1D6 表位介导小鼠产生的抗体均能够识别天然的 PEDV。

7. S1D5 和 S1D6 表位核心氨基酸的鉴定

为了鉴定 S1D5 和 S1D6 表位的核心序列，7 条相互重叠的、覆盖 S1D5 和

S1D6 表位的短肽被合成，用 6 株单克隆抗体对 7 条短肽进行 ELISA 扫描。结果显示，2C4、5F8 和 3C3 单克隆抗体能够与 SS2 短肽反应，6E6、3G5 和 3G3 单克隆抗体能够与 SS6 多肽反应。这些结果表明，SS2（Y^{748}SNIGVCK^{755}）和 SS6（L^{764}QDGQVKI^{771}）分别是 S1D5 和 S1D6 表位的核心氨基酸序列（图 1-35）。

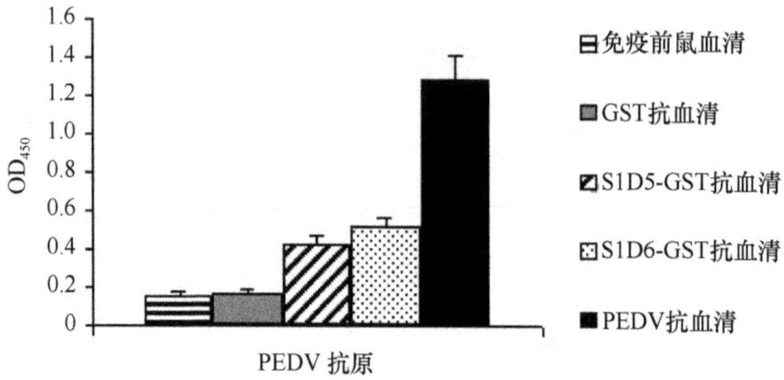

图 1-33　抗 S1D5 和 S1D6 表位单因子鼠血清的 ELISA 检测

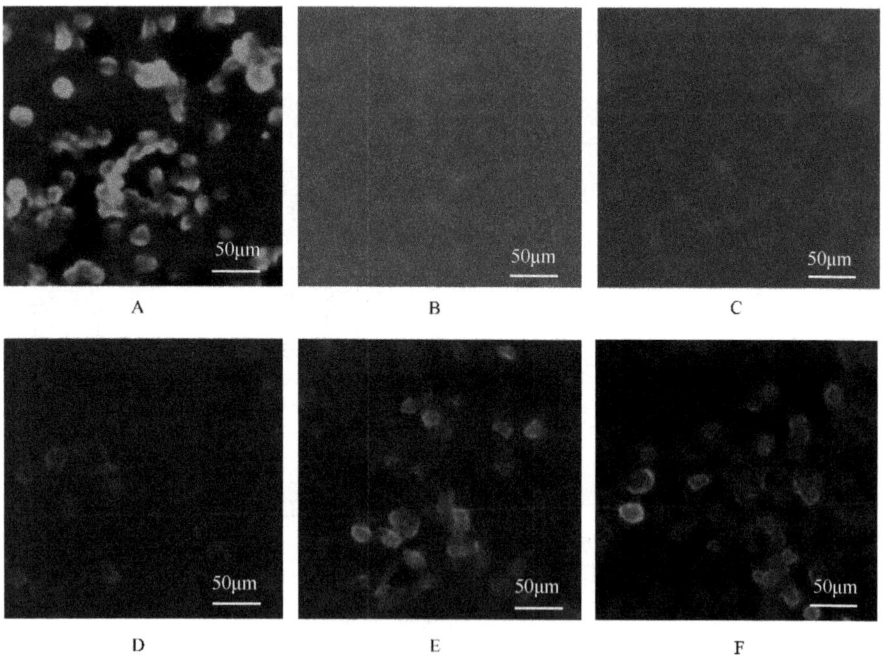

图 1-34　抗 S1D5 和 S1D6 表位单因子鼠血清的 IFA 检测（彩图请扫封底二维码）

A. PEDV 抗血清；B. Vero E6 细胞对照；C. 免疫前鼠血清；D. GST 抗血清；
E. S1D5-GST 抗血清；F. S1D6-GST 抗血清

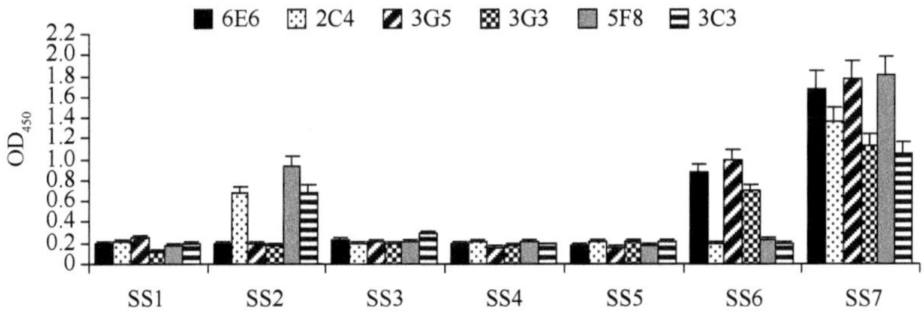

图 1-35　S1D5 和 S1D6 表位的多肽扫描

（三）讨论

病毒的表面结构蛋白在病毒进化过程中容易发生改变，从而导致病毒变异毒株的出现，因而病毒表面蛋白质氨基酸与其功能变化的研究成为病毒学研究中的一个热点课题。PEDV S 蛋白是位于病毒粒子表面的一个纤突蛋白，是介导中和抗体产生的一个重要的结构蛋白。近年来，PEDV *S* 基因遗传演化研究结果显示，PEDV *S* 基因是比较保守的，各毒株之间核苷酸的同源性均达 90%以上。尽管如此，PEDV *S* 基因在病毒进化过程中还是出现了点突变的现象，这与同群的猪传染性胃肠炎病毒（TGEV）*S* 基因相似。Ballesteros 等（1997）研究表明，TGEV S 蛋白 N 端两个氨基酸的改变就可以使 TGEV 丧失肠道嗜性，说明氨基酸点突变能影响和改变蛋白质的功能。线性的 B 细胞抗原表位一般由 13～15 个氨基酸组成，构象的 B 细胞抗原表位由在一级结构上不连续的氨基酸组成。无论是线性抗原表位还是构象抗原表位，它们与特异性抗体的结合都依赖于表位中关键的氨基酸残基，因此，病毒进化过程中的氨基酸点突变完全可以导致某个抗原表位的丧失和改变。精确、保守的抗原表位在基于表位的疫苗和诊断研究中具有重要的价值。高度保守、精确的中和抗原表位适合用于研究病毒的疫苗，它可以避免因病毒变异而造成的免疫失败（Broliden et al.，1992）。另外，基于保守表位能够建立高度敏感和特异的诊断方法（Oem et al.，2007）。PEDV *S* 基因在病毒进化过程中出现了氨基酸的点突变已经得到证实，但这些点突变是否影响 S 蛋白的抗原表位，以及各毒株之间的 S 蛋白是否共享某个保守的抗原表位，目前还不清楚。因此，PEDV S 蛋白抗原表位的精确定位研究是十分必要的！

为了对 PEDV S 蛋白中和抗原表位区 S1D 的抗原表位进行精确定位，本试验利用淋巴细胞杂交瘤技术制备了 PEDV S 蛋白中和抗原表位区的单克隆抗体，最终获得了 6 株稳定分泌抗 S1D 区单克隆抗体的细胞株。Western blotting 结果显示，这 6 株单克隆抗体均能识别天然 PEDV 的 S 蛋白，但是在 PEDV S 蛋白相近的位置出现了两条特异性的条带，分析这可能是部分 PEDV S 蛋白的糖基化或者是部分 S 蛋白与唾液酸结合所产生的，这个现象在 PEDV 同群的 TGEV S 蛋白的研究中已经得到证实（Krempl and Herrler，2001）。病毒中和试验结果显示，我们制备的 6 株单克隆抗体对 PEDV 不具有中和作用。单克隆抗体不具有中和活性可能是因为：S1D 区的抗原表位是以构象型为主的，机体中和抗体的介导是由一系列不连续的氨基酸相互作用产生的。另外可能的原因是本试验获得的单克隆抗体的多样性不够，没能得到具有中和作用的单克隆抗体。S1D 单克隆抗体识别表位鉴定的过程中，最初我们用噬菌体展示技术进行定位，但是淘选的结果显示，单克隆抗体识别噬菌体克隆展示的氨基酸序列过长，这可能是因为我们构建的 PEDV *S1* 基因特异性肽库中展示较长插入片段（200～300bp）的噬菌体克隆占多数。鉴于此，后续试验采用截短片段的原核表达及肽扫描技术对单克隆抗体识别表位进行了精确定位。本试验在表位定位过程中使用了噬菌体展示技术、截短片段原核表达和肽扫描技术，试验结果显示，对已知表位区的精确定位研究中，截短片段原核表达和肽扫描技术配合使用能更好地达到试验的预期结果，而基因特异性肽库相对而言比较适用于表位区不确定或比较分散的抗原表位鉴定。

本试验最初鉴定的 S1D5（744～759aa）和 S1D6（756～771aa）表位都是由 16 个氨基酸组成的线性抗原表位，二者之间有 4 个重叠的氨基酸。一般线性抗原表位是由 6～9 个氨基酸组成的短肽，为了进一步精确鉴定 S1D5 和 S1D6 表位，肽扫描技术被应用。最终，我们确定了 S1D5 表位的核心序列为 $Y^{748}SNIGVCK^{755}$，S1D6 表位的核心序列为 $L^{764}QDGQVKI^{771}$。大量资料显示，冠状病毒 S 蛋白的空间结构非常相似，S 蛋白的 S1 亚基（区）形成 S 蛋白球状的头部，容易刺激机体产生特异性的抗体，尤其是中和抗体，而 S2 亚基（区）形成 S 蛋白的柄状结构和跨膜区，因而，在完整的病毒粒子中 S2 亚基（区）很少介导机体产生特异性的抗体。小鼠免疫试验表明，S1D5 和 S1D6 表位具有良好的免疫原性，它们的 GST 融合蛋白介导小鼠产生的抗体能与天然的 PEDV 反应。我们推测，S1D5 和 S1D6 表位可能位于 PEDV S 蛋白 S1 区球状结构的表面结构域上。因此，S1D5 和 S1D6 表位在 PEDV 感染机体过程中更容易刺激机体产生特异性的抗体。我们对 S1D5 和 S1D6 表位的一级结构位置进行分析后发现，S1D5 和 S1D6 表位在一级结构上与以前鉴定的 S1P3（697～742aa）表位相邻，这个结果表明，S1D5（744～759aa）、S1D6（756～771aa）和 S1P3（697～742aa）表位所在区域可能是 PEDV S 蛋白的一个免疫优势区。

在本试验中，我们在 S1D 表位区上鉴定了两个线性抗原表位 S1D5（744～759aa）和 S1D6（756～771aa），并确定了它们的核心序列。小鼠免疫试验表明，这两个表位具有良好的免疫原性。因此，这部分试验结果表明，基于 S1D5 和 S1D6 表位及识别这两个表位的单克隆抗体能够建立检测 PEDV 特异性抗体和 PEDV 抗原的特异性诊断方法，为 PEDV 疫苗在现地的应用提供配套的诊断方法。

第二章　猪流行性腹泻病毒流行病学

第一节　猪流行性腹泻病毒流行病学概述

一、世界范围内猪流行性腹泻病毒毒株的遗传演化

（一）新发猪流行性腹泻病毒的潜在来源

基于全基因组序列的进化分析显示，所有的PEDV毒株在进化关系上都与α-冠状病毒属中的蝙蝠冠状病毒最近（Huang et al.，2013；Vlasova et al.，2014），表明PEDV毒株最开始可能来自蝙蝠冠状病毒，然后通过直接或间接的跨种传播感染猪。2016年初的GenBank数据库中大约有300株PEDV全基因组序列，Lin等（2016）从已经发表的文章中选择了100株有代表性的毒株用于进化分析，选择标准如下：①毒株采集自不同的地理位置；②毒株的致病性已经得到研究。Lin等（2016）成功地将两株野生型PEDV（PC21A-WT和PC177-WT）进行了测序，这两株PEDV的细胞培养型基因组序列之前有过报道（Oka et al.，2014），也包含在进化分析中。Lin等（2016）采用Clustal W法进行序列比对，采用General Time Reversible模型（核酸序列）或Jones-Taylor-Thornton模型（氨基酸序列）构建最大似然法（maximum likelihood）进化树，然后使用MEGA 6.06软件（Tamura et al.，2013）进行可信度检测。

基于几乎整个基因组的序列分析，除UTR外（很多PEDV毒株没有该区域），将所有的PEDV毒株分为两个明显的进化群，经典PEDV毒株群和新型PEDV毒株群。*ORF1*和*M*基因的进化树分析也进一步确认了两个进化群的存在，经典毒株进化群和新型毒株进化群的核苷酸序列有96%～98%的同源性。由于PEDV与TGEV及其他动物的冠状病毒类似（Jarvis et al.，2016），具有较低的突变率[6.2×10^{-4}替换/（位点·年）]，因此，PEDV毒株的进化群可能是在宿主适应过程中形成的。另外，有证据表明这两个进化群的毒株来源不同，Huang等（2013）发现，与原型毒株CV777相比，蝙蝠冠状病毒BtCoV/512/2005和所有的新型高毒力PEDV毒株的5′-UTR中的5′-proximal区都有一个特有的插入位点和两个缺失位点。对PEDV经典毒株和新型毒株的5′-UTR进行序列比对，结果显示，所有的新型PEDV毒株和部分经典毒株有相同的插入缺失位点，如韩国DR13/1999和中国CH/S/1986。经典毒株SM98/2010在核苷酸的48位没有插入T，但是，其与CV777毒株相比有两个缺失位点。这些PEDV毒株如何获得如此特别的特征现在

还不清楚。如果变化的结果有利于 PEDV 毒株的复制，那么，基因水平上的改变就有可能保留下来。然而，PEDV 毒株获得单核苷酸插入缺失的过程目前仍不明确。还有一种可能就是，PEDV 从蝙蝠冠状病毒中直接通过重组获得该区域。

虽然很多 PEDV 毒株缺乏全基因组序列，但是，新型 non S-INDEL 毒株逐渐形成，使来自 S 蛋白的信息成为亮点。因为 2010 年以前采集的部分样品的 *S* 基因序列已知，而且 S 蛋白的进化树可以将新型 non S-INDEL 毒株与经典毒株清晰地分开（Sun et al.，2015a）。non S-INDEL 毒株，如 KOR/Chinju99/1999，在 2010 年以前已经出现。一篇更早的报道也表明，自 2006 年初，在中国免疫 PEDV 的猪群中就已经出现了新型 PEDV 毒株（Chen et al.，2010）。遗憾的是，该研究只涉及 *ORF3* 基因。至今，新型 non S-INDEL 毒株是什么时候、在哪里、通过何种方式进化的，仍然未知。Khatri（2015）研究表明，高毒力 PEDV 可以在鸭子小肠上皮细胞中增殖。这也提出了一个问题，除蝙蝠外，PEDV 是否还有其他宿主呢？所有这些问题都需要做进一步的研究。

（二）新发猪流行性腹泻病毒毒株复杂的遗传演化

Wang 等（2014a）将新型 PEDV 毒株分为 S-INDEL 和 non S-INDEL（高毒力），因为无论在实验室还是野外，前者均能导致轻微腹泻症状，后者均能导致严重的腹泻症状。在基于 PEDV 毒株全基因组序列的进化树中，来自中国的 non S-INDEL PEDV 毒株彼此之间的进化关系较美国和欧洲毒株更近。与中国其他毒株相比，CHN/AH/2012 毒株与美国毒株的进化关系更近。因为对 PEDV 毒株进行分群和分型时没有 cut-off 值，所以 Wang 等（2014a）研究人员暂时将这些毒株称为新型亚洲进化支或新型北美洲进化支。基于 *ORF1* 基因的进化树分析支持这个分群系统。基于 *ORF3*、*E*、*M* 和 *N* 基因的进化树分析显示，non S-INDEL、S-INDEL 和一些中国新型毒株属于同一进化支。因此，这些区域可能还不是最近新型 PEDV 毒株进化的靶点，现在仍然缺乏足够的信息来形成进化推论。

其他研究人员在使用全基因组序列或部分基因组序列进行进化分析时也得到了这样矛盾的结果（Chen et al.，2014a；Kim et al.，2016），这可能是 PEDV 毒株间重组导致的，重组被认为是冠状病毒主要的进化形式（Makino et al.，1986）。重组分析和单核苷酸多态性分析为追溯 PEDV 的进化提供了额外的信息（Huang et al.，2013；Jarvis et al.，2016）。最近，一种全新的采用序列结构域研究 PEDV 毒株间进化关系的方法被应用，序列结构域是几株 PEDV 基因组中共有的高度保守区，它们位于基因组的同一位置，该方法被用于研究 2013～2014 年检测到的新型 PEDV 毒株之间的关系（Yamamoto et al.，2016）。截至目前，以上两种研究方法得到的结果是一致的。PEDV non S-INDEL 毒株可能由不同的中国新型毒株通过重组进化而来（Tian et al.，2014；Vlasova et al.，2014）。该毒株基因组中除 S1

区域外，其他区域与高毒力毒株 CHN/AH/2012 高度相似，而其 S1 区域则与另一株高毒力毒株 CHN/ZMDZY/2011 高度相似。Vlasova 等（2014）推测，S-INDEL 毒株 USA/Iowa106/2013 和 USA/Iowa107/2013 可能是经典毒株（CH/S/1986 类似毒株 S1 区）与至少两株不同的高毒力毒株（CHN/ZMDZY/2011 类似毒株 ORF1b 和 S2 区及 CHN/AH/2012 类似毒株剩余基因组）经多次重组后得到的（Vlasova et al.，2014），但是目前尚未得到验证。值得注意的是，乌克兰、日本和韩国出现的新型 non S-INDEL 毒株被划分到北美洲 non S-INDEL 进化支中，而未归到新型亚洲进化支，这个结果表明，北美洲 non S-INDEL 毒株已经呈全球性感染态势。另外，多株来自越南和泰国的 PEDV 毒株与中国新型 PEDV 毒株表现出较高的同源性。

除乌克兰的 Poltava01/2014 毒株外，欧洲新型毒株都属于 S-INDEL 进化支，该进化支包含来自北美洲、日本和韩国的 S-INDEL 毒株。令人惊讶的是，尽管在中国经典毒株和新型毒株都比较流行，然而，还没有关于 S-INDEL 毒株的报道。S-INDEL 毒株可能会被忽视，主要有以下几个原因：①通常情况下，S-INDEL 毒株与高毒力新型毒株相比，仅导致猪轻度腹泻，因此，临床上可能不会采集其作为诊断样品；②很多诊断试剂或监测研究不能区分 S-INDEL 毒株、经典毒株（如果针对 *S* 基因的 S1 区域）和新型 non S-INDEL 毒株（如果针对 *S2*、*ORF3*、*E*、*M* 或 *N* 基因），如针对 *N* 基因的 real-time PCR 或者仅针对 *S1* 基因的测序分析（Oka et al.，2014）。有趣的是，基于遗传结构域分析，S-INDEL 毒株 GER/L00719/2014 和 USA/Indiana12.83/2013 包括 8 个遗传结构域中的 6 个（M1～M6）。日本的 S-INDEL 毒株（JPN/MYZ-1/2013、JPN/KCH-1/2014 和 JPN/KCH-2/2014）包括两个遗传结构域（M3 和 M6），其与所有的美国 S-INDEL 毒株都不同，然而，日本毒株 JPN/OKY-1/2014 却与美国毒株 USA/Iowa23.57/2013 拥有两个相同的遗传结构域（M5 和 M6）。韩国 S-INDEL 毒株 KOB/KNU-1406-1/2014 含有 3 个遗传结构域，与美国毒株 USA/OH851/2014 类似。以上结果表明这些全球性 S-INDEL 毒株有很近的亲缘关系。然而，这些 S-INDEL 毒株的起源和传播方向仍然未知。

总之，基于遗传学分析，全球性的 PEDV 毒株被分为两组：20 世纪 70 年代出现在欧洲的经典 PEDV 毒株和 2010 年前后出现在中国的高毒力毒株。很多问题仍然没有答案，例如，后来出现的毒株是否直接由之前的毒株进化而来？新型毒株 non S-INDEL 和 S-INDEL 是何时进入美国和欧洲的？Jarvis 等（2016）报道，中国和美国的 PEDV 毒株（non S-INDEL 和 S-INDEL）分别出现于 2006～2009 年，比 2013 年出现在美国流行至今的 PEDV 毒株早几年。截止到 2016 年 3 月，非洲和澳大利亚大陆没有关于 PEDV 的报道。经典 PEDV 毒株（包括弱毒疫苗）、新型 PEDV 毒株和 TGEV 毒株在中国等亚洲国家流行。由于冠状病毒是 RNA 病毒，经常发生重组，因此，进一步完善其全基因组序列（尤其是来自欧洲和亚洲的毒株及 2010 年以前的历史性样品）并对其进行更加全面的分析，将有助于我们更好地了解全球 PEDV 毒株的来源、进化和多样性。

二、猪流行性腹泻病毒感染宿主与传播途径

PEDV 主要通过口鼻传播，另外，研究发现气溶胶 PEDV 仍然具有感染性（Alonso et al.，2014，2017）。腹泻粪便、呕吐物和其他的病毒污染物，如运输车辆（Lowe et al.，2014）和饲料（Dee et al.，2014），均为病毒的主要传染源。有临床症状的大龄猪体内携带的病毒，也具有感染性。

据前期研究报道可知，哺乳母猪的乳汁中 PEDV RNA 的检出率维持较低水平（23%～41%）（Li et al.，2012；Sun et al.，2012），这个结果表明，母猪乳汁可能为 PEDV 垂直传播的途径之一。Jung 等（2014）研究表明，在实验室感染的仔猪或自然感染的育肥猪的血清中，PEDV RNA 的检出率高达 55%～100%。作为饲料添加剂的猪血浆是否为 PEDV 的传染源，仍然需要进一步研究，因为不同的课题组在研究 PEDV RNA 阳性的喷雾干燥猪血浆能否感染血清为阴性的仔猪时，得到了互相矛盾的结果（Foddai et al.，2015）。在生物安全意识薄弱的猪场中，PEDV 可以通过已被污染的个人防护设备快速传播（Kim et al.，2017）。在饲料生产企业中，如果饲料生产设备表面检出 PEDV RNA，其生产出的饲料也会被污染，并且，病原可以通过灰尘交叉污染厂房内的所有生产设备（Huss et al.，2017）。但是，由于 PEDV 为热敏感病毒，在饲料生产过程中颗粒化温度超过 54.4℃时能有效降低饲料中 PEDV 的载量和传染性（Cochrane et al.，2017）。

在日本，规模不同、地理位置不同的猪场，PED 的传播机理也不同，猪血清呈阴性的猪场与阳性猪场的距离越近（小于 1000m）、猪场规模越大，越易感 PED；远离阳性猪场的猪血清呈阴性的养猪场，其感染 PED 的难易程度与运输饲料的卡车和兽医进出猪场的次数有关（Sasaki et al.，2016）。Sasaki 等（2017）研究表明，PED 在日本九州南部猪场的传播表现出明显的时间和空间聚集性。

第二节 中国猪流行性腹泻病毒分子流行病学调查研究

一、2015 年中国猪流行性腹泻病毒 *S1* 和 *ORF3* 基因遗传进化分析

（一）材料与方法

1. 材料

（1）样品来源

样品来自 2015 年 1～12 月，中国 17 个省（自治区、直辖市）（黑、吉、辽、京、津、冀、晋、鲁、沪、粤、川、豫、鄂、赣、湘、闽、皖）41 个 PEDV 阳性

猪场发生严重腹泻、呕吐、脱水和死亡的患病仔猪，采集仔猪小肠样品共计 165 份，保存于−80℃冰箱。

（2）引物

ORF3 基因的引物同 Kim 等（2015a）文中描述；*S1* 基因引物是参考 GenBank 中公布的 PEDV CV777 毒株全基因组序列（GenBank 登录号 AF353511），设计 1 对引物用于扩增 *S1* 基因，引物由哈尔滨博仕生物技术有限公司合成。引物信息见表 2-1。

表 2-1　PEDV *ORF3*、*S1* 基因扩增引物

扩增片段的基因	引物名称	引物序列（5′→3′）	扩增片段的长度/bp
ORF3	PEDV orf3-F PEDV orf3-R	CTAGACTTCAACCTTAC GGTGACAAGTGAAGCACAGA	827
S1	PEDV S1-F PEDV S1-R	TTTTCTAATCATTTGGTCAACG AATACTCATACTAAAGTTGGTGG	2396

2. 方法

（1）样品的处理

称量 1g 小肠组织样品置于研钵中，加入适量液氮充分研磨。将研磨后的组织粉末倒入 10mL 离心管中，加入 5mL PBS（pH 7.4），涡旋振荡 5min，制成组织匀浆，4℃ 8000r/min 离心 10min，取上清液保存于−80℃冰箱。

（2）PEDV *ORF3* 基因的扩增与测序

1）RNA 的提取

病毒 RNA 提取操作步骤如下，参考 TIANGEN RNA 提取试剂盒说明书进行，方法略有改动。

A. 用移液器将 560μL Carrier RNA 工作液加入 1.5mL 离心管中。

B. 向离心管中加入 140μL 组织上清液，涡旋振荡 15s 混匀。

C. 在室温（15～25℃）孵育 10min，简短离心以收集附着在管壁及管盖的液体。

D. 加入 560μL 无水乙醇（冰上预冷），涡旋振荡 15s，简短离心以收集附着液体。

E. 将离心管中的 630μL 液体转移至 RNase-free（无 RNA 酶的）吸附柱 CR2（吸附柱放在 2mL 收集管中），6000*g* 离心 1.5min，弃掉收集管，将吸附柱放入一个新的 2mL 收集管中。

F. 重复步骤 E。

G. 打开吸附柱盖子，加入 500μL 溶液 GD，6000*g* 离心 1.5min，将吸附柱放入一个新的 2mL 收集管中。

H. 打开吸附柱盖子，加入 500μL 溶液 RW，6000*g* 离心 1.5min，弃掉装有废液的收集管。

I. 将吸附柱放入一个新的 2mL 收集管中，13 400*g* 离心 3.5min，使吸附膜完全变干，弃废液。

J. 将吸附柱放入 RNase-free 超净离心管中，向膜中央加入 30μL RNase-free ddH_2O，室温放置 5min。6000*g* 离心 2min。将 RNA 保存于−80℃冰箱。

2）cDNA 的合成

反转录体系及操作步骤如下：提取的病毒 RNA 3μL，随机引物 1μL，5×reaction buffer 4μL，RNA 酶抑制剂（40U/μL）0.5μL，dNTP（10mmol/L）2μL，M-MuLV 反转录酶（200U/μL）1μL，加 ddH_2O 至 20μL，42℃水浴 1h，70℃水浴 5min 终止反应。

3）*ORF3* 基因片段的扩增

以 cDNA 为模板，进行 *ORF3* 基因的 PCR 扩增，扩增片段大小为 827bp。PCR 反应体系如下：提取的 cDNA 模板 2μL，2×premix Taq 酶 25μL，上游引物和下游引物各 1μL，加 ddH_2O 至 50μL 体系。*ORF3* 基因扩增条件：94℃预变性 5min，94℃变性 30s，50℃退火 45s，72℃延伸 1min，循环数为 40，72℃延伸 10min。取 3μL PCR 扩增产物进行 1%琼脂糖凝胶电泳检测。

4）PCR 产物的纯化与回收

将鉴定为阳性的 PCR 产物利用胶回收试剂盒进行纯化，胶回收步骤如下，参考 TIANGEN 胶回收试剂盒说明书，方法略有改动。

A. 柱平衡步骤：向吸附柱 CA2 中（吸附柱放入收集管中）加入 500μL 平衡液 BL，13 400*g* 离心 1min，倒掉收集管中的废液，将吸附柱重新放回收集管中。

B. 将单一的目的 DNA 条带从琼脂糖凝胶中切下（尽量切除多余部分），放入干净的离心管中，称取重量。

C. 向胶块中加入等倍体积 PN 溶液（如果凝胶重量为 0.1g，其体积可视为 100μL，则加入 100μL PN 溶液），50℃水浴，其间不断温和地上下翻转离心管，确保胶块充分溶解。

D. 将上一步所得溶液加入一个吸附柱 CA2 中（吸附柱放入收集管中），室温放置 2min，13 400*g* 离心 1min，倒掉收集管中的废液，将吸附柱 CA2 放入收集管中。

E. 向吸附柱 CA2 中加入 600μL 漂洗液 PW，13 400*g* 离心 1min，倒掉收集管中的废液，将吸附柱 CA2 放入收集管中。

F. 重复操作步骤 E。

G. 将吸附柱 CA2 放回收集管中，13 400*g* 离心 2min，将吸附柱 CA2 于室温放置数分钟，彻底晾干。

H. 将吸附柱 CA2 放到干净的离心管中，向吸附膜中间位置悬空滴加 30μL

ddH_2O，室温放置 2min。13 400*g* 离心 2min，收集 DNA 溶液，胶回收产物保存于 −80℃冰箱。

5）目的片段的连接与转化

将纯化后的 *ORF3* 基因的 PCR 产物与 pMD18-T 载体连接，转化至 *E. coli* DH5α 感受态细胞。连接体系如下，混合均匀后 16℃水浴连接过夜。次日取出，于 4℃保存备用。

A. 将全部的连接产物加入 50μL DH5α 感受态细胞中，轻轻吹打几下以混匀，冰浴 0.5h。

B. 将其放入 42℃水浴锅中热激 90s，随后放入冰中冰浴 2min。

C. 将 1mL 37℃预热的 SOB 液体培养基加入其中，37℃恒温摇床振荡培养 45min。

D. 室温 5000r/min 离心 5min，弃掉部分上清液后重悬，取 150μL 沉淀悬液在含 Amp^+的 LB 琼脂平板上涂布均匀，放入 37℃恒温培养箱培养 12～16h。

6）菌落 PCR

取出 LB 平板，随机挑取 5～10 个单菌落，放入含有 50μL SOB 培养基的 EP 管中，混匀，利用 PCR 方法进行鉴定，反应体系（25μL）：2×premix Taq 酶 12.5μL，上游引物 0.5μL，下游引物 0.5μL，模板 cDNA 1μL，ddH_2O 10.5μL。

反应条件：94℃预变性 5min，94℃变性 30s，50℃退火 45s，72℃延伸 1min，循环数为 40，72℃延伸 10min。取 3μL PCR 扩增产物进行 1%琼脂糖凝胶电泳检测，将阳性质粒送由哈尔滨博仕生物技术有限公司测序。

（3）PEDV *S1* 基因的扩增与测序

以 cDNA 为模板，进行 *S1* 基因的 PCR 扩增，扩增片段大小为 2396bp。PCR 反应体系如下：提取的 cDNA 模板 2μL，2×premix Taq 酶 25μL，上游引物和下游引物各 1μL，加 ddH_2O 至 50μL 体系。*S1* 基因扩增条件：95℃预变性 5min，95℃变性 1min，52℃退火 1min，72℃延伸 3min，循环数为 32，72℃延伸 10min。取 3μL PCR 扩增产物进行 1%琼脂糖凝胶电泳检测。将鉴定为阳性的 PCR 产物利用胶回收试剂盒进行纯化，方法同 4），将纯化的 *S1* 基因的 PCR 产物分别与 pMD-18T 载体连接，转化至 *E. coli* DH5α 感受态细胞，方法同 5），用 PCR 方法鉴定重组质粒，将阳性质粒送由哈尔滨博仕生物技术有限公司测序。

（4）目的基因序列分析及进化树构建

将测序所得的 *ORF3* 和 *S1* 基因的所有核苷酸序列提交至 GenBank。所有基因序列由 Lasergene 序列分析软件（DNASTAR）进行编辑。用 DNASTAR™ 5.06 软件 MegAlign 工具分析不同毒株 *ORF3* 和 *S1* 基因核苷酸的同源性，分析本研究所得毒株序列与其他 PEDV 流行毒株、变异毒株和疫苗毒株的基因序列之间的差异；采用 Clustal X 程序对其进行多重比对，由 MEGA 6.06 软件（http://www.megasoftware.net/）

采用邻接法（neighbor-joining method，NJ 法）进行 *ORF3* 和 *S1* 基因的进化分析和进化树构建，进行 1000 次重复计算；用重组检测程序（recombination detection program version 4，RDP4）软件对 *S1* 基因进行重组分析。其余用于比对和构建进化树的序列均来自 GenBank 收录的序列。为了探索 PEDV 毒株的遗传多样性，使用 DNASTAR™ 5.06 软件包的 MegAlign 工具，筛选出以下中国毒株的 *S* 基因核苷酸序列。中国参考毒株的 GenBank 序列号如表 2-2 所示。

表 2-2 PEDV 参考毒株及序列信息

毒株收集时间	登录号
2010 年之前	AY653204、EF185992、EU031893、JN547228
2011 年	JQ239429～JQ239436、JQ282909、JQ979287、JQ979290、JX188454、JX188455、JX524137、KC196276、KC242897、KP399631～KP399634
2012 年	JX112709、JX560761、KC242898～KC242912、KF384500、KP399630
2013 年	KF601195～KF601201、KF761675、KJ020932、KP399610～KP399629
2014 年	KM242131、KP399601～KP399609、KP890336、KR296665、KR296672～KR296675
2015 年	KR095279、KR296663、KR296664、KR296666～KR296671、KR296676～KR809885、KT199103

（二）结果

1. 目的基因的扩增

采用 RT-PCR 方法对 165 份样品进行检测，结果显示 137 份为阳性，阳性率为 83.0%。对 *ORF3* 基因进行扩增，PCR 产物经琼脂糖凝胶电泳，结果显示扩增产物长度为 827bp（图 2-1），与预期大小相符。对 *S1* 基因进行扩增，PCR 产物经琼脂糖凝胶电泳，结果显示扩增出 2396bp 的特异性片段（图 2-2），与预期大小相符。

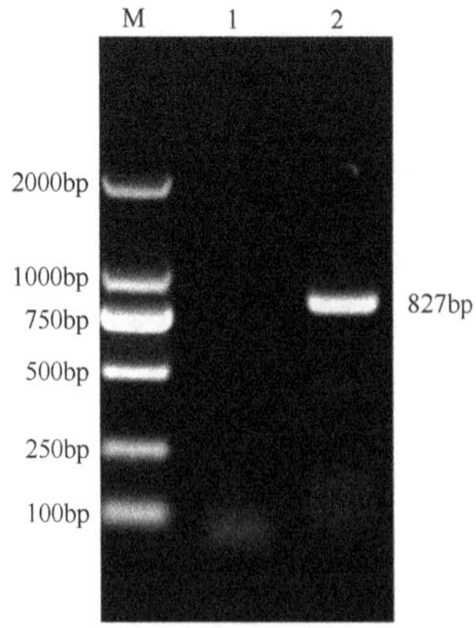

图 2-1 *ORF3* 基因 PCR 鉴定图

M. DL2000 DNA Marker；1. 阴性对照；2. 阳性扩增产物

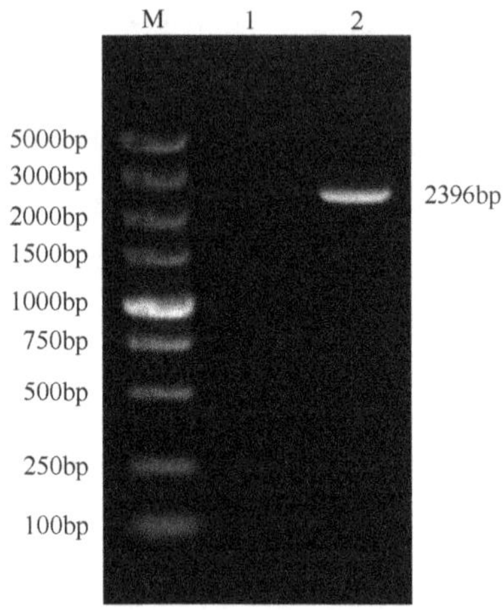

图 2-2 *S1* 基因 PCR 鉴定图

M. DL5000 DNA Marker；1. 阴性对照；2. 阳性扩增产物

2. 胶回收鉴定结果

利用胶回收试剂盒对阳性样品进行纯化，图 2-3 和图 2-4 为 *ORF3* 和 *S1* 基因 PCR 产物纯化鉴定结果。

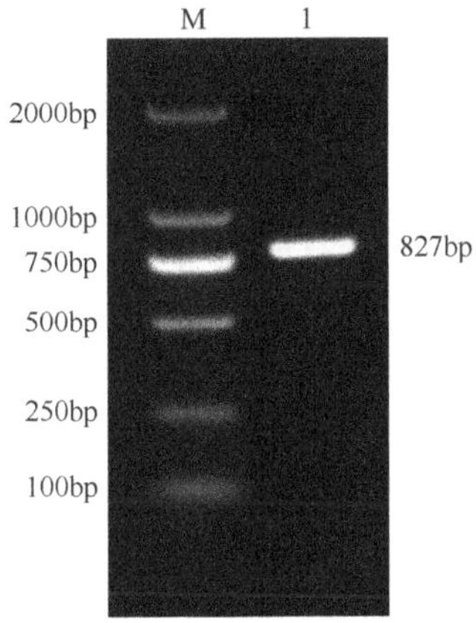

图 2-3　*ORF3* 基因 PCR 产物纯化鉴定图

M. DL2000 DNA Marker；1. 阳性扩增产物

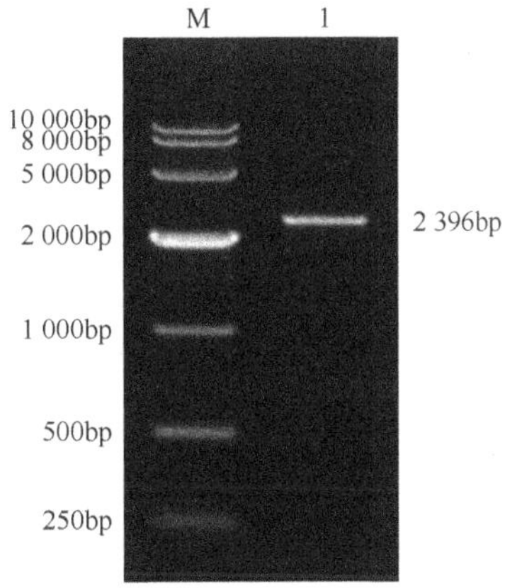

图 2-4　*S1* 基因 PCR 产物纯化鉴定图

M. DL10 000 DNA Marker；1. 阳性扩增产物

3. 菌落 PCR 鉴定

将胶回收的阳性样品与 T 载体连接后，转化至感受态大肠杆菌 Top10，涂板培养过夜。第 2 天，挑取单克隆菌落进行 PCR 鉴定。图 2-5 和图 2-6 为 *ORF3* 和 *S1* 基因菌落 PCR 结果。

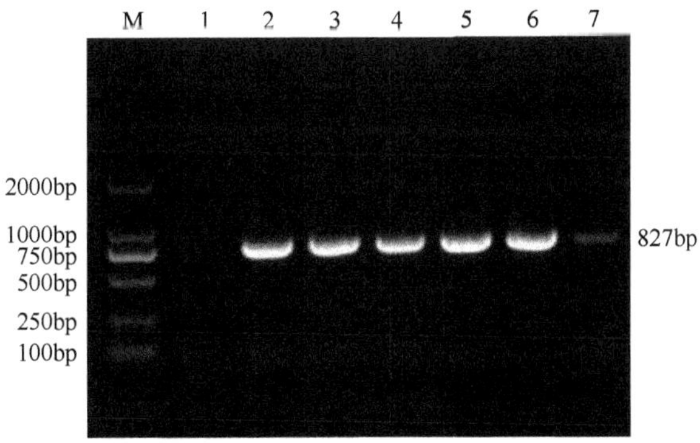

图 2-5　*ORF3* 基因菌落 PCR 鉴定图

M. DL2000 DNA Marker；1. 阴性对照；2～7. 阳性扩增产物

4. 目的基因的序列分析

收集的 165 份腹泻猪小肠样品通过快速检测试纸条证实为 PEDV 阳性，利用 RT-PCR 方法，对 *ORF3* 和 *S1* 基因进行扩增，结果显示，137 份样品以 *ORF3* 基

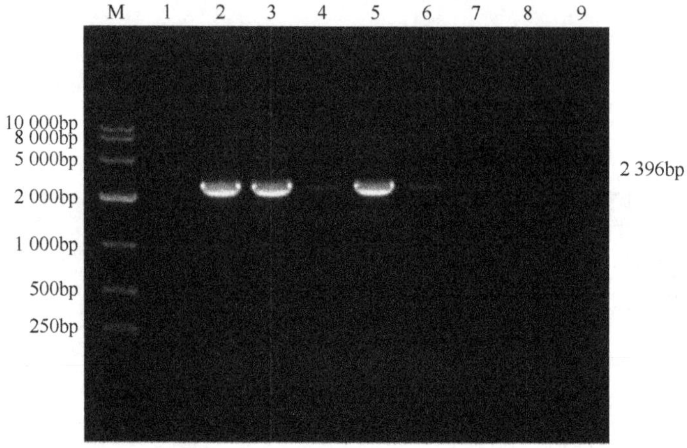

图 2-6 *S1* 基因菌落 PCR 鉴定图

M. DL10 000 DNA Marker；1. 阴性对照；2～9. 阳性扩增产物

因为靶基因扩增出目的条带，阳性率为 83%（137/165），41 个 *ORF3* 基因和 29 个 *S1* 基因测序成功，将所测序列提交至 GenBank（表 2-3）。测序结果显示，*ORF3* 和 *S1* 基因长度分别为 827bp 和 2396bp。*ORF3* 和 *S1* 基因的序列比对显示（表 2-4），核苷酸序列同源性分别为 98.2%～100%和 96.6%～100%，推导出的氨基酸序列同源性分别为 97.8%～99.6%和 95.2%～99.5%；同经典毒株 CV777 比较，二者的核苷酸序列同源性分别为 96.4%～97.2%和 92.0%～92.7%，推导出的氨基酸序列同源性分别为 94.7%～96.0%和 89.5%～91.3%。其中 HLJ2015/DP1-1 毒株的 *S1* 基因与参考毒株 CV777 的比对结果显示在 1130～1141 位缺失 12 个核苷酸。分析显示新鉴定毒株的 *ORF3* 和 *S1* 基因与中国高致病性毒株 CHYJ130330、中国重组毒株 CH/HNQX-3/14 和美国经典毒株 USA/Colorado/2013 有高度的序列同源性，与经典毒株 CV777 和中国早期分离毒株 LZC 有较低的序列同源性。

表 2-3 2015 年中国部分地区流行毒株信息

农场	毒株名称	采集日期	流行地区	GenBank 登录号		样品阳性率
				ORF3	*S1*	
1	HLJ2015/DP1-1	2015.04	黑龙江（东北）	KU641637	KR351293	5/5
2	SD/QD/2015	2015.06	山东（华东）	KU641638	KU710223	3/3
3	BJ/2015/111	2015.11	北京（华北）	KU641639	KU710224	4/4
4	LN/SY/2015	2015.05	辽宁（东北）	KU641640	—	1/1
5	HeB/CC/2015	2015.07	河北（华北）	KU641641	—	1/1
6	GD/MM/2015	2015.08	广东（华南）	KU641642	KU710225	7/9
7	HLJ/QQHR/2015	2015.09	黑龙江（东北）	KU641643	KU710226	3/4
8	SC/CD/2015	2015.09	四川（西南）	KU641644	KU710227	6/7

续表

农场	毒株名称	采集日期	流行地区	GenBank 登录号		样品阳性率
				ORF3	*S1*	
9	SH/SG/2015	2015.09	上海（华东）	KU641645	KU710228	4/4
10	HeB/2015/516	2015.05	河北（华北）	KU641646	KU710229	1/1
11	HeN/MY/2015	2015.09	河南（华中）	KU641647	KU710230	5/5
12	SH/2015/122	2015.12	上海（华东）	KU641648	—	1/2
13	HLJ/2015/116	2015.01	黑龙江（东北）	KU641649	KU710231	3/3
14	TJ/2015/525	2015.05	天津（华北）	KU641650	—	3/4
15	SD/LC/2015	2014.05	山东（华东）	KU641651	KU710232	2/2
16	HLJ/2015/1228	2015.12	黑龙江（东北）	KU641652	KU710233	3/3
17	SD/2015/415	2015.04	山东（华东）	KU641653	KU710234	3/3
18	SD/YT/2015	2015.12	山东（华东）	KU641654	—	4/10
19	HuB/YC/2015	2015.12	湖北（华中）	KU641655	KU710235	1/3
20	LN/DL/2015	2015.12	辽宁（东北）	KU641656	KU710236	3/3
21	AH/HF/2015	2015.12	安徽（华东）	KU641657	KU710237	1/1
22	JX/2015/1221	2015.12	江西（华东）	KU641658	KU710238	6/6
23	HuN/2015/1210	2015.12	湖南（华中）	KU641659	—	1/1
24	HLJ/852/2015	2015.12	黑龙江（东北）	KU641660	KU710239	4/4
25	HeB/HS/2015	2015.12	河北（华北）	KU641661	—	1/2
26	SX/LL/2015	2015.12	山西（华北）	KU641662	KU710240	6/6
27	HLJ/2015/1231	2015.12	黑龙江（东北）	KU641663	KU710241	8/9
28	ShX/YA/2015	2015.12	陕西（西北）	KU641664	—	1/1
29	JX/2015/1224	2015.12	江西（华东）	KU641665	KU710242	9/9
30	HeB/TS/2015	2015.12	河北（华北）	KU641666	KU710243	7/12
31	SX/2015/121	2015.12	山西（华北）	KU641667	—	2/2
32	HeB/2015/121	2015.12	河北（华北）	KU641668	—	2/2
33	FJ/FZ/2015	2015.12	福建（华东）	KU641669	—	3/4
34	AH/XZ/2015	2015.12	安徽（华东）	KU641670	KU710244	7/10
35	HLJ/GQ/2015	2015.12	黑龙江（东北）	KU641671	—	2/3
36	SH/2015/124	2015.12	上海（华东）	KU641672	KU710245	2/3
37	HLJ/2015/1230	2015.12	黑龙江（东北）	KU641673	KU710246	3/4
38	LN/TA/2015	2015.12	辽宁（东北）	KU641674	KU710247	3/3
39	JL/2015/720	2015.07	吉林（东北）	KU641675	KU710248	1/1
40	SH/2015/921	2015.09	上海（华东）	KU641676	KU710249	4/4
41	BJ/2015/516	2015.05	北京（华北）	KU641677	KU710250	1/1

表 2-4 PEDV *ORF3* 和 *S1* 基因序列分析

参考毒株（GenBank 登录号）	氨基酸或核苷酸	序列同源性/%	
		ORF3	*S1*
本试验鉴定毒株	nt	98.2～100	96.6～100
	aa	97.8～99.6	95.2～99.5
CV777 毒株（AF353511）	nt	96.4～97.2	92.0～92.7
	aa	94.7～96.0	89.5～91.3
LZC 毒株（EF185992）	nt	95.1～95.9	91.4～92.2
	aa	93.3～94.2	89.2～90.5
YN15 毒株（KT021228）	nt	94.9～96.1	97.1～98.5
	aa	90.3～91.7	96.6～98.5
FL2013 毒株（KP765609）	nt	95.6～96.1	97.2～98.5
	aa	94.7～96.0	96.6～98.6
CHYJ130330 毒株（KJ020932）	nt	98.5～99.7	96.8～98.1
	aa	98.7～99.1	95.7～98.1
CH/HNQX-3/14 毒株（KR095279）	nt	98.0～99.2	95.4～96.9
	aa	96.8～97.7	93.3～95.5
USA/Colorado/2013 毒株（KF272920）	nt	98.7～99.9	98.1～99.5
	aa	97.8～99.1	97.2～99.7
OH851/2014 毒株（KJ399978）	nt	98.7～100	93.0～94.7
	aa	98.2～99.6	91.3～93.9

5. 目的基因的遗传进化分析

对 *ORF3* 基因序列进行系统进化分析，结果显示 41 个新鉴定的 PEDV 毒株与中国 2011～2015 年证实的野生型毒株、北美洲毒株、亚洲毒株和欧洲毒株有较近的亲缘关系，与 CV777 毒株及早期在中国、韩国和日本发现的毒株亲缘关系较远（图 2-7）。本研究证实的 41 个 PEDV 毒株以 *ORF3* 基因为靶基因构建的系统进化树形成 8 个群组，同一地区的 PEDV 毒株彼此之间显示遗传多样性。

以 PEDV *S1* 基因序列构建系统进化树（图 2-8），形成 G Ⅰ 和 G Ⅱ 两个群，G Ⅰ 群包括早期在中国及韩国发现的毒株和原始 CV777 毒株，组成"CV777"S-INDEL 群。G Ⅱ 群被分成 US S-INDEL 和 non S-INDEL 两个亚群。non S-INDEL 亚群包括 US S-INDEL 毒株、日本 S-INDEL 毒株、欧洲 S-INDEL 毒株，以及中国、加拿大和越南的野生型毒株。结果表明：29 个新鉴定的 PEDV 毒株与美国、亚洲和北美洲的参考毒株同属于 non S-INDEL 亚群，并且与已知的中国变异毒株和美国高致病性原始毒株 USA/Colorado/2013 密切相关，形成了 14 个不同的群组，展现出遗传多样性。

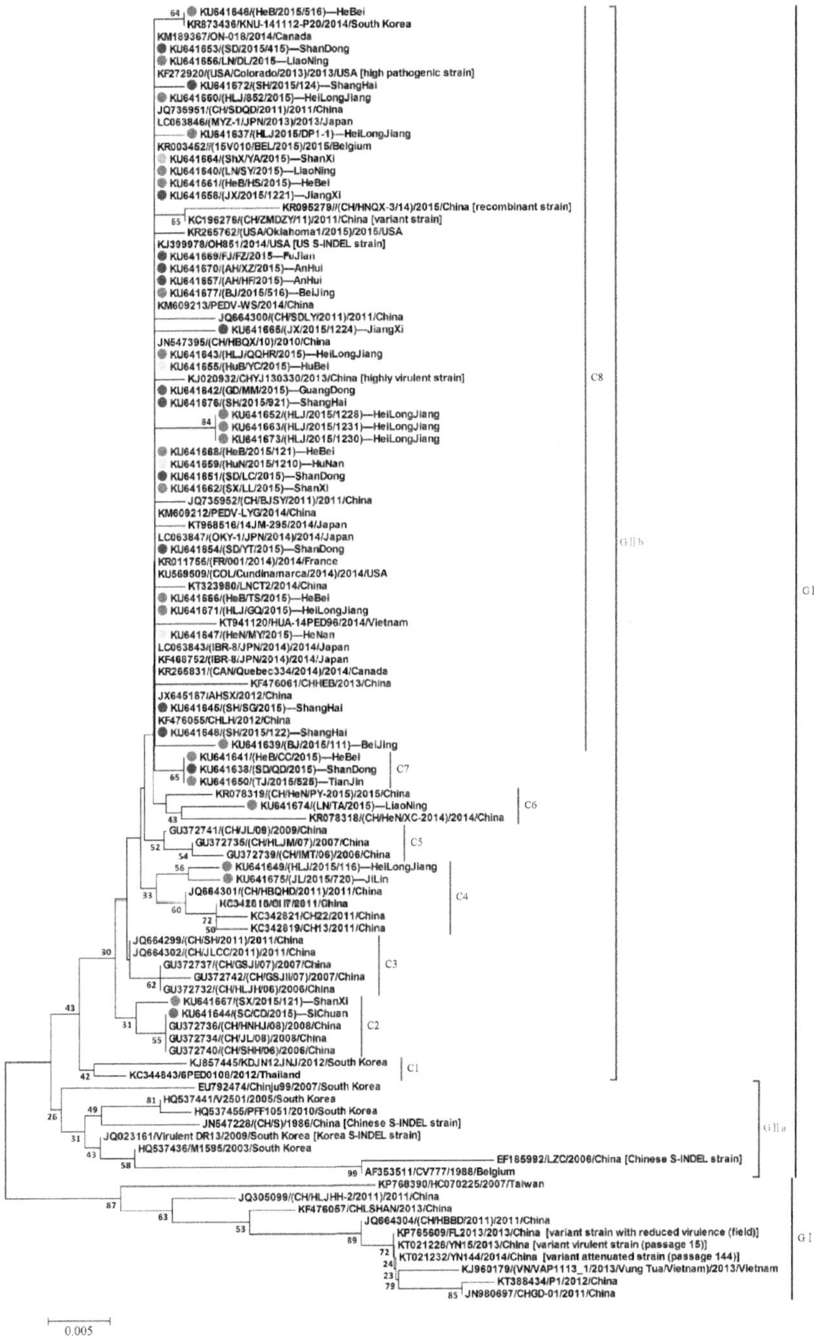

图 2-7　PEDV *ORF3* 基因系统进化树（彩图请扫封底二维码）

圆圈标记毒株为本试验鉴定的 PEDV 毒株：●代表华北地区 PEDV 毒株；●代表华东地区 PEDV 毒株；●代表东北地区 PEDV 毒株；●代表西北地区 PEDV 毒株；●代表华南地区 PEDV 毒株；●代表华中地区 PEDV 毒株；●代表西南地区 PEDV 毒株

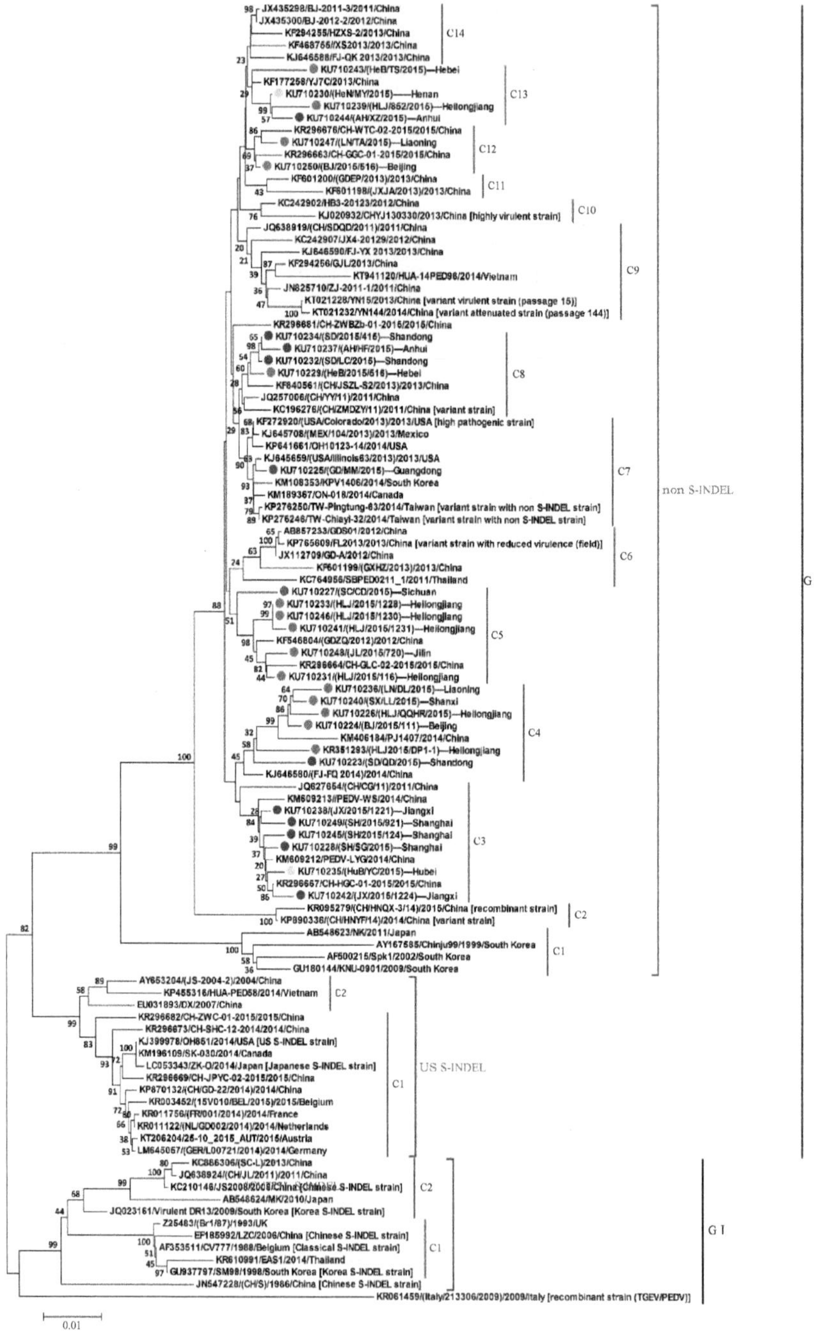

图 2-8　PEDV *S1* 基因系统进化树（彩图请扫封底二维码）

圆圈标记毒株为本试验鉴定的 PEDV 毒株：●代表华北地区 PEDV 毒株；●代表华东地区 PEDV 毒株；●代表东北地区 PEDV 毒株；●代表华南地区 PEDV 毒株；●代表华中地区 PEDV 毒株；●代表西南地区 PEDV 毒株

6. 目的基因的重组和变异分析

S1 基因的重组分析显示可能有 9 个潜在的重组发生。这些重组可能发生在本研究识别的 29 个新鉴定毒株和 3 个早期来自中国的参考毒株中。9 个潜在的重组中有 6 个重组发生在 29 个新的 PEDV 毒株之间，同时，有 3 个重组发生在 29 个 PEDV 毒株和 3 个早期中国参考毒株之间（表 2-5）。

表 2-5　基因重组分析

潜在重组事件	重组序列（群）	主要亲本序列（群）	次要亲本序列（群）	重组序列中断点位置	重组检测方法
1	KU710237（non S-INDEL）	KU710230（non S-INDEL）	KU710249（non S-INDEL）	1039～2374	MaxChi（P=3.69×10^{-4}）；Chimaera（P=1.65×10^{-4}）；SiScan（P=1.35×10^{-4}）；3Seq（P=4.07×10^{-6}）
2	KU710249（non S-INDEL）	KU710223（non S-INDEL）	KU710244（non S-INDEL）	355～976	MaxChi（P=1.36×10^{-4}）；Chimaera（P=1.04×10^{-3}）；3Seq（P=2.25×10^{-3}）
3	KU710244（non S-INDEL）	KU710227（non S-INDEL）	KU710230（non S-INDEL）	315～2356	Chimaera（P=3.91×10^{-11}）；3Seq（P=2.03×10^{-3}）
4	KU710225（non S-INDEL）	KU710236（non S-INDEL）	KU710230（non S-INDEL）	1207～2336	MaxChi（P=3.08×10^{-2}）；Chimaera（P=3.22×10^{-3}）；SiScan（P=5.33×10^{-7}）
5	KU710223（non S-INDEL）	KU710240（non S-INDEL）	KU710248（non S-INDEL）	589～1747	MaxChi（P=1.21×10^{-2}）；SiScan（P=4.63×10^{-4}）
6	KR351293（non S-INDEL）	KU710248（non S-INDEL）	KU710240（non S-INDEL）	705～1759	MaxChi（P=4.57×10^{-2}）；SiScan（P=1.60×10^{-5}）
7	EF185992（S-INDEL）	KU710247（non S-INDEL）	JN547228（S-INDEL）	46～808	GENECONV（P=6.19×10^{-4}）；MaxChi（P=8.65×10^{-7}）；Chimaera（P=2.5×10^{-2}）；SiScan（P=1.22×10^{-25}）
8	KC210146（S-INDEL）	KU710233（non S-INDEL）	JN547228（S-INDEL）	62～665	MaxChi（P=2.49×10^{-5}）；Chimaera（P=4.83×10^{-3}）；SiScan（P=1.48×10^{-22}）
9	KU710230（non S-INDEL）	JN547228（S-INDEL）	KU710248（non S-INDEL）	23～631	MaxChi（P=5.59×10^{-4}）；SiScan（P=5.13×10^{-31}）

（三）讨论

本研究收集的 165 份腹泻小肠样品中，PEDV 总阳性率为 83%，在东北、华东、华北、华南、西南、华中、西北 7 个地区阳性率分别为 90.70%、80.33%、80.00%、77.78%、85.71%、77.78%、100%，由于收集样品的时间和地区有一定的局限性，因此各个地区的样品阳性率差异较大。而总阳性率与之前在 2011～2014 年报道的 71.43%～83.47%相一致。实验室后续仍对各地区腹泻样品进行采集，以加大样品量，使数据更加充分。自 2011 年 PEDV 在中国暴发后，其阳性率逐渐呈上升趋势，应引起养猪业工作者的高度重视。除 PEDV 外，在猪的粪便样品中同时检测出猪传染性胃肠炎病毒、猪轮状病毒、猪嵴病毒（porcine kobuvirus，PKV）、猪博卡病毒（porcine bocavirus，PBoV）、猪肠病毒、猪捷申病毒（porcine teschovirus，PTV）和猪 δ-冠状病毒等病原（Ge et al.，2013；Zhang et al.，2014）。这些数据表明，在中国，PED 普遍存在于猪群中，最近几次暴发的腹泻中 PEDV 是主要病原。然而，在中国未来的研究中，PEDV 与其他肠道病原体协同感染应该被实时监测。

大部分 PEDV 毒株 *S* 基因的 S2 区域、*ORF3* 基因和 *N* 基因都是保守区，而 *S* 基因的 S1 区域、nsp2 和 nsp3 显示出高度的变异性。*S1* 基因的变异性能对抗冠状病毒感染宿主产生的强烈免疫应答（Tamura et al.，2013）。作为 S1 区域序列高度变异的结果，更多保守的 *ORF3* 基因被广泛应用于诊断 PEDV 感染。*S1* 基因已不再是诊断 PEDV 感染有价值的工具，但 *S1* 基因现已被广泛应用于 PEDV 基因遗传多样性和进化特征的研究中。本研究中，我们收集了中国 7 个地区 41 个 PEDV 阳性猪场的 165 份样品来研究 2015 年中国部分地区 PEDV 流行毒株的分子流行病学特征。分析本研究鉴定的 PEDV 毒株与其他中国 PEDV 毒株相比的变化趋势。*ORF3* 和 *S1* 基因的序列分析显示，与 CV777 原始毒株或者其他中国 PEDV 毒株相比，本研究鉴定的 PEDV 毒株同中国 PEDV 参考毒株的亲缘关系较近。系统进化分析显示，这些新的 PEDV 毒株有不同的遗传图谱，但所有的毒株均与 non S-INDEL 毒株有着密切的关系，却不同于 CV777 和 US S-INDEL 毒株。之前的报道显示，PEDV S-INDEL 毒株与北美洲原始毒株相比有较低的致病性（Yamamoto et al.，2015；Chen et al.，2016b）。在本研究中，我们证实的 PEDV 毒株和中国参考毒株被分成 3 个毒株类型：①“CV777”S-INDEL（中国早期毒株）；②US S-INDEL（中国流行毒株）；③non S-INDEL（中国流行毒株）。该结果表明，这些群组与日本 PEDV 毒株相似，均比来自北美洲地区的毒株具有更丰富的遗传多样性。另外，本研究鉴定的 PEDV 毒株属于 non S-INDEL 群组，与 US S-INDEL 群组毒株的亲缘关系较近，与“CV777” S-INDEL 群组 PEDV 毒株的亲缘关系较远。而 3 个群组的致病性仍处于未知状态，可以考虑作为未来研究的课题。此外，为了更好地了解全球 PEDV 毒株的遗传性和致病性的变异情况，应该进一步调查 S-INDEL 和 non S-INDEL 的交叉流行情况。USA/Colorado/2013 是北美洲原始高致病性毒株，OH851/2014 也是一个北美洲 S-INDEL 毒株，但致病性较低（Luo et al.，2014）。本研究鉴定的所有 PEDV 毒株在遗传学上不同于 US S-INDEL 群组，其中包括 OH851/2014 和 non S-INDEL 群组的 USA/Colorado/2013 毒株。该群组暗示着本研究中证实的 PEDV 毒株具有潜在的高致病性。然而，中国高致病性毒株（CHYJ130330 和 YN15）、中国变异减毒毒株（YN144）和毒力降低的中国变异毒株（FL2013）均在同一群组中（Chen et al.，2015；Zhang et al.，2015a）。这些数据暗示着中国 PEDV 毒株和 non S-INDEL 毒株的致病性存在分歧，这表明系统进化分析不足以预测病毒的致病性，该问题有待进一步研究。此外，*ORF3* 和 *S1* 基因序列分析不能够充分揭示致病性 PEDV 毒株的基因型。

抗原表位和受体结合域体现了 PEDV S 蛋白两个重要的生物学功能（Aydin et al.，2014；Reguera et al.，2014）。本研究中，SS2 抗原表位（$Y^{748}SNIGVCK^{755}$）在新的 PEDV 毒株中被认为是高度保守的（Kim et al.，2016）；而 SS6 抗原表位（$S^{764}QSGQVKI^{771}$）显示出氨基酸的替代，这些在其他研究中也被报道过（Hao et al.，2014）。S1 的 C 端区域是猪的氨肽酶 N（pAPN）受体（Chen et al.，2013b），当新分离的毒株的氨肽酶 N 受体被评价时，通过与我们分离的 CV777 毒株进行序列比对，我们证实了 8 个不同的氨基酸替代。在 SS6 抗原表位和猪氨肽酶 N 受体结合域的氨基酸替代被假定是引起 PEDV 致病性改变的因素（Kim et al.，2015a；Deng et al.，2016）。最近，*S* 基因大段缺失的 PEDV 变异株已经在韩国和日本被报道（Park et al.，2014；Masuda et al.，2015）。类似的突变毒株在中国其他地区尚未被报道。本研究分离的 HLJ2015/DP1-1 毒株，在 *S1* 基因的进化树中属于 non S-INDEL 组。当与 CV777 毒株、non S-INDEL 毒株和 S-INDEL 毒株比对时，该毒株 *S1* 基因包含一个新的 12 个核苷酸缺失（$A^{1130}CAACTCCACTG^{1141}$）。使用 NCBI 在线网站的核苷酸 BLAST 工具对 PEDV 毒株进行全球调查，进一步证实了 *S1* 基因的核苷酸缺失是独一无二的。HLJ2015/DP1-1 毒株被证实是长期接种疫苗引起的 PEDV 单纯感染。该 *S* 基因的缺失在全球的 non S-INDEL 毒株中相对少见，可能引起长期的免疫压力。

自从 SARS-CoV 和 MERS-CoV 暴发以后，冠状病毒的重组和变异，尤其是冠状病毒跨种传播，已经成为研究热点（Lu et al.，2015）。在所有的这些冠状病毒中，S 蛋白引起的感染是通过调节受体识别和膜融合实现的，因此关键是跟踪冠状病毒的演变。过去，*S* 基因的核苷酸和氨基酸替换的系统发育分析及鉴定被广泛用于对 PEDV 遗传进化的分析。本研究鉴定的毒株和原始 CV777 之间 *S* 基因内部特定靶序列的比对指明了趋异性。用该方法比较早期中国分离毒株和 2011～2015 年分离的毒株，结果显示后者多样性显著增加，这也符合之前关于 PEDV 变异株的相关报道（Sun et al.，2016）。2013～2015 年，在筛选的 PEDV 毒株中，基因趋异性数量呈下降趋势，这可能与最近在中国对 PEDV 的有效控制策略有关。冠状病毒的重组可能会导致新毒株的出现、毒株毒力的改变及易感宿主范围的扩大。在我们的研究中，9 个重组中有 6 个可能发生在 29 个新的 non S-INDEL 毒株之间，其余 3 个重组被证实发生在 29 个 non S-INDEL 毒株和 3 个中国早期的 S-INDEL 毒株之间。最近，研究人员在意大利感染猪群中发现了 PEDV 和 TGEV 重组产生的一个新的冠状病毒（Boniotti et al.，2016），确认了冠状病毒的重组可能增加或者改变 PEDV 的致病性。本研究表明有可能发生潜在的重组，并且重组可能发生在相关或不相关的冠状病毒之间。

二、猪流行性腹泻病毒变异毒株的分离与鉴定

（一）材料与方法

1. 试验材料

（1）样品来源

随机选取 25 份本实验室在 2015～2017 年采集于 PEDV 阳性猪场的发生严重腹泻、呕吐、脱水和死亡的患病仔猪的小肠样品，保存于−80℃冰箱。Vero 细胞由本实验室保存。

（2）主要试剂

细胞培养瓶、移液管购自 Corning 公司；EDTA-胰酶、青链霉素和 PBS 购自美国 Biosharp 公司；DMEM、0.25%胰酶购自 Gibco 公司；胎牛血清（fetal bovine serum，FBS）购自维森特生物技术（中国）有限公司；含抗 PEDV S 蛋白的单克隆抗体的小鼠腹水由中国农业科学院哈尔滨兽医研究所提供，山羊抗小鼠 IgG-FITC 二抗购自北京中杉金桥生物技术有限公司；序列测定由吉林省库美生物科技有限公司完成。

（3）仪器设备

本研究使用的主要仪器设备如表 2-6 所示。

表 2-6　主要仪器设备

仪器设备	产品型号	公司
电热恒温水浴槽	DK-8D	上海精宏实验设备有限公司
涡旋振荡器	MS3BS25	德国 IKA 公司
超净工作台	BCN-1360B	北京东联哈尔仪器制造有限公司
液氮生物容器	YDS-65-21 63L	成都金凤液氮容器有限公司
CO_2 培养箱	MCO-20AIC 215L/5～50℃	松下健康医疗器械株式会社
倒置荧光显微镜	DMI3000B	德国 Leica 公司

2. 试验方法

（1）样品的处理

随机选取 25 份 RT-PCR 检测为 PEDV 阳性的样品组织匀浆上清液，用 0.22μm 微孔滤膜过滤后备用。

（2）病毒的分离

将细胞瓶中状态良好的 Vero 细胞用 PBS 缓冲液清洗两遍，再用维持液（含 0.25%胰酶的 DMEM 培养基）润洗一遍，加入 1.8mL 的维持液（含 0.25%胰酶的 DMEM 培养基）和 0.2mL 过滤的病毒液，37℃、5% CO_2 条件下孵育 2h 后取出，

弃液，补充维持液，并设正常细胞对照，37℃、5% CO_2条件下培养4～5d，−20℃反复冻融3次，收集病毒液，为P0代，继续按上述方法盲传，并逐日观察细胞病变，进行连续多次传代，至细胞病变稳定。

（3）病毒的鉴定

1）病毒RT-PCR鉴定与测序

取分离传代后出现明显CPE代次的病毒液进行核酸提取，以PEDV *ORF3*和*S1*基因为靶基因进行特异性RT-PCR鉴定，并对阳性样品进行测序。将测序所得*S1*基因序列用Lasergene序列分析软件（DNASTAR）进行编辑。用DNASTAR™ 5.06软件MegAlign工具分析不同毒株*S1*基因的核苷酸同源性，分析本研究所得毒株序列与其他PEDV流行毒株、变异毒株和疫苗毒株的基因序列之间的差异；采用Clustal X程序对其进行多重比对，由MEGA 6.06软件（http://www.megasoftware.net/）采用NJ法进行*S1*基因的进化分析和进化树构建，进行1000次重复计算。

2）IFA试验

将Vero细胞铺于6孔细胞培养板中传代培养，待细胞长满后，用维持液洗3遍，分别加入含有10μg/mL胰酶的分离病毒液200μL，待培养36～48h，细胞病变明显，接近脱壁，用PBS洗3遍后加入4%多聚甲醛，4℃固定30min；PBS洗3遍，用0.2% Triton X-100 37℃透膜15min；PBS洗3遍，加入5%脱脂乳溶液37℃封闭2h；PBS洗3遍，分别加入按1∶200稀释的抗PEDV S蛋白单克隆抗体，37℃作用1h；PBS洗3遍，加入按1∶2000稀释的FITC标记抗小鼠二抗，37℃避光孵育1h；PBS洗3遍后，用倒置荧光显微镜观察荧光产生情况。

3）电镜观察

将出现CPE代次的病毒液2292r/min离心15min，用1.5mL EP管收集上清液，13 201r/min离心30min，弃掉上清液，留100μL的液体，将沉淀悬起，按照常规方法负染色，进行电镜观察。

（二）结果

1. 病毒分离结果

随机选取25份PEDV阳性样品进行病毒分离，连续盲传至P7代（第八代），有1份样品细胞出现CPE，表现为细胞出现合胞体的病变，最后细胞发生裂解，这与之前报道的PEDV引起的细胞病变基本一致，而对照细胞并没有发生病变。将分离到的病毒命名为HM2017毒株。细胞病变情况如图2-9所示。

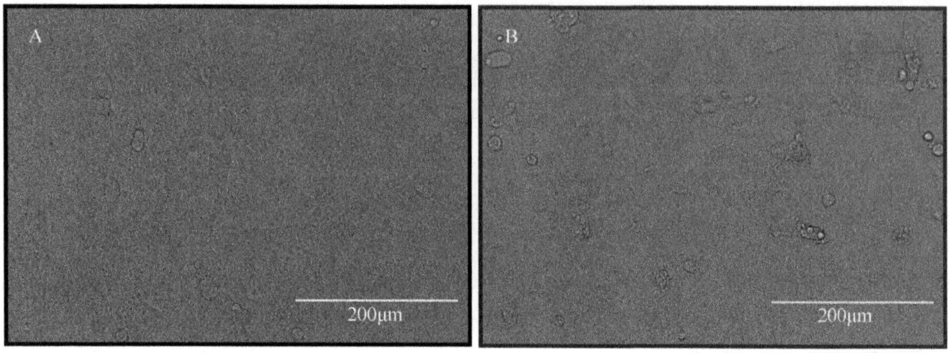

图 2-9 PEDV 分离病毒感染 Vero 细胞的 CPE 观察（彩图请扫封底二维码）
A. 未接毒的 Vero 细胞；B. PEDV 分离病毒感染的 Vero 细胞

2. 病毒鉴定结果

（1）RT-PCR 检测

将 PEDV 分离病毒的第 8～11 代病毒进行 RT-PCR 鉴定，如图 2-10 和图 2-11 所示，扩增产物经琼脂糖凝胶电泳后可见大小为 827bp 和 2396bp 的基因片段，与预期片段大小相当，并将 *S1* 基因扩增产物进行测序，得到如下序列：

ACTTCTGGTTGTTCTTACCAGTACTTTCACACTTAGCCTACCACAAGATG
TCACCAGGTGCTCAGCTAACACTAATTTTAGGCGGTTCTTTTCAAAATTTAAT
GTTCAGGCGCCTGCAGTTGTTGTACTGGGCGGTTATCTACCTATTGGTGAAA
ACCAGGGTGTTAATTCAACTTGGTACTGTGCTGGCCAACATCCAACTGCTAG
TGGCGTTCATGGTATCTTTCTTAGCCATATTAGAGGTGGTCATGGCTTTGAGA
TTGGCATTTCGCAAGAGCCTTTTGACCCTAGTGGTTACCAGCTTTATTTACAT
AAGGCTACTAATGGTAACACTAATGCTACTGCGCGATTGCGCATTTGCCAGT
TTCCCAGCATTAAAACATTGCGCCCCACTGCTGATAACGATGTTACAACAGG
TCGTAACTGCCTATTTAACAAAGCCATCCCAGCTCATATGAGTGAACATAGTG
TTGTCGGCATAACATGGGATAATGATCGTGTCACTGTCTTTTCTGACAAGATC
TATCATTTTTATTTTAAAAATGATTGGTCCCGTGTTGCGACAAAGTGTTACAA
CAGTGGAGGTTGTGCTATGCAATATGTTTACGAACCCACTTACTATATGCTTA
ATGTTACTAGTGCTGGTGAGGATGGTATTTCTTATCAACCCTGTACAGCTAAT
TGCATTGGTTATGCTGCCAATGTATTTGCTACTGAGCCCAATGGCCACATACC
AGAATGTTTTAGTTTTAATAATTGGTTTCTTTTGTCCAATGATTCCACTTTGGT
GCATGGTAAGGTGGTTTCCAACCAACCATTGTTGGTCAATTGTCTTTTGGCC
ATGCCTAAGATTTATGGACTAGGCCAATTTTTCTCCTTCAATCAAACGATCGA
TGGTGTTTGTAATGGAGCTGCTGTGCAGCGTGCACCAGAGGCTCTGAGGTTT
AATATTAATGATACCTCTGTCATTCTTGCTGAAGGCTCAATTGTACTTCACAC
TGCTTTAGGAACAAATCTTTCTTTTGTTTGCAGTAATTCTTCAGATCCTCAGT
TAGCTACCTTCACCATACCTCTGGGTGCTACCCAAGTACCCTATTATTGTTTTC

TTAAAGTGGATACTTACAACTCCACTGTTTATAAATTTTTGGCTGTTTTACCTC
CTACCGTCAGGGAAATTGTCATCACCAAGTATGGTGATGTTTATGTCAATGGG
TTTGGATACTTGCATCTCGGTTTGTTGGATGCTGTCACAATTAATTTCACTGG
TCATGGCACTGACGATGATGTTTCTGGTTTTTGGACCATAGCATCGACTAATT
TTGTTGATGCACTCATCGAAGTTCAAGGAACTGCCATTCAGCGTATTCTTTAT
TGTGATGACCCTGTTAGCCAACTCAAGTGTTCTCAGGTTGCTTTTGACCTTG
ACGATGGTTTTTACCCTATTTCTTCTAGAAACCTTCTGAGTCATGAACAGCCA
ATTTCTTTTGTTACTCTGCCATCATTTAATGATCATTCTTTTGTTAACATTACTG
TCTCTGCTTCCTTTGGTGGTCATAGTGGTGCCAACCTTATTGCATCTGACACT
ACTATCAATGGGTTTAGTTCTTTCTGTGTTGACACTAGACAATTTACCATTTC
ACTGTTTTATAACGTTACAAACAGTTATGGTTATGTGTCTAAATCACAGGACA
GTAATTGCCCTTTCACCTTGCAATCTGTTAATGATTACCTGTCTTTTAGCAAAT
TTTGTGTTTCCACCAGCCTTTTGGCTAGTGCCTGTACCATAGATCTTTTTGGT
TACCCTGAGTTTGGTAGTGGTGTTAAGTTTACGTCCCTTTACTTTCAATTCAC
AAAGGGTGAGTTGATTACTGGCACGCCTAAATCACTTGAAGGTGTCACGGA
CGTTTCTTTTATGACTCTGGATGTGTGTACCAAGTATACTATCTATGGCTTTAA
AGGTGAGGGTATCATTACCCTTACAAATTCTAGCTTTTTGGCAGGTGTTTATT
ACACATCTGATTCTGGACAGTTGTTAGCCTTTAAGAATGTCACTAGTGGTGC
TGTTTATTCTGTTACGCCATGTTCTTTTTCAGAGCAGGCTGCATATGTTGATG
ATGATATAGTGGGTGTTATTTCTAGTTTGTCTAATTCAACTTTTAACAGTACTA
GGGAGTTGCCTGGTTTCTTCTACCATTCTAATGATGGCTCTAATTGTACAGAG
CCTGTGTTGGTGTATAGTAACATAGGTGTTTGTAAATCTGGCAGTATTGGCTA
CGTCCCATCTCAGTCTGGCCAAGTCAAGATGCACCCACCGT。

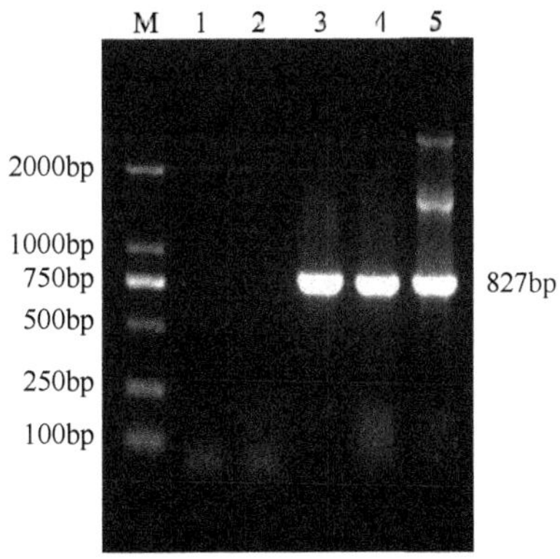

图 2-10　*ORF3* 基因 RT-PCR 鉴定图

M. DL2000 DNA Marker；1. 阴性对照；2～5. 扩增产物

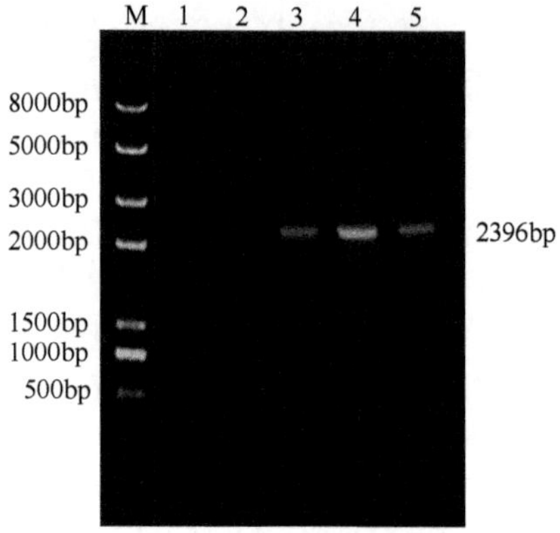

图 2-11 *S1* 基因 RT-PCR 鉴定图

M. DL8000 DNA Marker；1. 阴性对照；2～5. 扩增产物

（2）间接免疫荧光鉴定

将分离的病毒接种于 Vero 细胞中，用抗 PEDV S 蛋白的单克隆抗体进行检测。结果显示：被病毒感染的细胞可观察到特异性的荧光，而未被病毒感染的细胞无荧光，进一步说明分离的病毒为 PEDV（图 2-12）。

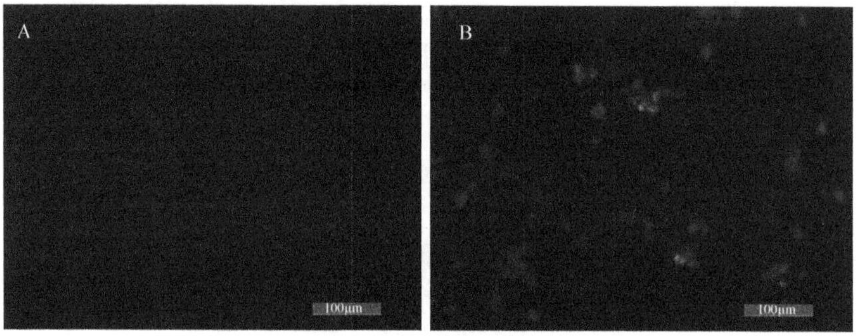

图 2-12 PEDV 感染 Vero 细胞间接免疫荧光检测结果（彩图请扫封底二维码）

A. 未接毒细胞；B. PEDV 分离病毒感染的 Vero 细胞

（3）系统进化树分析

利用 RT-PCR 方法对 *S1* 基因进行扩增，然后测序。测序所得序列与经典毒株 CV777 相比，核苷酸序列同源性为 92.0%。通过 MEGA 6.06 软件（http://www.megasoftware.net/）构建系统进化树（图 2-13）。本研究分离鉴定的 HM2017 毒株与本研究鉴定的其他毒株隶属 GⅡ亚群，是现在中国主要的流行毒株，与经典毒株 CV777 和中国早期流行毒株的亲缘关系较远，分属不同群组，说明 PEDV 在流行和进化过程中发生了很大的变异，利用经典毒株制备的疫苗可能起不到很好的免疫保护作用。

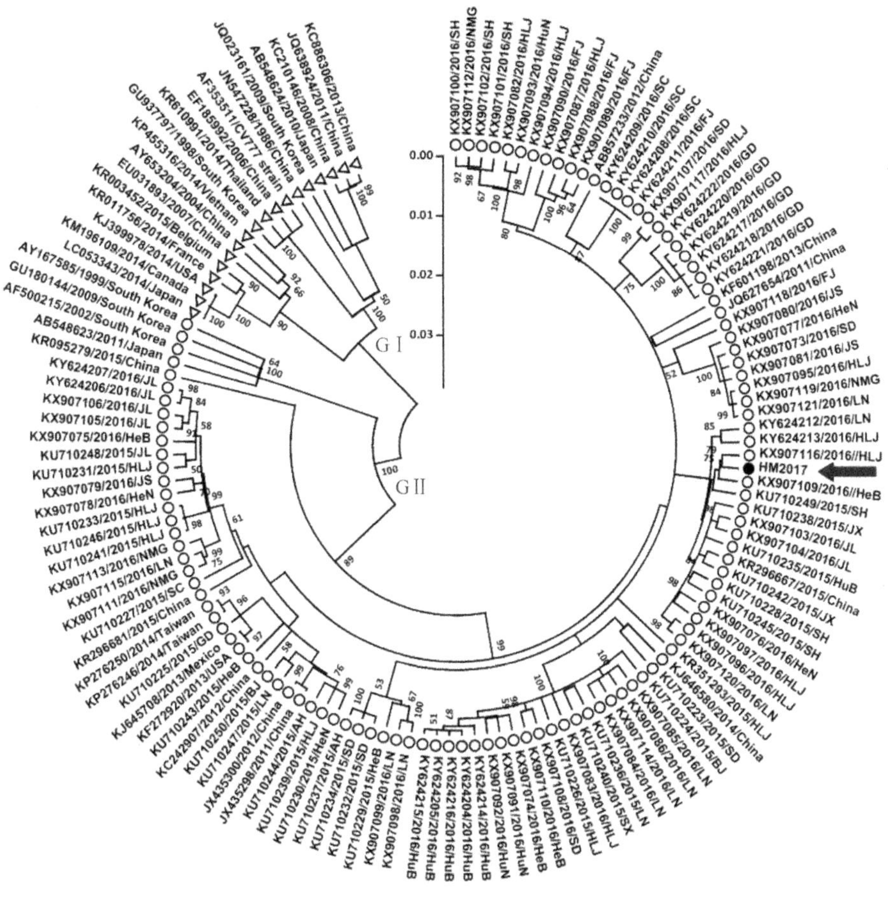

图 2-13 HM2017 毒株 *S1* 基因系统进化树

○代表本研究鉴定的 PEDV 毒株；●代表本研究分离的毒株

（三）讨论

近年来，猪流行性腹泻病毒大规模流行，使许多国家和地区受到了严重威胁，该病的流行区域和流行强度呈不断扩大和增强的趋势，蔓延速度快且难以控制，即使接种了弱毒苗或灭活苗的猪场也难幸免于难。各国学者围绕着分离培养这一中心，从适应细胞培养到细胞受体等多方面进行研究。本研究将阳性样品接种于 Vero 细胞进行病毒传代，并分离出 PEDV HM2017 毒株，细胞病变观察、IFA 和 RT-PCR 检测结果证实所分离的病毒为 PEDV。在这一部分研究中，PEDV 的培养是病毒分离的关键。自 PEDV 被证实以来，人们先后尝试用猪肾（porcine kidney，PK）传代细胞（PK-15）、乳仓鼠肾（baby hamster kidney）传代细胞（BHK）、猪小肠上皮细胞（IPEC）等细胞系分离本病毒，但是都没有获得成功（钱永清等，1999）。直到 1988 年，Hofmann 和 Wyler 才在 Vero 细胞上获得了一株适应细胞的

PEDV，随后，中国学者李树根等于1991年也用Vero细胞成功分离到PEDV。PEDV的培养对培养基有特殊的要求，需要维持液中有胰酶的存在。胰酶对于很多囊膜病毒进入靶细胞的过程都有重要的作用（Kido et al.，2007）。胰酶在PEDV进入细胞和病毒粒子的释放过程中都发挥重要的作用，与细胞上的受体结合后（Park et al.，2011；Shirato et al.，2011a），诱导S蛋白的构型发生变化，暴露S蛋白中的胰酶切割位点，然后S蛋白被胰酶切割，切割以后S蛋白的构型发生变化，激活病毒与细胞的融合，从而介导病毒进入细胞。韩国学者的研究表明，胰酶的切割作用只对黏附在细胞表面的病毒起作用，胰酶虽然不是PEDV感染细胞所必需的，但它可以增强病毒对靶细胞的感染力，也可以加快CPE的产生，导致多核体的形成（细胞病变），在几代以后还能够显著地增加病毒的滴度。新的PEDV变异毒株已经成为主要的流行毒株，给养猪业带来了很大的困扰。尽管经典毒株的弱毒苗对传统毒株引起的疫情具有很好的保护效果，却对新的PEDV流行毒株不能提供足够的保护。本研究分离的HM2017毒株与经典毒株CV777分属于不同群组，核苷酸同源性仅为92.0%，这说明PEDV在流行和进化过程中发生了很大的变异，利用经典毒株制备的疫苗可能起不到很好的免疫保护作用。因此，研究新型流行毒株基因组的特点，对于揭示其致病机理，以及细胞适应性和毒力减弱的机制具有重要的意义，同时为PEDV新型疫苗的研发提供参考。本研究鉴定的流行毒株为PEDV变异株，并且其中一个新型毒株在*S1*基因有一个独特的缺失（$A^{1130}CAACTCCACTG^{1141}$），同时分离和鉴定了PEDV HM2017毒株。

三、中国猪流行性腹泻病毒流行毒株*S1*基因缺失与插入图谱分析

（一）材料与方法

1. 试验材料

（1）主要生化试剂

病毒RNA提取试剂盒购自天根生化科技（北京）有限公司；反转录酶购自近岸蛋白质科技有限公司；2×premix Taq酶、琼脂糖、DNA Marker DL5000、DL10 000均购自宝生物工程（大连）有限公司；AxyPrep胶回收试剂盒购自康宁生命科学（吴江）有限公司；pMD18-T载体购自宝生物工程（大连）有限公司；DH5α感受态细胞购自北京博迈德基因技术有限公司。

（2）仪器设备

普通台式离心机（型号Centrifuge 5418，购自德国Eppendorf公司）；紫外凝胶成像仪（型号Gel Doc XR+，购自美国Bio-Rad公司）；超低温冰箱［型号VXE380，购自美国赛默飞世尔科技（中国）有限公司］；涡旋振荡器（型号

MS3BS25，购自德国 IKA 公司）；低温台式高速离心机（型号 5427R，购自德国 Eppendorf 公司）等。

2. 试验方法

（1）PEDV 样品采集

使用 PEDV 胶体金免疫层析测试条（韩国 BioNote 公司）或 RT-PCR 方法检测中国 6 个主要地区猪场内 PEDV 的感染情况。再从其中 14 个省（自治区、直辖市）37 个 PEDV 阳性猪场的患病仔猪中收集 157 份小肠组织样品。将样品根据不同猪场与发病日期进行整理标记，并保存于黑龙江八一农垦大学动物科技学院生物技术中心猪病防制实验室。同时，这 157 份样品也用于其他猪肠道病毒的调查研究。

（2）*S1* 基因扩增与测序

1）引物设计

设计一对引物用于扩增 *S1* 基因，引物设计参考 GenBank 中公布的 PEDV CV777 毒株全基因组序列（GenBank 登录号为 AF353511）。将引物命名为 PEDV S1-F/R，预扩增片段大小为 2396bp，由哈尔滨博仕生物技术有限公司合成（表 2-7）。

表 2-7 特异性检测 PEDV 的 PCR 引物

扩增片段的基因	引物名称	引物序列（5′→3′）	扩增片段的长度/bp
S1	PEDV S1-F	TTTTCTAATCATTTGGTCAACG	2396
S1	PEDV S1-R	AATACTCATACTAAAGTTGGTGG	

2）样品的处理

用液氮将小肠组织样品充分研磨至粉末状，并转移至 EP 管中，加入 3 倍体积的 0.01 mol/L PBS（pH 7.4），振荡混匀，在 4℃条件下 4000*g* 离心 20min，将样品的上清液转移至 1.5mL 的 EP 管中，标记后放于−80℃超低温冰箱保存。

3）病毒基因组 RNA 的提取

用病毒 RNA 提取试剂盒［天根生化科技（北京）有限公司，中国］对 157 份小肠样品的基因组 RNA 进行提取，具体操作如下。

A. 用移液器将 560μL Carrier RNA 工作液加入一个干净的 1.5mL 离心管中。

B. 向离心管中加入上述处理样本 140μL，涡旋振荡 15s 混匀。

C. 短暂离心，收集管壁和管盖上的液滴。

D. 向上述混合液中加入 560μL 无水乙醇（如果周围环境高于 25℃，乙醇需要在冰上预冷后再加入），涡旋振荡 15s 混匀。

E. 短暂离心，收集管壁和管盖上的液滴。

F. 仔细将离心管中的 630μL 液体转移至 RNase-free 吸附柱 CR2，6000*g* 离心

1min，弃掉装有废液的离心管，将吸附柱放入一个新的 2mL 收集管中。

G. 重复步骤 F。

H. 小心打开吸附柱盖子，加入 500μL GD（使用前先确保 GD 缓冲液已加入规定体积的无水乙醇），6000*g* 离心 1min，弃掉装有废液的离心管，将吸附柱放入一个新的 2mL 收集管中。

I. 小心打开吸附柱盖子，加入 500μL RW（使用前先确保 RW 缓冲液已加入规定体积的无水乙醇），6000*g* 离心 1min，弃掉装有废液的离心管，将吸附柱放入一个新的 2mL 收集管中。

J. 重复步骤 I。

K. 将吸附柱放入一个新的 2mL 收集管中，13 400*g* 离心 3min，使吸附膜完全变干，弃掉装有废液的离心管。

L. 将吸附柱放入一个新的 1.5mL 收集管中，打开吸附柱盖子，室温放置 3min，使吸附膜完全变干。

M. 将吸附柱放入一个 1.5mL RNase-free 超净离心管中，小心打开吸附柱盖子，向膜中央加入 60μL RNase-free ddH_2O，盖上盖子室温放置 5min，6000*g* 离心 1min。

N. 提取的基因组 RNA 保存于−40℃冰箱，用蒸馏水作为阴性对照。

4）反转录

反转录反应体系（表 2-8）及操作步骤如下。

表 2-8 反转录反应体系

试剂	用量/μL
Random N6	1
5×RT buffer	4
dNTP（10mmol/L）	2
反转录酶	1
RNase 抑制剂（40U/μL）	0.5
模板 RNA	3
RNase-free ddH_2O	8.5
总体积	20

参照反转录酶说明书进行反转录，合成 cDNA（近岸蛋白质科技有限公司，中国）。具体操作方法如下：将表 2-8 中试剂依次加入 1.5mL 离心管中，轻轻混匀，离心，再置于恒温水浴锅中 25℃孵育 5min、50℃孵育 1h。将反转录得到的 cDNA 做好标记，保存于−40℃冰箱。

5）目的基因的 PCR 扩增

使用步骤 1）中设计的引物对 *S1* 基因进行特异性 PCR 扩增，PCR 反应体系如表 2-9 所示。反应条件为 95℃预变性 5min，95℃变性 1min，52℃退火 1min，

72℃延伸 3min，共 35 个循环，最后 72℃再延伸 10min。取扩增产物 3μL 经 1%的琼脂糖凝胶电泳，同时以 DL5000 的 DNA Marker 作为参照，在紫外凝胶成像仪上观察并记录结果。

表 2-9　PCR 反应体系（50μL）

试剂	用量/μL
2×premix Taq 酶	25
上游引物	1
下游引物	1
模板 DNA	2
ddH_2O	21

6）PCR 产物的回收纯化

根据样品来源不同，每个来源选取 2～3 个 PCR 鉴定为 PEDV 阳性的样品进行克隆与测序。采用天根生化科技（北京）有限公司的胶回收试剂盒对 PCR 产物进行纯化和回收，具体步骤如下。

A. 柱平衡步骤：先将吸附柱 CA2 放入收集管中，再向吸附柱 CA2 中加入 500μL 平衡液 BL，13 400*g* 离心 1min，然后倒掉收集管中的废液，再将吸附柱 CA2 重新放回收集管中。

B. 将单一的 DNA 目的条带从琼脂糖凝胶中切下（尽量切除多余部分），放入 1.5mL 离心管中，称其重量。

C. 根据 0.1g 凝胶需要 100μL 的溶胶液 PC 来计算，向胶块中加入一定体积的溶胶液 PC，放入 50℃水浴中 10min 左右，其间不断温和地上下翻转离心管，直至确保凝胶充分溶解后，静置冷却到室温。

D. 将上一步所得到的溶液加入一个吸附柱 CA2 中（吸附柱放入收集管中），室温放置 2min，13 400*g* 离心 90s，然后倒掉收集管中的废液，再将吸附柱 CA2 重新放回收集管中。

E. 向吸附柱 CA2 中加入 600μL 漂洗液 PW（使用前先确保 PW 缓冲液已加入规定体积的无水乙醇），13 400*g* 离心 90s，然后倒掉收集管中的废液，再重新将吸附柱 CA2 放回收集管中。

F. 重复操作步骤 E。

G. 将吸附柱 CA2 放回收集管中，13 400*g* 离心 150s，尽可能除净残留的漂洗液，然后将吸附柱置于室温 5min 左右，彻底晾干（防止残留的漂洗液影响到后续实验的结果）。

H. 将吸附柱 CA2 放入一个新的 1.5mL 离心管中，再向吸附柱中央滴加 30μL ddH_2O，静置 5min，13 400*g* 离心 120s，标记洗脱液。

I. DNA 产物于−40℃保存。

7）连接

将纯化后的目的片段与 pMD18-T 载体混合后置于连接仪中，16℃连接 16h，连接反应体系见表 2-10。

表 2-10　连接反应体系（10μL）

试剂	用量/μL
pMD18-T	1
胶回收产物	4
Solution Ⅰ	5

8）转化

A. 将 DH5α 感受态细胞从−80℃冰箱中快速取出放入冰盒中。

B. 将 10μL 连接产物加入 50μL 的 DH5α 感受态细胞中，充分混匀标记，置于 4℃冰箱中冰浴 30min。

C. 将上一步的混合液迅速放入 42℃水浴锅热浴 2min（其间不要摇晃离心管），取出并迅速放入冰水中冰浴 3min。

D. 向混合液中加入 1mL 左右 SOB 培养基（SOB 培养基需 37℃预热），轻轻混匀。

E. 将盛有上述混合液的离心管放入摇床中，条件设置为 170r/min，37℃，摇 45min。

F. 将摇好的菌液 5500g 离心 5min。

G. 在超净台中弃掉上清液，留约 100μL，涂板 LB（Amp^+）固体培养基，37℃培养 16h。

9）菌落 PCR 鉴定与测序

挑取 6 个单菌落进行菌落 PCR，反应体系见表 2-11。反应条件与鉴定方法同步骤 5）。

表 2-11　菌落 PCR 反应体系（25μL）

试剂	用量/μL
2×premix Taq 酶	12.5
上游引物	0.5
下游引物	0.5
模板 DNA	1
ddH_2O	10.5

在超净台中，将菌落 PCR 鉴定为阳性的菌落加入 4mL LB 液体培养基中，在 37℃摇床中，170r/min，摇菌 3～5h。分装 1mL 阳性菌液由哈尔滨博仕生物技术有限公司进行测序，剩余加入甘油于−80℃保存。

（3）*S1* 基因的序列分析与系统进化树构建

阳性菌液采用 Sanger 方法测序，每个样品重复 3 次。将所有测序成功的序列递交 NCBI 的 GenBank 数据库，其 GenBank 编号及其他详细信息见表 2-12。使用 Lasergene DNASTAR™ 5.06 软件（DNASTAR Inc.，Madison，WI，USA）中的 EditSeq、MegAlign 等工具进行序列分析，使用 DNAMAN 6.0 软件（Lynnon BioSoft，Point-Claire，Quebec，Canada）的多序列比对工具进行多序列比对。

表 2-12　本研究中鉴定 PEDV 阳性样品的信息

猪场编号	地理分布	毒株名称	采集日期	*S1* 基因 GenBank 序列号	S1-IDMP	PEDV 阳性样品数
1	山东	SD/2016/114	2016-01	KX907073	$^{IN}Q^{59}GVN—^{IN}N^{136}—^{DEL}D^{158}I$	3
2	河北	HeB/CZ/2016/118（a，b）	2016-01	^{a}KX907074，^{b}KX907075	$^{IN}Q^{59}GVN—^{IN}N^{136}—^{DEL}D^{158}I$	2
3	河南	HeN/NY/2016/118（a，b，c）	2016-01	^{a}KX907076，^{b}KX907077，^{c}KX907078	$^{IN}Q^{59}GVN—^{IN}N^{136}—^{DEL}D^{158}I$	10
4	江苏	JS/XY/2016/32（a，b，c）	2016-03	^{a}KX907079，^{b}KX907080，^{c}KX907081	$^{IN}Q^{59}GVN—^{IN}N^{136}—^{DEL}D^{158}I$	5
5	黑龙江	HLJ/MDJ/2016/35（a，b）	2016-03	^{a}KX907082，^{b}KX907083	$^{a\ IN}Q^{59}GVN—^{IN}N^{136}—^{DEL}D^{158}I$，$^{b\ IN}Q^{59}GIN—^{IN}N^{136}—^{DEL}D^{158}I$	2
6	辽宁	LN/DB/2016/311（a，b，c）	2016-03	^{a}KX907084，^{b}KX907085，^{c}KX907086	$^{IN}Q^{59}GVN—^{IN}N^{136}—^{DEL}D^{158}I$	7
7	黑龙江	HLJ/HL/2016/57	2016-05	KX907087	$^{IN}Q^{59}GVN—^{IN}N^{136}—^{DEL}D^{158}I$	1
8	福建	FJ/LY/2016/415	2016-04	KX907088	$^{IN}Q^{59}GVN—^{IN}N^{136}—^{DEL}D^{158}I$	1
9	福建	FJ/LY/2016/426	2016-04	KX907089	$^{IN}Q^{59}GVN—^{IN}N^{136}—^{DEL}D^{158}I$	1
10	福建	FJ/LY/2016/428	2016-04	KX907090	$^{IN}Q^{59}GVN—^{IN}N^{136}—^{DEL}D^{158}I$	1
11	湖南	HuN/2016/51（a，b，c）	2016-05	^{a}KX907091，^{b}KX907092，^{c}KX907093	$^{IN}Q^{59}GVN—^{IN}N^{136}—^{DEL}D^{158}I$	5
12	黑龙江	HLJ/JMS/2016/53（a，b）	2016-05	^{a}KX907094，^{b}KX907095	$^{IN}Q^{59}GVN—^{IN}N^{136}—^{DEL}D^{158}I$	6
13	黑龙江	HLJ/YL/2016/517（a，b）	2016-05	^{a}KX907096，^{b}KX907097	$^{IN}Q^{59}GVN—^{IN}N^{136}—^{DEL}D^{158}I$	3
14	辽宁	LN/DT/2016/510（a，b）	2016-05	^{a}KX907098，^{b}KX907099	$^{a\ IN}Q^{59}GVN—^{IN}N^{136}—^{DEL}D^{158}I—^{DEL}N^{553}VTNSYGY$，$^{b\ IN}Q^{59}GVN—^{IN}N^{136}—^{DEL}D^{158}I$	2
15	上海	SH/2016/313（a，b，c）	2016-03	^{a}KX907100，^{b}KX907101，^{c}KX907102	$^{IN}Q^{59}GVN—^{IN}N^{136}—^{DEL}D^{158}I$	3
16	吉林	JL/DH//2016/314（a，b）	2016-03	^{a}KX907103，^{b}KX907104	$^{IN}Q^{59}GVN—^{IN}N^{136}—^{DEL}D^{158}I$	2
17	吉林	JL/2016/47（a，b）	2016-04	^{a}KX907105，^{b}KX907106	$^{IN}Q^{59}GVN—^{IN}N^{136}—^{DEL}D^{158}I—^{IN}G^{381}QRS$	3

续表

猪场编号	地理分布	毒株名称	采集日期	*S1* 基因 GenBank 序列号	S1-IDMP	PEDV 阳性样品数
18	山东	SD/2016/316（a，b）	2016-03	^{a}KX907107，^{b}KX907108	$^{IN}Q^{59}$GVN—$^{IN}N^{136}$—$^{DEL}D^{158}$I	2
19	河北	HeB/TS/2016/325（a，b）	2016-03	^{a}KX907109，^{b}KX907110	$^{IN}Q^{59}$GVN—$^{IN}N^{136}$—$^{DEL}D^{158}$I	2
20	内蒙古	NMG/2016//314（a，b，c）	2016-03	^{a}KX907111，^{b}KX907112，^{c}KX907113	$^{IN}Q^{59}$GVN—$^{IN}N^{136}$—$^{DEL}D^{158}$I	3
21	辽宁	LN/SY/2016/316（a，b）	2016-03	^{a}KX907114，^{b}KX907115	$^{IN}Q^{59}$GVN—$^{IN}N^{136}$—$^{DEL}D^{158}$I	3
22	黑龙江	HLJ/2016/44	2016-04	KX907116	$^{IN}Q^{59}$GVN—$^{IN}N^{136}$—$^{DEL}D^{158}$I	1
23	黑龙江	HLJ/2016/53	2016-05	KX907117	$^{IN}Q^{59}$GVN—$^{IN}N^{136}$—$^{DEL}D^{158}$I	1
24	福建	FJ/LY/2016/429	2016-04	KX907118	$^{IN}Q^{59}$GVN—$^{IN}N^{136}$—$^{DEL}D^{158}$I	1
25	内蒙古	NM/CF/2016/428	2016-04	KX907119	$^{IN}Q^{59}$GVN—$^{IN}N^{136}$—$^{DEL}D^{158}$I	1
26	辽宁	LN/CA/2016/510	2016-05	KX907120	$^{IN}Q^{59}$GVN—$^{IN}N^{136}$—$^{DEL}D^{158}$I	3
27	辽宁	LN/LY/2016/322	2016-03	KX907121	$^{IN}Q^{59}$GVN—$^{IN}N^{136}$—$^{DEL}D^{158}$I	1
28	湖北	HuB/2016/1013（a，b）	2016-10	^{a}KY624204，^{b}KY624205	$^{IN}N^{58}$HGV—$^{IN}N^{136}$—$^{DEL}D^{158}$I	2
29	吉林	JL/2016/1012（a，b）	2016-10	^{a}KY624206，^{b}KY624207	$^{IN}G^{59}$EYQ—$^{IN}N^{136}$—$^{DEL}D^{158}$I	5
30	四川	SC/DS/2016/714（a，b，c）	2016-07	^{a}KY624208，^{b}KY624209，^{c}KY624210	$^{IN}Q^{59}$GVN—$^{IN}N^{136}$—$^{DEL}D^{158}$I	6
31	福建	FJ/ZZ/2016/526	2016-05	KY624211	$^{IN}Q^{59}$GVN—$^{IN}N^{136}$—$^{DEL}D^{158}$I	1
32	辽宁	LN/HC/2016/1025	2016-10	KY624212	$^{IN}Q^{59}$GVN—$^{IN}N^{136}$—$^{DEL}D^{158}$I	1
33	黑龙江	HLJ/2016/95	2016-09	KY624213	$^{IN}Q^{59}$GVN—$^{IN}N^{136}$—$^{DEL}D^{158}$I	1
34	湖北	HuB/2016/1021（a，b，c）	2016-10	^{a}KY624214，^{b}KY624215，^{c}KY624216	$^{IN}N^{58}$HGV—$^{IN}N^{136}$—$^{DEL}D^{158}$I	4
35	广东	GD/MX/2016/1213（a，b）	2016-12	^{a}KY624217，^{b}KY624218	$^{IN}Q^{59}$GVN—$^{IN}N^{136}$—$^{DEL}D^{158}$I	3
36	广东	GD/MX/2016/1222（a，b）	2016-12	^{a}KY624219，^{b}KY624220	$^{IN}Q^{59}$GVN—$^{IN}N^{136}$—$^{DEL}D^{158}$I	3
37	广东	GD/MX/2016/1212（a，b）	2016-12	^{a}KY624221，^{b}KY624222	$^{IN}Q^{59}$GVN—$^{IN}N^{136}$—$^{DEL}D^{158}$I	5
		总计		68		106

注：同一毒株名称后的 a，b，c 表示采自相同猪场的不同毒株

从 NCBI 核苷酸数据库中检索来自中国和世界其他地区不同地理位置 PEDV 毒株的 *S1* 基因。用 MEGA 6.06 软件的 Clustal X 工具进行比对，并采用 NJ 法构建系统进化树。系统进化树的构建采用 p-距离模型，自展值设为 1000。参考毒株

GenBank 编号如下：AF353511、EF185992、KC210146、JN547228、JQ638924、KC886306、AY653204、EU031893、AB857233、KJ646580、KR296667、KF601198、KR296681、JQ627654、KC242907、KR095279、KR011756、KR003452、AB548624、LC053343、KF272920、KJ399978、GU937797、JQ023161、KR610991、KP276246、KP455316、AY167585、AB548623、KM196109、KJ645708。

（4）S1-IDMP 分析

为了分析本研究中鉴定的 PEDV 流行毒株的 S1 插入缺失图谱（S1-insert deletion map，S1-IDMP），通过 DNAMAN 6.0 软件的多序列比对工具把所有鉴定的 *S1* 基因推导的氨基酸序列与 PEDV 经典毒株 CV777（GenBank 登录号 AF353511）S1 蛋白的氨基酸序列进行逐一比对，统计本研究鉴定毒株的 S1-IDMP，并将其地理分布在中国地图上进行标记。此外，为进一步研究中国 PEDV 流行毒株的 S1-IDMP 规律，本研究在 NCBI 核苷酸数据库中检索 2011～2016 年中国 PEDV 流行毒株 S1 蛋白的氨基酸序列，并记录对应毒株的年份、地理位置等基本信息。采用相同的方法将检索的 PEDV S1 蛋白氨基酸序列与经典毒株 CV777 的 S1 蛋白序列进行逐一比较，统计其 S1-IDMP。

（5）S1-IDMP 分子模型的建立与分析

为了研究 *S* 基因插入缺失突变对 PEDV S 蛋白构象的影响，通过瑞士生物信息学研究所的开源模拟服务器 SWISS-MODEL（https://swissmodel.expasy.org/）对 S 蛋白、S1 区及其 C 端与 pAPN 结合的 RBD 构建三级结构预测模型（Biasini et al.，2014）。以冠状病毒 S 蛋白作为模板（SMTL ID：5szs.1）制作 S 蛋白三聚体、S1 单体和 RBD 三级结构。根据 2012 年 Reguera 等的报道确定 PEDV S 蛋白与预测 pAPN 受体结合的氨基酸残基。CV777 毒株（GenBank 登录号 AF353511）S 蛋白与预测 pAPN 受体结合的氨基酸残基序列如下：P^{502}SFNDHSFVNITVSAAFGGLSSANLVASDTTINGFSSFCVDTRQFTITLFYNVTNSYGYVSKSQDSNCPFTLQSVNDYLSFSKFCVSTSLLAGACTIDLFGYPAFGSGVKLTSLYFQFTKGELI^{626}T。LN/DT/2016/510a S 蛋白与预测 pAPN 受体结合的氨基酸残基序列如下：P^{505}SFNDHSFVNITVSASFGGHSGANLIASDTTINGFSSFCVHTRQFTISLFYVSKSQDSNCPFTLQSVNDYLSFSKFCVSTSLLASACTMDLFGYPDFGSGVKFTSLYFQFTKGELI^{621}T。为揭示 LN/DT/2016/510a 毒株的 $^{DEL}N^{553}$-VTNSYGY 突变对 S 蛋白与 pAPN 结合中心结构的影响，使用 SWISS-MODEL 服务器对传染性胃肠炎病毒（TGEV）强毒株 Purdue（GenBank 登录号为 ABG89335）S 蛋白与 pAPN RBD（507～650aa）进行三级结构分子模型的建立。并通过使用 PyMOL 软件对这些三级结构模型进行比较分析。

（6）重组分析

本研究对鉴定的 PEDV S1 序列进行重组分析。先将 *S1* 基因序列在 Clustal X

（1.83）程序中比对，然后使用 RDP4 软件（Martin and Rybicki，2000）中的 GENECONV（Padidam et al.，1999）、Bootscan（Martin et al.，2005）、MaxChi（Smith，1992）、Chimaera（Posada and Crandall，2001）及 SiScan（Gibbs et al.，2000）方法进行分析，并显示可能存在的序列重组事件。重组事件的认定是基于两个或多个程序的验证并与重组系统发育证据相吻合的前提。$P \leqslant 0.05$，认定为差异显著。

（二）结果

1. *S1* 基因 PCR 扩增

利用 *S1* 基因特异性引物对 157 份样品进行 RT-PCR 扩增，结果显示 106 份样品为 PEDV 阳性。PCR 扩增产物大小约为 2396bp，结果与预期扩增片段大小相符（图 2-14）。

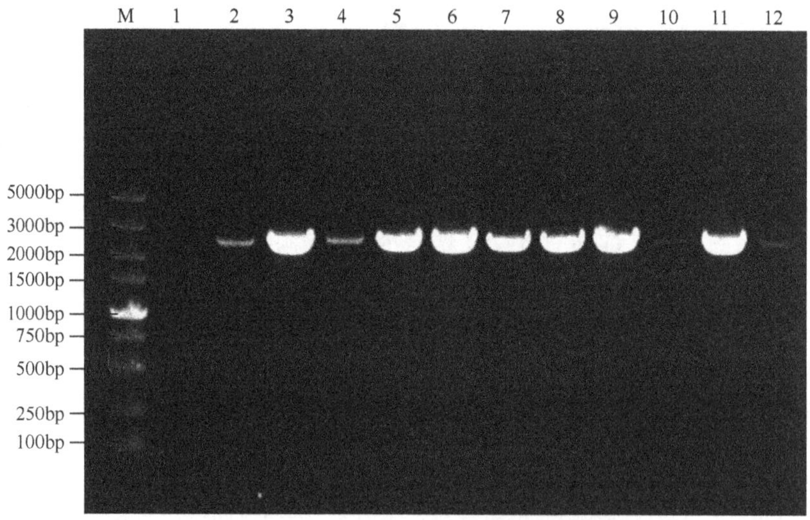

图 2-14　部分样品的 PCR 鉴定结果

M. DL5000 DNA Marker；1. 阴性对照；2～12. 阳性扩增产物

2. PCR 产物回收纯化

利用胶回收试剂盒对 PCR 产物阳性样品进行纯化（图 2-15）。

3. 菌落 PCR

对挑出的单菌落进行菌落 PCR 验证，确保单菌落内含有 *S1* 基因的阳性质粒（图 2-16）。

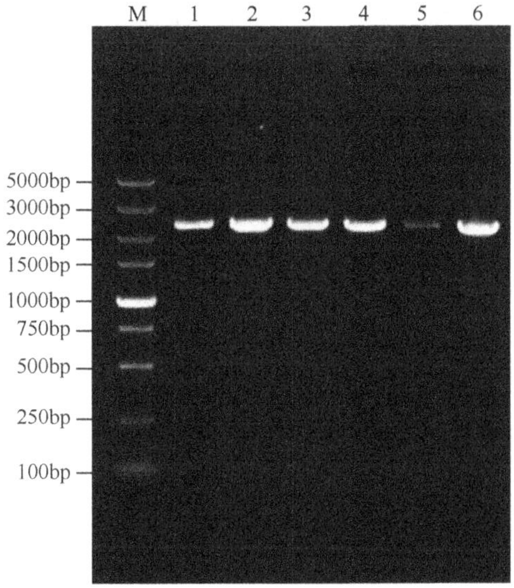

图 2-15　部分 PCR 阳性样品胶回收产物鉴定结果

M. DL5000 DNA Marker；1～6. 阳性扩增产物

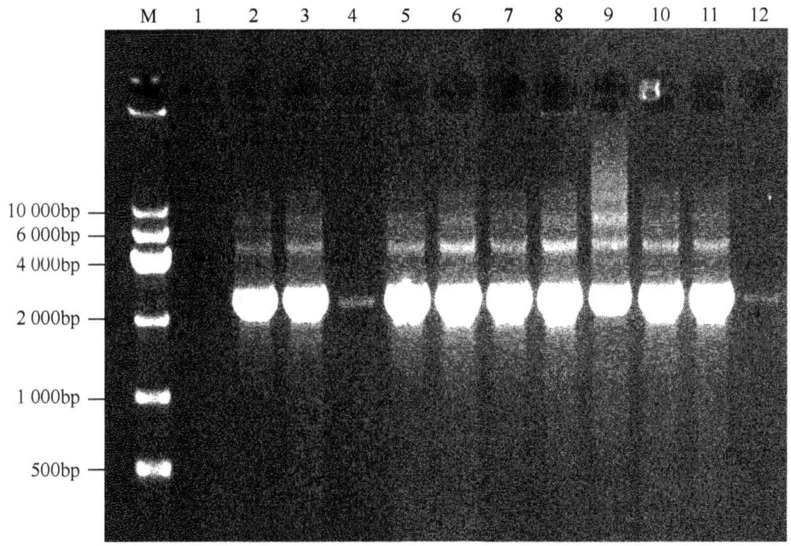

图 2-16　部分样品菌落 PCR 鉴定结果

M. DL10 000 DNA Marker；1. 阴性对照；2、3、5～11. 阳性扩增产物；4、12. 阴性扩增产物

4. *S1* 基因序列和系统进化分析

本研究共收集 2016 年全年 PEDV 阳性样品 106 份，对其中 14 个省（自治区、直辖市）37 个猪场的 68 个 *S1* 基因成功测序（表 2-12）。对 68 个 *S1* 基因进行同

源性分析，结果显示核苷酸同源性和推导氨基酸同源性分别是 95.9%～99.9%和 94.8%～99.5%；将 68 株 PEDV 毒株逐一与 PEDV CV777 经典毒株进行比对，发现核苷酸序列同源性为 91.6%～92.8%，推导氨基酸同源性为 89.7%～91.3%。基于 *S1* 基因的系统进化树分析显示，68 株 PEDV 毒株与 2011～2015 年中国 PEDV 流行毒株和美国经典毒株 USA/Colorado/2013 有较近的亲缘关系，而与 CV777 毒株及中国早期流行 PEDV 毒株的亲缘关系较远（图 2-17）。这一结果表明，2016 年鉴定的 68 株中国 PEDV 毒株属于中国流行毒株。然而，这些 PEDV 毒株形成 5 个不同的进化支，表现出遗传多样性。此外，在这些 PEDV 毒株中，同一猪场的 PEDV 毒株在基于 *S1* 基因的系统进化树分析中却被划分到不同的进化支，如 NMG/2016/314（a，b，c）毒株和 LN/SY/2016/316（a，b）毒株（图 2-17）。

5. S1-IDMP 分析

本研究以 PEDV 经典毒株 CV777 S1 蛋白氨基酸序列为标准序列，将 68 株 PEDV 毒株 *S1* 基因的推导氨基酸序列与之逐一比对，进行 S1-IDMP 分析。结果表明，其中 65 株毒株的 *S1* 基因的推导氨基酸序列或与之相似的突变图谱，其中来源于同一猪场的 JL/2016/47a 和 JL/2016/47b 毒株的 S1-IDMP 为 $^{IN}Q^{59}GVN$—$^{IN}N^{136}$—$^{DEL}D^{158}I$—$^{IN}G^{381}QRS$，另一株 LN/DT/2016/510a 毒株的 S1-IDMP 为 $^{IN}Q^{59}GVN$—$^{IN}N^{136}$—$^{DEL}D^{158}I$—$^{DEL}N^{553}VTNSYGY$。在同一个猪场中，LN/DT/2016/510a 毒株与 LN/DT/2016/510b 毒株显示出不同的 S1-IDMP。这些数据表明，在 68 株 PEDV 毒株的 S1-IDMP 中，$^{IN}Q^{59}GVN$—$^{IN}N^{136}$—$^{DEL}D^{158}I$ 突变图谱占 95.59%（65/68），并且这也是 2016 年中国 6 个地区 14 个省（自治区、直辖市）PEDV 主要流行的 S1-IDMP。

为了进一步分析流行毒株的 S1-IDMP 特点，依然以 PEDV 经典毒株 CV777 S1 蛋白氨基酸序列作为标准序列，将 2011～2016 年收集的 494 株中国 PEDV 流行毒株的 S1 蛋白氨基酸序列逐一与之进行比较，统计 S1-IDMP，其中包含本研究鉴定的 68 株 PEDV 毒株（表 2-13）。其中 493 株中国 PEDV 流行毒株的 S1 蛋白插入缺失突变位于 PEDV S1 蛋白的 N 端结构域（NTD，9～433aa）；只有本研究中 LN/DT/2016/510a 毒株的 S1 蛋白插入缺失突变（$^{IN}Q^{59}GVN$—$^{IN}N^{136}$—$^{DEL}D^{158}I$—$^{DEL}N^{553}VTNSYGY$）位于 PEDV S1 蛋白的 NTD 和受体结合域（RBD，502～626aa）（表 2-13）。在统计的 494 株中国 PEDV 流行毒株中，$^{IN}Q^{59}GVN$—$^{IN}N^{136}$—$^{DEL}D^{158}I$ 或与之类似的 S1-IDMP 在中国 PEDV 流行毒株插入缺失突变图谱中占主导地位（92.1%，455/494），且这种 S1-IDMP 地理分布广泛，共涉及中国 7 个地区的 24 个省（自治区、直辖市）。

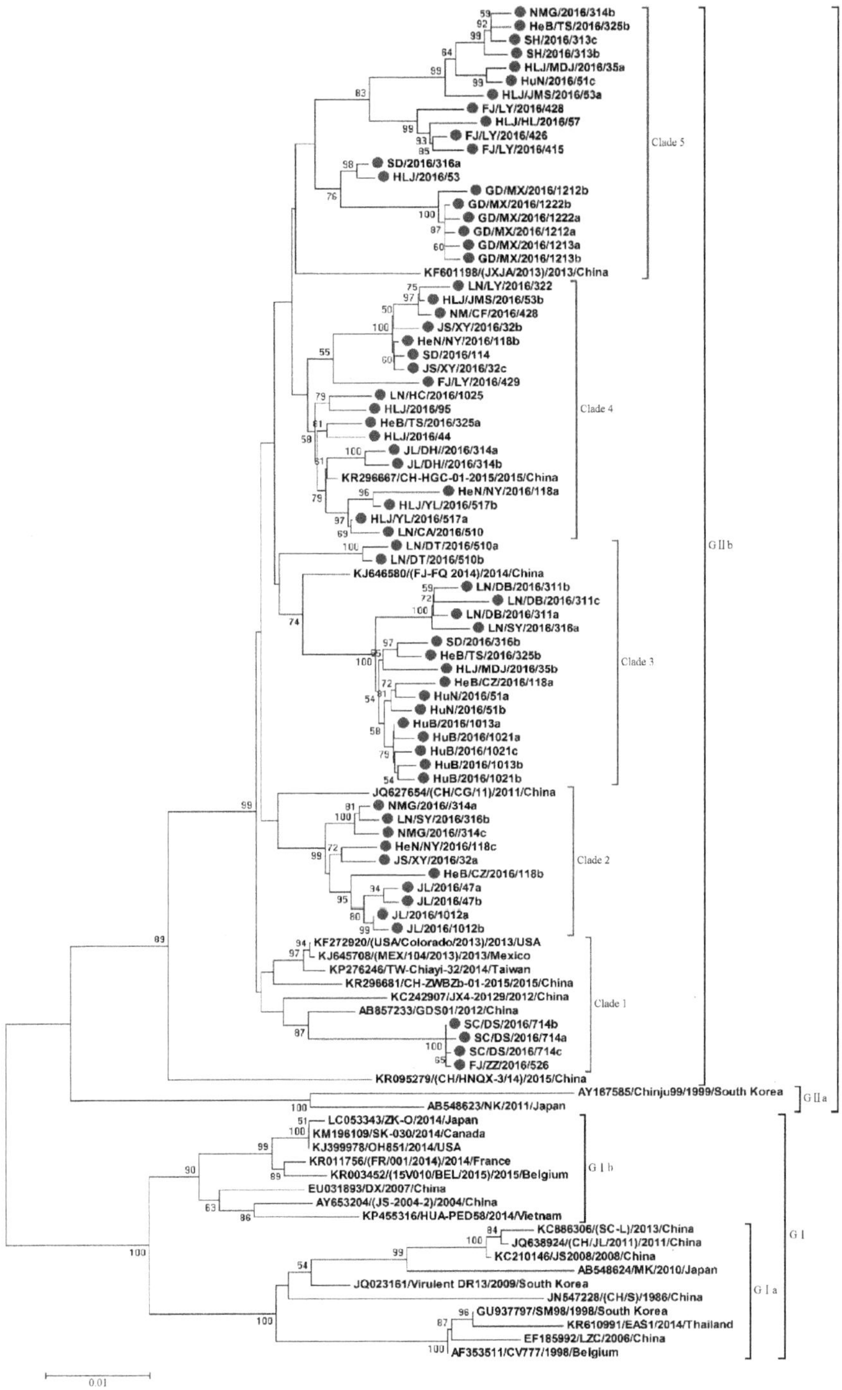

图 2-17 PEDV *S1* 基因系统进化树

● 代表在本研究中鉴定的 PEDV 毒株

表 2-13　2011～2016 年中国 PEDV 流行毒株 S1-IDMP 分析

插入缺失蛋白位点	S1-插入缺失图谱	地理与年代分布								
		区域	省（自治区、直辖市）	2011年	2012年	2013年	2014年	2015年	2016年	总数
NTD（9～433aa）	※^{IN}Q^{59}GVN—^{IN}N^{136}—^{DEL}D^{158}I	东北	黑龙江	1				6	9	16
			吉林	1	6			1	2	10
			辽宁				1	2	9	12
		西北	甘肃				1	1		2
		西南	四川				6	1	3	10
			贵州	1		3	1			5
			云南		5	4				9
			重庆		1					1
		华北	内蒙古				2		4	6
			山西					1		1
			河北	9	12			5	4	30
		华东	山东	3	10	8	17	7	3	48
			江苏		1	4	2		3	10
			安徽		3			1		4
			浙江	6	11	4	4			25
			江西	2	8	16		2		28
			上海	1	3	1	1	3	3	12
		华南	福建	3	7	7	2		5	24
			广东	5	22	13	10	1	6	57
			广西	1	2	2				5
			海南	1						1
		华中	河南	3	4	2	9	28	3	49
			湖北	1	1			1		3
			湖南	1					3	4
		—	—	3	4	17	15	10		49
	※^{IN}K^{58}QGV—^{IN}N^{136}—^{DEL}D^{158}I	华东	江苏			2				2
			浙江				1			1
	※^{IN}Q^{59}GVN—^{DEL}G^{140}—^{DEL}D^{158}I	西南	云南		4	1	4			9

续表

插入缺失蛋白位点	S1-插入缺失图谱	地理与年代分布								
		区域	省（自治区、直辖市）	2011年	2012年	2013年	2014年	2015年	2016年	总数
NTD（9～433aa）	※$^{IN}D^{58}QGV$—$^{IN}N^{136}$—$^{DEL}D^{158}I$	华东	山东			1				1
	※$^{IN}N^{58}QGVN$—$^{IN}N^{136}$—$^{DEL}D^{158}I$	华中	湖南			1				1
	※$^{IN}Q^{59}GVN$—$^{DEL}D^{136}$—$^{DEL}D^{158}I$	华东	江西			1				1
	※$^{IN}G^{56}EYQ$—$^{IN}N^{136}$—$^{DEL}D^{158}I$	东北	吉林						2	2
	※$^{IN}G^{56}E$—$^{IN}N^{136}$—$^{DEL}D^{158}I$	华东	福建				2			2
	※$^{IN}R^{58}L$—$^{IN}N^{136}$—$^{DEL}D^{158}I$	华中	河南				4			4
	※$^{IN}N^{58}HGV$—$^{IN}N^{136}$—$^{DEL}D^{158}I$	西南	四川				1			1
		华中	湖北						5	5
	※$^{DEL}G^{64}$—$^{DEL}D^{136}$—$^{DEL}K^{157}D$	华中	河南				1			1
	※$^{IN}Q^{59}GVN$—$^{IN}X^{135}$—$^{DEL}D^{158}I$	—	—					1		1
	※$^{IN}Q^{59}GVN$—$^{IN}N^{136}$—$^{DEL}G^{156}K$	华中	河南					1		1
	※$^{IN}Q^{59}GVD$—$^{IN}N^{136}$—$^{DEL}D^{158}I$	华东	安徽					1		1
	※$^{IN}Q^{59}GIN$—$^{IN}N^{136}$—$^{DEL}D^{158}I$	东北	黑龙江						1	1
	$^{IN}Q^{59}GVN$—$^{IN}N^{136}$—$^{DEL}D^{158}I$—$^{DEL}T^{437}$	华南	广东			1				1
			广西			1				1
	$^{IN}Q^{59}GVN$—$^{IN}N^{136}$—$^{DEL}D^{158}I$—$^{IN}G^{381}QRS$	东北	吉林						2	2
	$^{IN}Q^{59}GVN$—$^{IN}N^{136}$—$^{DEL}D^{158}I$—$^{DEL}N^{378}STV$	东北	黑龙江					5		5
	$^{IN}Q^{59}GVN$—$^{IN}N^{136}$—$^{DEL}D^{158}I$—$^{DEL}T^{376}Y$	西北	甘肃					2		2
	$^{IN}Q^{59}GVN$—$^{IN}N^{136}$—$^{DEL}D^{158}I$—$^{IN}I^{374}VYGV$	—	—		1		1			2
	$^{IN}Q^{59}GVN$—$^{DEL}D^{158}I$	华东	浙江				1			1
			福建		1	1				2
	$^{DEL}G^{64}$—$^{DEL}K^{157}D$	华中	河南					1		1
	$^{DEL}R^{154}$	东北	黑龙江					1		1
			吉林	1						1

续表

插入缺失蛋白位点	S1-插入缺失图谱	地理与年代分布								
		区域	省（自治区、直辖市）	2011年	2012年	2013年	2014年	2015年	2016年	总数
NTD（9～433aa）	$^{DEL}R^{154}$	西南	四川	1			1			2
			云南		1					1
		华北	河北	1						1
		华东	山东		1					1
			江苏				1			1
			安徽	2	1					3
			江西	1						1
			上海					2		2
			福建	1						1
		华南	广东			1				1
	$^{DEL}T^{133}$	华东	山东				1			1
	$^{DEL}P^{360}$	—	—			1				1
	$^{DEL}N^{112}T$	华东	山东		1					1
	$^{IN}E^{111}SQN$	华东	浙江			1				1
	$^{DEL}D^{158}I$	华东	福建	1						1
NTD（9～433aa）+RBD（502～626aa）	$^{IN}Q^{59}GVN$—$^{IN}N^{136}$—$^{DEL}D^{158}I$—$^{DEL}N^{553}VTNSYGY$	东北	辽宁（LN/DT/2016/510a）						1	1
总计				50	110	93	89	84	68	494

注："IN"表示插入，"DEL"表示缺失。根据经典毒株 CV777（GenBank 登录号 AF353511）计算插入缺失的位置。根据 2012 年 Reguera 等的报道确定 PEDV S 蛋白与预测 pAPN 受体结合的氨基酸残基。"※"表示 $^{IN}Q^{59}GVN$—$^{IN}N^{136}$—$^{DEL}D^{158}I$ 或与之类似的插入缺失图谱。区域部分中"—"表示未知地区的样品

6. S 蛋白建模分析

选取 4 株 PEDV 代表性毒株用于研究不同的 S1 蛋白插入缺失突变对 PEDV S 蛋白结构与功能的影响：HeB/CZ/2016/118a（S1-IDMP 为 $^{IN}Q^{59}GVN$—$^{IN}N^{136}$—$^{DEL}D^{158}I$）、JL/2016/47a（S1-IDMP 为 $^{IN}Q^{59}GVN$—$^{IN}N^{136}$—$^{DEL}D^{158}I$—$^{IN}G^{381}QRS$）、HLJ/2015/DP1-1（S1-IDMP 为 $^{IN}Q^{59}GVN$—$^{IN}N^{136}$—$^{DEL}D^{158}I$—$^{DEL}N^{378}STV$）及 LN/DT/2016/510a（S1-IDMP 为 $^{IN}Q^{59}GVN$—$^{IN}N^{136}$—$^{DEL}D^{158}I$—$^{DEL}N^{553}VTNSYGY$）（图 2-18）。S 蛋白建模结果显示：与 PEDV 毒株流行 S1-IDMP（$^{IN}Q^{59}GVN$—$^{IN}N^{136}$—$^{DEL}D^{158}I$）相比较，其中 $^{IN}G^{381}QRS$、$^{DEL}N^{378}STV$ 和 $^{DEL}N^{553}VTNSYGY$ 3

种 S1 蛋白插入缺失突变都位于 PEDV 经典毒株 CV777 S1 蛋白的球形结构顶端，只有 LN/DT/2016/510a 毒株的 N^{553}VTNSYGY 缺失突变位于 PEDV 经典毒株 CV777 S1 蛋白的 RBD。选取的 4 株代表性 PEDV 毒株的 S1 蛋白结构预测模型与 PEDV 经典毒株 CV777 S1 蛋白模型相比展现出不同的结构改变（图 2-19）。本研究还对 JL/2016/47a、HLJ/2015/DP1-1 和 LN/DT/2016/510a 3 株 PEDV 代表性毒株与 HeB/CZ/2016/118a 毒株（S1-IDMP 为 ^{IN}Q^{59}GVN—^{IN}N^{136}—^{DEL}D^{158}I）S1 蛋白结构进行了比较（图 2-20）。此外，本研究还通过比较发现 PEDV（CV777 毒株）和

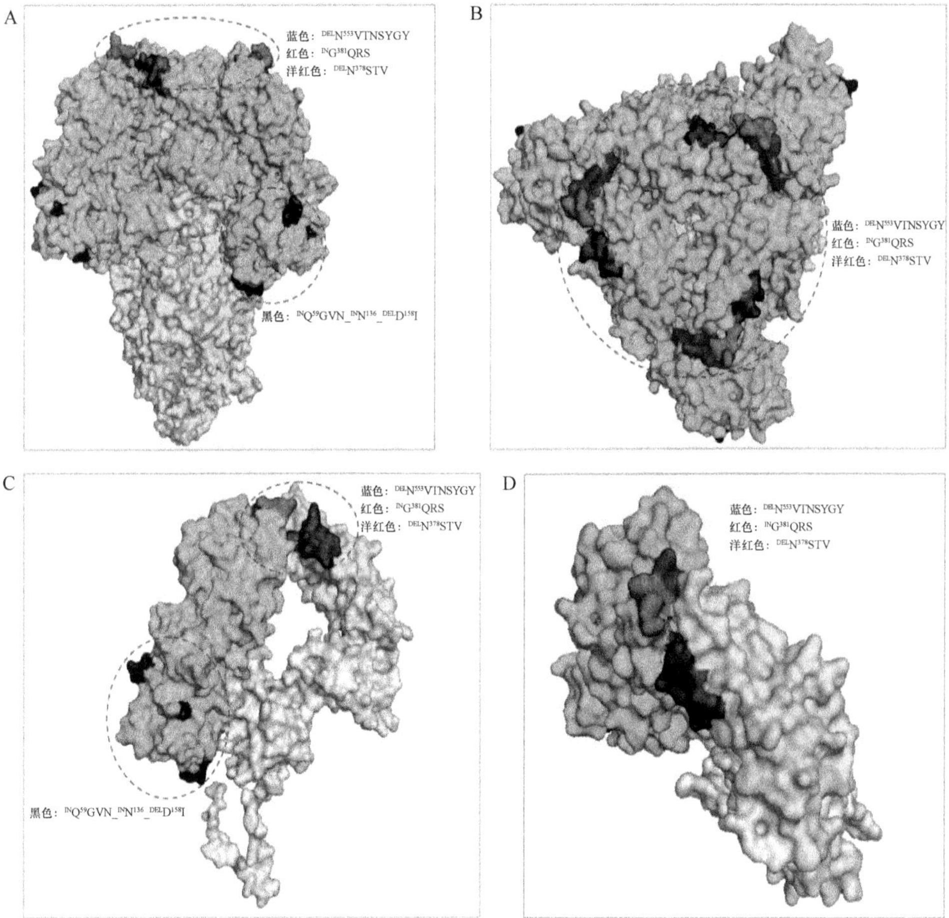

图 2-18　4 种不同 PEDV S1-IDMP 的 S 蛋白三聚体和单体模型（彩图请扫封底二维码）

A 和 B：PEDV CV777 毒株 S1-IDMP 的 S 蛋白三聚体模型；绿色表示 S1 区（1～789aa），黄色表示 S2 区（790～1383aa）。C 和 D：PEDV CV777 毒株 S1-IDMP S1 蛋白单体模型；绿色表示 S1-NTD（9～433aa），黄色表示 S1-RBD（502～626aa）。HeB/CZ/2016/118a 毒株：^{IN}Q^{59}GVN—^{IN}N^{136}—^{DEL}D^{158}I；JL/2016/47a 毒株：^{IN}Q^{59}GVN—^{IN}N^{136}—^{DEL}D^{158}I—^{IN}G^{381}QRS；HLJ2015/DP1-1 毒株：^{IN}Q^{59}GVN—^{IN}N^{136}—^{DEL}D^{158}I—^{DEL}N^{378}STV；LN/DT/2016/510a 毒株：^{IN}Q^{59}GVN—^{IN}N^{136}—^{DEL}D^{158}I—^{DEL}N^{553}VTNSYGY

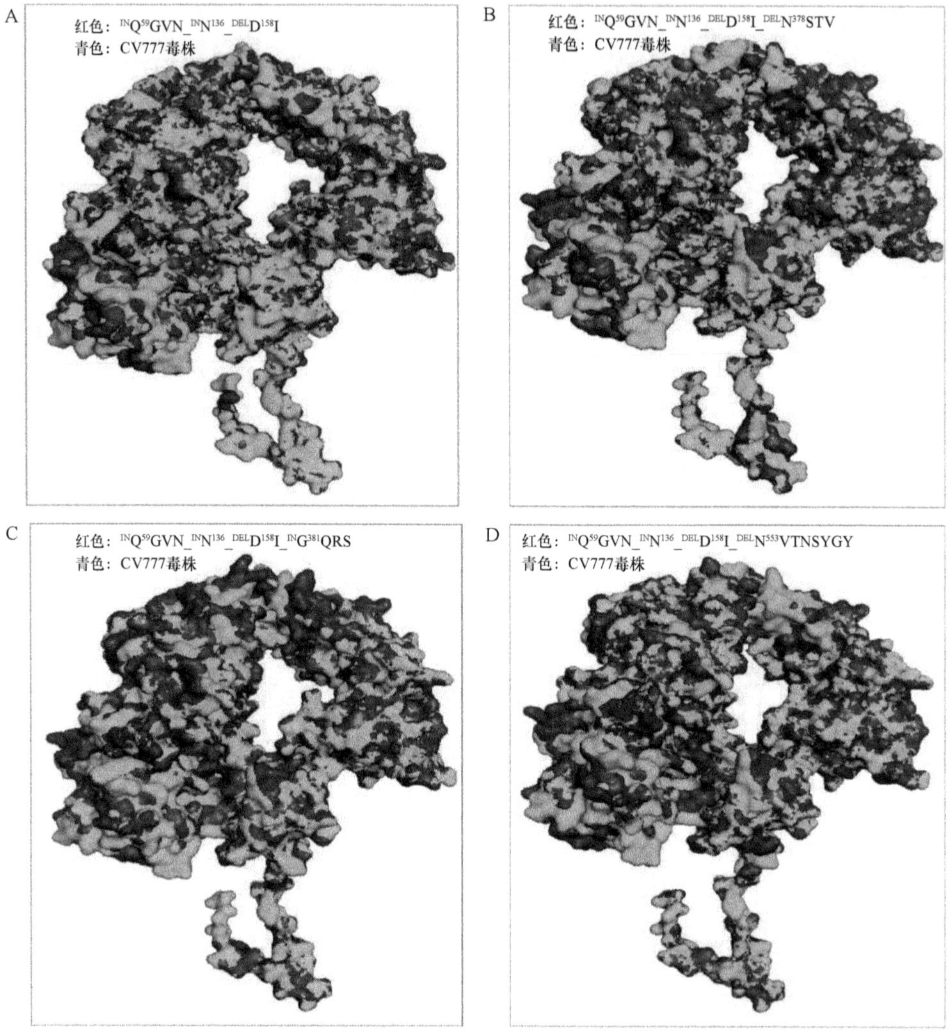

图 2-19　不同 S1-IDMP 的 PEDV 毒株和 CV777 毒株之间 S1 蛋白模型的比较分析（彩图请扫封底二维码）

A. S1-IDMP 为 $^{IN}Q^{59}$GVN—$^{IN}N^{136}$—$^{DEL}D^{158}$I 的 HeB/CZ/2016/118a 毒株与 CV777 毒株的 S1 蛋白模型比较；B. S1-IDMP 为 $^{IN}Q^{59}$GVN—$^{IN}N^{136}$—$^{DEL}D^{158}$I—$^{DEL}N^{378}$STV 的 HLJ2015/DP1-1 毒株与 CV777 毒株的 S1 蛋白模型比较；C. S1-IDMP 为 $^{IN}Q^{59}$GVN—$^{IN}N^{136}$—$^{DEL}D^{158}$I—$^{IN}G^{381}$QRS 的 JL/2016/47a 毒株与 CV777 毒株的 S1 蛋白模型比较；D. S1-IDMP 为 $^{IN}Q^{59}$GVN—$^{IN}N^{136}$—$^{DEL}D^{158}$I—$^{DEL}N^{553}$VTNSYGY 的 LN/DT/2016/510a 毒株与 CV777 毒株的 S1 蛋白模型比较

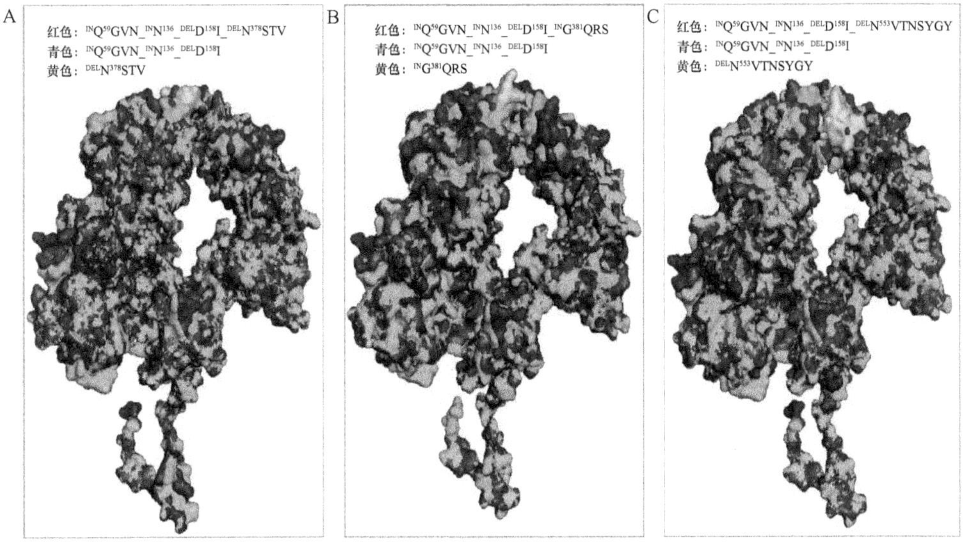

图 2-20 新型 S1-IDMP PEDV 毒株与中国 PEDV 流行毒株（HeB/CZ/2016/118a）S1 蛋白模型的比较分析（彩图请扫封底二维码）

A. S1-IDMP 为 $^{IN}Q^{59}GVN—^{IN}N^{136}—^{DEL}D^{158}I—^{DEL}N^{378}STV$ 的 HLJ2015/DP1-1 毒株与 S1-IDMP 为 $^{IN}Q^{59}GVN—^{IN}N^{136}—^{DEL}D^{158}I$ 的 HeB/CZ/2016/118a 毒株的 S1 蛋白模型比较；B. S1-IDMP 为 $^{IN}Q^{59}GVN—^{IN}N^{136}—^{DEL}D^{158}I—^{IN}G^{381}QRS$ 的 JL/2016/47a 毒株与 S1-IDMP 为 $^{IN}Q^{59}GVN—^{IN}N^{136}—^{DEL}D^{158}I$ 的 HeB/CZ/2016/118a 毒株的 S1 蛋白模型比较；C. S1-IDMP 为 $^{IN}Q^{59}GVN—^{IN}N^{136}—^{DEL}D^{158}I—^{DEL}N^{553}VTNSYGY$ 的 LN/DT/2016/510a 毒株与 S1-IDMP 为 $^{IN}Q^{59}GVN—^{IN}N^{136}—^{DEL}D^{158}I$ 的 HeB/CZ/2016/118a 毒株的 S1 蛋白模型比较

传染性胃肠炎病毒（TGEV）之间有相似的 RBD 结构（图 2-21A）。而 TGEV S 蛋白的 RBD 中 β 折叠的第 571 位和第 528 位色氨酸氨基酸残基的作用是结合猪氨肽酶 N（pAPN）。LN/DT/2016/510a 毒株 S1 蛋白的 $N^{553}VTNSYGY$ 缺失突变可引起结合 pAPN 的 RBD 的中心结构发生改变（图 2-21B）。

7. 重组分析

重组分析结果表明，在本研究鉴定的 68 个 *S1* 基因中共存在 5 组潜在的重组事件（表 2-14）。在 5 组重组事件中，在重组事件 1 中观察到 6 个重组序列、10 个主要亲本序列和 4 个次要亲本序列；在重组事件 2 中观察到 3 个重组序列、9 个主要亲本序列和 2 个次要亲本序列；在重组事件 3 中观察到 24 个重组序列、15 个主要亲本序列和 5 个次要亲本序列；在重组事件 4 中观察到 4 个重组序列、13 个主要亲本序列和 4 个次要亲本序列；在重组事件 5 中观察到 4 个重组序列、4 个主要亲本序列和 11 个次要亲本序列。

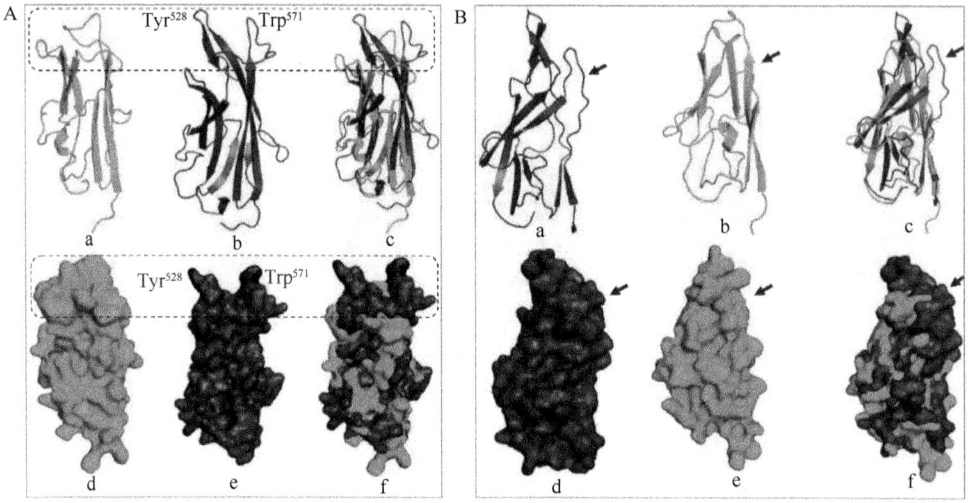

图 2-21 PEDV S 蛋白的受体结合域（RBD）建模分析（彩图请扫封底二维码）

A. 比较 PEDV CV777 毒株和猪传染性胃肠炎病毒（TGEV）强毒株 Purdue 之间的 RBD 结构：a 和 d 代表 PEDV CV777 毒株的 RBD 预测结构；b 和 e 代表猪传染性胃肠炎病毒（TGEV）强毒株 Purdue 的 RBD 预测结构；c 和 f 代表 PEDV CV777 毒株和猪传染性胃肠炎病毒（TGEV）强毒株 Purdue 之间的 RBD 结构比较区；蓝色代表 TGEV 与猪氨肽酶 N（pAPN）结合的中心氨基酸残基（第 528 位和第 571 位色氨酸）。

B. 比较 LN/DT/2016/510a 毒株与 LN/DT/2016/510a 毒株 $^{DEL}N^{553}$VTNSYGY 的插入缺失突变图谱之间的 RBD 结构：a 和 d 代表 PEDV LN/DT/2016/510a 毒株 $^{DEL}N^{553}$VTNSYGY 突变图谱的 RBD 预测结构；b 和 e 代表 PEDV LN/DT/2016/510a 毒株的 RBD 预测结构；c 和 f 代表 PEDV LN/DT/2016/510a 毒株和 PEDV LN/DT/2016/510a 毒株 $^{DEL}N^{553}$VTNSYGY 突变图谱之间的 RBD 结构比较区

表 2-14 本研究鉴定 68 个 *S1* 基因的潜在重组事件分析

重组事件	重组序列	主要亲本序列	次要亲本序列	重组检测方法
1	KX907093 KX907082 KX907094 KX907087 KX907089 KX907090	KX907117 KX907107 KY624217 KY624221 KY624220 KY624218 KY624219 KY624222 KX907118 KX907090	KX907112 KX907102 KX907100 KX907101	MaxChi（P=8.01×10^{-6}） Chimaera（P=2.60×10^{-4}） SiScan（P=2.89×10^{-10}） 3Seq（P=8.66×10^{-9}） LARD（P=3.18×10^{-6}）
2	KX907118 KX907107 KX907117	KX907119 KX907073 KX907080 KX907121 KX907095 KX907077 KX907081 KY624212 KX907120	KX907088 KX907089	RDP（P=2.91×10^{-2}） MaxChi（P=1.24×10^{-6}） Chimaera（P=3.66×10^{-7}） SiScan（P=1.46×10^{-6}） 3Seq（P=1.05×10^{-7}） LARD（P=1.28×10^{-6}）

续表

重组事件	重组序列	主要亲本序列	次要亲本序列	重组检测方法
3	KX907098 KX907109 KX907073 KX907080 KX907119 KX907121 KX907095 KX907077 KX907081 KX907103 KX907104 KY624212 KY624213 KX907096 KX907097 KX907120 KX907076 KX907116 KX907099 KX907111 KX907115 KX907113 KX907107 KX907117	KY624205 KY624204 KY624216 KY624214 KY624215 KX907074 KX907091 KX907092 KX907084 KX907085 KX907086 KX907114 KX907108 KX907110 KX907083	KX907101 KY624208 KY624210 KY624211 KY624209	RDP（P=1.82×10^{-3}） MaxChi（P=1.23×10^{-5}） Bootscan（P=2.50×10^{-3}） Chimaera（P=2.40×10^{-6}） SiScan（P=1.46×10^{-5}） 3Seq（P=6.99×10^{-7}） LARD（P=4.77×10^{-5}）
4	KX907087 KX907088 KX907089 KX907090	KY624205 KY624204 KY624216 KY624214 KY624215 KX907074 KX907092 KX907084 KX907085 KX907086 KX907114 KX907108 KX907083	KX907101 KX907102 KX907112 KX907100	Bootscan（P=8.94×10^{-3}） MaxChi（P=1.21×10^{-5}） Chimaera（P=4.63×10^{-3}） SiScan（P=1.19×10^{-8}） 3Seq（P=3.53×10^{-3}）
5	KX907079 KX907092 KX907078 KX907113	KY624208 KY624209 KY624210 KY624211	KX907086 KY624204 KY624214 KY624215 KX907091 KX907092 KX907084 KX907085 KX907108 KX907110 KX907083	MaxChi（P=4.30×10^{-4}） Chimaera（P=7.07×10^{-4}） SiScan（P=2.09×10^{-13}）

在5组潜在的重组事件中，重组事件主要发生在潜在主要亲本毒株HuB/2016/1013b（登录号KY624205）和潜在次要亲本毒株SH/2016/313b（登录号KX907101）

之间，这两株毒株形成重组毒株 LN/DT/2016/510a（登录号 KX907098）。这一重组事件主要通过使用 NJ 法构建系统进化树来证实，其中重组序列主要来源于次要亲本毒株 103～1024bp 区域（图 2-22A）、主要亲本毒株 1～102bp 和 1025～2376bp 区域（图 2-22B）、非重组区（图 2-22C）和忽略重组区（图 2-22D）。然而，重组毒株 LN/DT/2016/510a（S1-IDMP 为 $^{IN}Q^{59}GVN$—$^{IN}N^{136}$—$^{DEL}D^{158}I$）的潜在次要亲本毒株 SH/2016/313b 与潜在主要亲本毒株 HuB/2016/1013b 的 S1-IDMP 为 $^{IN}Q^{59}GVN$—$^{IN}N^{136}$—$^{DEL}D^{158}I$。

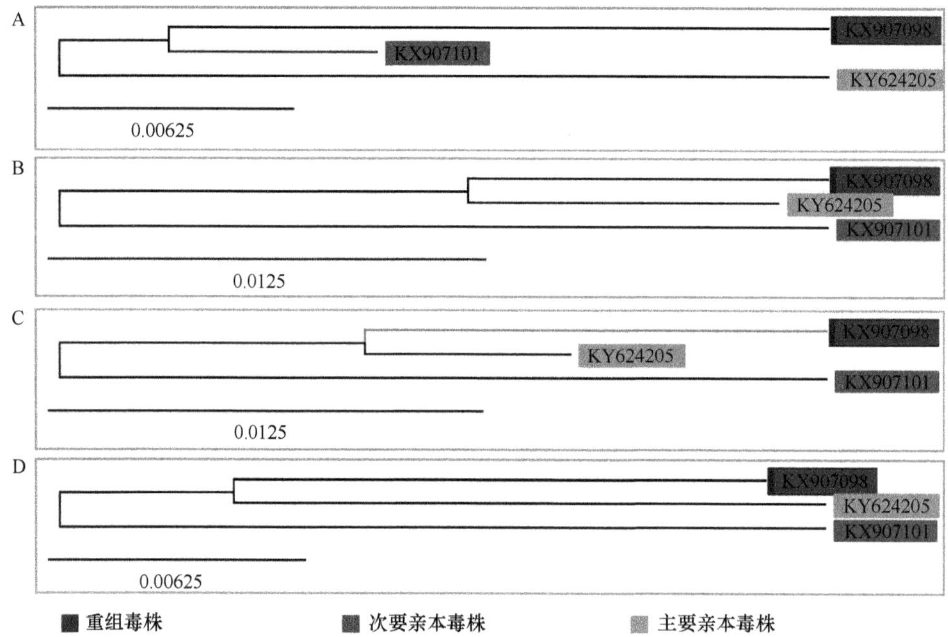

图 2-22　次要亲本毒株 SH/2016/313b（蓝色）与主要亲本毒株 HuB/2016/1013b（绿色）形成 LN/DT/2016/510a 重组毒株（红色）的鉴定（彩图请扫封底二维码）

A. 利用次要亲本毒株（103～1024bp）区域构建 NJ 树（1000 个重复，Kimura 2 参数模型）；B. 利用主要亲本毒株（1～102bp 和 1025～2376bp）区域构建 NJ 树（1000 个重复，Kimura 2 参数模型）；C. 利用非重组区构建 NJ 树（1000 个重复，Kimura 2 参数模型）；D. 利用忽略重组区构建 NJ 树（1000 个重复，Kimura 2 参数模型）

8. S1-IDMP 分析

已有直接证据表明 S 蛋白 *S1* 基因的插入缺失突变可以直接改变 PEDV 的致病性和组织嗜性。本研究将 2011～2016 年共 494 株中国 PEDV 流行毒株（包含本研究鉴定的 68 株 PEDV 毒株）与 PEDV 经典毒株 CV777 的 S1 蛋白氨基酸序列逐一进行比较，统计 S1-IDMP。在统计的 494 株中国 PEDV 流行毒株中，$^{IN}Q^{59}GVN$—$^{IN}N^{136}$—$^{DEL}D^{158}I$ 或与之类似的 S1-IDMP 在中国 PEDV 流行毒株插入缺失突变图谱中占主导地位，所占比例为 92.1%。$^{IN}Q^{59}GVN$—$^{IN}N^{136}$—$^{DEL}D^{158}I$ 或与之类似的 S1-IDMP 地理分布广泛，涉及中国 7 个主要地区，共 24 个省（自治区、直辖市）。其中 493 株毒株的 S1 蛋白插入缺失突变位于 PEDV S1 蛋白的 NTD 中，仅 LN/DT/2016/510a 株的 S1 蛋白插入缺失突变位于 PEDV S1 蛋白的 NTD 和 RBD 中。基于 S1-IDMP 的统计结果表明，尽管在这 6 年中，中国 PEDV 流行毒株的 *S* 基因不断发生变异，但在中国猪群中 PEDV 的 S1-IDMP 却表现出遗传稳定性。

9. S 蛋白建模分析

唾液酸结合位点位于 PEDV S1 蛋白的 NTD 中，与 PEDV 经典毒株相比，中国 PEDV 流行或变异毒株 S1-NTD 表现出较强的唾液酸结合活性。而强的 S 蛋白唾液酸结合活性则有利于 PEDV 及其他冠状病毒感染细胞。在本研究中，中国 PEDV 变异毒株中流行的 S1-IDMP（$^{IN}Q^{59}GVN—^{IN}N^{136}—^{DEL}D^{158}I$）也位于与唾液酸结合活性相关的 S1 蛋白的 NTD 中。这些结果表明，$^{IN}Q^{59}GVN—^{IN}N^{136}—^{DEL}D^{158}I$ 的 S1-IDMP 可能会提高中国 PEDV 流行毒株与唾液酸结合的活性，从而增强病毒感染细胞的能力。在本研究中，LN/DT/2016/510a 毒株表现出一种新型 S1-IDMP，它在 NTD 和 RBD 都存在插入缺失突变。JL/2016/47（a，b）和本研究之前鉴定的 HLJ/2015/DP1-1 是两种新型 S1-IDMP 的代表毒株，它们在 S1-NTD 的 4 个位点上显示出插入缺失突变。S 蛋白同源性建模分析表明，LN/DT/2016/510a、JL/2016/47（a，b）和 HLJ/2015/DP1-1 毒株中发生的 S1 蛋白插入缺失突变可导致 PEDV S 蛋白结构的改变，进而对其生物学功能产生重要影响。

据报道，猪氨肽酶 N（pAPN）是 α-冠状病毒属中 PEDV 的一种细胞受体。2012 年 Reguera 等报道，在 S 蛋白的 RBD（507～650aa）中 β 折叠的第 528 位和第 571 位色氨酸是 TGEV 与猪氨肽酶 N（pAPN）结合中心氨基酸残基区。在本研究中，LN/DT/2016/510a 毒株的缺失突变 N^{553}VTNSYGY 位于 PEDV S 蛋白球形结构的顶端。S 蛋白结构模型比较分析显示，PEDV（CV777 毒株）的 RBD 区和 α-冠状病毒属中 TGEV 的 RBD 区相似。LN/DT/2016/510a 毒株的缺失突变 N^{553}VTNSYGY 可以引起 PEDV S1 蛋白 RBD 区域（505～621aa）构象的改变。值得注意的是，因 N^{553}VTNSYGY 缺失突变而导致 LN/DT/2016/510a 毒株 RBD 构象改变的区域与 TGEV 的 RBD 受体结合中心残基区域类似。

10. 重组分析

重组分析表明，LN/DT/2016/510a 毒株是一株 PEDV 重组毒株，该毒株是由两株 S1-IDMP 为 $^{IN}Q^{59}GVN—^{IN}N^{136}—^{DEL}D^{158}I$ 的中国 PEDV 流行毒株重组形成的。此外，在同一个猪场中，LN/DT/2016/510a 毒株与 LN/DT/2016/510b 毒株（S1-IDMP 为 $^{IN}Q^{59}GVN—^{IN}N^{136}—^{DEL}D^{158}I$）同时流行。这些数据表明，新型

S1-IDMP的出现可能与作为RNA病毒的PEDV的自身变异及疫苗注射带来的免疫压力增强有关。

（三）结论

A. 本研究鉴定的中国2015～2016年PEDV流行毒株仍属于PEDV变异毒株，总结中国2011～2016年S蛋白的S1-IDMP，揭示了新的S1-IDMP。

B. 新型S1-IDMP的出现可能代表导致疫苗接种失败或病毒免疫逃逸的新型PEDV变异毒株的出现。

C. 新型S1-IDMP $^{IN}Q^{59}GVN—^{IN}N^{136}—^{DEL}D^{158}I—^{DEL}N^{553}VTNSYGY$在未来分子流行病学调查中应该重点研究与监控。新型S1-IDMP对病毒毒力、免疫失败、免疫逃避等方面的影响还需要进一步的研究来阐明。

四、中国猪流行性腹泻病毒与其他肠道病毒共感染的调查与分析

（一）材料与方法

1. 样品采集与处理

2015～2016年，本实验室利用病毒采样管采集了东北地区（108份腹泻样品、15份健康样品）、华东地区（89份腹泻样品、9份健康样品）、华北地区（47份腹泻样品）、华南地区（21份腹泻样品）、西南地区（18份腹泻样品、9份健康样品）、华中地区（38份腹泻样品、9份健康样品）、西北地区（1份腹泻样品）共计364份仔猪小肠组织及内容物或粪便样品（共322份腹泻样品，42份健康样品），并保存于−80℃冰箱中。

2. 鉴定引物的设计

参考相关文献及GenBank中公布的病毒核苷酸序列，设计并合成猪流行性腹泻病毒（porcine epidemic diarrhea virus，PEDV）、猪捷申病毒（porcine teschovirus，PTV）、猪传染性胃肠炎病毒（transmissible gastroenteritis virus，TGEV）、猪肠道病毒8型（porcine enterovirus 8，PEV-8）、猪肠道病毒9型/10型（porcine enterovirus 9/10，PEV-9/10）、哺乳动物呼肠孤病毒（mammalian reovirus，MRV）、A群猪轮状病毒（group A porcine rotavirus，GARV）、猪星状病毒（porcine astrovirus，PAstV）、猪环曲病毒（porcine torovirus，PToV）、猪细环病毒2型（torque teno sus virus 2，TTSuV-2）、猪博卡病毒（porcine bocavirus，PBoV）、猪嵴病毒（porcine kobuvirus，PKV）和猪δ-冠状病毒（porcine deltacoronavirus，PDCoV）等13种猪肠道病原的巢式PCR鉴定引物（表2-15）。引物由哈尔滨博仕生物技术有限公司进行合成。

表 2-15　巢式 PCR 引物

引物名称	目标基因	引物序列（5′→3′）	长度/bp	参考文献
PEDV-Outer-F	*S1*	TTTTCTAATCATTTGGTCAACG	2396	Wang et al., 2015
PEDV-Outer-R		AATACTCATACTAAAGTTGGTGG		
PEDV-Inter-F		GGTCAACGTAAACAAATGAG	2376	
PEDV-Inter-R		CATACTAAAGTTGGTGGGAA		
PTV-Outer-F	5′-UTR	AGTTTTGGATTATCTTGTGCCC	321	Zell et al., 2000
PTV-Outer-R		CCAGCCGCGACCCTGTCAGGCAGCAC		
PTV-Inter-F		TGAAAGACCTGCTCTGGCGCGAG	158	
PTV-Inter-R		GCTGGTGGGCCCCAGAGAAATCTC		
TGEV-Outer-F	*N*	CTTGGTAGTCGTGGTGCTA	529	—
TGEV-Outer-R		CTATCTGGTCGCCATCTTC		
TGEV-Inter-F		GCTGTTCTTGCCGCACTTA	329	
TGEV-Inter-R		ATCTGGTCGCCATCTTCCT		
PEV-8-Outer-F	*3C*	CCCTGGGACGAAAGAGCCTG	383	Zell et al., 2000
PEV-8-Outer-R		CCTTTAAGTAAGTAGTAAAGGG		
PEV-8-Inter-F		CCAAGATTAGAAGTTGATTTG	221	
PEV-8-Inter-R		GGGTAGCCTGCTGATGTAGTC		
PEV-9/10-Outer-F	5′-UTR	GTACCTTTGTACGCCTGTTTTA	491	Zell et al., 2000
PEV-9/10-Outer-R		ACCCAAAGTAGTCGGTTCCGC		
PEV-9/10-Inter-F		CAAGCACTTCTGTTTCCCCGG	313	
PEV-9/10-Inter-R		GTTAGGATTAGCCGCATTCA		
MRV-Outer-F	*L1*	GCATCCATTGTAAATGACGAGTCTG	416	Leary et al., 2002
MRV-Outer-R		CTTGAGATTAGCTCTAGCATCTTCTG		
MRV-Inter-F		GCTAGGCCGATATCGGGAATGCAG	344	
MRV-Inter-R		GTCTCACTATTCACCTTACCAGCAG		
GARV-Outer-F	*VP6*	AAAGATGCTAGGGACAAAATTG	309	Elschner et al., 2002
GARV-Outer-R		TTCAGATTGTGGAGCTATTCCA		
GARV-Inter-F		GACAAAATTGTCGAAGGCACATTATA	121	
GARV-Inter-R		TCGGTAGATTACCAATTCCTCCAG		
PAstV-Outer-F1	*ORF1b*	GARTTYGATTGGRCKCGKTAYGA	—	Chu et al., 2008
PAstV-Outer-F2		GARTTYGATTGGRCKAGGTAYGA		
PAstV-Inter-F1		CGKTAYGATGGKACKATNCC	422	
PAstV-Inter-F2		AGGTAYGATGGKACKATNCC		
PAstV-R		GGYTTKACCCACATNCCRAA		
PToV-Outer-F	*N*	CCAATGGGCTTTCAACCTCG	258	王赟等，2014
PToV-Outer-R		TGGAAATGTTGCAGAAAGAGCAG		
PToV-Inter-F		CCAATGGGCTTTCAACCTCG	198	
PToV-Inter-R		CAATGACTGTTGATTATTTTGGCGT		

续表

引物名称	目标基因	引物序列（5′→3′）	长度/bp	参考文献
TTSuV-2-Outer-F	UTR	AGTTACACATAACCACCAAACC	264	王礤礤等，2009
TTSuV-2-Outer-R		ATTACCGCCTGCCCGATAGGC		
TTSuV-2-Inter-F		CCAAACCACAGGAAACTGTGC	225	
TTSuV-2-Inter-R		CTTGACTCCGCTCTCAGGAG		
PBoV G1-Outer-F	*VP1*	AATACCCATACTCACAAAG	531	Zheng et al.，2016
PBoV G1-Outer-R		GTGATTGATTCATTGCTG		
PBoV G1-Inter-F		ATGTCCCTTATTCTTTCTTG	268	
PBoV G1-Inter-R		TGATTGGTGTCCGTTTAGT		
PBoV G2-Outer-F	*NP1*	TCCACTGCTTCGAGAACATC	291	Zheng et al.，2016
PBoV G2-Outer-R		TTCCCTGACATCTTTCCATT		
PBoV G2-Inter-F		CGAGTGACTTCAGCGACAT	161	
PBoV G2-Inter-R		TGCCAGTAGAAGCCACAAT		
PBoV G3-Outer-F	*NP1/VP1*	GAAATGCTAGAAGCTGTTGA	384	Zheng et al.，2016
PBoV G3-Outer-R		TACAGGTGACGTTTATTGC		
PBoV G3-Inter-F		GTGTTCTGTTTCCTGGTTAT	274	
PBoV G3-Inter-R		GTGTCTTTAGGCTCGTTGA		
PKV-Outer-F	*3D*	GGTGGWCTYATHGASTACATGC	622	van Dung et al.，2016
PKV-Outer-R		GTGTCNGGRTCCATSACHGGGTG		
PKV-Inter-F		TGGAYTACAAGTGYTTTGATGC	207	
PKV-Inter-R		ATGATGGTGTTRAKGATRGARGTG		
PDCoV-Outer-F	*N*	TGCTACCTCTCCGATTCCCA	614	Song et al.，2015b
PDCoV-Outer-R		ATCCTGTTTGTCTGCTGGCA		
PDCoV-Inter-F		GACACTGAGAAGACGGGTATGG	238	
PDCoV-Inter-R		TAGTTGGTTTGGTAGGTGGCTC		

3. 病毒 DNA 的提取

取 200μL 液体粪便样品至 2mL 离心管中，并将离心管置于冰上，利用基因组 DNA 提取试剂盒对 364 份样品进行 DNA 提取，具体操作如下：向样品中加入 1.4mL 缓冲液 GSL，间歇振荡 1min 至样品混匀；置于 70℃水浴锅中 5min，涡旋振荡 15s，13 400*g* 离心 1min，转移 1.2mL 上清液于新的 2mL 离心管中；加入一个抑制剂吸附片 Inhibit EX，振荡至吸附片彻底打开重悬，室温孵育 1min，使吸附片能充分作用；13 400*g* 离心 3min，将上清液转移至新的 1.5mL 离心管中，13 400*g* 离心 3min；转移 200μL 所得上清液至新的 1.5mL 离心管中，加入 15μL Proteinase K；加入 200μL 缓冲液 GB，涡旋振荡 15s，简短离心后置于 70℃水浴锅中 10min；简短离心后加入 200μL 无水乙醇，涡旋混匀；将所得溶液加入一个吸附柱 CR2 中，13 400*g* 离心 30s，倒掉废液，将吸附柱 CR2 放入收集管中；向吸附柱 CR2 中加入 500μL 缓冲液 GD，13 400*g* 离心 30s，倒掉废液，将吸附柱 CR2 放入收集管中；向吸附柱 CR2 中加入 600μL 漂洗液 PW，13 400*g* 离心 30s，倒掉废液，将吸附柱 CR2 放入收集管中；重复上一步骤；将吸附柱 CR2 放回收集管中，13 400*g* 离心 2min，倒掉废液；将吸附柱 CR2 置于室温放置数分钟，以彻底晾干吸附材料中残余的漂洗液；将吸附柱 CR2 转入一个干净的离心管中，向吸附膜的中间部位悬空滴加 50μL ddH_2O，室温放置 5min，13 400*g* 离心 2min，将溶液收集到离心管中并做好标记，将提取的病毒 DNA 保存于−80℃冰箱。

4. 病毒 RNA 的提取

取出 1mL 样品，在 4℃离心机 4000*g* 离心 20min，将样品的上清液转移至 1.5mL 的离心管中。利用病毒 RNA 提取试剂盒对 364 份样品进行 RNA 提取，具体操作如下：将 560μL Carrier RNA 工作液加入一个干净的 1.5mL 离心管中；取样品上清液 140μL 加入上述离心管中，涡旋振荡 15s；在室温孵育 10min；简短离心后加入 560μL 预冷的无水乙醇，盖上管盖并涡旋振荡 15s；简短离心后仔细将离心管中的 630μL 液体转移至 RNase-free 吸附柱 CR2，盖上管盖，6000*g* 离心 2min，弃废液，将吸附柱回收于收集管中；重复上一步骤；小心打开吸附柱盖子，加入 500μL 溶液 GD，盖上管盖，6000*g* 离心 1min，弃废液，将吸附柱回收于收集管中；小心打开吸附柱盖子，加入 500μL 溶液 RW，盖上管盖，6000*g* 离心 1min，弃废液，将吸附柱回收于收集管中；13 400*g* 离心 3min，使吸附膜完全变干，弃废液；将吸附柱放回 1.5mL 的离心管中，打开吸附柱盖子，室温放置 3min，使吸附膜完全变干；将吸附柱放入一个 RNase-free 超净离心管中，小心打开吸附柱盖子，向膜中央加入 30μL RNase-free ddH_2O，盖上盖子，室温放置 5min 后 6000*g* 离心 2min，取出标记后，将提取的病毒 RNA 保存于−80℃冰箱。

5. cDNA 的合成

在 1.5mL RNase-free 离心管中加入病毒总 RNA（0.1ng～0.5μg）、Random N6 1μL（含基因特异性引物 15～20pmol）、5×NovoScript RT buffer 4μL、10mmol/L dNTP 2μL、RNA 酶抑制剂 1μL、NovoScript 反转录酶 1μL，最后加入 Rnase-free ddH_2O 至 20μL，混匀，短暂离心，42℃孵育 30min，70℃孵育 5min 终止反应，保存于−20℃冰箱。

6. 病毒检测

（1）PEDV 的检测

以合成的 cDNA 为模板，PEDV-Outer-F、PEDV-Outer-R 和 PEDV-Inter-F、

PEDV-Inter-R 为引物，进行 *S1* 基因巢式 PCR 扩增。反应条件：95℃预变性 5min；95℃ 1min，52℃ 1min（内套 55℃ 1min），72℃ 3min，32 个循环；72℃延伸 10min。取 4μL PCR 产物于 1%琼脂糖凝胶电泳中检测，用凝胶成像分析仪观察并记录结果。

（2）PTV 的检测

以合成的 cDNA 为模板，PTV-Outer-F、PTV-Outer-R 和 PTV-Inter-F、PTV-Inter-R 为引物，进行 5′-UTR 基因巢式 PCR 扩增。反应条件：94℃预变性 5min；94℃ 50s，55.5℃ 50s，72℃ 1min，35 个循环；72℃延伸 10min。取 4μL PCR 产物于 1%琼脂糖凝胶电泳中检测，用凝胶成像分析仪观察并记录结果。

（3）TGEV 的检测

以合成的 cDNA 为模板，TGEV-Outer-F、TGEV-Outer-R 和 TGEV-Inter-F、TGEV-Inter-R 为引物，进行 *N* 基因巢式 PCR 扩增。反应条件：94℃预变性 3min；94℃ 30s，52℃ 30s（内套 53℃ 30s），72℃ 30s，35 个循环；72℃延伸 10min。取 4μL PCR 产物于 1%琼脂糖凝胶电泳中检测，用凝胶成像分析仪观察并记录结果。

（4）PEV-8 的检测

以合成的 cDNA 为模板，PEV-8-Outer-F、PEV-8-Outer-R 和 PEV-8-Inter-F、PEV-8-Inter-R 为引物，进行 *3C* 基因巢式 PCR 扩增。反应条件：94℃预变性 5min；94℃ 50s，55.5℃ 50s，72℃ 1min，35 个循环；72℃延伸 10min。取 4μL PCR 产物于 1%琼脂糖凝胶电泳中检测，用凝胶成像分析仪观察并记录结果。

（5）PEV-9/10 的检测

以合成的 cDNA 为模板，PEV-9/10-Outer-F、PEV-9/10-Outer-R 和 PEV-9/10-Inter-F、PEV-9/10-Inter-R 为引物，进行 5′-UTR 基因巢式 PCR 扩增。反应条件：94℃预变性 5min；94℃ 50s，55.5℃ 50s，72℃ 1min，35 个循环；72℃延伸 10min。取 4μL PCR 产物于 1%琼脂糖凝胶电泳中检测，用凝胶成像分析仪观察并记录结果。

（6）MRV 的检测

以合成的 cDNA 为模板，MRV-Outer-F、MRV-Outer-R 和 MRV-Inter-F、MRV-Inter-R 为引物，进行 *L1* 基因巢式 PCR 扩增。反应条件：94℃预变性 5min；95℃ 30s，51℃ 30s，72℃ 30s，35 个循环；72℃延伸 10min。取 4μL PCR 产物于 1%琼脂糖凝胶电泳中检测，用凝胶成像分析仪观察并记录结果。

（7）GARV 的检测

以合成的 cDNA 为模板，GARV-Outer-F、GARV-Outer-R 和 GARV-Inter-F、GARV-Inter-R 为引物，进行 *VP6* 基因巢式 PCR 扩增。反应条件：94℃预变性 5min；94℃ 30s，54.8℃ 1min（内套 56℃ 1min），72℃ 1min，30 个循环；72℃延伸 10min。取 4μL PCR 产物于 1%琼脂糖凝胶电泳中检测，用凝胶成像分析仪观察并记录结果。

（8）PAstV 的检测

以合成的 cDNA 为模板，以 PAstV-Outer-F1、PAstV-Outer-F2 和 PAstV-R 为第一轮外套引物，以 PAstV-Inter-F1、PAstV- Inter-F2 和 PAstV-R 为第二轮内套引物，进行 *ORF-1b* 基因巢式 PCR 扩增。反应条件：94℃预变性 5min；94℃ 30s，50℃ 30s，72℃ 40s，45 个循环；72℃延伸 10min。取 4μL PCR 产物于 1%琼脂糖凝胶电泳中检测，用凝胶成像分析仪观察并记录结果。

（9）PToV 的检测

以合成的 cDNA 为模板，PToV-Outer-F、PToV-Outer-R 和 PToV-Inter-F、PToV-Inter-R 为引物，进行 *N* 基因巢式 PCR 扩增。反应条件：95℃预变性 1min；94℃ 5s，53℃ 10s，72℃ 30s，30 个循环；72℃延伸 10min。取 4μL PCR 产物于 1%琼脂糖凝胶电泳中检测，用凝胶成像分析仪观察并记录结果。

（10）TTSuV-2 的检测

以合成的 cDNA 为模板，TTSuV-2-Outer-F、TTSuV-2-Outer-R 和 TTSuV-2-Inter-F、TTSuV-2-Inter-R 为引物，进行 UTR 基因巢式 PCR 扩增。反应条件：94℃预变性 5min；94℃ 50s，55.5℃ 50s，72℃ 1min，35 个循环；72℃延伸 10min。取 4μL PCR 产物于 1%琼脂糖凝胶电泳中检测，用凝胶成像分析仪观察并记录结果。

（11）PBoV 的检测

1）PBoV G1 的检测

以合成的 cDNA 为模板，PBoV G1-Outer-F、PBoV G1-Outer-R 和 PBoV G1-Inter-F、PBoV G1-Inter-R 为引物，进行 *VP1* 基因巢式 PCR 扩增。反应条件：95℃预变性 3min；94℃ 30s，56℃ 30s，72℃ 30 s，35 个循环；72℃延伸 10min。取 4μL PCR 产物于 1%琼脂糖凝胶电泳中检测，用凝胶成像分析仪观察并记录结果。

2）PBoV G2 的检测

以合成的 cDNA 为模板，PBoV G2-Outer-F、PBoV G2-Outer-R 和 PBoV G2-Inter-F、PBoV G2-Inter-R 为引物，进行 *NP1* 基因巢式 PCR 扩增。反应条件：95℃预变性 3min；94℃ 30s，56℃ 30s，72℃ 30s，35 个循环；72℃延伸 10min。取 4μL PCR 产物于 1%琼脂糖凝胶电泳中检测，用凝胶成像分析仪观察并记录结果。

3）PBoV G3 的检测

以合成的 cDNA 为模板，PBoV G3-Outer-F、PBoV G3-Outer-R 和 PBoV G3-Inter-F、PBoV G3-Inter-R 为引物，进行 *NP1/VP1* 基因巢式 PCR 扩增。反应条件：95℃预变性 3min；94℃ 30s，56℃ 30s，72℃ 30s，35 个循环；72℃延伸 10min。取 4μL PCR 产物于 1%琼脂糖凝胶电泳中检测，用凝胶成像分析仪观察并记录结果。

（12）PKV 的检测

以合成的 cDNA 为模板，PKV-Outer-F、PKV-Outer-R 和 PKV-Inter-F、PKV-Inter-R 为引物，进行 *3D* 基因巢式 PCR 扩增。反应条件：95℃预变性 5min；94℃ 30s，54℃ 30s（内套 58℃ 30s），72℃ 45s，30 个循环；72℃延伸 10min。取 4μL PCR 产物于 1%琼脂糖凝胶电泳中检测，用凝胶成像分析仪观察并记录结果。

（13）PDCoV 的检测

以合成的 cDNA 为模板，PDCoV-Outer-F、PDCoV-Outer-R 和 PDCoV-Inter-F、PDCoV-Inter-R 为引物，进行 *N* 基因巢式 PCR 扩增。反应条件：94℃预变性 4min；94℃ 30s，55℃ 30s，72℃ 45s，20 个循环；72℃延伸 10min。取 4μL PCR 产物于 1%琼脂糖凝胶电泳中检测，用凝胶成像分析仪观察并记录结果。PCR 反应体系如表 2-16 所示。

表 2-16　PCR 反应体系

试剂	用量/μL
2×premix Taq 酶	12.5
上游引物	0.5
下游引物	0.5
ddH_2O	10.5
cDNA 模板	1
总体积	25

7. 统计学分析

为了分析仔猪感染 PEDV 与仔猪感染 PTV、TGEV、PEV-8、PEV-9/10、MRV、GARV、PAstV、PToV、TTSuV-2、PBoV、PKV、PDCoV 等 13 种猪肠道病原的相关程度，本研究利用 IBM SPSS 19.0 统计学软件，进行卡方检验（chi-square test，χ^2 检验）相关性分析。

（二）结果

1. 病毒检测

利用各病毒靶基因的巢式 PCR 引物，以合成的 cDNA 为模板，对 2015～2016 年在中国部分地区采集的 364 份仔猪小肠组织及内容物或粪便样品进行 PCR 扩增。PCR 产物经 1%琼脂糖凝胶电泳鉴定，结果如图 2-23～图 2-37 所示，图中的目的条带与预期大小相符。

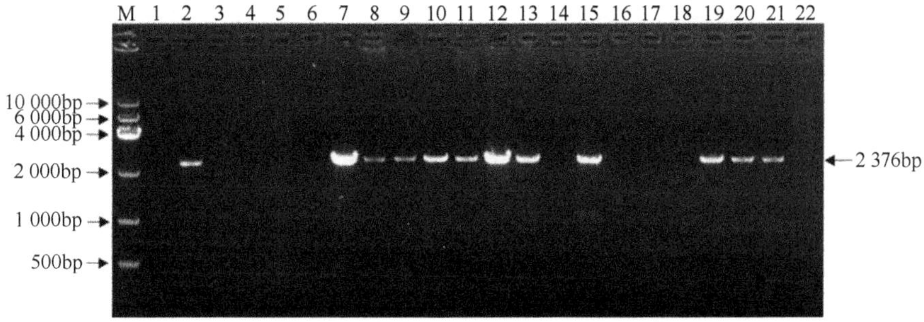

图 2-23　部分 PEDV PCR 检测结果

M. DNA Marker DL10 000；1. 阴性对照；2、7～13、15、19～21. 阳性扩增产物；3～6、14、16～18、22. 阴性扩增产物

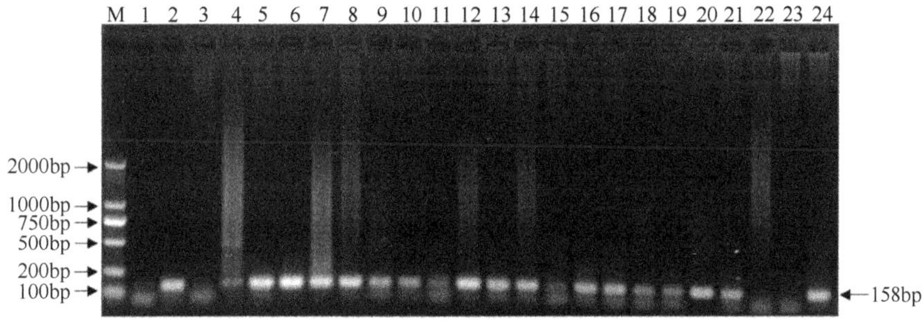

图 2-24　部分 PTV PCR 检测结果

M. DNA Marker DL2000；1. 阴性对照；2、4～21、24. 阳性扩增产物；3、22、23. 阴性扩增产物

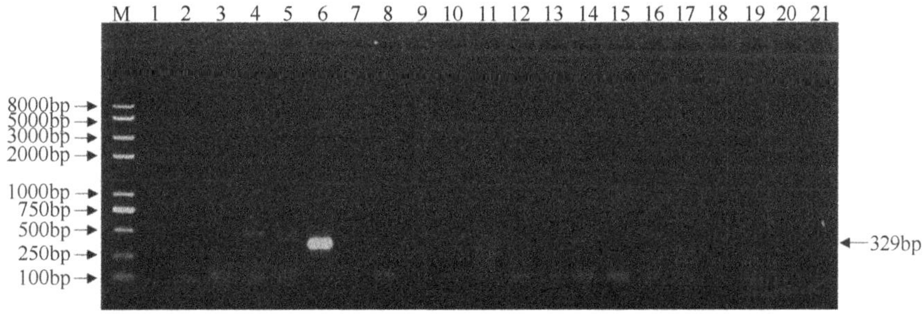

图 2-25　部分 TGEV PCR 检测结果

M. DNA Marker DL8000；1. 阴性对照；6. 阳性扩增产物；2～5、7～21. 阴性扩增产物

2. 猪肠道病原在总样品中的阳性率

检测结果显示，PEDV 总阳性率为 66.8%（243/364），PTV 总阳性率为 45.1%（164/364），TGEV 总阳性率为 5.5%（20/364），PEV-8 总阳性率为 6.6%（24/364），PEV-9/10 总阳性率为 42.9%（156/364），MRV 总阳性率为 3.6%（13/364），GARV 总阳性率为 44.2%（161/364），PAstV 总阳性率为 19.8%（72/364），PToV 总阳性

率为 1.6%(6/364)，TTSuV-2 总阳性率为 30.5%(111/364)，PBoV 总阳性率为 42.3%(154/364)，PKV 总阳性率为 86.8%(316/364)，PDCoV 总阳性率为 5.2%(19/364)(图 2-38)。

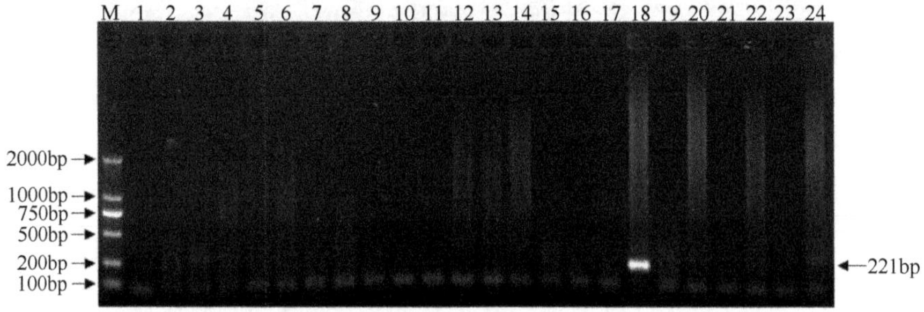

图 2-26 部分 PEV-8 PCR 检测结果

M. DNA Marker DL2000；1. 阴性对照；18. 阳性扩增产物；2～17、19～24. 阴性扩增产物

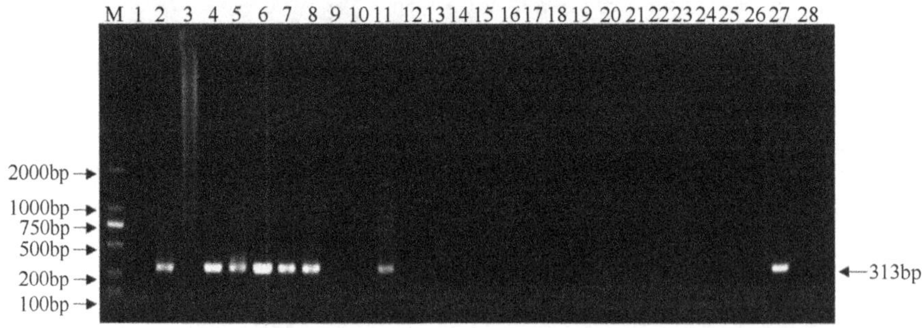

图 2-27 部分 PEV-9/10 PCR 检测结果

M. DNA Marker DL2000；1. 阴性对照；2、4～8、11、27. 阳性扩增产物；3、9、10、12～26、28. 阴性扩增产物

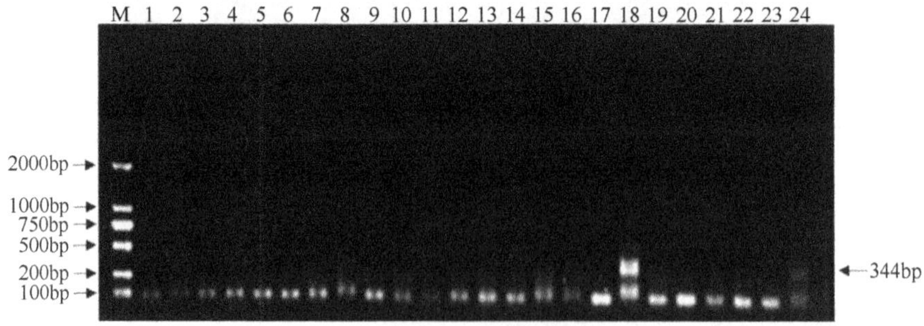

图 2-28 部分 MRV PCR 检测结果

M. DNA Marker DL2000；1. 阴性对照；18. 阳性扩增产物；2～17、19～24. 阴性扩增产物

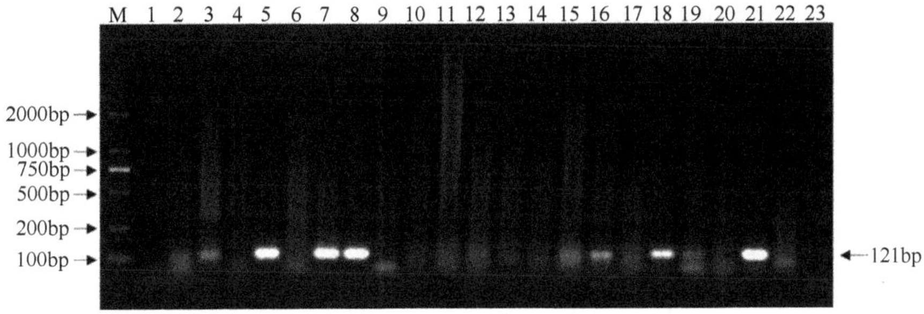

图 2-29 部分 GARV PCR 检测结果

M. DNA Marker DL2000；1. 阴性对照；3、5、7、8、16、18、19、21. 阳性扩增产物；2、4、6、9～15、17、20、22、23. 阴性扩增产物

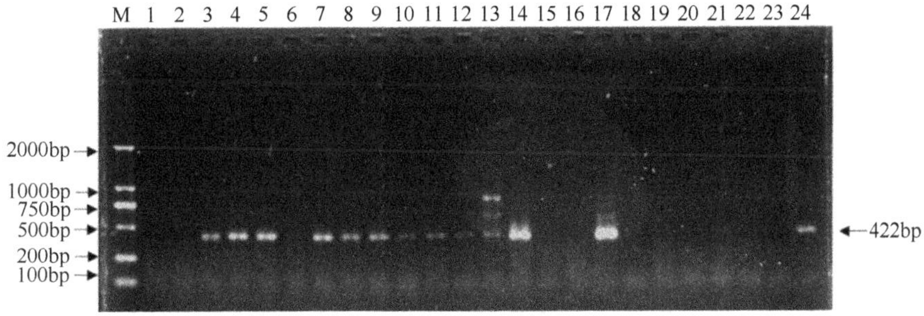

图 2-30 部分 PAstV PCR 检测结果

M. DNA Marker DL2000；1. 阴性对照；3～5、7～14、17、24. 阳性扩增产物；2、6、15、16、18～23. 阴性扩增产物

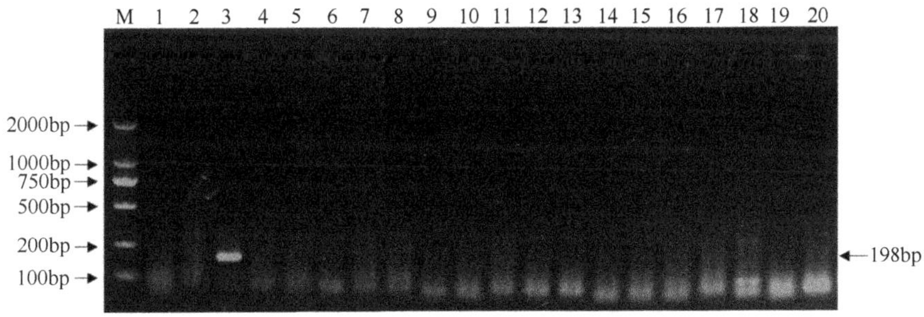

图 2-31 部分 PToV PCR 检测结果

M. DNA Marker DL2000；1. 阴性对照；3. 阳性扩增产物；2、4～20. 阴性扩增产物

3. 其他猪肠道病原在 PEDV 阳性样品中的阳性率

检测结果显示，在PEDV阳性样品中，PKV的检出率最高，为81.9%（199/243），其次为PEV-9/10（55.6%，135/243）、PTV（55.1%，134/243）、GARV（46.5%，113/243）、PBoV（42.8%，104/243）、TTSuV-2（36.2%，88/243）、PAstV（19.8%，48/243）、PDCoV（6.6%，16/243）、PEV-8（4.9%，12/243）、TGEV（4.1%，10/243）、

PToV（1.2%，3/243）及 MRV（1.2%，3/243）（图 2-39A）。

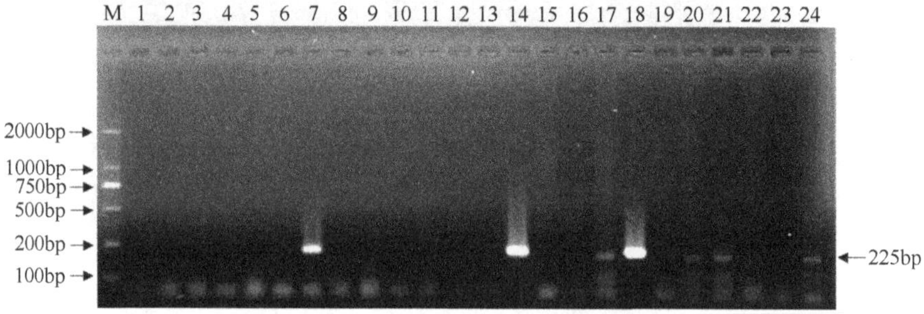

图 2-32　部分 TTSuV-2 PCR 检测结果

M. DNA Marker DL2000；1. 阴性对照；7、14、17、18、20、21、24. 阳性扩增产物；2～6、8～13、15、16、19、22、23. 阴性扩增产物

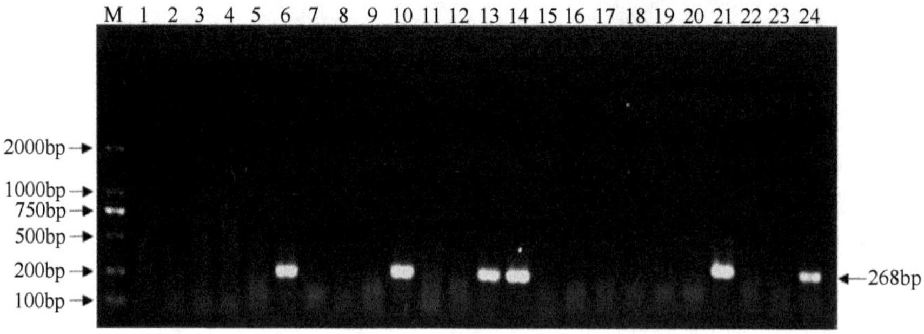

图 2-33　部分 PBoV G1 PCR 检测结果

M. DNA Marker DL2000；1. 阴性对照；6、10、13、14、21、24. 阳性扩增产物；2～5、7～9、11、12、15～20、22、23. 阴性扩增产物

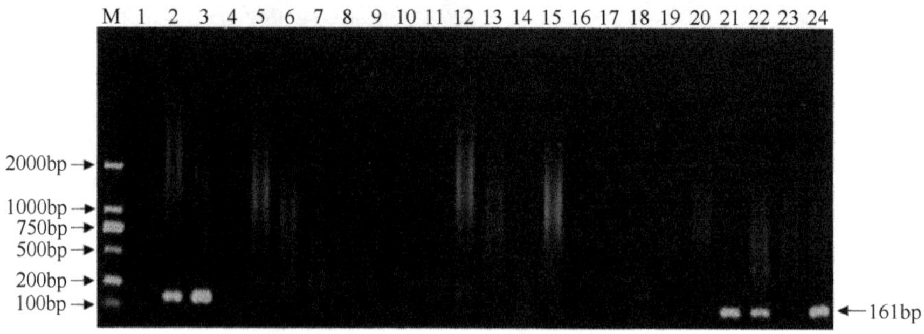

图 2-34　部分 PBoV G2 PCR 检测结果

M. DNA Marker DL2000；1. 阴性对照；2、3、21、22、24. 阳性扩增产物；4～20、23. 阴性扩增产物

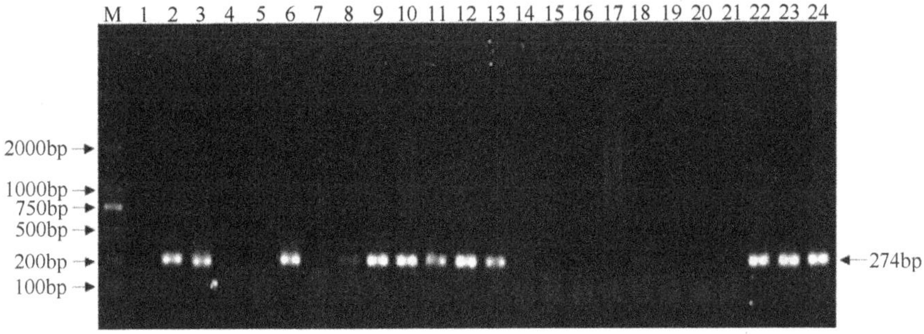

图 2-35　部分 PBoV G3 PCR 检测结果

M. DNA Marker DL2000；1. 阴性对照；2、3、6、8～13、22～24. 阳性扩增产物；4、5、7、14～21. 阴性扩增产物

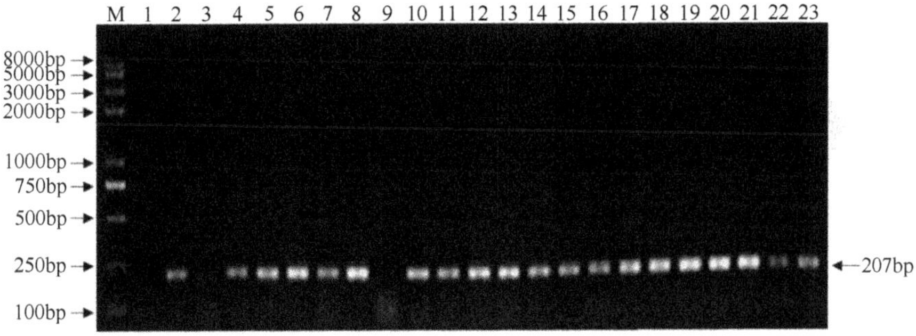

图 2-36　部分 PKV PCR 检测结果

M. DNA Marker DL8000；1. 阴性对照；2～8、10～23. 阳性扩增产物；9. 阴性扩增产物

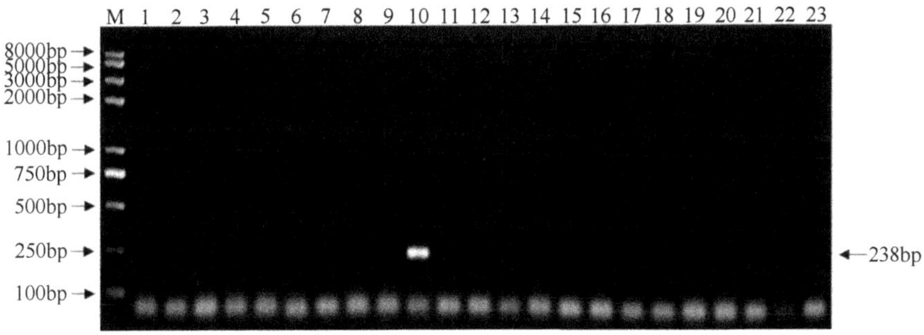

图 2-37　部分 PDCoV PCR 检测结果

M. DNA Marker DL8000；1. 阴性对照；10. 阳性扩增产物；2～9、11～23. 阴性扩增产物

在 PEDV 阴性样本中，PKV 的阳性率最高，为 98.7%（78/79），其次为 PBoV（46.8%，37/79）、GARV（45.6%，36/79）、PTV（45.6%，36/79）、PEV-9/10（34.2%，27/79）、MRV（16.5%，13/79）、TTSuV-2（15.2%，12/79）、PAstV（15.2%，12/79）、PToV（12.7%，10/79）、PEV-8（6.3%，5/79）、PDCoV（3.8%，3/79）及 TGEV（3.8%，3/79）（图 2-39B）。

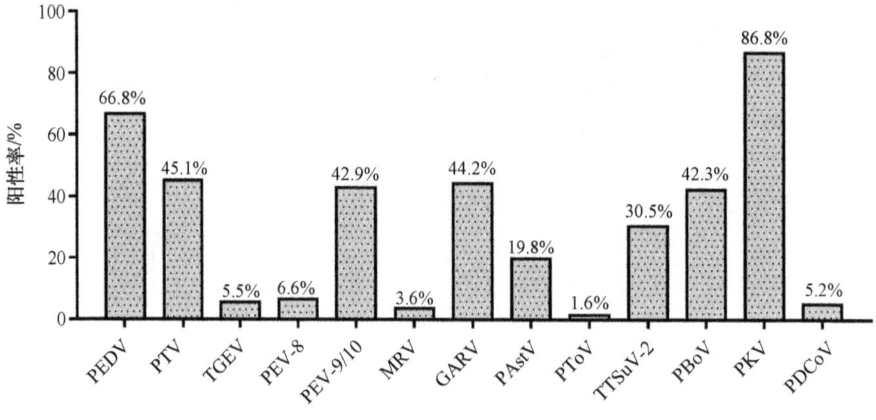

图 2-38 各猪肠道病原在总样品中的阳性率

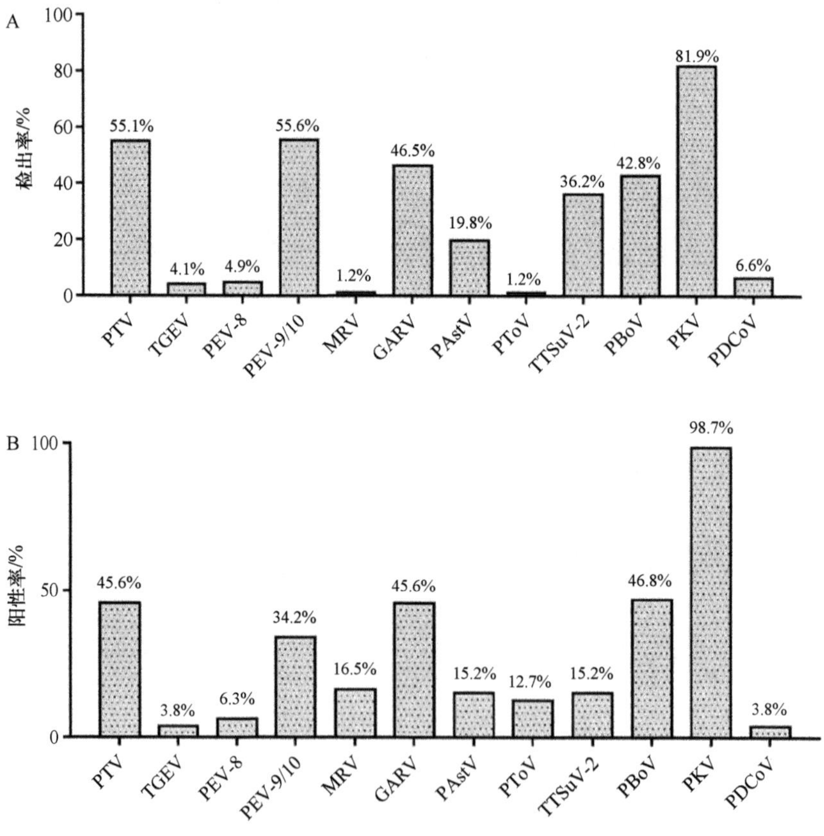

图 2-39 各猪肠道病原在 PEDV 阳性样品中的检出率（A）和阳性率（B）

为了反映中国不同地区 PEDV 与其他病原的混合感染情况，本研究采集了东北、华东、华北、华南、西南、华中和西北等 7 个地区的仔猪小肠组织及内容物或粪便样品。试验结果表明，在华东地区，12 种病毒均存在与 PEDV 混合感染的情况。由于在西北地区仅采集到 1 份样品，因此其相关结果缺乏代表性。此外，PKV、PEV-9/10、TTSuV-2、PTV、PBoV 及 GARV 在中国 6 个地区（除西北地区外）均存在与 PEDV 混合感染的情况，且均具有较高的混合感染率。其中，PKV 在 PEDV 阳性样品中的检出率除在华南地区稍低外（27.8%），在其他地区均达到 79%以上。而 GARV 在西南地区 PEDV 阳性样品中的检出率最高，为 83.3%。此外，MRV 和 PDCoV 在华东、华北及华中地区与 PEDV 均有混合感染情况，而 PToV 仅在华东地区有与 PEDV 混合感染的情况（图 2-40）。

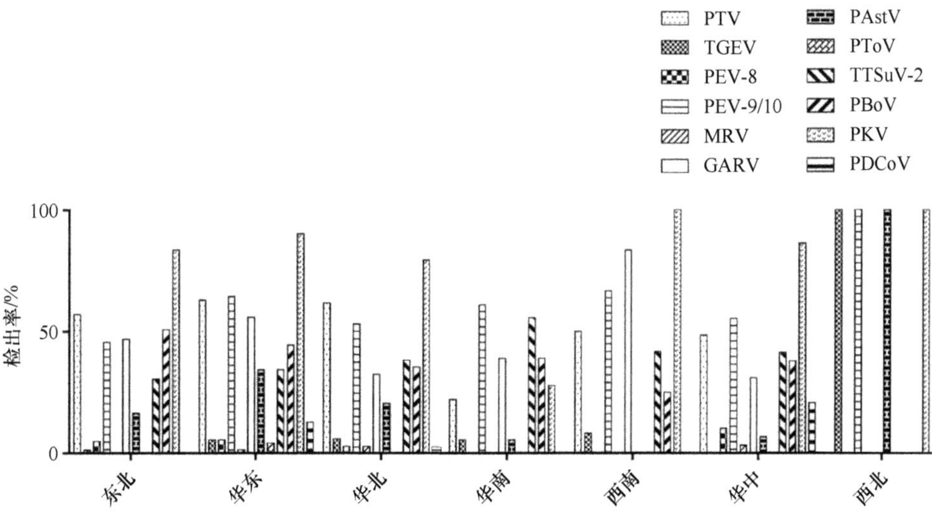

图 2-40　各猪肠道病原在不同地区 PEDV 阳性样品中的检出率

4. PEDV 在其他猪肠道病原阳性样品中的检出率

虽然 PEV-8、MRV、PToV 及 PDCoV 在 PEDV 阳性样品中的检出率较低（1.2%～7.0%），但是 PEDV 在上述病毒的阳性样品中具有较高的检出率，其中 PEV-8 为 50%（12/24）、PToV 为 50%（3/6），而在 PDCoV 的阳性样品中高达 84.2%（16/19）。此外，PEDV 在 PTV、PEV-9/10、TTSuV-2、PKV、GARV、PAstV 及 PBoV 阳性样品中的检出率分别为 81.7%（134/164）、87.7%（136/155）、87.1%（88/101）、63.0%（199/316）、68.7%（112/163）、66.7%（48/72）及 67.5%（104/154）（图 2-41）。

5. 各猪肠道病原在腹泻猪小肠组织样品和健康猪样品中的阳性率

在 322 份腹泻仔猪小肠组织样品中，PEDV 的阳性率为 75.5%（243/322），PEV-8 的阳性率为 7.1%（23/322），PEV-9/10 的阳性率为 46.0%（148/322），PAstV

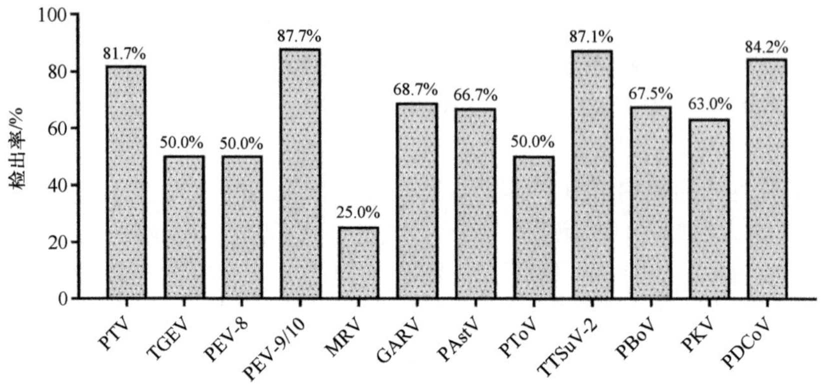

图 2-41　各猪肠道病原的阳性样品中 PEDV 的检出率

的阳性率为 21.4%（69/322），MRV 的阳性率为 3.7%（12/322），PToV 的阳性率为 1.9%（6/322），PDCoV 的阳性率为 6.0%（19/322），TGEV 的阳性率为 6.2%（20/322），TTSuV-2 的阳性率为 34.5%（111/322），PTV 的阳性率为 50.0%（161/322），PKV 的阳性率为 86.3%（278/322），PBoV 的阳性率为 43.8%（141/322），GARV 的阳性率为 46.3%（149/322）（图 2-42）。而在 42 份健康仔猪小肠组织样品中仅检测出 PEV-8、PEV-9/10、PAstV、PTV、PKV、PBoV 及 GARV，其阳性率分别为 2.4%（1/42）、19.0%（8/42）、7.1%（3/42）、7.1%（3/42）、90.5%（38/42）、31.0%（13/42）和 31.0%（13/42）。

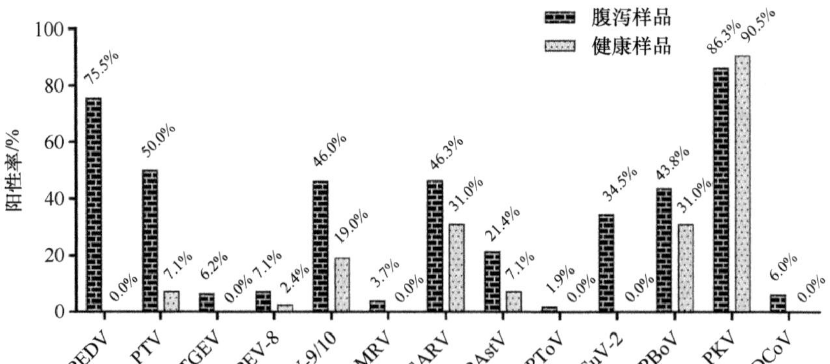

图 2-42　各猪肠道病原在腹泻和健康仔猪小肠组织样品中的阳性率

6. 统计学分析

通过卡方检验相关性分析发现，与其他猪肠道病原相比，仔猪感染 PEDV 与感染 PEV-9/10、PKV、MRV 具有较高的相关性（$P<0.001$，χ^2 分别为 36.697、16.569、14.431），其次为 TTSuV-2（$P<0.01$，χ^2=10.811）、PTV（$P<0.01$，χ^2=10.483）、

PEV-8（P＜0.01，χ^2=7.258）及 TGEV（P＜0.05，χ^2=6.075）（表 2-17）。

表 2-17　统计学分析

肠道病毒	与 PEDV 的相关性	
	χ^2	P
PEV-9/10	36.697	＜0.001
TTSuV-2	10.811	0.001
PTV	10.483	0.001
PEV-8	7.258	0.007
TGEV	6.075	0.014
PAstV	1.651	0.199
PToV	0.969	0.325
PDCoV	0.408	0.523
PBoV	0.395	0.53
GARV	0.116	0.733
MRV	14.431	＜0.001
PKV	16.569	＜0.001

（三）讨论

我国是世界养猪业第一大国，猪传染性疫病的发生是阻碍我国养猪业健康发展的重要因素。仔猪病毒性腹泻是当前我国猪场最突出的问题之一，对新生仔猪的致死率极高，对其他年龄阶段的猪能引起脱水等症状，严重影响猪群的生长和抗病力。引起仔猪病毒性腹泻的老病没有被消灭，新病又不断发生，使得疫病复杂化，尤其是临床上普遍出现多种猪肠道病原混合感染的情况，增加了预防和控制仔猪病毒性腹泻的难度。

PEDV 是以引起腹泻、呕吐、脱水和哺乳仔猪高死亡率为主要特征的一种高度接触性肠道传染病（Pensaert and de Bouck，1978），是当前我国猪场所面临的最为棘手的猪肠道病毒之一，而且临床上常与其他病原共感染。现已证实，病毒感染能促进其他病原共感染并增强病原的致病力。例如，共感染时猪繁殖与呼吸综合征病毒（porcine reproductive and respiratory syndrome virus，PRRSV）可以增强猪圆环病毒 2 型（porcine circovirus 2，PCV2）的复制，流感病毒可以促进继发细菌性肺炎等的发生（Allan et al.，2000；Li et al.，2015a）。而据文献报道，PEDV 可以损伤宿主的免疫系统（如拮抗干扰素的产生），可能是因为 PEDV 感染为其他病原的侵入提供了有利条件（Ding et al.，2014；Luo et al.，2017）。

猪肠道病毒（porcine enterovirus，PEV）无处不在，一般在猪场均能被检测到。猪肠道病毒分为 13 个血清型，根据其血清学和基因序列又分为 PTV（PEV-1～

PEV-7、PEV-11～PEV-13)、PEV-8 及 PEV-9/10（Kaku et al.，2001）。其中，PTV 常分别与猪瘟病毒（classical swine fever virus，CSFV）、PRRSV 及 PCV2 混合感染，说明 PTV 在我国猪场中呈现混合感染趋势（王贵华等，2013）。而本研究发现，PTV 的总阳性率为 45.1%，在 PEDV 阳性样品中 PTV 检出率为 55.1%。与 PTV 相似，PEV-9/10 在 PEDV 阳性样品中的检出率高达 55.6%，且在我国 7 个地区均有较高的共感染率。此外，PEV-8 总阳性率较低，为 6.6%。通过统计学分析发现，仔猪感染 PTV、PEV-9/10、PEV-8 与仔猪感染 PEDV 具有相关性（$P<0.01$）。因此，猪肠道病毒在感染宿主时与 PEDV 之间是否存在协同作用值得深入研究。

TTSuV 在我国江苏、广西及山东等不同地区均有流行情况，其中以 TTSuV-2 为主。目前，TTSuV-2 在全球范围流行，且对一些疾病有着促进或共感染的作用（Kekarainen et al.，2006；夏应菊等，2012）。本研究对 TTSuV-2 进行检测发现，TTSuV-2 在 PEDV 阳性样品中的检出率为 36.2%，而在我国多个地区均发现该病毒与 PEDV 共感染的情况。此外，通过统计学分析得出，TTSuV-2 与 PEDV 感染具有相关性（$P<0.01$），推测两者在感染宿主时可能存在协同致病作用。

PDCoV、TGEV 及 PToV 属于冠状病毒科，且临床上均能引起仔猪腹泻（Zhang et al.，2013）。本研究发现上述 3 种病毒在 PEDV 阳性样品中的检出率均较低，分别为 6.6%、4.1%及 1.2%，但是 PEDV 在 PDCoV、TGEV 及 PToV 阳性样品中的检出率达到了 84.2%、50%及 50%，表明上述 3 种病毒可能对 PEDV 的共感染起促进作用。统计学分析发现，仔猪感染 PEDV 与感染 TGEV 具有相关性（$P<0.05$），因此两者是否具有协同致病作用值得深入研究。

猪轮状病毒是一种可以引起仔猪腹泻的主要猪肠道病毒，可以分为 A 群、B 群、C 群及 H 群，其中以 GARV 最为严重。2013 年，Amimo 等发现，2004 年在美国猪群中 GARV 的阳性率为 5.9%，而 2012 年升高为 13.8%。而本研究发现，在 2015～2016 年的样品中，GARV 的总阳性率为 44.2%。此外，GARV 在 PEDV 阳性样品中的检出率为 46.5%，其中以西南地区最高，为 83.3%，而且在健康猪群中的阳性率同样较高，为 31.0%。据报道，PEDV 感染能上调整合素 αvβ3 的表达，而整合素 αvβ3 是猪轮状病毒的受体（Guerrero et al.，2000；Sun et al.，2015a）。因此，推测 PEDV 感染可能上调轮状病毒受体的表达，从而促进猪轮状病毒的共感染。

PBoV 在我国主要以 PBoV1 型、PBoV2 型及 PBoV3 型为流行株（Zhang et al.，2015a）。本研究发现，PBoV（PBoV1 型～PBoV3 型）的总阳性率为 42.3%。Zhai 等（2010）发现，在 PBoV 阳性样品中，PCV2、PRRSV 及 CSFV 等的检出率明显高于 PBoV 阴性样品中的检出率。此外还发现，PBoV 与 PKV 和 GARV 相似，在健康猪群中的检出率较高，为 31.0%。鉴于此，可能是其他病原（特别是 PEDV）增强了 PBoV 的致病力，从而引起仔猪腹泻。

近年来，PKV 逐渐成为一种世界范围内流行的病毒，在多个国家均能被检测出来，且具有极高的阳性率。据报道，PKV 常与 PEDV、TGEV、PAstV、GARV 和 PCV2 等猪肠道病毒混合感染（Park et al.，2010a；Dufkova et al.，2013；Reuter et al.，2013；Zhou et al.，2016；Jackova et al.，2017）。本研究发现，PKV 在我国部分地区的总阳性率高达 86.8%，与多种病原混合感染，其在 PEDV 阳性样品中的检出率达到了 81.9%，除华南地区外（27.8%），其在其他地区的检出率达到了 79%以上。目前，PKV 与腹泻是否直接相关存在争议。据报道，在匈牙利、西班牙、韩国、中国及巴西等国家部分地区的猪群中，PKV 在腹泻猪群中的阳性率高于健康猪群（Park et al.，2010a；Barry et al.，2011；Wang et al.，2011；Zhou et al.，2016）。但也有研究指出，在斯洛伐克、澳大利亚及美国等国家部分地区的腹泻猪群和健康猪群中，PKV 的阳性率均较高（Verma et al.，2013；Zhou et al.，2016；Jackova et al.，2017）。本研究发现，PKV 在腹泻猪群中的阳性率（86.3%）稍低于健康猪群（90.5%），在健康猪群中阳性率极高，该结果与 An 等（2011）和 Zhou 等（2016）的研究相似。因此，推测 PEDV 或其他病毒感染增强了 PKV 的致病力，从而引起仔猪腹泻。

目前还没有 PAstV 与其他病原混合感染的相关报道。本研究发现，PAstV 在 PEDV 阳性样品中的检出率为 19.8%，低于在 PEDV 阴性样品中的检出率（26.6%），且两者不具有相关性（$P>0.05$）。与 PAstV 相似，MRV 在 PEDV 阳性样品中的检出率为 1.2%，明显低于在 PEDV 阴性样品中的检出率。

本研究对 2015～2016 年采自我国部分地区 364 份仔猪小肠组织及内容物或粪便样品进行 PEDV 与其他猪肠道病原共感染情况调查发现，我国 PEDV 与多种猪肠道病原共感染情况严重。其中，PEDV 与 PKV、PEV-9/10、PTV、GARV 及 PBoV 共感染率较高。统计学分析发现，仔猪感染 PEDV 与感染 PEV-9/10、PTV、TTSuV-2、PEV-8 及 TGEV 具有高度相关性。

第三章　猪流行性腹泻病毒致病机理

第一节　猪流行性腹泻病毒侵入细胞概述

一、猪流行性腹泻病毒S蛋白的结构、功能和抗原性

PEDV 的 S 蛋白是介导病毒侵入靶细胞的关键蛋白，S 蛋白在病毒侵入细胞过程中调控病毒与细胞膜受体的结合和细胞膜融合，然后病毒核衣壳释放，进入细胞质。PEDV 的 S 蛋白是一个由约 1383 个氨基酸组成的长链糖蛋白，分子质量为 180～200kDa。S 蛋白的三聚体在病毒表面形成了 20nm 长的棒状突起物，这就是电子显微镜下冠状病毒呈皇冠状的原因（Pensaert and de Bouck，1978）。和其他冠状病毒 S 蛋白一样，PEDV 的 S 蛋白属于细胞膜 I 型糖蛋白，在其 N 端含有一个信号肽，细胞外有一个大的结构域、一个单次跨膜的结构域和一个短的胞质尾区。冠状病毒的 S 蛋白外功能区可以分成两个具有不同功能的结构域：N 端介导病毒粒子和细胞表面受体结合的 S1 区域及 C 端锚定在细胞膜上介导膜融合的 S2 区域。S1 区域（1～726aa，CV777，GenBank 登录号为 AF353511）和 S2 区域（727～1383aa）之间的分界点是通过 α-冠状病毒 S 蛋白（如 I 型猫冠状病毒和 I 型犬冠状病毒）的序列同源性推断出来的，其 S1 和 S2 区域的连接点处由于存在弗林蛋白酶切位点，因此形成了明显的界限（de Haan et al.，2008）。近期有研究通过冷冻电子显微镜观察 β-冠状病毒的 S 蛋白三聚体结构，发现 S1 蛋白的结构中包含 4 个不连续的结构域（Walls et al.，2016），其中两个可能与宿主细胞的受体发生相互作用，因此，其可作为 β-冠状病毒的受体结合域。在 α-冠状病毒 S1 区域拥有两个独立折叠、可以与宿主细胞膜表面分子发生相互作用的结构域：一个是具有唾液酸结合活性的 N 端（TGEV S 蛋白，1～244aa）结构域，另一个是与细胞膜表面受体相互作用的 C 端结构域（Reguera et al.，2012）。与 S1 相比，S2 区域的氨基酸序列更加保守，具有 I 型病毒融合蛋白的典型结构特征，包括一个疏水性的融合肽（fusion peptide，FP）、七肽重复区（HR1 和 HR2）和一个 C 端跨膜区。对于 I 型融合蛋白来说，膜融合始于 FP 的暴露和插入靶细胞膜，然后，HR1 和 HR2 对折成反向平行的稳定六螺旋束结构，在这个过程中，FP 和跨膜结构域的距离越来越近，最终使得病毒和细胞膜发生融合（Eckert and Kim，2001）。冠状病毒 S 蛋白的一个关键特征就是其可引发宿主细胞的蛋白酶水解

S1/S2 连接区域和 S2 区域内靠近 FP 的位点，发起融合（Belouzard et al.，2012；Yamada and Liu，2009）。PEDV 的 S 蛋白在病毒粒子上不被切割，然而，在病毒侵入细胞的膜融合阶段，S 蛋白需要被蛋白酶水解（Wicht et al.，2014a；Shirato et al.，2011b）。

由于冠状病毒 S 蛋白在侵入细胞过程中具有关键作用，因此，它也成为体液免疫的主要靶点。近期有研究发现，妊娠母猪免疫 PEDV S1 蛋白后，其可以通过初乳和常乳给哺乳仔猪提供对抗 PEDV 的被动免疫（Oh et al.，2014）。S 蛋白的外功能区包含至少两个中和 B 细胞的抗原表位（Zhang and Yoo，2016）。其中一个中和抗原表位的结构域与 TGEV S 蛋白的胶原酶抑制片段（CO-26K）具有同源性，因此，PEDV 的这个中和抗原表位被命名为“CO-26K equivalent”（COE）结构域（499～638aa）。TGEV S 蛋白的 CO-26K 结构域包含受体结合区，因此，其成为大部分中和抗体的靶点（Godet et al.，1994）。与 TGEV 类似，给小鼠免疫 PEDV S 蛋白 COE 区后，也能产生病毒性中和抗体（Chang et al.，2002）。PEDV S 蛋白的 S1D 区包含另一个中和抗原表位，涵盖了 S1 和 S2 区域的连接点。在此区域，还发现了两个非中和性 B 细胞抗原表位（SS2——748-YSNIGVCK-755 和 SS6：764-LQDGQVKI-771），位于预测的 S1 和 S2 区域连接点下游（Sun et al.，2008a）。

二、猪流行性腹泻病毒的细胞受体

冠状病毒的受体相互作用在细胞及组织亲和性、致病性和种间传播方面发挥重要作用。冠状病毒可以通过 S 蛋白广泛结合细胞表面的蛋白质和糖类分子，有报道称，PEDV 使用氨肽酶 N（APN）作为功能受体（Li et al.，2007），多种 α-冠状病毒均以 APN 作为受体，包括Ⅱ型犬冠状病毒、Ⅱ型猫冠状病毒、TGEV、猪呼吸道冠状病毒（PRCoV）和人冠状病毒 229E（HCoV-229E）（Delmas et al.，1992；Yeager et al.，1992）。然而，APN 并不是此类病毒的通用受体，人冠状病毒 NL63（HCoV-NL63）利用血管紧张素转换酶 2 侵入宿主细胞（Hofmann et al.，2005）。APN 是一个 150kDa 大小的Ⅱ型跨膜糖蛋白，在成熟肠上皮细胞的顶膜含量丰富（Mina-Osorio，2008），由于该酶具有多种生物学功能，包括肽代谢、细胞运动与附着等，因此，它被称为“兼职酶”（Mina-Osorio，2008）。有多个证据支持 APN 为 PEDV 功能受体的观点，包括：①在猪睾丸细胞和肠上皮细胞中采用病毒重叠蛋白结合实验，发现了一个 150kDa 大小的 PEDV 结合蛋白，该蛋白与 PEDV 的结合可以被抗猪 APN 抗体阻断；②在另外一些非允许细胞系（如马犬肾细胞和睾丸细胞）中过表达 APN 后，这些细胞可以被 PEDV 感染（Nam and Lee，2010）；③经圆点印迹法（dot-blot assay）和流式细胞术（flow cytometry，FCM）分析，发现 PEDV S1 蛋白与可溶性 APN 和细胞表面 APN 均有相互作用（Liu et al.，2015a；Deng et al.，2016）；④在 PEDV 感染前，先对细胞进行猪 APN 抗体或 APN 结合肽预处理，可以降低 PEDV 感染效率（Li et al.，2007；Meng et al.，2014）；⑤表达猪 APN 的转基因小鼠可以被 PEDV 感染（Park et al.，2015）。PEDV 中与 APN 结合的部位位于 PEDV C 端 S1 结构域（477～629aa），相当于 TGEV S1 的受体结合区（505～655aa）。有趣的是，虽然 TGEV 和 PEDV 与相同的细胞受体（APN）结合，但是，TGEV 的受体结合域中两个与 APN 结合相关的至关重要的芳香族氨基酸残基在 PEDV 受体结合域中并不保守，说明这两种病毒的受体结合方式不同。Vero 细胞一直用于 PEDV 的分离与增殖，然而，通过质谱法分析蛋白质组学（Guo et al.，2014；Zeng et al.，2015）和基因组学后发现，Vero 细胞中并不表达 APN，这个结果表明，PEDV 侵入 Vero 细胞时可能有其他受体参与。

PEDV 与细胞受体的结合过程非常复杂（Liu et al.，2015a），不像 TGEV，PEDV 可以和人源 APN 结合并发生相互作用。除此之外，PEDV 在体外还可以感染除猪源外的多种细胞系，包括蝙蝠和灵长类动物（人类和非人类）。有趣的是，PEDV 的基因组序列和结构与相同种属病毒相比，更接近蝙蝠 α-冠状病毒，表明 PEDV 在猪和蝙蝠间可能通过中间宿主实现传播（Woo et al.，2012）。PEDV 的多物种感染特性表明，该病毒与 MERS-CoV 类似，以宿主细胞表面进化保守的组分作为受体，因此可以增加种间传播的潜能，加速动物传染病的传播（Gallagher and Perlman，2013）。PEDV 除可以与 APN 相互作用外，也可以与唾液酸结合（Deng et al.，2016；Liu et al.，2015a）。多种冠状病毒，从 α-，β-到 γ-冠状病毒都可以与唾液酸结合，这是病毒体外感染细胞所需的一个环节，该特点会因具体情况而发生变化。这个凝集素活性位点位于 S 蛋白的 N 端。值得注意的是，β-冠状病毒中的 A1 亚群，HCoV-OC43、牛冠状病毒（BCoV）和猪血凝性脑脊髓炎病毒均把乙酰化的唾液酸作为主要受体，其他冠状病毒还可以与唾液酸糖结合物结合。以 APN 为受体的 TGEV 的 S1 蛋白可以通过其 N 端结构域（21～244aa）与唾液酸和 *N*-羟乙酰神经氨酸（Neu5Ac 和 Neu5Gc）结合（Reguera et al.，2012）。唾液酸结合活性对于 TGEV 体外感染宿主细胞并不是必需的（Schwegmann-Wessels et al.，2011）。PEDV 对兔红细胞具有血凝（hemagglutination，HA）活性，这种活性需要对病毒进行胰酶或唾液酸苷酶的提前处理（Park et al.，2010b）。PEDV 中缺乏其他 β-冠状病毒（MHV、HCoV-OC43 和 BCoV）中与血凝活性有关的血凝素糖蛋白，因为在一些缺乏血凝素糖蛋白的具有血凝活性的 β-冠状病毒中，血凝活性位点均位于 S 蛋白，所以 PEDV 中的血凝活性位点也可能位于 S 蛋白。Chang 等（2002）研究表明，PEDV S1 蛋白可以与牛、猪的黏蛋白结合，他们又通过聚糖阵列分析寻找最受 PEDV S1 蛋白青睐的糖，发现唾液酸（Neu5Ac）与 PEDV S1 蛋白的亲和性最强（Liu et al.，2015a）。最近有研究发现，PEDV 的唾液酸结合位点位于 S 蛋白的 N 端（1～320aa），与其他可以结合唾液酸的冠状病毒类似（Deng et al.，2016）。然而，S 蛋白与唾液酸的结合是否帮助了 PEDV 侵入细胞，这一问题的答案仍然是未知的。

三、猪流行性腹泻病毒 S 蛋白 N 端结构域的结构与功能

（一）α-冠状病毒 S 蛋白的 N 端结构域

多种缺失 S 蛋白 N 端结构域的 α-冠状病毒失去了肠亲和性。①这种现象最明显的例子就是 TGEV 具有双组织（呼吸道和肠道）亲和性，然而，天然缺失 S 蛋白 N 端结构域的 TGEV 突变体（PRCoV）只表现出呼吸道亲和性，失去了肠道亲和性，该病毒主要在呼吸道复制（Cox et al.，1990；Sanchez et al.，1992）；②猫冠状病毒主要有两种致病型，分为临床上中度致病或无临床症状的 FECV 和全身复制、高度致病的 FIPV。FIPV 被认为是 FECV 的突变体，似乎失去了肠上皮细胞的亲和性（Desmarets et al.，2013）。对多个 FECV 和 FIPV 毒株进行测序分析后发现，一些不具有肠道亲和性的 FIPV 毒株（如 UU16 和 UU21），在其 N 端结构域有大片段缺失；③临床分离的毒株 HCoV-229E 编码一个相对短的 S 蛋白，只含有 1173 个氨基酸残基，就是由于其 N 端结构域有明显缺失（Farsani et al.，2012）。最近从 Hipposiderid 蝙蝠体内分离出与 HCoV-229E 相关的蝙蝠冠状病毒毒株，其中一些毒株编码异常大的 S 糖蛋白，含有 1571～1582 个氨基酸残基（Corman et al.，2015）。有趣的是，经过 PSI-BLAST 分析发现，在这些与 HCoV-229E 有关的蝙蝠冠状病毒 S 蛋白的前 425 个氨基酸位点中含有两个连续的 N 端结构域，我们将其命名为 N1 和 N2，经过氨基酸序列比对发现，二者分别与 HCoV-NL63 S 蛋白 N 端结构域中 32%和 35%的氨基酸序列是相同的。其他与 HCoV-229E 相关的蝙蝠冠状病毒携带短的 S 蛋白（约 132 个氨基酸残基），含有一个 N 端结构域。HCoV-229E 和与其相关的拥有一个 N 端结构域的蝙蝠 α-冠状病毒具有呼吸道亲和性，一般不具备肠道亲和性（Esper et al.，2010）。然而，大部分蝙蝠冠状病毒均具有肠道亲和性（Drexler et al.，2014）。综上所述，α-冠状病毒 S 蛋白的 N 端结构域对于病毒在肠道内的复制可能发挥重要作用。

对于 TGEV 来说，失去肠道亲和性主要与其失去唾液酸结合活性有关，与唾液酸结合的区域位于该结构域。一个 TGEV 的突变体，其 S 蛋白 N 端结构域缺失 4 个氨基酸，结果导致其失去红细胞凝集活性，肠道致病性减弱（Krempl et al.，1997）。这些 α-冠状病毒 S 蛋白 N 端结构域的唾液酸结合活性是如何影响其肠道亲和性的，仍有待解决。目前，有些学者提出了相关假设：①胃表面的唾液酸糖结合物可能能够保护胃免受病毒侵害；②病毒与黏蛋白结合可能会减少由肠蠕动引起的病毒脱落；③病毒与黏蛋白的结合可能有利于其穿过黏液屏障进入肠道靶细胞中（Krempl and Herrler，2001）。

（二）PEDV-caDR13 S 蛋白 N 端结构域的功能

由于在多种不同 α-冠状病毒的自然突变体里发现 S 蛋白 N 端结构域存在缺失，因此，Li 等（2013a）采用反向遗传系统将 PEDV DR13/1999 体外细胞适应毒株（PEDV-caDR13）进行重组，得到了与自然突变体类似的 N 端结构域缺失毒株。他们设计的 PEDV 重组体中含有一段 215 个氨基酸残基缺失（19～233aa）的 S 蛋白 N 端结构域，该缺失与 FIPV 毒株 UU21（GenBank 登录号为 HQ012369）类似。他们采用定点重组的方法，将缺失的 S 蛋白插入之前构建的 pPEDV-ΔORF3/GFP 载体中，重组病毒分别被命名为 PEDV-S^{WT}-GFP 和 PEDV-$S^{\Delta N}$-GFP，拯救和纯化该病毒后，通过 Sanger 测序和 Western blotting 对其身份进行了确认。他们在 Vero 细胞中对这两种病毒的增殖速度进行了比较，有趣的是，PEDV-$S^{\Delta N}$-GFP 病毒的增殖速度与 PEDV-S^{WT}-GFP 相近，表明 S 蛋白 N 端结构域的缺失并不影响 PEDV-caDR13 毒株的体外增殖速度。

（三）不同猪流行性腹泻病毒毒株 S 蛋白的唾液酸结合能力

Li 等（2016a）通过血细胞凝集试验（HA）检测了不同 PEDV 毒株的唾液酸结合活性，令人惊讶的是，不同 PEDV 毒株的人血红细胞凝集能力大不相同。除 caDR13 毒株外，他们还用了从中国（GDU）和荷兰（UU，S-INDEL 型）分离的两株 PEDV 毒株。PEDV-GDU 可以使人血红细胞凝集，该凝集反应依赖唾液酸，因为如果对红细胞进行细菌唾液酸苷酶预处理，PEDV-GDU 和流感病毒 A（influenza virus A，IVA）将失去红细胞凝集能力。因此它们被作为阳性对照。与 PEDV-GDU 不同的是，PEDV-caDR13 和 PEDV-UU 毒株均未表现出红细胞凝集活性。他们又通过以重组 S1 蛋白为基础的红细胞凝集试验，再次确认了毒株依赖性的 HA 活性。他们将不同 PEDV 毒株 S1 蛋白的 C 端与人 IgG Fc 段连接（S1-Fc），在 HEK-293T 细胞中表达，然后通过蛋白 A 琼脂糖珠亲和纯化重组蛋白（Raj et al., 2013）。由于 Fc 部分存在二硫键，因此重组 PEDV-GDU S1-Fc 体外表达为多聚体形式，可能因亲和性太低导致其不具有凝集人血红细胞的能力。为了提高唾液酸的亲和性和红细胞凝集的灵敏度，他们在 S1-Fc 中的 Fc 段连接了 200nm 大小的蛋白 A 纳米颗粒。结果显示，连接了蛋白 A 纳米颗粒的 GDU-S1-Fc 具备了红细胞凝集能力，这表明，连接纳米颗粒的 S1-Fc 和唾液酸的多化合价连接增加了其与红细胞的亲和性。纳米颗粒上的多聚化可能为此提供一种通用的提高配体受体亲和性的方法，然而，在多聚化的 caDR13-或 UU-S1-Fc 蛋白中，仍然没有表现出 HA 活性。有 HA 活性的 GDU 毒株和没有 HA 活性的 UU 毒株 S1 亚基大部分差异氨基酸（69 个氨基酸中有 51 个不同）都位于 S1 的前 248 个氨基酸位点内。为了确定 S1 蛋白中与唾液酸结合的结构域，他们构建了一个 S1 嵌合体（与 Fc 连接)，在这个嵌合体中，GDU 毒株 S1 蛋白的 N 端（1～249aa）被 UU 毒株 S1 蛋白的 N 端（1～246aa）取代，命名为 $S1^{UU-GDU}$-Fc；另一个 S1 嵌合体中 UU S1 蛋白的 N 端被 GDU 取代，命名为 $S1^{GDU-UU}$-Fc。只有 $S1^{UU-GDU}$-Fc 蛋白具有凝集红细胞的能力，表明唾液酸结合活性位点位于 S1 蛋白 N 端 249 个氨基酸残基内。

（四）猪流行性腹泻病毒 S 蛋白的唾液酸结合活性促进病毒侵入细胞

Li 等（2016b）为确定细胞表面唾液酸在 PEDV 感染过程中的作用，Vero 细胞在接种各 PEDV 毒株前，使用唾液酸苷酶进行预处理。以唾液酸依赖的 IVA 作为阳性对照。唾液酸苷酶预处理后，极大地降低了 PEDV-GDU 毒株的感染效率（降低 84%～87%），与 IVA 降低幅度类似。唾液酸苷酶的预处理对于 PEDV-UU 毒株的感染效率没有影响，上述结果与以上两种毒株的 HA 活性试验相吻合，从而表明，PEDV 进入 Vero 细胞时，其 S 蛋白与细胞表面含有唾液酸的糖蛋白或糖脂受体的结合表现为毒株依赖性。

（五）猪流行性腹泻病毒 S 蛋白 N 端结构域的功能

Li 等（2016b）和其他研究结果显示，一些 PEDV S 蛋白的 N 端结构域对于病毒的体外复制不是必需的。重组 PEDV-caDR13 突变体 S 蛋白 N 端含有大片段缺失（215 个氨基酸残基，19～233aa），且在 Vero 细胞中的复制效率与野生型类似。PEDV S 蛋白 N 端的小片段缺失突变体早有报道，为 PC177（197 个氨基酸残基，34～230aa）和 Tottori2 毒株（194 个氨基酸残基，23～216aa）。Li 等（2013a）获得的重组病毒是基于 caDR13 经过合理设计通过反向遗传系统获得的，然而形成 PC177 缺失突变体的最大可能是其适应 Vero 细胞的结果（Oka et al.，2014）。有趣的是，在表现为中度临床症状的 PEDV 阳性猪样品中，通过 RNA 测序发现了 Tottori2 的 S 蛋白缺失毒株，表明该毒株的缺失部分对于病毒在体内的复制并非必需，而且有可能会降低病毒的致病性（Masuda et al.，2015）。然而，并不是所有 PEDV 毒株 S 蛋白的部分缺失对于病毒的复制都是非必需的，病毒的复制主要与是否以唾液酸为受体侵入细胞有关。

Li 等（2016b）的研究结果显示，S 蛋白的唾液酸结合活性有助于 PEDV 侵入宿主细胞。唾液酸苷酶敏感性试验表明，唾液酸为病毒侵入细胞的辅助受体。不同的 PEDV 突变体，表现出不同的唾液酸结合潜能。与 GDU 毒株不同的是，caDR13、UU 毒株和它们的 S1 蛋白均没有 HA 活性。而且，即使移除 Vero 细胞表面的唾液酸，也不影响 caDR13 和 UU 毒株对细胞的感染。高度传代的 caDR13 毒株，在其 S 蛋白上积累了很多突变位点，其中一些可能改变了其细胞受体结合能力。最近的两株临床毒株 GDU 和 UU 分别在细胞中传至第 24 代和第 27 代，它们 S 蛋白的 N 端序列除为了适应细胞培养的人为突变外，其余序列与原始毒株相同。UU 毒株无 HA 活性和感染细胞不依赖细胞表面唾液酸的特性表明，不是所有的 PEDV 毒株都以细胞表面的唾液酸为功能受体。不同 PEDV 毒株 S1 蛋白的唾液酸结合活性是不同的，该理论被 Deng 等（2016）再次证实，他们使用牛黏液素检测了近期从中国分离的 PEDV 变体，结果显示，该毒株与黏液素的亲和性比来自比利时的原型毒株 CV777 更强。Li 等（2016b）在 DR13/1999 病毒的基础上，通过交换 GDU 和 UU 毒株 S1 蛋白的 N 端结构域，发现唾液酸结合活性区位于 S 蛋白的前 246 个氨基酸残基中。携带嵌合 S 蛋白的重组病毒对于唾液酸的依赖性恰恰相反，这可能能够阐明唾液酸结合活性促进体内和体外病毒增殖的机理。

GDU S 蛋白序列与原始高致病性美国毒株高度吻合（99%的氨基酸序列一致），然而，低致病性的 S-INDEL 型 UU 毒株的 S 蛋白序列与美国毒株有 94%的氨基酸序列一致（Vlasova et al.，2014；Lin et al.，2015a）。原始高致病性美国毒株和 S-INDEL 型毒株 S 蛋白的大部分氨基酸序列差异都发生在其 N 端区域（Hanke et al.，2015）。在 S-INDEL 毒株中，所有氨基酸的插入缺失都发生在该区域。

冠状病毒的 S 蛋白具有强免疫原性，也是中和抗体结合的主要靶点。由于不同 PEDV 亚型的 S 蛋白不同，因此，由抗 S 蛋白产生的中和抗体滴度也不同（Wang et al.，2015）。N 端结构域的抗原性变化与 S 蛋白 N 端结构域在体内的功能相一致，这有可能在病毒进化过程中有利于其逃避机体的适应性免疫反应。类似 PEDV 毒株间对唾液酸依赖性的差异，在其他病毒家族中也有发生，如肠道病毒 68、人诺洛病毒和 T3 呼吸道肠道病毒（Baggen et al.，2016），然而病毒表现出的这种多态性的意义还不清楚。可以明确的是，S 蛋白唾液酸结合活性的差异对病毒感染和致病性的影响还需在体内和体外进一步研究。

四、猪流行性腹泻病毒 S 蛋白需要蛋白酶激活

（一）猪流行性腹泻病毒在体外增殖需要胰蛋白酶

最早 Hofmann 和 Wyler（1988）的研究结果显示，PEDV 在体外细胞中增殖需要在培养液中严格添加胰蛋白酶。然而，像传代毒株 DR13/1999 一样，适应体外培养细胞的 PEDV，可能是形成了不依赖胰蛋白酶增殖能力的结果。在相同基因背景下，通过分析依赖胰蛋白酶和不依赖胰蛋白酶的 PEDV S 蛋白发现，是否依赖胰蛋白酶由 S 蛋白决定（Wicht et al.，2014b；Shirato et al.，2010）。而且，在接毒后，细胞与细胞的融合、合胞体的形成均需要胰蛋白酶（Hofmann and Wyler，1988；Wicht et al.，2014b）。以上这些结果表明，胰蛋白酶可能在由 S 蛋白激活而介导的膜融合中发挥重要功能。除了侵入细胞，子代病毒的释放也需要蛋白酶（Shirato et al.，2010）。

（二）S 蛋白融合功能的激活需要剪切

冠状病毒与宿主细胞膜的融合需要 S 蛋白构象的改变，这种构象改变是不可逆的，因此，该变化在时间和空间上都被严格调控，主要目的是防止融合蛋白过早被激活。S 蛋白构象的改变可以被受体结合或酸性 pH 所激活，这与其他 I 型病毒融合蛋白类似，冠状病毒 S 蛋白融合潜能的激活需要蛋白酶参与。许多冠状病毒的 S 蛋白（尤其是 β-，γ-冠状病毒属）在宿主细胞内形成时，其 S1/S2 连接点处被宿主细胞中的弗林蛋白酶所剪切（Belouzard et al.，2012）。然而，PEDV 和其他许多 α-冠状病毒表面的 S 蛋白为非剪切形式。在一些 β-，γ-冠状病毒（MERS-CoV、SARS-CoV、MHV 和 IBV）的 S 蛋白中，发现了另一个更加常见的剪切位点（S2′），该位点位于 S 蛋白的 S2 亚基中，位于融合肽上游（Burkard et al.，2014）。这个剪切过程可能发生在宿主细胞表面或者发生在病毒侵入细胞过程的内含体中。PEDV 在感染细胞时对胰蛋白酶的需求，使它成为研究蛋白酶激活 S 蛋白的最佳模型。Li 等（2016b）和其他人的研究成果都显示，这种胰蛋白酶激活 S 蛋白的过程发生在受体结合阶段（Millet and Whittaker，2015）。如果在受体结合前使用胰蛋白酶处理病毒或细胞，不会增加感染率（Wicht et al.，2014b）。这个结果表明，PEDV S 蛋白中的胰蛋白酶酶切位点在病毒上时并未暴露，这与其他 I 型病毒融合蛋白可以在折叠后的任何阶段被蛋白酶水解不同。这种在病毒-细胞相互作用后，才暴露出 S 蛋白酶切位点的特点，可能是为了防止在蛋白酶丰富的小肠中过早激活 S 蛋白融合的机制。在 PEDV S 蛋白 N 端预测的融合肽位点，通过单氨基酸定点突变（$V^{888}R$）引入一个弗林蛋白酶酶切位点，得到的突变毒株表现为非胰蛋白酶依赖性的膜融合（Li et al.，2015b）。以上结果进一步支持了融合肽上游的剪切对于激活冠状病毒 S 蛋白的膜融合功能是通用而且必要的这一假设（Millet and Whittaker，2015）。

（三）S 蛋白的剪切决定了病毒的组织亲和性

PEDV 的复制看起来严格限制在小肠上皮细胞中。可能有多种因素决定了病毒的亲和性，尤其是功能受体和融合激活酶是否存在。S 蛋白剪切位点的变化对病毒的组织亲和性和致病性有深远影响。禽流感病毒具有高致病性，主要是因为其 HA 蛋白上含有多个剪切位点，HA 蛋白可以将原来由组织特有的胰蛋白酶样蛋白酶合成血凝素蛋白转变为由广泛表达的弗林样蛋白酶来合成（Millet and Whittaker，2015；Yamada and Liu，2009）。PEDV 在体外侵入宿主细胞和从宿主细胞中释放时需要在培养液中添加胰蛋白酶，其在体内也很可能需要某种肠道内特有的蛋白酶。胃蛋白酶、胰蛋白酶或者小肠上皮细胞表达的某种蛋白酶，可能在 PEDV 感染动物宿主的关键步骤发挥作用（Zamolodchikova，2012）。因此，该病毒的亲和性限制在肠道中。

第二节　猪流行性腹泻病毒介导天然免疫反应概述

一、猪流行性腹泻病毒介导的天然免疫信号

猪流行性腹泻病毒感染可以引起猪小肠上皮细胞急性坏死，导致肠绒毛萎缩（Jung et al.，2014）。严重的肠绒毛萎缩引起的严重脱水与 PEDV 导致的仔猪高死亡率有关。严重的脱水可能与哺乳仔猪感染 PEDV 后，肠道紧密连接和附着连接结构的严重损伤有关（Jung et al.，2015a）。哺乳仔猪肠上皮细胞的恢复速度比断奶仔猪慢，这主要受隐窝干细胞更新的影响，该现象的发生可能是年龄依赖性 PED 疾病抵抗的结果（Jung et al.，2015b）。PEDV 的抗原主要出现在小肠和大肠的肠绒毛上皮细胞中，PEDV 也能在体内感染巨噬细胞侵入的固有层（Lee et al.，2000）。实验室感染 TGEV 显示，肺可以维持病毒复制并引发干扰素（IFN）的合成（La Bonnardière and Laude，1983）。TGEV 能在体外培养的猪肺泡巨噬细胞（porcine alveolar macrophage，PAM）中复制，引发 I 型 IFN 的合成（Laude et al.，1984）。相似地，PEDV 也能感染体内的 PAM 并在其中复制（Park and Shin，2014），结果表明，除肠细胞外，PEDV 也可在其他细胞中复制。另外，PEDV 能在体内和体外通过非胱天蛋白酶（caspase）依赖性的线粒体凋亡诱导因子（apoptosis induced factor，AIF）通路引起细胞凋亡（Kim and Lee，2014）。另一项研究认为，在 PEDV 感染的猪体内，PEDV 可能不通过细胞凋亡通路引起小肠上皮细胞死亡（Jung and Saif，2015）。

与 APN 结合后，PEDV 通过膜融合内化进入靶细胞，将基因组 RNA 释放至细胞质进行复制。内涵体或细胞质中的模式识别受体（pattern recognition receptor，PRR）通过感应病毒核酸引起天然免疫信号。与其他冠状病毒类似，PEDV 可以在有双层膜结构的囊泡中复制，以免病毒 RNA 被 PRR 感应，减弱天然免疫反应（Angelini et al.，2013；Snijder et al.，2006）。最近一项研究表明，体外培养的肠上皮细胞（intestinal epithelial cell，IEC）中感染 PEDV 后，Toll 样受体 2（Toll-like receptor 2，TLR2）、TLR3 和 TLR9 可能与 NF-κB 的激活有关，但不会激活 RIG-Ⅰ（Cao et al.，2015）。质膜上的 TLR2 能与病毒囊膜上的糖蛋白反应，促进 IFN 和炎性细胞因子的形成，而 TLR3 和 TLR9 大多定位于内涵体，能够分别感应双链 RNA 和 CpG DNA（Boehme and Compton，2004）。这表明，PEDV 可能通过其表面的糖蛋白和内涵体中的病毒核酸引发天然免疫反应。PEDV 在感染早期激活胞外信号调节激酶（extracellular signal-regulated kinase，ERK）通路与病毒 RNA 复制无关（Kim and Lee，2015）。敲低或抑制 ERK 能抑制病毒转录、蛋白质合成和

病毒形成，表明ERK信号通路的激活对于PEDV的复制是必需的，并且利于PEDV的复制（Kim and Lee，2015）。PEDV感染细胞的蛋白质组学研究表明，差异表达蛋白包括凋亡、信号转导和应激反应相关蛋白（Zeng et al.，2015），ERK1在PEDV感染细胞后显著下调。PEDV对ERK通路的调节需要进一步研究。一项研究表明，PEDV可以调控6个不同的信号通路，包括RIG-Ⅰ样受体（RIG-Ⅰ-like receptor，RLR）、Ras相关蛋白1（Ras-related protein 1，Rap1）、磷脂酰肌醇3-激酶/蛋白激酶B（phosphoinositide 3-kinase/protein kinase B，PI3K/Akt）、促分裂原活化的蛋白激酶（mitogenactivated protein kinase，MAPK）、Jak-STAT（Janus kinase-signal transducer and activators of transcription）和TLR信号通路（Sun et al.，2015a）。这些研究表明，PEDV可以调节宿主的天然免疫。很少有关于PDCoV是如何调节宿主免疫的报道。PDCoV的N蛋白在核仁中形成非共价连接寡聚体。N蛋白可以改变细胞分裂、代谢、应激反应、蛋白质生物合成和转运、细胞骨架与细胞通信有关的细胞蛋白质的表达（Lee and Lee，2015）。值得注意的是，PDCoV N蛋白能上调Hsp70家族中的两个成员。两种猪源细胞系（LLC-PK1和ST），可用于分离和增殖PDCoV（Jung et al.，2016），PDCoV可引起体外培养肠上皮细胞的凋亡，但是，不引起体内肠上皮细胞的凋亡（Jung et al.，2016）。结果表明，PDCoV的感染需要一个更好的细胞培养系统来模拟体内环境，因此IEC、肠组织和类器官可能有用（Finkbeiner et al.，2012；Jung et al.，2016）。

与感染PEDV的哺乳仔猪相比，断奶仔猪血液和回肠中自然杀伤细胞（natural killer cell，NK细胞）活性显著高于哺乳仔猪。有趣的是，PEDV感染1d后，哺乳仔猪血清中IFN-α的含量好像显著提高了，其在PEDV感染5d后又回到基础水平（Annamalai et al.，2015）。然而，在断奶仔猪中，PEDV感染3d后，仅引起血清中IFN-α含量的轻微升高，5d后回到基础水平。血清中IFN-α含量的峰值与哺乳仔猪、断奶仔猪粪便和血清中病毒RNA含量的峰值同时出现。PEDV的感染差异性调节哺乳仔猪和断奶仔猪中的炎性细胞因子，在两种仔猪中PEDV诱导的肿瘤坏死因子-α（tumor necrosis factor-α，TNF-α）和IFN-α水平相当（Annamalai et al.，2015）。Zhang等（2016a）研究表明，PEDV有能力调节IFN-α的表达，尤其是在断奶仔猪体内。由于PEDV与TGEV一样，感染都发生在小肠，因此，未来可以检测小肠分泌的IFN-α，研究PEDV在小肠浆细胞样树突状细胞中如何调节Ⅰ型IFN的形成。分布于上皮细胞下的小肠树突状细胞有高效的抗原呈现性。不像TGEV，PEDV感染单核细胞源树突状细胞能产生大量的IL-12和TNF-γ，不改变IL-10的表达（Gao et al.，2015）。在体内，PEDV与单核细胞源树突状细胞的相互作用能影响对T细胞反应的激活。在体外，PEDV也可能会增强猪小肠树突状细胞激活T细胞增殖的能力（Gao et al.，2015）。小肠浆细胞样树突状细胞是如何应对PEDV感染并调节天然免疫信号的，这一问题的答案仍然未知。

二、猪流行性腹泻病毒抵抗/逃逸干扰素反应

IFN-α/β 在抵御病毒感染过程中发挥着重要作用，但是，肠道冠状病毒进化出了复杂的抵抗宿主天然免疫的机制，用于病毒的适应与复制。虽然 TGEV 可以启动机体产生 IFN-α/β，但是，TGEV 的附件蛋白 7 能通过与 PP1 相互作用来调节 IFN-α/β 的表达，延长病毒增殖时间，增加病毒存活量（Cruz et al.，2011）。越来越多的证据表明，PEDV 也具有逃逸宿主 IFN 反应的能力。即使在 poly（I∶C）刺激病毒感染的细胞之后，PEDV 也不能启动 IFN-β 的表达（Xing et al.，2013；Zhang et al.，2016a）。看起来是 PEDV 的感染抑制了 IRF3 的核移位，因此，阻断了由 IRF3 介导的 IFN 的启动。在 PEDV 敏感，并且能产生 IFN 的 MARC-145 细胞中，Zhang 等（2016a）研究了 PEDV 的天然免疫调节作用。在该研究中，感染 PEDV 的细胞培养上清液不能抑制 VSV-GFP 的生长，证明 PEDV 能抑制 IFN-α/β。进一步研究表明，PEDV 能通过降解细胞核中的 CBP 来抑制增强子的聚集，从而抑制 IFN 的转录（Zhang et al.，2016a）。IEC 是 PEDV 在猪体内的主要靶细胞，在这些细胞中，PEDV 可以阻断由 RIG-Ⅰ介导通路中 MAVS 的激活和 IRF3 的核移位，因此不能诱导 IFN-β 的表达（Cao et al.，2015）。IPEC-J2 细胞是源自一头 12h 龄仔猪的空肠上皮细胞（Zhao et al.，2014a），该细胞并未表现出 PEDV 敏感性，因此，该细胞很少用于研究 PEDV 的天然免疫逃逸。

Zhang 等（2016a）克隆并表达了 PEDV 编码的所有蛋白，通过荧光素酶报告基因系统筛选 IFN 拮抗剂。在 23 个病毒蛋白中，10 个可以抑制 IFN 的启动，包括结构蛋白和非结构蛋白：nsp1、nsp3、nsp7、nsp14、nsp15、nsp16、E、M、N 和 ORF3。这些蛋白可以拮抗 IFN-β 和 IRF3 的激活。在这些蛋白中，nsp1 为最有效的 IFN 拮抗剂。进一步研究表明，nsp1 不干涉 IRF3 的磷酸化和核移位，而是阻断 IRF3 与 CBP 的相互作用，因此可以抑制 IFN 增强子的聚集。PEDV nsp1 在细胞核中以蛋白酶体依赖的方式启动 CBP 降解，这可能是 nsp1 介导抑制 IFN 的核心机制（Zhang et al.，2016a）。PEDV 能显著减少细胞质中泛素化蛋白的水平。PEDV nsp3 中的木瓜蛋白酶样蛋白酶 2（PLPro2）具有去泛素化酶活性，可以降解细胞质中 K48-和 K63-连接的聚泛素链（Xing et al.，2013）。α-CoV 和 β-CoV nsp3 中的 PLPro2 能够降解细胞质中的 L-48 和 L-63 连接的聚泛素链（Chen et al.，2014b；Clementz et al.，2010）。SARS-CoV PLPro2 可以通过降低 STING-TRAF3-TBK1 复合物中 RIG-Ⅰ、STING、TRAF3、TBK1 和 IRF3 的泛素化水平来抑制Ⅰ型干扰素信号通路（Chen et al.，2014b）。同样，PEDV PLPro2 与去泛素化的 RIG-I 和 STING 相互作用可以拮抗 IFN 反应。SARS-CoV 的 PLPro2 通过特异性地将 MDM2 去泛素化和降解 p53 来抑制 IFN 信号（Yuan et al.，2015）。相似地，PEDV 可以

上调MDM2的表达，降解p53，以及显著抑制IRF7的表达。上述表明，PEDV PLPro2也可能调节p53通路实现天然免疫逃逸和抑制p53依赖性的细胞凋亡通路（Yuan et al.，2015）。总之，PEDV可以通过调节细胞质和细胞核中的泛素化水平来调节天然免疫反应。

PEDV感染IEC会激活NF-κB信号通路（Cao et al.，2015）。PEDV感染24h后，刺激外源p65入核；PEDV感染12～48h后，促进内源p65入核。在另一项研究中，PEDV感染24h后，使用poly（I：C）刺激细胞，通常会诱导激活NF-κB和AP-1（Xing et al.，2013）。这些研究的时期都是在PEDV感染细胞的相对后期，PEDV可能在感染的早期抑制NF-κB的激活，来创造最佳生存环境，然后在后期激活NF-κB，引起炎性反应。对于PRRSV来说，在其感染30min后即激活NF-κB（Fu et al.，2012）。因此，PEDV是如何在感染早期抑制NF-κB的？这是一个有趣的问题，还需要进一步研究。对于SARS-CoV来说，其N蛋白可以激活NF-κB（Liao et al.，2005），然而，M蛋白可能通过与IKKβ的直接相互作用来抑制NF-κB（Fang et al.，2007）。对于PEDV来说，其E蛋白和N蛋白可引起内质网应激，上调IL-8和Bcl-2的表达，导致NF-κB信号通路的激活（Xu et al.，2013a，2013b）。有报道称，PEDV的M蛋白能通过cyclin A信号通路引起细胞周期S期阻滞（Xu et al.，2015）。在其他研究中，N蛋白能阻滞IFN-β的形成和干扰素刺激基因（IFN stimulated gene，ISG）的表达，抑制IRF3和NF-κB的激活（Ding et al.，2014）。N蛋白为RNA结合蛋白，穿梭于细胞质和细胞核之间（Shi et al.，2014）。而且，N蛋白可以与TBK1相互作用，阻断其与IRF3的联系，进而抑制IRF3的磷酸化和核移位，抑制由IRF3介导的IFN表达（Ding et al.，2014）。PEDV的nsp5是一个3C样蛋白酶，表现出IFN拮抗剂作用。nsp5具有半胱氨酸蛋白酶活性，能剪切NEMO，扰乱RIG-Ⅰ/MDA5信号通路，NEMO是重要的NF-κB调节因子（Wang et al.，2015）。

对于SARS-CoV来说，nsp14是一个核酸外切酶，nsp15是一个核酸内切酶。二者都是通过特异性降解双链RNA，然后被RNA-病原体相关分子模式（RNA-pathogen associated molecular pattern，RNA-PAMP）转移，进而抑制IFN反应（Kindler and Thiel，2014）。SARS-CoV的nsp16是一个2′-*O*-甲基转移酶，其功能为修饰病毒RNA 5′端帽子结构，避免被宿主免疫系统识别（Totura and Baric，2012）。据推测，PEDV的nsp14、nsp15、nsp16与SARS-CoV的nsp14、nsp15、nsp16功能类似，都可用于宿主天然免疫逃逸，但是需要进一步研究证明。M蛋白在病毒包装和诱导PEDV中和抗体过程中发挥重要功能，近期一项研究表明，M蛋白也是一个IFN拮抗剂（Zhang et al.，2016a）。由于TGEV的M蛋白可以诱导IFN-α的大量表达，那么，为什么PEDV的M蛋白抑制了IFN反应？为什么PEDV的M蛋白与TGEV的M蛋白功能差异如此之大？这是一个非常有趣的问题。ORF3 是 PEDV 的底附件蛋白，它在致病机理方面的功能仍然未知。一些适应细胞的 PEDV 毒株表现为 *ORF3* 基因的中间缺失（Park et al.，2008）。这些数据表明，ORF3 与细胞适应和致病性有关。ORF3 也表现出离子通道蛋白功能，因此，抑制 ORF3 的表达能够抑制病毒产量（Wang et al.，2012）。另外，ORF3 能延长分裂细胞的 S 期，抑制细胞周期进程（Ye et al.，2015）。与之前研究相矛盾的结果显示，ORF3 突变能够导致 PEDV 全长感染克隆病毒拯救失败，这个结果表明，ORF3 在体外可以负调控 PEDV 的复制（Jengarn et al.，2015）。然而，通过靶向 RNA 重组敲除 ORF3 全长后，ORF3 对于 PEDV 的复制并非必需（Li et al.，2013a）。ORF3 可以抑制Ⅰ型 IFN 的形成（Zhang et al.，2016a），在 ORF3 表达的细胞中促进囊泡的形成（Ye et al.，2015），这个结果暗示，ORF3 在天然免疫逃逸中可能发挥着重要作用。这些病毒拮抗剂可能在病毒感染过程中协同高效地靶向不同的信号通路，来调节宿主天然免疫。

三、冠状病毒 NSP1 为多功能干扰素拮抗剂

冠状病毒 nsp1 是多聚蛋白 pp1a 和 pp1a/b 被具有 PLPro1 活性的 nsp3 剪切的产物（Ziebuhr，2005）。*nsp1* 是 4 种不同属病毒中差异最大的基因，只有 α-CoV 和 β-CoV 含有编码 nsp1 的基因，而 γ-CoV 和 δ-CoV 缺失编码 nsp1 的基因（Woo et al.，2010，2012；Ziebuhr，2005；Ziebuhr et al.，2007）。α-CoV 的 nsp1 比 β-CoV 小很多，序列同源性也较低。PEDV *nsp1* 基因编码一个 110 个氨基酸的蛋白质，分子质量约为 12kDa。nsp1 蛋白序列中不存在任何已知的细胞功能结构域（Connor and Roper，2007），因此，它是一个属特异性的遗传标志（Snijder et al.，2003）。然而，α-CoV 和 β-CoV nsp1 的功能相似。冠状病毒 nsp1，尤其是 β-CoV nsp1，可以调控宿主细胞和病毒基因的表达（Narayanan et al.，2014）。α-CoV 和 β-CoV 的 nsp1 是高效的 IFN 拮抗剂。在所有的冠状病毒中，SARS-CoV 的 nsp1 是研究最为深入的。SARS-CoV 的 nsp1 能抑制由组合启动子和 IFN-β 启动子控制的报告基因的表达（Kamitani et al.，2006）。与 SARS-CoV 的 nsp1 一样，鼠肝炎病毒（MHV）nsp1 和 HCoV-229E nsp1 通过抑制 IFN-β、IFN 刺激反应元件（interferon-stimulated response element，ISRE）和 SV40 启动子影响细胞基因的表达（Zust et al.，2007）。MHV nsp1 在小鼠中通过未知机制抑制 IFN-α/β 的表达，促进病毒复制。MHV 和 SARS-CoV 的 nsp1 分布于病毒感染的细胞质中（Brockway et al.，2004；Kamitani et al.，2006），SARS-CoV nsp1 可以在不改变 IRF3 二聚化的情况下抑制 IFN mRNA 的积累（Kamitani et al.，2006）。SARS-CoV nsp1 能阻断 NF-κB、IRF3 和 IRF7 的激活，SARS-CoV nsp1 也能通过干扰 STAT1 磷酸化来抑制 IFN 依赖的信号（Wathelet et al.，2007）。Bat-CoV nsp1 能抑制Ⅰ型 IFN 和 ISG 的形成（Tohya et al.，

2009）。HCoV-229E 和 HCoV-NL63 的 nsp1 也能抑制 IFN-β、ISRE、ISG15 的激活与 SV40、HSV-TK、CMV 启动子的活性（Wang et al.，2010；Zust et al.，2007）。PEDV nsp1 能够在细胞核中降解 CBP，以拮抗Ⅰ型 IFN 的形成（Zhang et al.，2016a）。p300 蛋白是调控 CBP 转录的激活因子，其具有组蛋白乙酰转移酶活性，在协调、整合多信号依赖的基因转录中发挥重要功能。PEDV nsp1 不改变 p300 的表达，进一步研究确认了其特异性降解 CBP 的功能。Zhang 等（2016a）研究表明，TGEV 和牛冠状病毒（BCoV）的 nsp1 蛋白也能显著抑制 IFN-β 启动子的活性。TGEV nsp1 能在非 40S 核糖体亚基依赖性的情况下，抑制宿主细胞蛋白质的合成（Huang et al.，2011）；BCoV 的感染通过 TLR7/8 依赖的信号通路，抑制Ⅰ型 IFN 和促炎细胞因子的形成，激活宿主的天然防御系统（Aich et al.，2007）。TGEV 和 BCoV nsp1 抑制 INF 的具体机制仍需进一步研究。

第三节　猪流行性腹泻病毒与宿主相互作用的研究

一、猪流行性腹泻病毒介导 Vero E6 细胞差异表达蛋白筛选及解析

（一）Vero E6 细胞感染猪流行性腹泻病毒样品制备

1. 试验材料

（1）病毒与细胞

PEDV CV777 毒株、抗 PEDV N 蛋白单克隆抗体和 Vero E6 细胞由中国农业科学院哈尔滨兽医研究所猪消化道传染病创新团队国家重点实验室保存。

（2）生化试剂

DMEM 和胎牛血清均购自 Gibco 公司，预染蛋白 Marker 购自 Fermentas 公司，辣根过氧化物酶标记的羊抗鼠二抗购自北京中杉金桥生物技术有限公司。

（3）仪器设备

台式恒温振荡器（IS-RDD3 型，美国 Crystal 公司），台式室温离心机（德国 Eppendorf 公司），低温台式高速离心机（美国 Beckman 公司），电热恒温水浴槽（DK-8D 型，上海精宏实验设备有限公司），Ⅱ级生物安全柜（美国 Thermo Electron Corporation），制冰机（SANYO SIM-F 124），旋涡混合器（QL-901，海门市麒麟医用仪器厂），脱色摇床（TS-I 型，海门市麒麟医用仪器厂），电泳仪和半干转印仪（美国 Bio-Rad 公司），倒置荧光显微镜（德国 Olympus 公司），去离子水生成仪（美国 Millipore 公司），CO_2 培养箱（日本 SANYO 公司）。

2. 试验方法

（1）Vero E6 细胞的复苏

将冻存的 Vero E6 细胞从液氮罐中取出，迅速置于 37℃水浴中缓慢解冻，待其融化后，将冻存管中的液体移到含有 5mL DMEM 培养液的无菌离心管中，室温条件下 10 000r/min 离心 10min，弃掉上清液，再向离心管中加入含 10%胎牛血清的 DMEM 细胞培养液，轻轻吹吸均匀。将离心管中液体移至 25cm^2 细胞培养瓶中，每 5h 换一次细胞培养液，37℃，5% CO_2 条件培养，于倒置显微镜下观察细胞生长情况。

（2）Vero E6 细胞的培养

待 Vero E6 细胞生长至单层细胞后，进行传代培养，传代培养方法如下：弃掉培养液，用无菌的磷酸盐缓冲液（PBS pH 7.4）洗 3 次，加入 3mL 0.05%胰酶，轻轻平摇细胞瓶使胰酶覆盖住单层细胞表面，进行消化。边消化边在显微镜下观察，直到细胞状态呈现分散变圆，在即将脱落时，倒掉胰酶，注意不要将细胞倒掉，向细胞瓶中加入含 5%胎牛血清的 DMEM 细胞培养液 20mL，用吸管轻轻吹下细胞，将脱落的细胞混匀吸出，导入 75cm^2 的培养瓶中继续培养，待长满后重复上述传代方法，继续传代备用。

（3）Vero E6 细胞样品的制备

Vero E6 细胞 PEDV 感染样品的处理：根据 Hofmann 和 Wyler（1988）报道的方法，在单层 Vero E6 细胞生长至细胞瓶的 70%～80%时，用病毒接种液（含 100U/mL 青霉素、100μg/mL 链霉素和 10μg/mL 胰蛋白酶的 DMEM）将 PEDV 稀释成 10^3TCID$_{50}$ 后感染细胞，在 37℃，5% CO_2 的培养箱中培养 48h，然后观察细胞病变（CPE），此时，病毒感染的细胞的基本结构没有明显的变化，也不出现细胞衰落的现象。我们对病毒感染 48h 的细胞进行蛋白质组学分析。

在细胞培养 48h 后，用预冷的 PBS（pH 7.4）清洗 3 次，倒净。在每个细胞样品中加入 SDT［4% SDS，1mmol/L 二硫苏糖醇（dithiothreitol，DTT）裂解液，150mmol/L Tris-HCl pH 8.0］使其覆盖住细胞，在 37℃条件下孵育 5min，然后用细胞铲收集细胞，对细胞离心去上清液后，加入 500μL SDT 裂解液，涡旋混匀，沸水煮 5min。超声破碎（80W，超声 10s，间歇 15s，共 10 次）沸水浴 5min，离心取上清液，利用二喹啉甲酸（bicinchoninic acid，BCA）蛋白质定量方法对样品进行定量，然后取 20μg 细胞样品进行 SDS-PAGE 检测分析。在试验中，按照上述方法制备 3 个 PEDV 感染的细胞样品，分别命名为 V1、V2、V3，以及 3 个 PEDV 未感染细胞样品对照组，分别命名为 C1、C2、C3。所有处理样品均储存于−80℃冰箱备用。

Vero E6 细胞中 PEDV 复制的鉴定：为了确定 PEDV 在 Vero E6 细胞中复制，

本试验利用 PEDV N 蛋白单克隆抗体，通过 Western blotting 试验对制备的细胞样品进行了检测。具体试验程序如下：取 15μL 的细胞样品（V1～V3、C1～C3），与 2×蛋白上样 buffer 混匀后，煮沸 10min，然后通过 12%的 SDS-PAGE 凝胶进行分离，电泳时间为 1.5h。细胞样品分离后，利用半干转印仪将蛋白质转印至 NC 膜中，15V 电压下转印 40min。转印完成后，将膜取出放置于含有 5%（*w*/*V*）脱脂乳的 PBS 中，37℃温箱中孵育 1h。用预先配制的 PBST 洗 3 次，每次间隔 3min。再将 NC 膜置于含有抗 PEDV N 蛋白抗体的 PBS 中（1∶2000 稀释），37℃孵育 1h。再用 PBST 洗膜 3 次，每次间隔 3min。取出 NC 膜放置于含有辣根过氧化物酶标记的羊抗鼠二抗中，避光 37℃孵育 1h。取出 NC 膜清洗 3 次。在化学发光检测试剂中孵育 3min 后利用仪器捕捉试验结果。

3. 结果与分析

（1）Vero E6 细胞 PEDV 感染样品的制备

当 PEDV 感染 Vero E6 细胞 48h 时，与对照细胞相比，PEDV 感染的细胞呈现出清晰的细胞病变（CPE）现象，细胞出现收缩，细胞融合，但没有出现细胞脱落现象，细胞结构保持完整。对照细胞生长状态良好（图 3-1）。

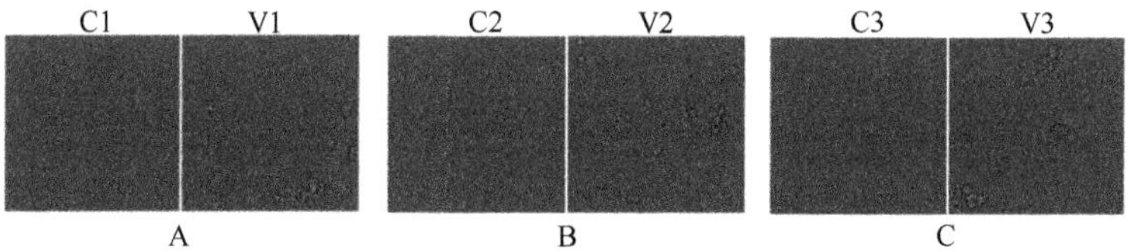

图 3-1 感染 PEDV 的 Vero E6 细胞的制备（彩图请扫封底二维码）

Vero E6 细胞 PEDV 感染组为 V1～V3（3 个生物学重复）；对照组为 C1～C3（3 个生物学重复）

（2）PEDV 在 Vero E6 细胞中的繁殖鉴定

为了进一步证实 PEDV 在 Vero E6 细胞中繁殖，利用 PEDV N 蛋白单克隆抗体进行 Western blotting 验证。结果显示，V 组（V1、V2、V3）细胞样品检测结果均为阳性，出现特异性条带；而 C 组（C1、C2、C3）细胞样品检测结果均为阴性，未出现条带（图 3-2）。

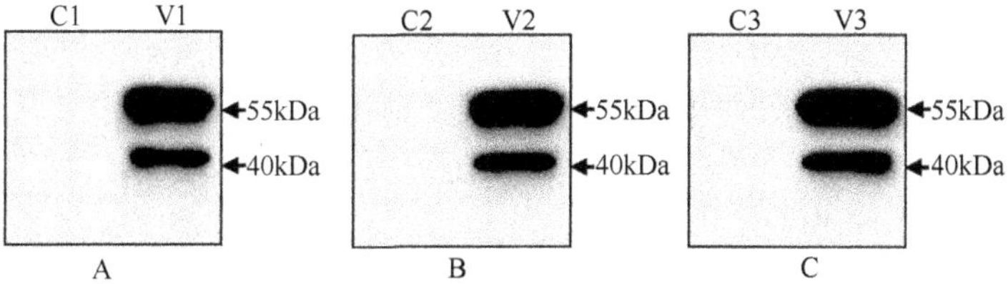

图 3-2 PEDV 在 Vero E6 细胞上繁殖的 Western blotting 鉴定

Vero E6 细胞 PEDV 感染组为 V1～V3（3 个生物学重复）；对照组为 C1～C3（3 个生物学重复）

4. 讨论

蛋白质组学现在已经成为研究和探索病毒感染机制的有效工具。蛋白质组学技术种类繁多，每种技术各有优势。但是，无论使用何种蛋白质组学技术，试验样品的制备都是最重要的方面之一。本研究采用 Vero E6 细胞膜作为试验样品，细胞膜是细胞结构的基础，为细胞内外因子识别靶标的场所，对于细胞信号传导，离子及溶液的交换，甚至细胞间的相互作用都具有重要的意义。然而，细胞膜是由磷脂双分子层和膜蛋白共同构建的，且不同的膜蛋白与磷脂的比例也不尽相同，整合膜蛋白有很大的疏水基团，因此，生物的多样性和膜蛋白的复杂性使得膜蛋白在进行蛋白质组学研究时难度很大。在我们的试验中使用 SDT（4% SDS，1mmol/L DTT，150mmol/L Tris-HCl pH 8.0），经煮沸、超声破碎等方法处理后，得到了较好的蛋白质样品。本试验中使用的离子型去污剂 SDS，浓度为 4%。有研究表明，此种去污剂能更好地提高疏水性蛋白质和膜蛋白的溶解效果。而 DTT 具有不与 4-乙烯基吡啶或丙烯酰胺作用，且等电聚焦的过程中极大地增加角蛋白溶解度的优点。除此之外，在蛋白质组学研究中，蛋白酶的存在会导致多种蛋白质发生酶解。因此本试验在进行小量蛋白质样品提取时，将 SDS 缓冲液煮沸后，加入高 pH 的 Tris 碱来起到抑制蛋白酶的作用。

传代细胞系是指二倍体细胞在传代繁殖的过程中，有些细胞生长速度变得更快，形态也会发生改变，在少量细胞存在时就能够进行培养，在这样的培养条件下得到的细胞克隆称为传代细胞系。由于传代细胞系最初来源于二倍体细胞或恶性肿瘤细胞，因此常具有单数倍染色体，也就具有一定的致癌性。但传代细胞系能有规律地继续传代，对保存条件要求较低（−196～−70℃），在实验室条件下可以完好保存，且对某些病毒非常易感。鉴于上述原因，传代细胞系常常被应用于疾病诊断和科学研究中。目前，常用的传代细胞系包括 HeLa 细胞（人宫颈癌细胞）、BHK-21 细胞（乳仓鼠肾传代细胞）及 Vero 细胞（来源于非洲绿猴肾细胞）。其中 Vero 传代细胞系在用于科学研究时优势明显，首先，Vero 细胞无其他外源致病因子的污染。其次，研究证实在进行 Vero 细胞致瘤性检查时，在细胞传至 134～174 代时，遗传性状依然稳定，没有发生致瘤变异。最后，Vero 细胞具有易于培养的特点，传代细胞能够良好生长，细胞膜的界限明显，成倍增长速度较快。研究者自从 1971 年发现 PED 以来，就一直探索尝试将 PEDV 适应细胞，希望能够发现用于研究 PEDV 的易感细胞系。但是，PEDV 的细胞培养相对比较困难，各国研究者通过不懈努力，先后在 Vero 细胞、仔猪膀胱、仔猪肾的原代细胞和 KSEK6、IB-RS-2、MA104、CPK、ESK 的传代细胞系上成功培养了 PEDV。在 1988 年，研究者 Hofmann 和 Wyler 在胰酶存在的情况下，成功在 Vero 细胞上繁殖了 PEDV，这是目前公认的适用于 PEDV 分离、细胞培养的较好的研究方法。

当然，在 2010 年，西北农林科技大学王静等成功从仔猪中分离出肠上皮细胞（IEC），该细胞系来自于 PEDV 的宿主细胞，这个细胞系的成功制备为 PEDV 的研究提供了基础。但是，利用 IEC 培养 PEDV 的相关研究相对较少。相对而言，在 PEDV 培养方面，Vero 细胞系仍然是目前公认的最为易感的细胞系。Vero 细胞系是从非洲绿猴肾上皮细胞中分离培养出来的。这个细胞系由日本千叶大学的 Yasumura 和 Kawakita 于 1962 年 3 月 27 日扩增出来，命名为"Vero"。

本研究采用 Vero E6 繁殖 PEDV。Vero E6 是 Vero 细胞的克隆株，与 Vero 细胞相比，Vero E6 细胞在 PEDV 感染上更为常用，也是目前在病毒学等生物医学领域广泛应用的细胞。尽管 Vero E6 细胞系非常稳定，重复性非常好，但是为了获取更精准的差异蛋白，我们在感染组和未感染组中分别设置了 3 个生物重复，便于后续蛋白的定量分析。

在研究病毒与宿主细胞相互作用时，细胞膜在介导病毒感染过程中，差异表达蛋白意义重大。因为病毒在感染宿主细胞过程中，宿主细胞膜成分发生变化。其中，细胞融合极具特征性。细胞融合是病毒扩散的方式之一，感染的细胞借助于细胞融合使病毒扩散到未受感染的细胞。细胞融合的结果是形成多核巨细胞或合胞体。在细胞培养中会表现出特殊类型的细胞病变（CPE），其皆来源于细胞融合。细胞融合是感染细胞所释放的溶酶体酶作用于细胞表面的结果。Hofmann 和 Wyler（1988）研究显示，Vero 细胞在 PEDV 接种 20h 时就已经出现合胞体，72h 后细胞完全崩解，细胞结构严重破坏。本试验采用 Vero E6 细胞培养 PEDV 病毒，在病毒感染 48h 时，Vero E6 细胞显示出了细胞呈现皱缩、细胞融合等清晰的 CPE，而且细胞结构保持完整，此时停止继续感染。因为在试验过程中我们发现，当病毒感染时间少于 48h 时，倒置显微镜下观察到的细胞并未出现比较明显的 CPE。因此，不能保证 PEDV 在 Vero E6 细胞中繁殖。而在病毒感染 48h 后，虽然出现了 CPE，但细胞结构出现了不同程度的破坏，无法保证细胞的完整性。我们在利用同位素标记相对和绝对定量（isobaric tags for relative and absolute quantification，iTRAQ）技术筛选差异表达蛋白时，使用的是 Vero E6 细胞的膜蛋白。因此，必须保证 Vero E6 细胞膜蛋白的完整性。所以我们选择在 PEDV 感染 48h 时进行蛋白质组学分析，来定量检测样品。感染 48h 的感染组细胞，既保证了 PEDV 在 Vero E6 细胞上复制繁殖，又保证了 Vero E6 细胞膜蛋白的结构完整性。本研究可以为下一步利用 iTRAQ 技术对感染 PEDV 的 Vero E6 细胞和未感染 PEDV 的 Vero E6 细胞差异表达蛋白的蛋白质组学研究提供基础。

尽管通过感染细胞病变，我们可以判定 PEDV 在 Vero E6 细胞中的复制，但是 PEDV 感染细胞病变与其他冠状病毒病变相似。为了确定这种细胞病变是由 PEDV 引起的，我们利用抗 PEDV N 蛋白单克隆抗体进行 Western blotting 验证。结果显示，V 组都出现了特异性条带，证明 PEDV 在 Vero E6 细胞中复制繁殖，病毒粒子存在。但是，在进行 Western blotting 验证时，在 V 组中出现了两条条带的结合。这是由于冠状病毒在感染细胞的过程中，N 蛋白被磷酸化，而有一些细胞还未来得及感染也就还没有来得及发生磷酸化过程就被提取了出来，两种细胞状态同时存在，导致出现了两条条带。

（二）基于 iTRAQ 技术的 Vero E6 细胞差异表达蛋白的蛋白质组学研究

1. 试验材料

（1）试验仪器

Q-Exactive 质谱仪（Thermo Finnigan），Easy nLC 1000 纳升级液相色谱仪（Thermo Finnigan），AKTA Purifier 100 纯化仪（GE Healthcare），低温高速离心机（Eppendorf 5430R），可见紫外分光光度计（尤尼柯 WFZ UV-2100），真空离心浓缩仪（Eppendorf Concentrator plus），600V 电泳仪（GE Healthcare EPS601）。

（2）药品试剂

甘油（G0854 上海生工/500mL），溴酚蓝（161-0404 上海生工），SDS（161-0302 Bio-Rad），尿素（161-0731 Bio-Rad），Tris 碱（161-0719 Bio-Rad），DTT（161-0404 Bio-Rad），吲哚-3-乙酸（indole-3-acetic acid，IAA）（163-2109 Bio-Rad），KH_2PO_4（10017618 国药集团化学试剂有限公司），KCl（10016318 国药集团化学试剂有限公司），HCl（10011018 国药集团化学试剂有限公司），NH_4HCO_3（Sigma，A6141），iTRAQ Reagent-8plex Multiplex Kit（AB SCIEX），乙腈（acetonitrile，ACN）（I592230123 Merck），30kDa 超滤离心管（Sartorius），C18 Cartridge（66872-U Sigma），5×蛋白上样缓冲液（10% SDS，0.5%溴酚蓝，50%甘油，500mmol/L DTT，250mmol/L Tris-HCl，pH 6.8）。

SDT：4% SDS，100mmol/L Tris-HCl，1mmol/L DTT，pH 7.6。尿素缓冲液（UA buffer）：8mol/L 尿素，150mmol/L Tris-HCl，pH 8.0。溶解缓冲液（Dissolution buffer，AB SCIEX）。强阳离子交换（strong cation exchange，SCX）缓冲液 A：10mmol/L KH_2PO_4，pH 3.0，25% ACN。强阳离子交换缓冲液 B：10mmol/L KH_2PO_4，pH 3.0，500mmol/L KCl，25% ACN。

2. 试验方法

（1）酶解和肽段定量

各取 200μg 样品，加入 200μL UA buffer（8mol/L 尿素，150mmol/L Tris-HCl，pH 8.0），混匀，转入 10kDa 超滤离心管，14 000*g* 离心 15min。加入 200μL UA buffer，14 000*g* 离心 15min，弃滤液。加入 100μL IAA（50mmol/L，IAA 溶于 UA 溶液中），600r/min 振荡 1min，避光室温放置 30min，14 000*g* 离心 10min。加入 100μL UA buffer，14 000*g* 离心 10min，重复 2 次。加入 100μL Dissolution buffer，14 000*g*

离心 10min，重复 2 次。加入 40μL 胰蛋白酶缓冲液（将 2μg 胰蛋白酶加入 40μL Dissolution buffer 中），600r/min 振荡 1min，37℃放置 16～18h。换新收集管，14 000*g* 离心 10min，取滤液，于 280nm 处测定吸光度，对肽段进行定量检测。

（2）肽段标记

各组样品肽段分别取约 80μg，将每个样品的 iTRAQ 试剂溶解于 70μL 的乙醇，并加到相应的肽混合物中。将样品标记为 C1-113、C2-114、C3-115、V1-116、V2-117、V3-118。

（3）SCX 分级

iTRAQ 标记的肽段样品使用 AKTA 纯化系统，并应用强阳离子交换色谱法进行分离。干燥后的肽段混合物在 2mL A 缓冲液（将 10mmol/L KH_2PO_4 加入 25% ACN，pH 2.7）中重组和酸化，后将样品加到一个 4.6×100 硫代乙基毫米柱中（5μm，200Å，美国 PolyLC 公司），肽溶液用 0%～10%梯度的 B 缓冲液以每分钟 1mL 的流速洗脱 2min，10%～20% B 缓冲液洗脱 25min，20%～45% B 缓冲液洗脱 5min，最后用 50%～100% B 缓冲液洗脱 5min。于 214nm 处监测洗脱液，每分钟收集一次馏分。收集的大约 30 个馏分（约 30 次）最终合并在 10 个池中和并在 C18 墨盒（色谱柱）[Empore™SPE 柱 C18（标准密度），柱内径 7mm，体积 3mL，Sigma] 中脱盐。将各馏分进行浓缩，通过真空离心并重新溶于 40μL 0.1%（*V*/*V*）三氟乙酸。所有样品储存在−80℃用于质谱分析。

（4）质谱分析

毛细管高效液相色谱法（high performance liquid chromatography，HPLC）：每份样品采用纳升流速 HPLC 液相系统 Easy nLC 1000 进行分离。缓冲液：A 液为 0.1%甲酸水溶液，B 液为 0.1%甲酸乙腈水溶液（乙腈为 84%）。色谱柱以 95%的 A 液平衡。样品由自动进样器上样到上样柱 Thermo scientific EASY column（2cm×100μm 5μm-C18），再经分析柱 Thermo scientific EASY column（75μm×100mm 3μm-C18）分离，流速为 250nL/min。相关液相梯度如下：0～100min，B 液线性梯度为 0%～35%；100～108min，B 液线性梯度为 35%～100%；108～120min，B 液维持在 100%。

质谱鉴定：每份样品经毛细管高效液相色谱分离后用 Q-Exactive 质谱仪（Thermo Finnigan）进行质谱分析。分析时长为 120min，检测方式为正离子，母离子扫描范围为 300～1800m/z，一级质谱分辨率为 70 000（m/z 200），AGC 目标为 3e6，一级 Maximum IT 为 10ms，扫描范围数为 1，Dynamic exclusion 为 40.0s。多肽和多肽碎片的荷质比按照下列方法采集：每次全扫描后采集 10 个碎片图谱（MS2 scan），MS2 Activation type 为 HCD，Isolation window 为 2m/z，二级质谱分辨率为 17 500（m/z 200），Microscans 为 1，二级 Maximum IT 为 60ms，Normalized collision energy 为 30eV，Underfill ratio 为 0.1%。

（5）蛋白质鉴定与分析

串联质谱法（tandem mass spectrometry，MS/MS）谱图采用福星搜索引擎（Mascot 2.2）搜索嵌入 Proteome Discoverer 1.4（Thermo）到抗 Uniprot 猴科数据库（107051 序列，下载于 2013 年 11 月 25 日）和诱饵数据库。使用下列条件，Peptide mass tolerance=±20ppm，MS/MS tolerance=0.1Da，Enzyme=Trypsin，Missed cleavage=2，Fixed modification 为 Carbamidomethyl（C），iTRAQ8plex（K），iTRAQ8plex（N-term），Variable modification 为 Oxidation（M），错误发生率（false discovery rate，FDR）≤0.01，进行蛋白质鉴定。采用 Proteome Discoverer 1.4 软件对 PEDV 所有蛋白质样品肽段报告离子峰强度值进行定量分析，感染组和模拟对照组共 6 个样品，分别为 V1、V2、V3、C1、C2、C3。定量时以 C1、C2、C3 3 组平均值为内参进行比较。各组蛋白质的 iTRAQ 比值均采取各通道标签与内参的比值，而猪流行性腹泻病毒感染组（V 组）和对照组（C 组）鉴定蛋白质定量也产生了平均比（V/C）。V 组和 C 组差异表达蛋白的确定必须各包括 3 个生物学重复，满足显著性（$P<0.05$）且两组差异比≥1.2。差异表达蛋白中，上调和下调蛋白基于 V 组和 C 组平均定量比 V/C 来确定。上调蛋白 V/C 大于 1，下调蛋白 V/C 小于 1。数据分析采用双尾、双样本等方差方法，对 PEDV 感染组和对照组的 126 种差异表达蛋白使用 Blast2 GO（version 2.7.0）注释。此外已经确定的差异表达蛋白使用 against KEGG GENES（human）检索，之后对应至 KEGG 通路。

（6）差异表达蛋白 Western blotting 验证

为了确认 iTRAQ 鉴定出的 126 个差异表达蛋白，我们选取了其中一个上调蛋白整合素 β3，作为感染组和对照组差异表达蛋白代表，进行 Western blotting 验证。

将 V1～V3 组样品等量混合到一个 EP 管中并定量，命名为 V。将 C1～C3 组样品等量混合到另一个 EP 管中，命名为 C。将等量的样品 V 和样品 C 进行 12% SDS-PAGE，然后用半干转印仪将蛋白转印至 NC 膜中。用 5%脱脂乳封闭液在 37℃条件下封闭 1h。然后在抗整合素 β3 兔多克隆抗体（1∶1000 稀释）中，37℃条件下孵育 1h。NC 膜用 PBST 洗涤 3 次，每次 3min。将洗涤后的 NC 膜与辣根过氧化物酶标记的山羊抗兔 IgG（1∶5000 稀释）在 37℃下反应 1h，NC 膜用 PBST 洗涤 3 次，每次 3min。然后用化学发光检测试剂在室温条件下孵育 NC 膜 3min。使用分子成像仪 ChemiDoc™ XRS+系统捕捉图像信号，并使用软件进行图像处理。

3. 结果和分析

（1）酶解肽段浓度测定

以 OD_{280} 评估酶解后肽段的相对浓度，以 OD_{280}=1.1 为 1μg/μL，将吸光度换算为蛋白质浓度后，结果如下：C1=1.12μg/μL、C2=1.09μg/μL、C3=1.17μg/μL、

V1=1.25μg/μL、V2=1.16μg/μL、V3=1.31μg/μL。

（2）肽段 SCX 分级

将标记后的混合肽段进行强阳离子柱分离，相关色谱见图 3-3。

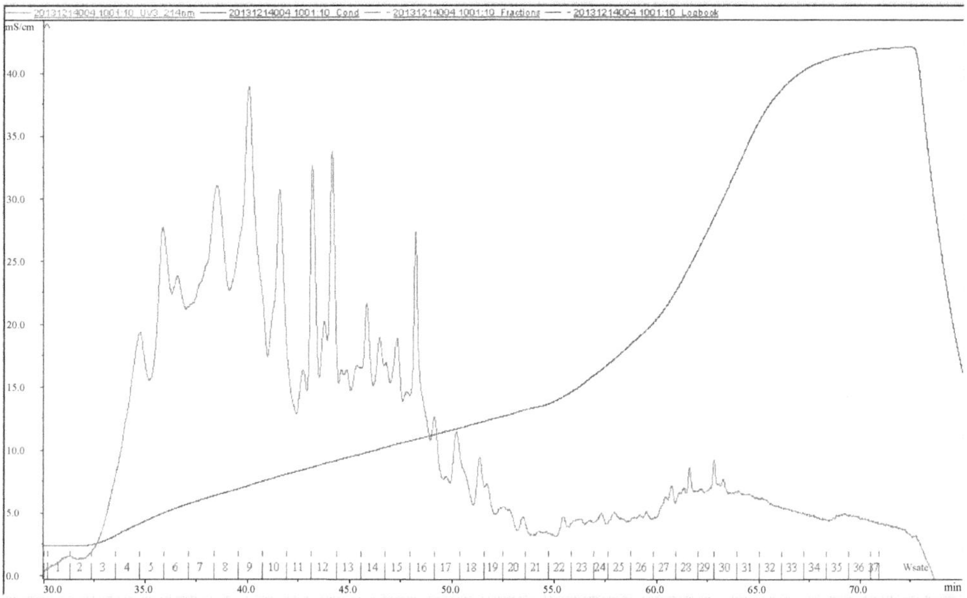

图 3-3　肽段强阳离子柱分离色谱结果（彩图请扫封底二维码）

粉色线条为 UV_{214} 吸收值，棕色线条代表电导率，各红色号码对应收集样品的管号

（3）蛋白质鉴定结果

SCX 分级脱盐合并后的 10 个组分经质谱分析及 Mascot 查库。将结果合并后以 Peptide FDR≤0.01 筛选过滤。最终鉴定结果统计如下：鉴定肽段 15 564 个，蛋白质总数为 3178 个，有定量信息的蛋白质 3171 个，未知蛋白 1319 个，已知蛋白 1859 个。基因本体（gene ontology，GO）功能注释结果显示，参与生物过程的蛋白质有 2061 个，分类属于分子功能的蛋白质有 2495 个，分类属于所处细胞组分的蛋白质有 1917 个。进一步分析表明，在 V 组和 C 组中，一共存在 126 个差异表达的蛋白质（表 3-1）。

（4）定量比值频数分布分析

运用频数分布直方图对 iTRAQ 定量数据进行分析，每组标签与参考标签比值取 $\log_2$ 对数，组距设为 0.2，分布范围为−1.9～1.9，由 Excel 作图，见图 3-4（以 V1/内参、V2/内参为例），纵坐标为蛋白质数量，横坐标分别为两组样品与内参比值的 $\log_2$ 对数值。

表 3-1　蛋白质鉴定结果统计

蛋白质分类	蛋白质数量（百分比）
鉴定肽段	15 564
鉴定蛋白质	3 178（100%）
已知蛋白质	1 859（58.50%）
未知蛋白质	1 319（41.50%）
生物过程注释的蛋白质	2 061（64.85%）
分子功能注释的蛋白质	2 495（78.51%）
细胞成分注释的蛋白质	1 917（60.32%）
差异表达的蛋白质	126（3.96%）

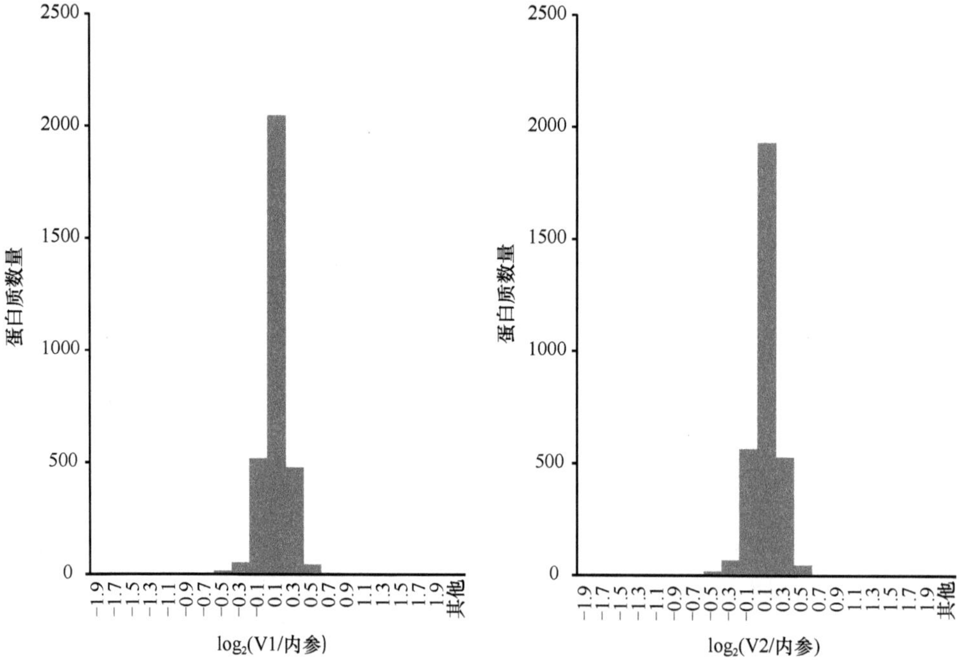

图 3-4　定量比值频数分布图

（5）相关性分析

以各样品比值进行 Pearson 相关性分析，见图 3-5（V1/内参、V2/内参、V3/内参分析），横坐标和纵坐标分别为该两组样品标记标签与内参 iTRAQ 比值的对数值。以上结果显示，鉴定的蛋白质定量分析数值可靠。

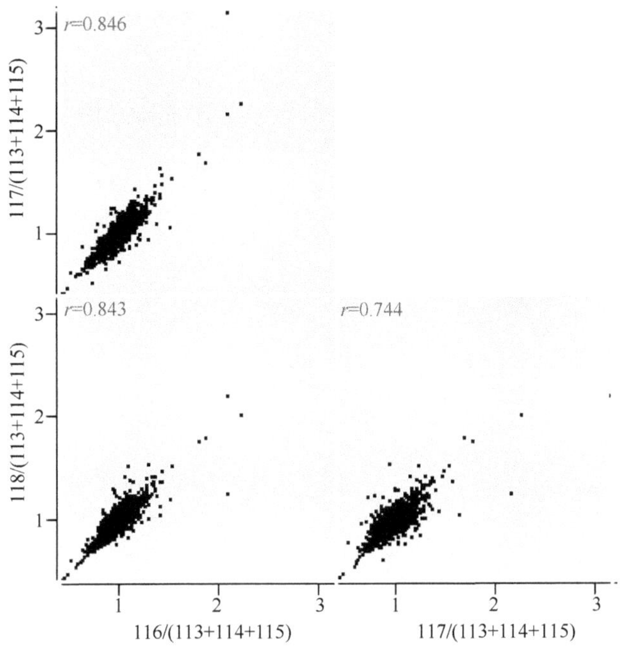

图 3-5　相关性分析

（6）鉴定蛋白质差异显著性分析百分比分布

在 3178 个已鉴定的蛋白质中，3171 个蛋白质有定量信息，没有定量信息的蛋白质有 7 个，占鉴定蛋白质总数的 0.22%。根据 V 组与 C 组组间表达蛋白的变动情况进行显著性分析（*P* 值）。满足条件 $P>0.05$ 的蛋白质有 2496 个，占鉴定蛋白质总数的 78.54%（2496/3178）；满足条件 $P\leqslant0.05$ 的蛋白质有 675 个，占鉴定蛋白质总数的 21.24%（675/3178）；满足条件 $0.01\leqslant P\leqslant0.05$ 的蛋白质有 357 个，占鉴定蛋白质总数的 11.23%；满足条件 $0.001\leqslant P<0.01$ 的蛋白质有 227 个，占鉴定蛋白质总数的 7.14%；满足条件 $P<0.001$ 的蛋白质有 91 个，占鉴定蛋白质总数的 2.86%。

（7）差异表达蛋白质结果

V 组和 C 组差异表达蛋白质共 126 个。在这 126 个差异蛋白质中，上调蛋白中差异表达变化比最大的是 OCIA 结构域蛋白 1 的同种型 2 蛋白，V/C=2.5∶1，而下调蛋白中差异表达变化比最大的是半胱氨酸蛋白酶抑制剂-3（cystatin-3），V/C=1∶2.2。差异表达蛋白质显著性分析分布如图 3-6 所示。

（8）Vero E6 细胞样品差异表达蛋白质分子质量分布

V 组和 C 组差异表达蛋白质分子质量分布如图 3-7 所示。差异表达蛋白质分子质量大小范围为 5.9～516.7kDa。分子质量在 1～100kDa 的蛋白质数量约占差异表达蛋白质总数的 92.06%，大于 100kDa 的蛋白质数量约占差异表达蛋白质总数的 7.94%。

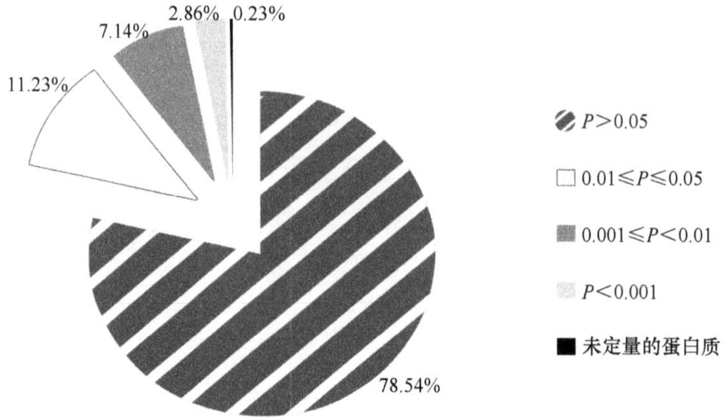

图 3-6 感染组与对照组蛋白质差异显著性分析分布

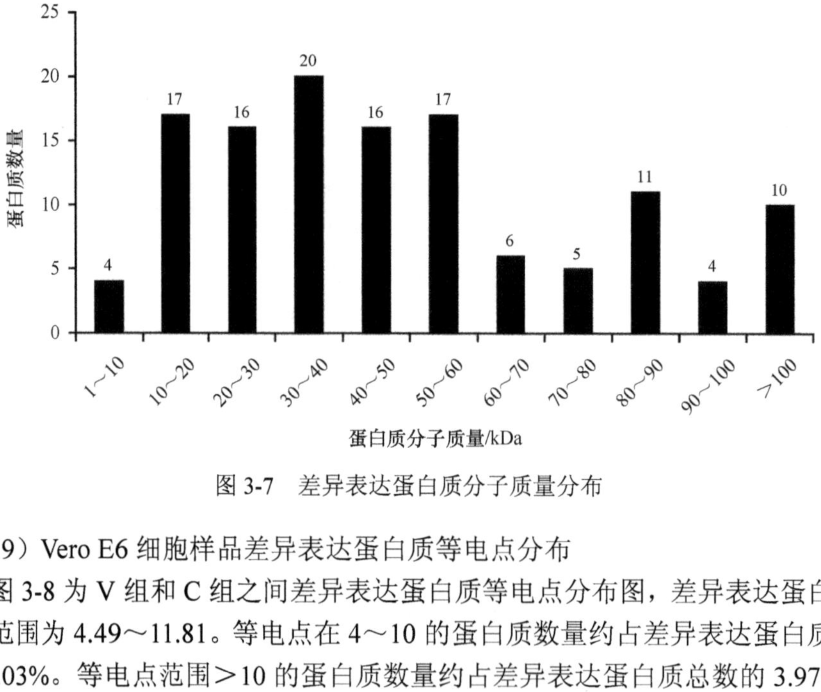

图 3-7 差异表达蛋白质分子质量分布

（9）Vero E6 细胞样品差异表达蛋白质等电点分布

图 3-8 为 V 组和 C 组之间差异表达蛋白质等电点分布图，差异表达蛋白质等电点范围为 4.49～11.81。等电点在 4～10 的蛋白质数量约占差异表达蛋白质总数的 96.03%。等电点范围＞10 的蛋白质数量约占差异表达蛋白质总数的 3.97%。

（10）生物信息学分析（GO 分析）

基因本体（gene ontology，GO）分析是生物信息领域中一个极为重要的方法和工具，通过建立一套具有动态形式的控制字集（controlled vocabulary），来解释真核基因及蛋白质在细胞内所扮演的角色，从而全面描述生物体中基因和基因产物的属性。GO 总共有 3 个本体，分别描述基因的分子功能（molecular function）、所处的细胞组分（cellular component）、参与的生物过程（biological process）。

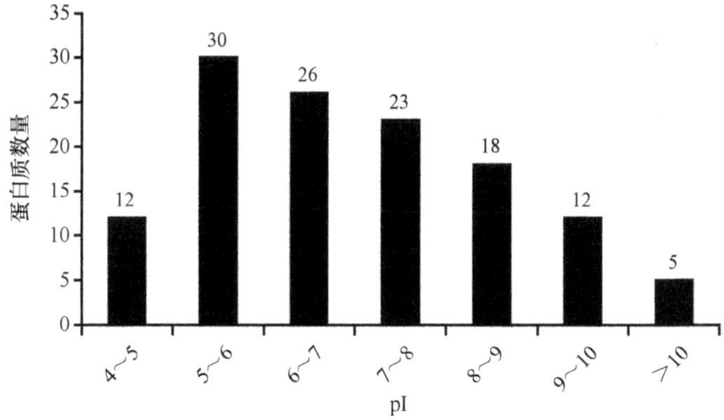

图 3-8　差异表达蛋白质等电点分布

GO 数据库现在被广泛地应用于以标准化的格式描述蛋白质功能。在 GO 分类中，根据描述基因的分子功能、所处的细胞组分、参与的生物过程来表征 126 个差异表达蛋白质的功能。GO 分类解析展示于图 3-9 中。

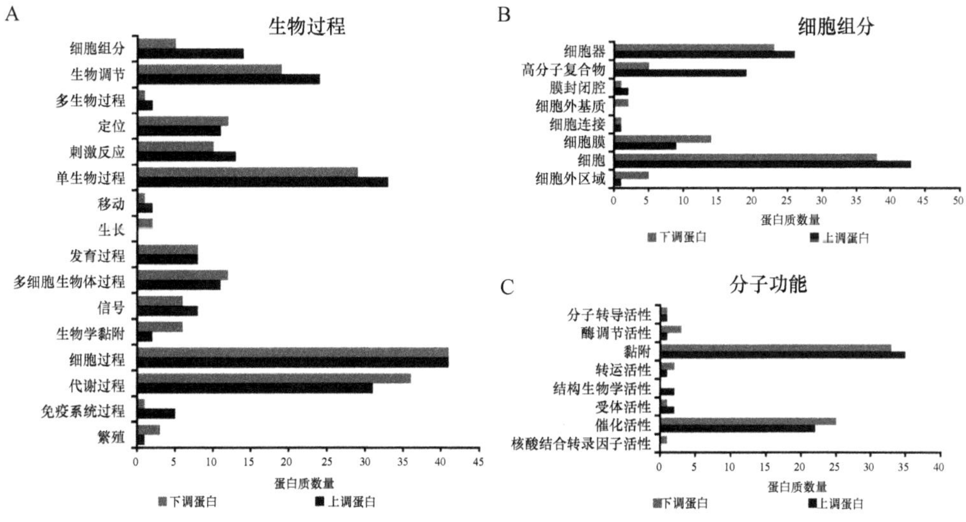

图 3-9　差异表达蛋白质的 GO

A. 参与的生物过程；B. 所处的细胞组分；C. 描述基因的分子功能

在生物过程分类（图 3-9A）中，78 个差异表达蛋白质参与了 16 组生物过程，其中的代谢过程（metabolic process，GO：0008152）、细胞过程（cellular process，GO：0009987）、单生物过程（single-biological process，GO：0044699）及生物调节（biological regulation，GO：0065007）是上调蛋白和下调蛋白共同富集的生物

学过程。

在所处的细胞组分分类（图 3-9B）中，上调的蛋白质中涉及细胞成分的组织（cellular component organization，GO：0071840）数量明显多于下调的蛋白质。126 个差异表达蛋白质中的 74 个蛋白质被注解和归类于 8 个组群的细胞组分（cellular component）中，其中上调蛋白和下调蛋白的常见富集细胞组分主要集中在细胞器（organelle，GO：0043226）和细胞（cell，GO：0005623）。在涉及细胞膜（membrane，GO：0016020）方面，下调蛋白的数量明显多于上调蛋白的数量，而在涉及高分子复合物（macromolecular complex，GO：0032991）方面，其数量少于上调蛋白。

描述基因的分子功能分类如图 3-9C 所示，有 97 种差异表达蛋白质参与了 8 组类别的分子功能，其中分子功能富集在黏附（binding，GO：0005488）功能和催化活性（catalytic activity，GO：0003824）功能，这两种功能的上调蛋白数量和下调蛋白数量都为最多。

（11）差异表达蛋白质的 KEGG 通路和蛋白质相互作用网络调节

差异表达蛋白质的 KEGG 通路：KEGG 是系统分析基因功能、基因组信息的数据库，它有助于研究者把基因及表达信息作为一个整体网络进行研究。KEGG 通路是蛋白质分子间相互作用和反应网络路径图的集合。我们的研究对 75 种蛋白质根据 KEGG 通路进行了注释和映射。被注释的 75 种差异表达蛋白质总共参与了 125 种通路，可分为 6 种类型，代谢（metabolism）、有机体系统（organismal system）、细胞过程（cellular process）、遗传信息处理（genetic information processing）、环境信息处理（environmental information processing）和疾病（diseases）。在这 6 种类型的通路中，代谢、有机体系统及疾病是其中的富集途径，分别有 32 条、25 条和 36 条。

代谢涉及 9 个方面的通路（图 3-10），包括能量（energy）代谢、脂肪（lipid）代谢、核酸（nucleic acid）代谢、氨基酸（amino acid）代谢、多糖生物合成（polysaccharide biosynthesis）、辅因子（cofactor）代谢、维生素（vitamin）代谢、其他次生代谢产物的生物合成（biosynthesis of other secondary metabolites）和外源物质（xenobiotics）的合成。

在有机体系统中（图 3-11），免疫系统主要集中在病毒感染相关的途径，涉及 Toll 样受体信号通路（Toll-like receptor signaling pathway，ko04620），RIG-Ⅰ样受体信号通路（RIG-Ⅰ-like receptor signaling pathway，ko04622）和自然杀伤细胞介导的细胞毒性（natural killer cell mediated cytotoxicity，ko04650）。

在细胞过程中，包括 10 种下调的蛋白质参与了溶酶体（lysosome，ko04142）通路，是差异表达蛋白质中参与数量最多的通路（图 3-12）。溶酶体通路和吞噬体（phagosome，ko04145）通路参与病毒感染自噬。

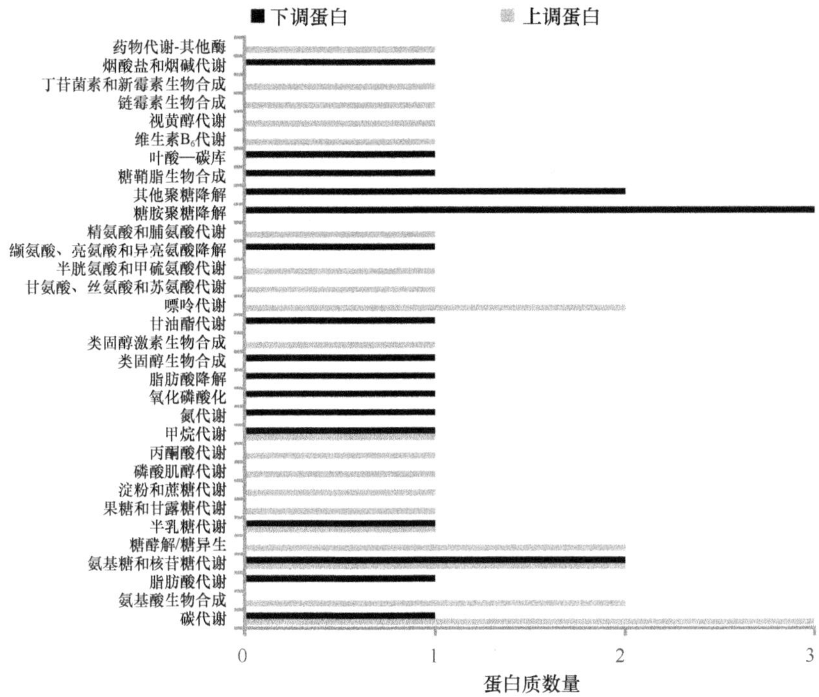

图 3-10　差异表达蛋白质 KEGG 通路分析（代谢）

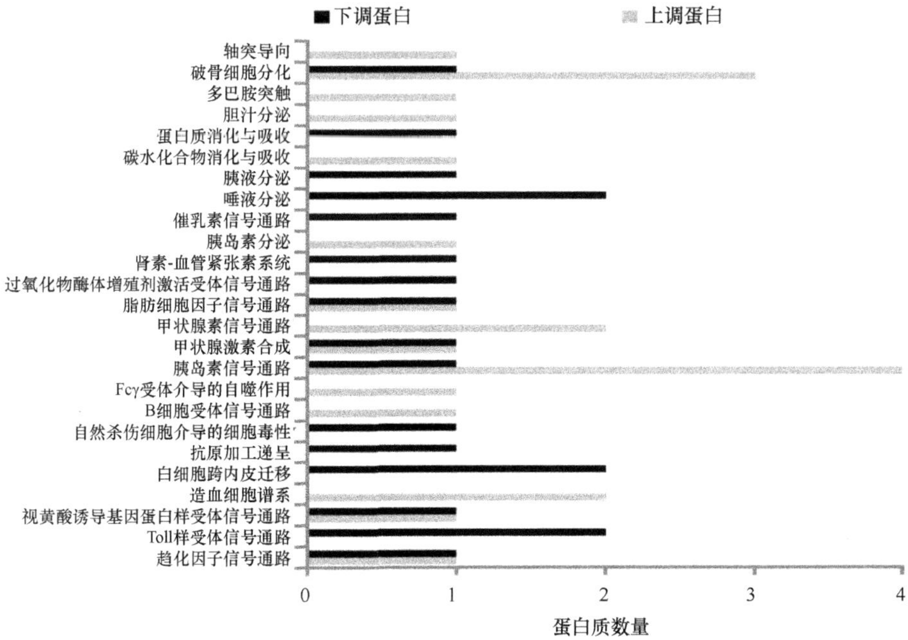

图 3-11　差异表达蛋白质 KEGG 通路分析（有机体系统）

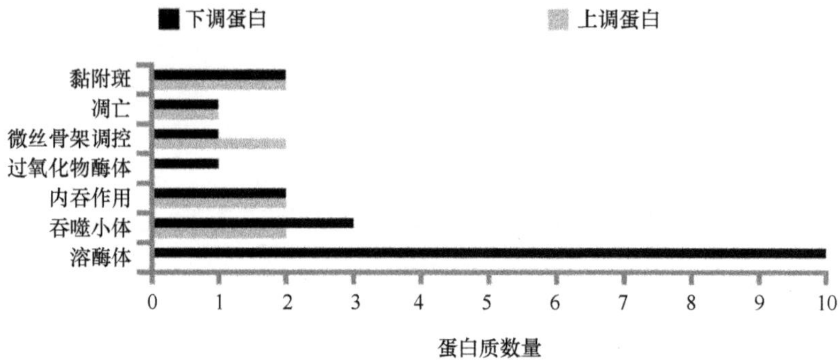

图 3-12　差异表达蛋白质 KEGG 通路分析（细胞过程）

遗传信息处理通路参与细胞的核酸和蛋白质的复制（replication）、修复（repair）、转录（transcription）、翻译（translation）、折叠（folding）、分拣（sorting）及降解（degradation）等方面（图 3-13）。

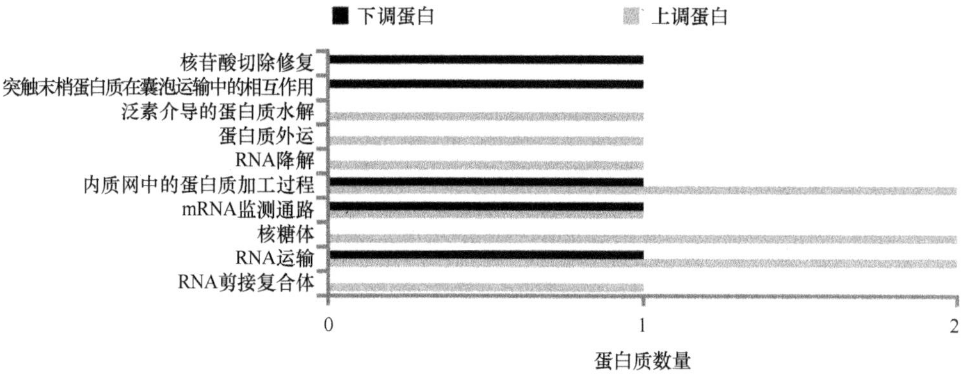

图 3-13　差异表达蛋白质 KEGG 通路分析（遗传信息处理）

环境信息处理通路主要集中在结合病毒感染的信号转导（signal transduction）和信号分子相互作用（signaling molecules interaction）方面，如 PI3K/Akt 信号通路（ko04151）相关的分子相互作用、MAPK 信号通路（ko04010）、Jak-STAT 信号通路（ko04630）、肿瘤坏死因子（tumor necrosis factor，TNF）信号通路（ko04668）和细胞黏附分子（cell adhesion molecule，CAM，ko04514）（图 3-14）。

在疾病方面包括与病毒感染相关的 5 条通路，人类嗜 T 细胞病毒-Ⅰ（human T-lymphotropic virus-Ⅰ，HTLV-Ⅰ）感染、爱泼斯坦-巴尔病毒（Epstein-Barr virus，EBV）感染、丙型肝炎（hepatitis C）、乙型肝炎（hepatitis B）和麻疹（measles），涉及 3 个下调蛋白和一个上调蛋白（图 3-15）。总体而言，涉及单一下调蛋白途径的数量明显多于单一上调蛋白途径。

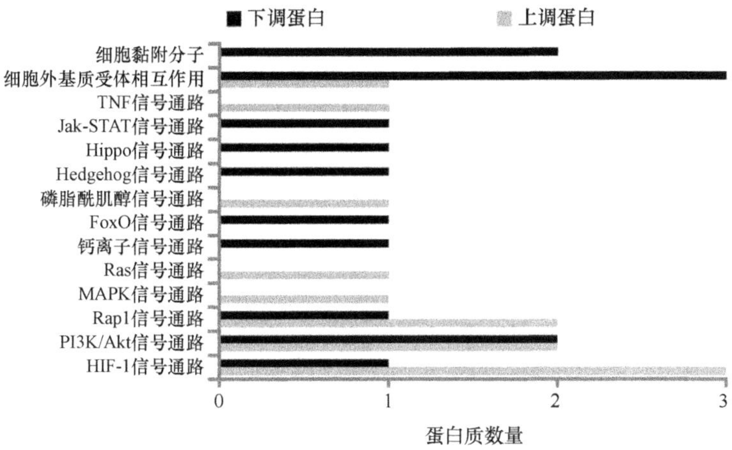

图 3-14 差异表达蛋白质 KEGG 通路分析（环境信息处理）

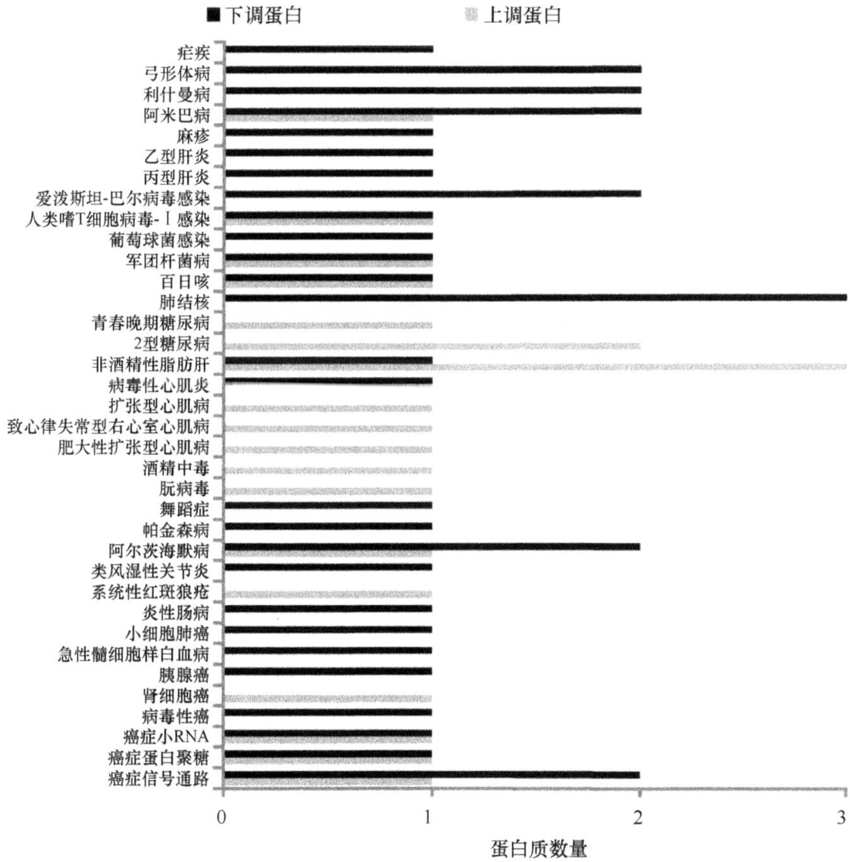

图 3-15 差异表达蛋白质 KEGG 通路分析（疾病）

蛋白质相互作用网络调节：为了更直观地描述 126 种差异表达蛋白质之间潜在的相互作用，根据本数据库的信息和我们的研究结果，针对 126 个差异蛋白质，我们生成了 17 种蛋白质-蛋白质相互作用（protein-protein interaction，PPI）网络图。其中有 4 个 PPI 网络更具有研究意义（图 3-16）。在图 3-16A 中，PPI 网络包

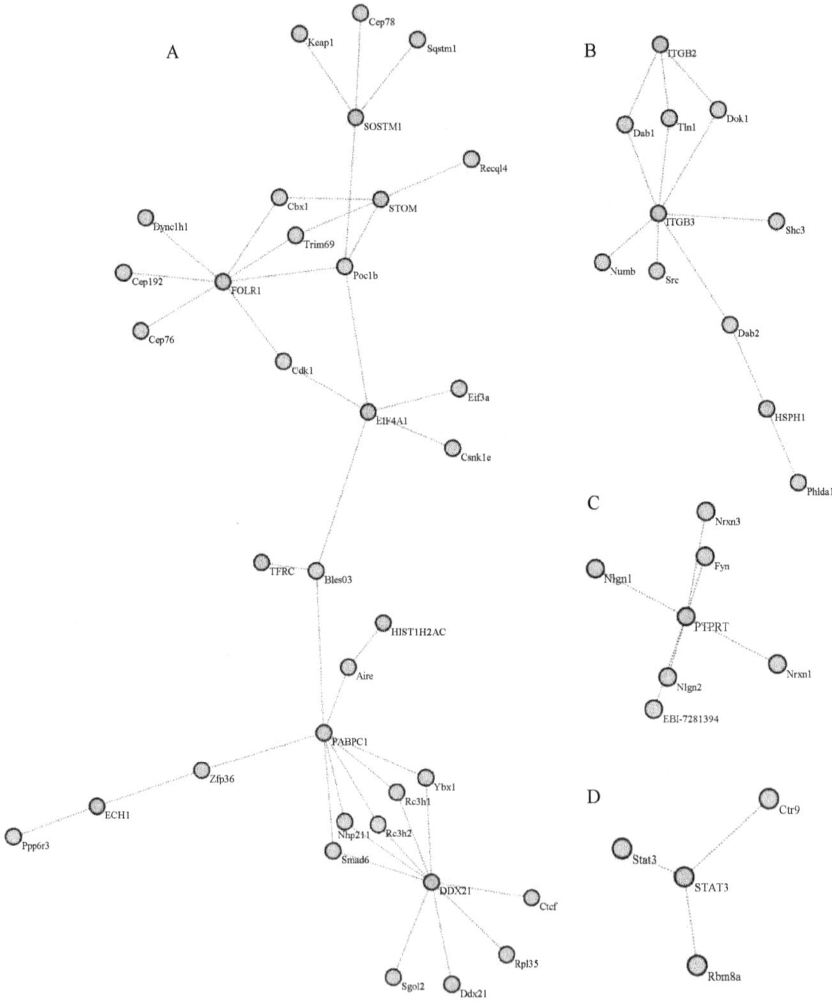

图 3-16　差异表达蛋白质中筛选的蛋白质与蛋白质相互作用网络（PPI）（彩图请扫封底二维码）

黄色为我们在研究中已经鉴定出的差异表达蛋白质；蓝色为其他已知蛋白质。A. 差异表达蛋白质在蛋白质与蛋白质相互作用中命名：SQSTM1，死骨片-1 亚型；STOM，红血球带 7 整合膜蛋白；FOLR1，叶酸受体 α；E1F4A1，真核细胞起始因子 4A-Ⅰ型；TFRC，转铁蛋白受体 1；HIST1H2AC，组蛋白 H2A；PABPC1，推定多聚腺苷酸结合蛋白 1-样 X2 亚型；DDX21，推定的核仁 RNA 解旋酶 2 样的同种型 3；ECH1，推定线粒体 Δ（3,5）-Δ（2,4）-二烯酰基辅酶 A 异构酶。B. 差异表达蛋白质在蛋白质与蛋白质相互作用中命名：ITGB2，整合素 β2；ITGB3，整合素 β3；HSPH1，热休克蛋白，105kDa。C. 差异表达蛋白质在蛋白质与蛋白质相互作用中命名：PTPRT，受体型酪氨酸蛋白磷酸酶 T1 亚型。D. 差异表达蛋白质在蛋白质与蛋白质相互作用中命名：STAT3，信号转导及转录激活蛋白 3。所有已构建的蛋白质相互作用网络在图 3-16 资料可提供支持信息

含 35 个蛋白质，其中 9 个蛋白质是我们研究中的差异表达蛋白质。6 个为上调蛋白，3 个下调蛋白。在图 3-16B 中，PPI 网络包含 11 个蛋白质，包括两个上调蛋白，即整合素 β3（integrin β3）及热休克蛋白（heat shock protein）和一个下调蛋白，整合素 β2（integrin β2）。在图 3-16C 中，PPI 网络由 7 个蛋白质组成，涉及一个下调蛋白，即受体型酪氨酸蛋白磷酸酶 T1 亚型（receptor type tyrosine-protein phosphatase T isoform 1）。在图 3-16D 中，PPI 网络由 4 个蛋白质组成，涉及一个下调蛋白，即信号转导及转录激活蛋白（signal transducer and activator of transcription，STAT）。在 PPI 网络中，整合素（β2、β3 亚基）是所有的差异表达蛋白质中参与通路最多的蛋白，涉及有机体系统、环境信息处理、细胞过程和疾病方面的 28 条通路。另外，信号转导及转录激活蛋白参与了共 18 条途径，紧随整合素（β2、β3 亚基）之后。

（12）差异表达蛋白质 Western blotting 验证

为了确认 iTRAQ 技术鉴定出的 126 个差异表达蛋白质，我们选取了其中一个上调蛋白整合素 β3，作为 V 组和 C 组差异表达蛋白质的代表，进行 Western blotting 验证。Western blotting 结果显示，该蛋白质在 V 组和 C 组中都有表达，且 V 组条带更加清晰（图 3-17）。

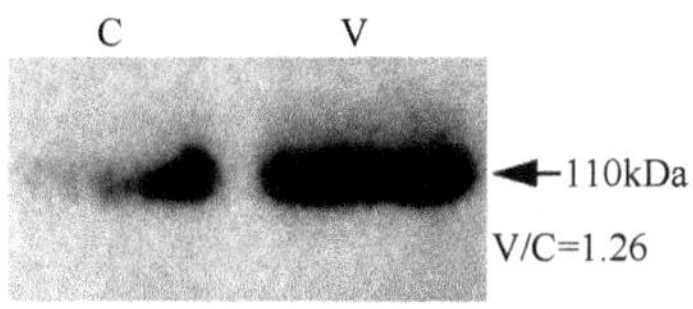

图 3-17　差异表达蛋白质的 Western blotting 验证（整合素 β3）

4. 讨论

在目前 PEDV 的相关研究中仍然有许多的疑问未被解答，特别是在病毒与宿主感染细胞相互作用方面。在我们的研究中，通过使用高通量 iTRAQ 蛋白质组学技术对 PEDV 感染细胞病毒相关蛋白进行了蛋白质组学定量分析，该方法鉴定出的蛋白质总数比确定的氨基酸标记定量的蛋白质组学技术鉴定的蛋白质数量增加明显，体现和验证了 iTRAQ 技术灵敏度高的特点。在这些已鉴定的蛋白质中，尤其是低丰度蛋白质，揭示了一些新型的 Vero E6 细胞抗原，并且丰富了 Vero E6 细胞的蛋白质组学数据库。Western blotting 结果和蛋白质组学分析的一致性支持猪流行性腹泻病毒感染组和对照组之间 $P<0.05$ 和差异比≥1.2 的组合，保证了差异表达蛋白质筛查的有效性。这些差异表达蛋白质及其生物信息分析表明，细胞在 PEDV 感染的过程中，蛋白质的表达和调控发生了巨大的改变。在这些改变中，病毒感染相关通路自噬和一些病毒侵入相关蛋白质被我们视为 PEDV 感染潜在角

色进行了讨论和分析。

（1）病毒感染相关通路

在哺乳动物中，防御病毒感染的第一道防线是先天免疫系统。早期抗病毒反应是由模式识别受体（PRR）发起识别病原体相关分子模式（PAMP），并引起两个反应的激活：作为先天免疫应答一部分的干扰素产生和为了建立获得性免疫的树突状细胞成熟。目前的 PRR 包含 3 个家族：Toll 样受体（TLR）、RIG-Ⅰ样受体（RLR）和核苷酸结合寡聚化结构域（nucleotide-binding oligomerization domain，NOD）样受体（NOD-like receptor，NLR）。在本研究中，V 组和 C 组中的 126 个差异表达蛋白质共参与了 6 个病毒感染相关的信号通路。包括 RIG-Ⅰ样受体信号通路、Rap1 信号通路、PI3K/Akt 信号通路、MAPK 信号通路、Jak-STAT 信号通路和 Toll 样受体信号通路。PEDV 是肠道病毒，可感染猪的肠上皮细胞（IEC），引起严重腹泻。Hirata 等（2007）报道称，RIG-Ⅰ样受体信号通路在 IEC 抗病毒先天性免疫保护机制中扮演了重要的角色。Jak-STAT 信号通路能够调节黏膜免疫和先天性免疫的适应性，以及上皮细胞的修复和再生，并且在病毒感染方面有重要作用。RIG-Ⅰ样受体、Rap1 和 Jak-STAT 这 3 种通路都与 PEDV 感染高度相关，并且都是进一步探索病毒感染机制的令人感兴趣的潜在因素。此外，Toll 样受体信号通路、MAPK 信号通路及 PI3K/Akt 信号通路都已被证明在其他冠状病毒成员，如 SARS 冠状病毒和鼠肝炎病毒的感染方面有重要作用。上述结果证明，在 Vero E6 细胞中，病毒 PAMP 对 PRR 的识别能够调节 PEDV 感染过程中的抗病毒信号。这些由 PEDV 触发的信号通路将为进一步研究 PEDV 感染提供一些基础数据，并会增加我们对 PEDV 与宿主间相互作用的理解。

（2）整合素与病毒感染

整合素是细胞表面 α/β 异二聚糖蛋白，其有多种作用，包括细胞与细胞间、细胞与基质间的黏附，以及信号通路的诱导。α 与 β 亚基的不同组合可以产生超过 20 种不同的整合素分子。截至目前的研究结果显示，不同的整合素分子在各种病毒中是较常见的受体。在我们的研究中，PEDV 感染过程中整合素 β2 和 β3 的表达量分别下调和上调，其中整合素 β3 表达量的上调与血清 2 型登革热病毒用整合素 β3 作为病毒受体感染细胞过程中表达量上调的结果一致。通路分析结果显示，整合素 β2 和 β3 都与 28 种通路相关，这 28 种通路与有机体系统、环境信息处理、细胞进程和疾病相关。

进一步分析结果显示，整合素 β2 和 β3 在蛋白质-蛋白质相互作用网络中有相互作用。目前在多种病毒的研究中都显示，整合素 αvβ3 为它们的侵入受体，如西尼罗河病毒、轮状病毒、单纯疱疹病毒、人巨细胞病毒及手足口病病毒。据报道，一些病毒利用整合素识别序列 RGD 来启动感染。PEDV S 蛋白是病毒表面的一种纤突糖蛋白，并且在诱导特异性受体的结合和细胞膜融合方面有重要作用。基于

Alberici 等（2013）的报道，我们分析了 PEDV S 蛋白的整合素识别序列，结果在不同毒株的 PEDV S 蛋白中发现了 4 个保守的整合素识别序列（Asp-Gly-Glu、Lys-Gly-Glu、Arg-Leu-Asp 和 Leu-Asp-Val），这表明整合素蛋白可能与 PEDV 感染有关。因此，进一步研究整合素 β2 和 β3 蛋白在 PEDV 感染中的作用是一项有价值的研究。

（3）自噬和病毒感染

自噬是一种自我退化的细胞通路，与不需要的或功能失调细胞组分的溶酶体介导的退化有关，并且对动态平衡、老化和进化有重要作用。同时，自噬通路是宿主防御病毒感染、病原体降解、先天免疫信号传导及适应性免疫的某些方面的一个必要部分。已证明，β-冠状病毒 MHV 和 SARS-冠状病毒感染都能诱导自噬。在我们的研究中，参与自噬通路的蛋白质数量超过了其他通路中的蛋白质数量。总共有 15 个差异表达蛋白质参与了溶酶体通路（lysosome pathway）和吞噬体通路（phagosome pathway），包括微管相关蛋白 1B（microtubule-associated protein 1B）、溶酶体保护性蛋白（lysosomal protective protein）、推定的豆荚蛋白（putative legumain）、推定的活化因子前体多肽同种型 X6（putative proactivator polypeptide isoform X6）、组织蛋白酶 D（cathepsin D）、溶质载体 17 家族成员 5（solute carrier family 17 member 5）、溶酶体相关膜糖蛋白 2B 亚型（lysosome-associated membrane glycoprotein 2 isoform B）、推定的 N-乙酰葡糖胺-6-硫酸酯酶（putative N-acetylglucosamine -6-sulfatase）、组织蛋白酶 Z（cathepsin Z）、推定的 N-乙酰半乳糖胺-6-硫酸酯酶（putative N-acetylgalactosamine-6-sulfatase）、细胞色素 b-245 轻链（cytochrome b-245 light chain）、整合素 β2（integrin β2）、运铁蛋白受体 1（transferrin receptor 1）、整合素 β3（intcgrin β3）和一个未知功能的蛋白质。15 种自噬相关蛋白质中的下调蛋白有 12 种，占到 80%。自噬通路有重要的抗病毒作用，但是，也有许多病毒利用自噬机制进行病毒规避和传播。在我们的数据中，PEDV 感染会导致多数自噬相关蛋白质表达量下调。因此我们提出，PEDV 感染可能抑制 Vero E6 细胞的自噬过程，有利于病毒的复制。已有许多报道显示，微管相关蛋白 1B 在自噬过程中有重要作用，并已成为研究自噬的一种极有价值的标志蛋白。在我们的研究中，微管相关蛋白 1B 表达量在 PEDV 感染的 Vero E6 细胞中上调了 1.37 倍。这些数据证明，PEDV 有一种诱导自噬的潜能。自噬相关的研究不仅将加深我们对 PEDV 感染的理解，而且可以为我们在研究 α-冠状病毒自噬方面提供一些基础信息。

（4）其他病毒感染相关蛋白

半胱氨酸蛋白酶抑制剂-3 是半胱氨酸蛋白酶抑制剂超家族的成员，在抑制半胱氨酸蛋白酶（如木瓜蛋白酶和组织蛋白酶 B）活性上有一定作用。此外，半胱氨酸蛋白酶抑制剂-3 能够减少一些蛋白质的复制，包括人冠状病毒 OC43、人冠状病毒 229E、脊髓灰质炎病毒和鼻病毒。冠状病毒的 S 蛋白在病毒感染过程中被宿主来源的蛋白酶切割成 S1 和 S2 亚单位，其中 S1 结合于其受体上，S2 被用于膜融合。这种切割被认为对于诱导细胞融合和病毒侵入细胞必不可少。另外，用蛋白酶抑制剂亮肽素处理感染的 Vero/TMPRSS2 细胞可以阻止 PEDV 的释放。在我们的研究中，半胱氨酸蛋白酶抑制剂-3 表达量在 PEDV 感染的 Vero E6 细胞中显著下调 46%。因此我们提出，半胱氨酸蛋白酶抑制剂-3 表达量的下调可能会促进半胱氨酸相关蛋白酶的切割活性，从而有助于 PEDV 在 Vero E6 细胞中的复制和释放。因此，进一步确认半胱氨酸蛋白酶抑制剂-3 在 PEDV 感染中是否有潜在的抗病毒活性值得研究。除了所讨论的蛋白质，改变了的蛋白质 E4、半乳糖凝集素和转铁蛋白受体 1 都与病毒感染有关。应该将这些蛋白质也纳入可能的 PEDV 感染相关蛋白的考虑范围。

在我们的研究中，对 PEDV 感染相关通路和蛋白的描述与讨论都是基于对差异表达蛋白质的生物信息学分析进行的。尽管这些在 PEDV 感染中可能发挥作用的通路和蛋白的详细功能需要被进一步证实，但这些在 PEDV 感染中宿主细胞的应答数据为后续更深入地研究 PEDV 的发病机制提供了线索和目标，拓展了关于猪流行性腹泻病毒与宿主之间相互作用的新知识，同时提供了一些关于其他冠状病毒的有用的基本信息。

二、猪整合素 αvβ3 在猪流行性腹泻病毒感染中作用的初步验证

（一）猪整合素 αv 多克隆抗体的制备与应用

1. 试验材料

（1）实验动物及主要试剂

8 周龄雌性 BALB/c 小鼠购自中国农业科学院哈尔滨兽医研究所；*E. coli* DH5α、*E. coli* BL21（DE3）、pGEX-6p-1 原核表达载体均保存于黑龙江八一农垦大学动物科技学院基础兽医学实验室；质粒提取试剂盒购自北京索莱宝科技有限公司；T4 DNA 连接酶、*Bam*H Ⅰ限制性内切酶、*Xho* Ⅰ限制性内切酶和 ExTaq DNA 聚合酶购自 Fermentas 公司；HRP 标记的羊抗鼠 IgG 购自北京中杉金桥生物技术有限公司；IRDye 700DX 羊抗鼠 IgG 购自 Li-COR 公司；IPTG 购自 Biosharp 公司；ECL 发光液试剂购自 Biotopped 公司；弗氏完全佐剂和弗氏不完全佐剂购自 Sigma-Aldrich 公司。

（2）主要仪器

涡旋混匀器（HYQ-2110）购自美国 Crystal 公司；台式恒温振荡器（IS-RDV1）购自美国 Crystal 公司；低温高速离心机（Allegra™ X-22R Centrifuge）购自美国

Beckman 公司；PCR 仪（TP-600）购自大连 TaKaRa 公司；电泳仪（DYY-6C）购自北京市六一仪器厂；紫外凝胶成像仪（Gel Doc XR+）购自 Bio-Rad 公司；电热恒温水浴槽（DK-8D）购自上海精宏实验设备有限公司；半干转印仪（Trans-Blot SD Cell）购自 Bio-Rad 公司。

2. 试验方法

（1）基因及引物的合成

参考 GenBank 中猪整合素 αv 的核苷酸序列（GenBank 登录号为 EF474019），利用 CBS 网站中的 TMHMM 2.0 工具在线分析该氨基酸序列，截取具有亲水性的胞外区氨基酸序列，再利用 DNASTAR 软件的 Protean 工具分析该氨基酸的抗原性，对胞外区氨基酸再次截短。然后优化针对大肠杆菌具有偏嗜性的密码子，在优化后序列的 5′端和 3′端分别引入 *Bam*H Ⅰ和 *Xho* Ⅰ两种酶切位点，最后人工合成了猪整合素 αv 核苷酸序列，将合成的基因连接至 pGH 载体上。然后利用 Premier 5.0 软件设计一对特异性引物，αv-F 为 5′-ATCGGATCCATGAGTCCTGCGGAGTACTC-3′，αv-R 为 5′-GGACTCGAGTTAAGAGATGGTCATGTTCTTGG-3′，用于猪整合素 αv 基因的鉴定，该重组质粒 pGH-αv 及特异性引物均由哈尔滨博仕生物技术有限公司合成。

（2）猪整合素 αv 基因的原核表达及纯化

猪整合素 αv 基因原核表达载体的构建：对 pGEX-6p-1 载体和重组质粒 pGH-αv 分别进行 *Bam*H Ⅰ与 *Xho* Ⅰ双酶切，酶切体系如下，10×smart buffer 5μL、100×BSA 0.5μL、*Bam*H Ⅰ 3μL、*Xho* Ⅰ 3μL、质粒 5μL、ddH$_2$O 33.5μL。37℃水浴作用 4h 后，利用胶回收试剂盒对双酶切产物进行胶回收。然后将两个目的片段进行连接，连接体系如下：胶回收片段 3μL、pGEX-6p-1 载体酶切片段 1μL、连接 buffer 2μL、T4 DNA 连接酶 1μL、ddH$_2$O 13μL。16℃连接 16h，将连接产物转化至 *E. coli* DH5α 感受态细胞，转化步骤如下：取 *E. coli* DH5α 感受态细胞 100μL 放于冰水混合物中融化，然后加入连接产物 1μL，混匀后冰浴 30min，然后 42℃热休克 90s，迅速冰浴 2min，再加入预热的 SOB 培养液，置于 37℃摇床中 1h 左右，取 200μL 转化后的菌液涂于 LB（Amp$^+$）平板上，置于 37℃培养箱中过夜。随机挑取 10 个单菌落进行菌落 PCR 鉴定，PCR 反应体系如下：2×premix Taq 酶 25μL、上游和下游引物各 1μL、模板 2μL、ddH$_2$O 21μL。PCR 反应条件：95℃预变性 5min，94℃变性 45s，61℃退火 45s，72℃延伸 2min，共 35 个循环，72℃再延伸 5min。取 3μL PCR 扩增产物于 1%琼脂糖凝胶电泳中检测，取鉴定为阳性的菌落扩增后提取质粒。

将阳性质粒转化至 *E. coli* BL21（DE3）感受态细胞中，转化条件同上，挑取单菌落于 LB（Amp$^+$）液体培养基中培养，当 OD$_{600}$ 值达到 0.6 时，用终浓度为

1mmol/L 的 IPTG 诱导表达，37℃摇床中培养 4h，然后将诱导产物利用 SDS-PAGE 进行鉴定。将表达猪整合素 αv 蛋白的菌体用预冷的 PBS 洗 5 次，进行超声破碎，对超声离心后的上清液和沉淀分别进行 SDS-PAGE 鉴定，用考马斯亮蓝进行染色观察。鉴定目的蛋白是否表达后，将含有目的蛋白的样品重新进行 SDS-PAGE，然后置于预冷的 0.1mol/L KCl 中，3～5min 后条带呈乳白色，将目的条带切下，放入蒸馏水中浸泡至无色，将胶条装入含有 1×电泳液的透析柱中，100V 洗脱 1h，获得纯化的猪整合素 αv 重组蛋白。

（3）猪整合素 αv 重组蛋白的鉴定

以 Western blotting 方法鉴定重组蛋白，具体步骤如下：纯化后的重组蛋白样品经处理后，进行 SDS-PAGE，然后转印至硝酸纤维素膜（NC 膜）上，转印条件为 15V 30min；用 5%的脱脂乳封闭，37℃封闭 2h，用 PBS 洗 3 次，每次 10min；以 1∶3000 稀释的 GST 单克隆抗体为一抗，37℃孵育 2h，用 PBS 洗 3 次，每次 10min；以 1∶2000 稀释的 HRP 标记的山羊抗鼠 IgG 为二抗，37℃孵育 1h，用 PBS 洗 3 次，每次 10min；将 NC 膜置于 Super ECL Plus 超敏发光液中，避光显色 3min，用扫描成像系统进行扫描。

（4）猪整合素 αv 重组蛋白抗体的制备

将纯化的猪整合素 αv 重组蛋白与弗氏佐剂等体积混合，充分乳化后，对 8 周龄雌性 BALB/c 小鼠进行免疫，采取皮下、腹腔多点注射的方法，每只小鼠注射剂量为 50μg。首次免疫用弗氏完全佐剂进行乳化，第二次和第三次免疫用弗氏不完全佐剂进行乳化，对照组为健康 8 周龄雌性 BALB/c 小鼠。每次免疫时间间隔为 14d，三免 3d 后对小鼠进行眼球采血，将分离的血清于−20℃保存。

（5）猪整合素 αv 重组蛋白抗体效价的检测

用间接 ELISA 方法检测制备的多克隆抗体的效价，具体步骤如下：用终浓度为 1μg/mL 的纯化蛋白包被 96 孔板，每孔 100μL，4℃包被过夜；次日弃去液体，用 PBS 洗 3 次，每次 5min；加 5%的脱脂乳封闭，每孔 150μL，37℃封闭 2h，用 PBS 洗 3 次，每次 5min；利用方阵法确定血清稀释度，再用 PBS 稀释被检血清，以对照组小鼠血清为阴性对照，每孔 100μL，37℃孵育 1h，用 PBS 洗 3 次，每次 5min；以 1∶2000 稀释的 HRP 标记的山羊抗鼠 IgG 为二抗，37℃孵育 1h，用 PBS 洗 3 次，每次 5min；每孔加入 100μL TMB 底物显色液，避光显色 10min，每孔再加入 100μL 2mol/L 硫酸终止液终止反应；用酶标仪读取 OD_{450} 值。

（6）猪整合素 αv 重组蛋白抗体的 Western blotting 鉴定

分别将猪睾丸细胞（ST 细胞）、猪肠上皮细胞（IEC 细胞）、猪肾细胞（PK15 细胞）培养成熟，PBS 洗涤 3 次后用细胞铲将细胞刮下，离心后获得细胞沉淀。将仔猪小肠组织用 PBS 清洗后，利用液氮将组织碾碎。将以上细胞和小肠组织用蛋白裂解液处理 30min，再用 SDS-PAGE 蛋白上样缓冲液处理。利用 Western blotting 方法鉴定制备的猪整合素 αv 多克隆抗体是否能够识别天然的猪整合素 αv 蛋白。Western blotting 步骤如下：蛋白样品经处理后，进行 SDS-PAGE，然后转印至 NC 膜上，转印条件为 15V 1h；用 5%的脱脂乳封闭，37℃封闭 2h，用 PBS 洗 3 次，每次 10min；以 1∶200 稀释的猪整合素 αv 多克隆抗体为一抗，室温孵育 2h，用 PBS 洗 3 次，每次 10min；以 1∶5000 稀释的 IRDye 700DX 羊抗鼠 IgG 为二抗，室温孵育 1h，用 PBS 洗 3 次，每次 10min；采用 Odyssey 红外荧光扫描成像系统采集图像。

3. 结果

（1）猪整合素 αv 跨膜区与抗原性分析

利用 CBS 网站中 TMHMM 2.0 工具对猪整合素 αv 跨膜区进行预测，分析结果如下，1～991aa 为胞外区，992～1014aa 为跨膜区，1015～1046aa 为胞内区，再利用 DNASTAR 软件中的 Protean 工具分析氨基酸的抗原性，结果表明截取的胞外区的部分氨基酸序列（37～557aa）具有较好的抗原性（图 3-18，图 3-19）。

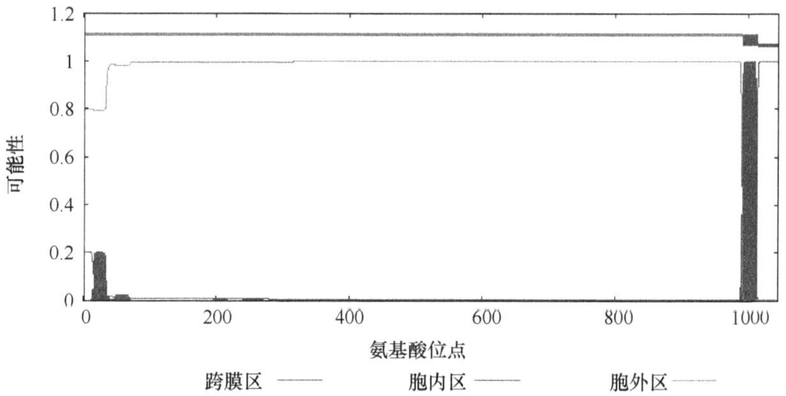

图 3-18 猪整合素 αv 跨膜区预测（彩图请扫封底二维码）

（2）猪整合素 αv 的原核表达及纯化

将重组质粒 pGH-αv 用 *Bam*H Ⅰ和 *Xho* Ⅰ进行双酶切，获得了 2907bp 和 1587bp 两个片段，PCR 鉴定结果与目的片段大小一致（图 3-20）。重组质粒 pGEX-6p-1-αv 菌液以 IPTG 诱导后，经 SDS-PAGE，在 83kDa 处可见特异性的表达条带，与预期条带大小一致。将表达的细菌超声破碎后，经 SDS-PAGE，结果显示目的蛋白存在于沉淀中，表明蛋白以包涵体的形式存在。将含有目的蛋白的胶条切下进行纯化，从而获得纯化的重组蛋白（图 3-21）。

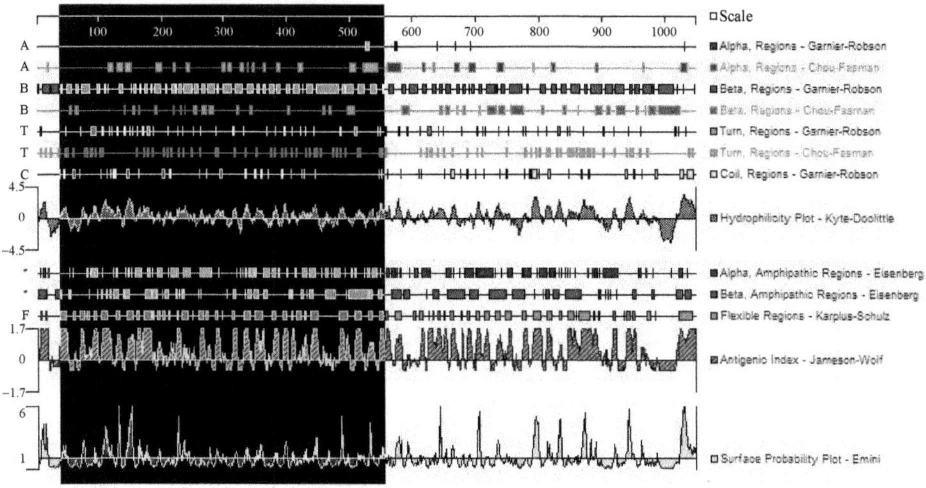

图 3-19　猪整合素 αv 抗原区预测（彩图请扫封底二维码）

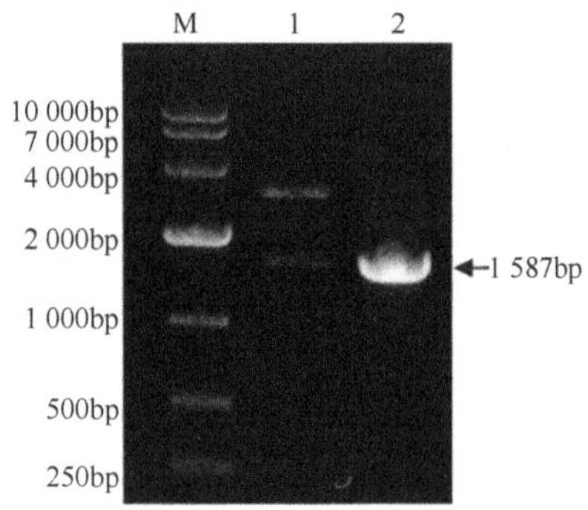

图 3-20　猪整合素 αv 重组质粒鉴定

M. DNA Marker DL10 000；1. 猪整合素 αv 重组质粒双酶切产物；2. 猪整合素 αv 重组质粒 PCR 扩增产物

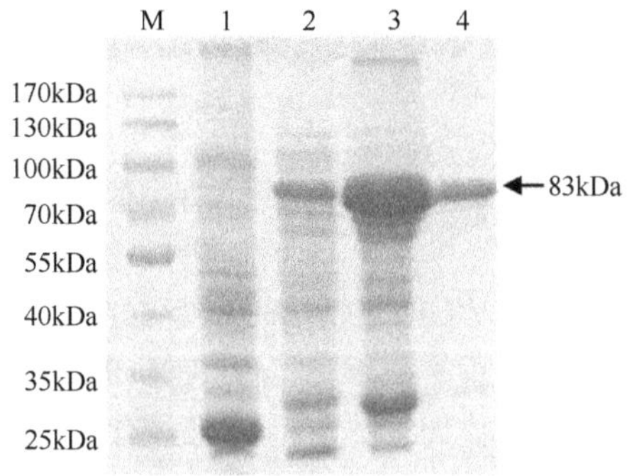

图 3-21　猪整合素 αv 重组蛋白的表达和纯化（彩图请扫封底二维码）

M. 蛋白质 Marker；1. 诱导后 pGEX-6p-1 对照；2. 诱导后 pGEX-6p-1-αv 菌体裂解物；3. 超声后 pGEX-6p-1-αv 沉淀物；4. 纯化的目的蛋白

（3）猪整合素 αv 重组蛋白的 Western blotting 分析

将获得的纯化重组蛋白以 Western blotting 方法进行分析，结果在 80kDa 左右有一条特异性条带，与预期的 83kDa 大小一致，表明合成的猪整合素 αv 基因与 pGEX-6p-1 原核表达载体的 GST 标签蛋白成功融合（图 3-22）。

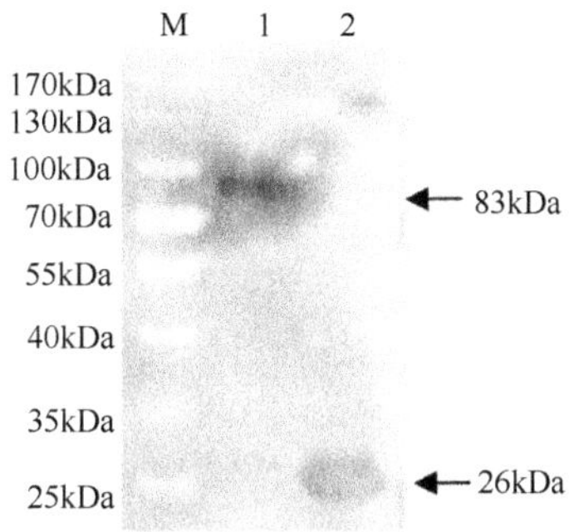

图 3-22　纯化猪整合素 αv 蛋白的 Western blotting 分析

M. 蛋白质 Marker；1. 纯化蛋白；2. GST 标签对照

（4）猪整合素 αv 多克隆抗体的鉴定

将重组蛋白倍比稀释后包被 96 孔板，以不同稀释倍数的小鼠血清为一抗，以 HRP 标记的山羊抗鼠 IgG 为二抗，间接 ELISA 结果显示，猪整合素 αv 多克隆抗体效价为 1∶6400。

对 ST 细胞、IEC 细胞、PK15 细胞及仔猪小肠组织蛋白进行 Western blotting 分析，结果显示，ST 细胞、IEC 细胞及仔猪小肠组织蛋白均在 130kDa 左右有一条特异性条带，另外，PK15 细胞蛋白与其他 4 种蛋白在 55～100kDa 有多条条带，表明制备的猪整合素 αv 多克隆抗体能识别多种天然整合素 αv 蛋白（图 3-23）。

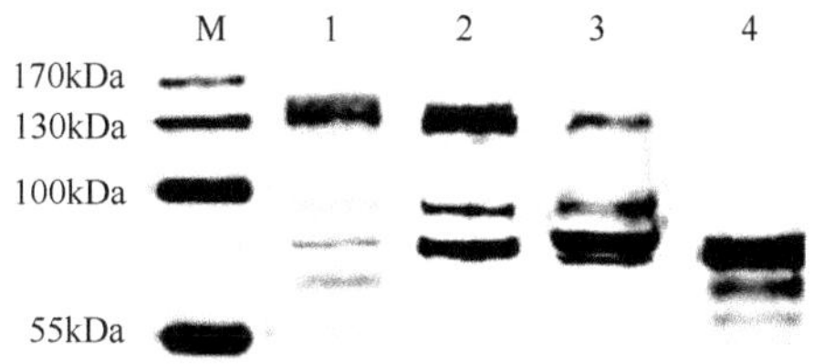

图 3-23　Western blotting 鉴定多克隆抗体对天然整合素 αv 蛋白的识别

M. 蛋白质 Marker；1. 仔猪小肠组织；2. ST 细胞；3. IEC 细胞；4. PK15 细胞

4. 讨论

自 1987 年发现整合素受体家族以来，整合素被认为是很有效的细胞黏附受体。整合素与其配体在免疫反应、白细胞转运、止血、癌症和人类遗传或自身免疫疾病等方面发挥着重要作用，它们可作为血栓和炎症治疗药物的靶蛋白，同时，整合素还可作为病毒和细菌的感染受体。在许多病毒感染过程中，单独的α亚基不能发挥功能或功能降低，需要α亚基与β亚基结合，促使α亚基发挥生理功能。由于整合素αv缺失α-Ⅰ结构域，因此α亚基的α螺旋结构与α-Ⅰ结构域形成配体识别位点，借此结合配体识别序列，发挥生物学功能。例如，αvα1、αvα5作为腺病毒的共受体能增强腺病毒感染细胞的能力，αvβ3能增强轮状病毒侵入细胞的能力，αvβ6是口蹄疫病毒的共受体，因此，整合素αv在介导病毒感染中起到重要的辅助作用。

猪整合素αv基因全长3141bp，由1046个氨基酸组成，分为胞外区、跨膜区和胞内区。为了更有利于基因的原核表达，首先对具有黏附功能的胞外区蛋白进行截短，进一步预测结果表明截取的37～557aa具有较好的抗原性。然后对截取的氨基酸序列进行密码子分析，针对大肠杆菌密码子的偏爱性进行优化，人工合成了截短的猪整合素αv胞外区基因。本试验选取带有GST标签的pGEX-6p-1载体进行原核表达，期望获得可溶性蛋白，以利于大量纯化，虽然该基因在大肠杆菌中成功获得表达，但表达的蛋白仍以包涵体形式存在。验证多克隆抗体时，不同的细胞或组织蛋白在NC膜上出现了多条条带，并且条带之间有差异性，这是因为不同构型及性质的蛋白的大小存在差异，而整合素通常具有多种空间构型，另外，蛋白上样缓冲液中含有二硫苏糖醇（DTT），DTT具有很强的还原性，所以处理后的蛋白可能具有还原型和非还原型两种类型，这都可能是导致多种不同大小蛋白条带出现的原因。

（二）猪整合素β3多克隆抗体的制备与鉴定

1. 试验材料

（1）主要试剂及实验动物

E. coli DH5α、*E. coli* BL21（DE3）、pGEX-6p-1原核表达载体均保存于黑龙江八一农垦大学动物科技学院基础兽医学实验室；ExTaq DNA聚合酶、T4 DNA连接酶、*Xho* Ⅰ和*Bam*H Ⅰ限制性内切酶购自Fermentas公司；ECL发光液试剂购自Biotopped公司；HRP标记的山羊抗鼠IgG购自北京中杉金桥生物技术有限公司；IRDye 700DX羊抗鼠IgG购自Li-COR公司；IPTG购自Biosharp公司；弗氏完全佐剂和弗氏不完全佐剂购自Sigma-Aldrich公司；8周龄雌性BALB/c小鼠购自中国农业科学院哈尔滨兽医研究所。

（2）主要仪器

涡旋混匀器（HYQ-2110）购自美国Crystal公司；台式恒温振荡器（IS-RDV1）购自美国Crystal公司；低温高速离心机（Allegra™ X-22R Centrifuge）购自美国Beckman公司；PCR仪（TP-600）购自大连TaKaRa公司；电泳仪（DYY-6C）购

自北京市六一仪器厂；紫外凝胶成像仪（Gel Doc XR+）购自Bio-Rad公司；电热恒温水浴槽（DK-8D）购自上海精宏实验设备有限公司；半干转印仪（Trans-Blot SD Cell）购自Bio-Rad公司。

2. 试验方法

（1）基因及引物的合成

在GenBank中查找猪整合素β3核苷酸序列（GenBank登录号为NM_214002），然后利用CBS网站中的TMHMM 2.0工具在线分析该氨基酸序列，依据蛋白的疏水性分析出该序列的跨膜区、胞内区和胞外区。截取胞外区氨基酸部分，再利用DNASTAR软件的Protean工具分析该氨基酸的主要抗原区，对胞外区氨基酸再次截短。然后针对大肠杆菌具有偏嗜性的密码子进行优化，在优化后序列的5′端和3′端分别引入*Bam*H Ⅰ和*Xho* Ⅰ两种酶切位点，以pGH为载体，最后人工合成了pGH-β3重组质粒。然后利用Premier 5.0软件设计一对特异性引物，β3-F为5′-ATCGGATCCATGCGTGGTGTGAGCTCCTGC-3′，β3-R为5′-GGACTCGAGT-TAGTCAGGGCCCTTCGGACA-3′，用于猪整合素β3基因的鉴定，pGH-β3重组质粒及引物均由哈尔滨博仕生物技术有限公司合成。

（2）猪整合素β3基因的原核表达及纯化

猪整合素β3基因原核表达载体的构建：对pGEX-6p-1载体和重组质粒pGH-β3分别进行*Bam*H Ⅰ和*Xho* Ⅰ双酶切，酶切体系如下，10×smart buffer 5μL、100×BSA 0.5μL、*Bam*H Ⅰ 3μL、*Xho* Ⅰ 3μL、质粒5μL、ddH$_2$O 33.5μL。37℃水浴作用4h后，利用胶回收试剂盒对双酶切产物进行胶回收。然后将双酶切后的目的基因和载体进行连接，连接休系如下：胶回收片段3μL、pGEX-6p-1载体酶切片段1μL、连接buffer 2μL、T4 DNA连接酶1μL、ddH$_2$O 13μL。16℃连接16h，将连接产物转化至*E. coli* DH5α感受态细胞，转化步骤如下：取*E. coli* DH5α感受态细胞100μL放于冰水混合物中融化，然后加入连接产物1μL，混匀后冰浴30min，然后42℃热休克90s，迅速冰浴2min，再加入预热的SOB培养液，置于37℃摇床中1h左右，取200μL转化后的菌液涂于LB（Amp$^+$）平板上，置于37℃培养箱中过夜。随机挑取10个单菌落进行菌落PCR鉴定，PCR反应体系如下：2×premix Taq酶25μL、上游和下游引物各1μL、模板2μL、ddH$_2$O 21μL。PCR反应条件：95℃预变性5min，94℃变性45s，61℃退火45s，72℃延伸2min 10s，共35个循环，72℃再延伸5min。取3μL PCR扩增产物于1%琼脂糖凝胶电泳中检测，取鉴定为阳性的菌落扩增后提取质粒。

猪整合素β3基因原核表达及其重组蛋白的纯化：将阳性质粒转化至*E. coli* BL21（DE3）感受态细胞中，转化条件同上，挑取单菌落于LB（Amp$^+$）液体培养基中培养，当OD$_{600}$值达到0.6时，用终浓度为1mmol/L的IPTG诱导表达，

37℃摇床中培养 4h，然后将诱导产物利用 SDS-PAGE 进行鉴定。将表达猪整合素 β3 蛋白的菌体用预冷的 PBS 洗 5 次，然后进行超声破碎，对超声离心后的上清液和沉淀分别进行 SDS-PAGE 鉴定，用考马斯亮蓝进行染色观察。鉴定目的蛋白是否表达后，将含有目的蛋白的样品重新进行 SDS-PAGE，然后置于预冷的 0.1mol/L KCl 中，3～5min 后条带呈乳白色，将目的条带切下，放入蒸馏水中浸泡至无色，将胶条装入含有 1×电泳液的透析柱中，100V 洗脱 1h，获得纯化的猪整合素 β3 重组蛋白。

（3）猪整合素 β3 重组蛋白的鉴定

以 Western blotting 方法鉴定重组蛋白，具体步骤如下：纯化后的重组蛋白样品经处理后，进行 SDS-PAGE，然后转印至硝酸纤维素膜（NC 膜）上，转印条件为 15V 30min；用 5%的脱脂乳封闭，37℃封闭 2h，用 PBS 洗 3 次，每次 10min；以 1∶3000 稀释的 GST 单克隆抗体为一抗，37℃孵育 2h，用 PBS 洗 3 次，每次 10min；以 1∶2000 稀释的 HRP 标记的山羊抗鼠 IgG 为二抗，37℃孵育 1h，用 PBS 洗 3 次，每次 10min；将 NC 膜置于 Super ECL Plus 超敏发光液中，避光显色 3min，用扫描成像系统进行扫描。

（4）猪整合素 β3 重组蛋白抗体的制备

将纯化的猪整合素 β3 重组蛋白与弗氏佐剂等体积混合，充分乳化后，对 8 周龄雌性 BALB/c 小鼠进行免疫，采取皮下、腹腔多点注射的方法，每只小鼠注射剂量为 50μg。首次免疫用弗氏完全佐剂进行乳化，第二次和第三次免疫用弗氏不完全佐剂进行乳化，对照组为健康 8 周龄雌性 BALB/c 小鼠。每次免疫时间间隔为 14d，三免 3d 后对小鼠进行眼球采血，将分离的血清于−20℃保存。

（5）猪整合素 β3 重组蛋白抗体效价的检测

用间接 ELISA 方法检测制备的多克隆抗体的效价，具体步骤如下：用终浓度为 1μg/mL 的纯化蛋白包被 96 孔板，每孔 100μL，4℃包被过夜；次日弃去液体，用 PBS 洗 3 次，每次 5min；加 5%的脱脂乳封闭，每孔 150μL，37℃封闭 2h，用 PBS 洗 3 次，每次 5min；利用方阵法确定血清稀释度，再用 PBS 稀释被检血清，以对照组小鼠血清为阴性对照，每孔 100μL，37℃孵育 1h，用 PBS 洗 3 次，每次 5min；以 1∶2000 稀释的 HRP 标记的山羊抗鼠 IgG 为二抗，37℃孵育 1h，用 PBS 洗 3 次，每次 5min；每孔加入 100μL TMB 底物显色液，避光显色 10min，每孔再加入 100μL 2mol/L 硫酸终止液终止反应；用酶标仪读取 OD_{450} 值。

（6）猪整合素 β3 重组蛋白抗体的 Western blotting 鉴定

分别将猪睾丸细胞（ST 细胞）、猪肠上皮细胞（IEC 细胞）、猪肾细胞（PK15 细胞）培养成熟，PBS 洗涤 3 次后用细胞铲将细胞刮下，离心后获得细胞沉淀。将仔猪小肠组织用 PBS 清洗后，利用液氮将组织碾碎。将以上细胞和小肠组织用蛋白裂解液处理 30min，再用 SDS-PAGE 蛋白上样缓冲液处理。利用 Western blotting 方法鉴定制备的猪整合素 β3 多克隆抗体是否能够识别天然的猪整合素 β3 蛋白。Western blotting 步骤如下：蛋白样品经处理后，进行 SDS-PAGE，转印至 NC 膜上，转印条件为 15V 1h；用 5%的脱脂乳封闭，37℃封闭 2h，用 PBS 洗 3 次，每次 10min；以 1∶200 稀释的猪整合素 β3 多克隆抗体为一抗，室温孵育 2h，用 PBS 洗 3 次，每次 10min；以 1∶5000 稀释的 IRDye 700DX 羊抗鼠 IgG 为二抗，室温孵育 1h，用 PBS 洗 3 次，每次 10min；采用 Odyssey 红外荧光扫描成像系统采集图像。

3. 结果

（1）猪整合素 β3 跨膜区与抗原性分析

利用 CBS 网站中 TMHMM 2.0 工具对猪整合素 β3 跨膜区进行预测，结果表明 7～29aa 和 715～737aa 为跨膜区，1～6aa 和 738～784aa 为胞内区，30～714aa 为胞外区（图 3-24）。再利用 DNASTAR 软件中的 Protean 工具对序列进行抗原性分析，结果表明猪整合素 β3 胞外区部分（30～714aa）具有较好的抗原性（图 3-25）。

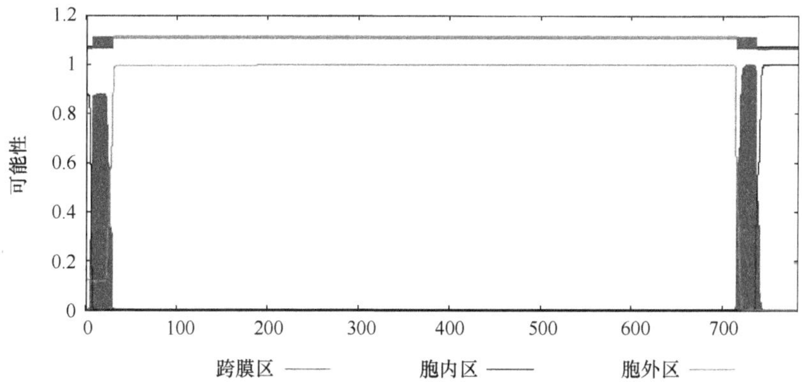

图 3-24　猪整合素 β3 跨膜区预测（彩图请扫封底二维码）

（2）猪整合素 β3 的原核表达及纯化

将重组质粒 pGH-β3 用 *Bam*H Ⅰ和 *Xho* Ⅰ进行双酶切，获得了约 2907bp 和 2079bp 两个片段，PCR 鉴定结果与目的片段大小一致（图 3-26）。重组质粒 pGEX-6p-1-β3 菌液以 IPTG 诱导，经 SDS-PAGE 分析，在 100kDa 左右可见特异性表达条带，与预期条带大小一致。将表达的细菌超声破碎后，经 SDS-PAGE，结果显示，目的蛋白存在于沉淀中，表明蛋白以包涵体的形式存在。将含有目的蛋白的胶条切下进行纯化，从而获得纯化的重组蛋白（图 3-27）。

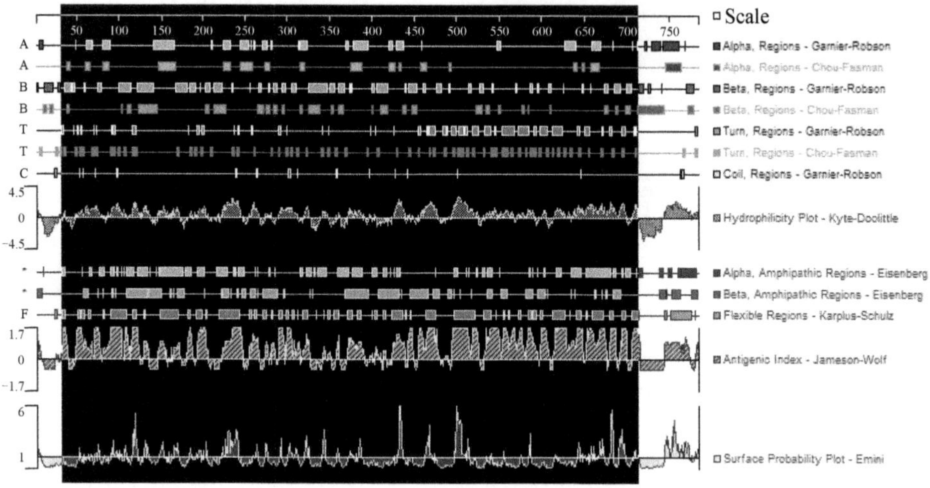

图 3-25　猪整合素 β3 抗原区预测（彩图请扫封底二维码）

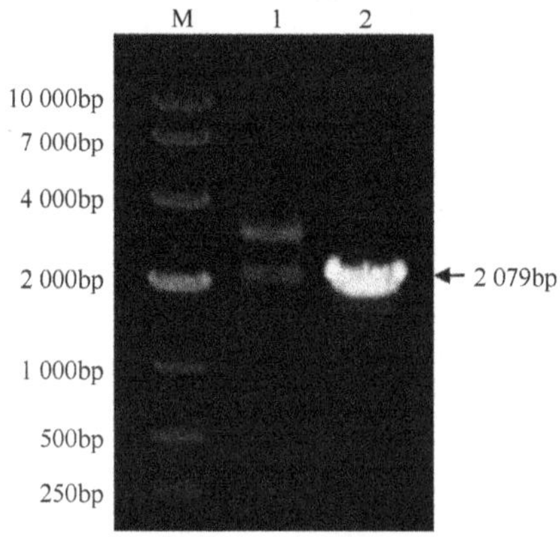

图 3-26　猪整合素 β3 重组质粒鉴定

M. DNA Marker DL10 000；1. 猪整合素 β3 重组质粒双酶切产物；2. 猪整合素 β3 重组质粒 PCR 扩增产物

（3）猪整合素 β3 重组蛋白的 Western blotting 分析

将获得的纯化重组蛋白以 Western blotting 方法进行分析，在 100kDa 左右有特异性条带，与预期蛋白大小一致，表明合成的猪整合素 β3 基因与 pGEX-6p-1 原核表达载体的 GST 标签蛋白成功融合（图 3-28）。

（4）猪整合素 β3 多克隆抗体的鉴定

将重组蛋白倍比稀释后包被 96 孔板，以不同稀释倍数的小鼠血清为一抗，以 HRP 标记的山羊抗鼠 IgG 为二抗，间接 ELISA 结果显示，猪整合素 β3 多克隆抗体效价为 1∶12 800。对 ST 细胞、IEC 细胞、PK15 细胞及仔猪小肠组织蛋白进行 Western blotting 分析，结果显示，各个蛋白在 80～130kDa 均有两条条带，表明制备的猪整合素 β3 多克隆抗体能够识别多种天然整合素 β3 蛋白（图 3-29）。

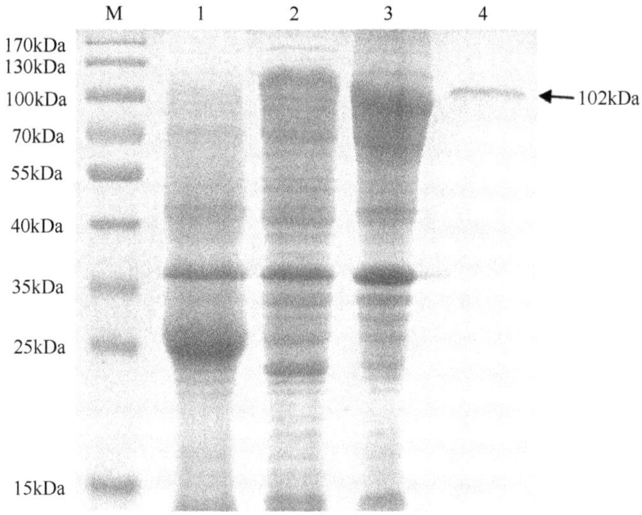

图 3-27 猪整合素 β3 重组蛋白的表达和纯化（彩图请扫封底二维码）

M. 蛋白质 Marker；1. 诱导后 pGEX-6p-1 对照；2. 诱导后 pGEX-6p-1-β3 菌体裂解物；3. 超声后 pGEX-6p-1-β3 沉淀物；4. 纯化的目的蛋白

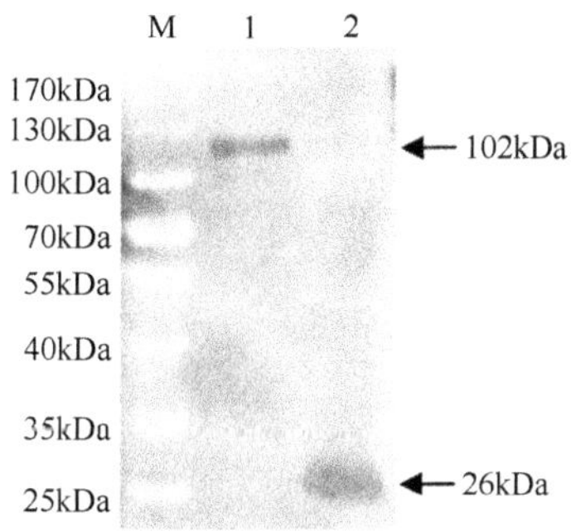

图 3-28 纯化猪整合素 β3 重组蛋白的 Western blotting 分析

M. 蛋白质 Marker；1. 纯化蛋白；2. GST 标签对照

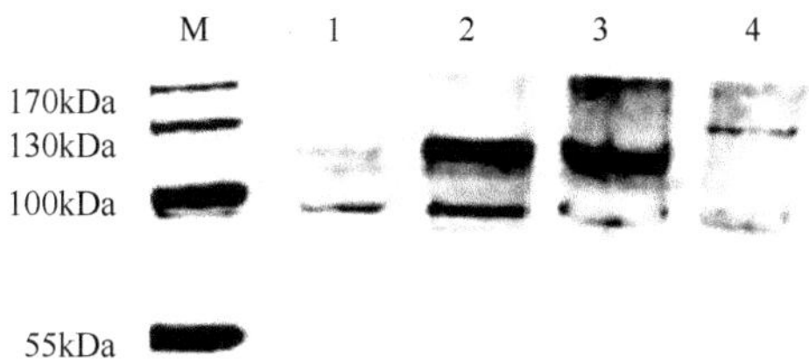

图 3-29 Western blotting 鉴定多克隆抗体对天然整合素 β3 蛋白的识别

M. 蛋白质 Marker；1. PK15 细胞；2. 仔猪小肠组织；3. ST 细胞；4. IEC 细胞

4. 讨论

整合素是一类重要的细胞黏附蛋白，介导细胞与细胞或细胞与细胞外基质间的相互作用，在许多生理过程中发挥着关键作用，包括免疫反应、伤口愈合、胚胎发育及细胞的增殖和分化的调控。大量研究表明，整合素在口蹄疫病毒、疱疹病毒、轮状病毒、人类免疫缺陷病毒等众多病毒感染过程中均发挥作用，具有成为共性蛋白的趋势，在病毒学研究领域备受关注。同时，这些病毒与整合素的相互作用具有配体识别序列依赖性，从而导致不同亚基组合的整合素异二聚体作为不同病毒的感染相关蛋白。例如，整合素 αvβ6 可以增强口蹄疫病毒对细胞的感染能力，整合素 α4β1 可以决定 α 疱疹病毒侵入宿主细胞的途径。

整合素 β3 主要依赖于其胞外区蛋白发挥黏附功能，因此本试验首先通过跨膜区预测，明确了猪整合素 β3 胞外区为 30～714aa，进一步预测了猪整合素 β3 胞外区具有较好的抗原性。为了能够成功表达猪整合素 β3 蛋白，本试验根据大肠杆菌密码子的偏爱性，对猪整合素 β3 胞外区进行了人工合成。密码子优化的猪整合素 β3 胞外区基因在大肠杆菌中成功获得表达，但是表达的猪整合素 β3 胞外区重组蛋白以包涵体的形式存在。将猪整合素 β3 胞外区重组蛋白纯化后，免疫雌性 BALB/c 小鼠，制备了猪整合素 β3 多克隆抗体。本试验通过猪源细胞系和仔猪小肠组织对猪整合素 β3 多克隆抗体进行了进一步验证，制备的猪整合素 β3 多克隆抗体能够识别天然的猪整合素蛋白，但是出现两个条带，猜测分别是还原型和非还原型的猪整合素 β3 蛋白，这一结果与 Xiong 等（2009）构建的人整合素 β3 蛋白的表达结果一致。在本研究中，猪整合素 β3 多克隆抗体的成功制备为后续猪整合素在病毒感染中的作用等相关研究奠定了物质基础。

（三）猪整合素 αvβ3 真核表达载体构建及介导猪流行性腹泻病毒感染作用的初步验证

1. 试验材料

（1）细胞与病毒

中国仓鼠卵巢（Chinese hamster ovary，CHO）细胞、PEDV CV777 毒株、抗 PEDV N 蛋白单克隆抗体均保存于中国农业科学院哈尔滨兽医研究所兽医生物技术国家重点实验室/猪传染病研究室。

（2）主要试剂

*Eco*R Ⅰ和 *Xho* Ⅰ限制性内切酶购自 New England Biolabs 公司；EmeraldAmp® PCR Master Mix 购自大连 TaKaRa 公司；质粒中量提取试剂盒、转染试剂均购自 QIAGEN 公司；DMEM、1×opti-MEM、胎牛血清均购自 Gibco 公司；IRDye 700DX 羊抗鼠 IgG 购自 Li-COR 公司；Attractene Transfection Reagent 试剂盒购自 QIAGEN 公司；DAPI 购自上海碧云天生物技术有限公司；4%多聚甲醛固定液购自武汉博士德生物工程有限公司；FITC 标记的山羊抗小鼠 IgG 单克隆抗体购自北京中杉金

桥生物技术有限公司。

（3）主要仪器

台式恒温振荡器（IS-RDV1）购自美国 Crystal 公司；室温台式离心机（Centrifuge 5424）购自德国 Eppendorf 公司；PCR 仪（TP-600）购自大连 TaKaRa 公司；电泳仪（DYY-6C）购自北京市六一仪器厂；紫外凝胶成像仪（Gel Doc XR+）购自 Bio-Rad 公司；电热恒温水浴槽（DK-8D）购自上海精宏实验设备有限公司；涡旋混匀器（HYQ-2110）购自美国 Crystal 公司；半干转印仪（Trans-Blot SD Cell）购自 Bio-Rad 公司；Ⅱ级生物安全柜和细胞培养箱购自美国 Thermo 公司；摇床（SK-L180-E）购自美国 Scilogex 公司；倒置荧光显微镜（EVOS F1）购自美国 Life 公司。

2. 试验方法

（1）合成基因及引物设计

参考 GenBank 中猪整合素 αv 核苷酸序列和猪整合素 β3 核苷酸序列，分别在 5′端和 3′端引入 *Eco*R Ⅰ和 *Xho* Ⅰ酶切位点，全长基因序列由人工合成，连接至 pCAGGS-HA 载体，分别命名为 pCAGGS-pIαv 和 pCAGGS-pIβ3，重组质粒示意图如图 3-30 所示。然后利用 Premier 5.0 软件分别设计一对鉴定引物，pIαv-F 为

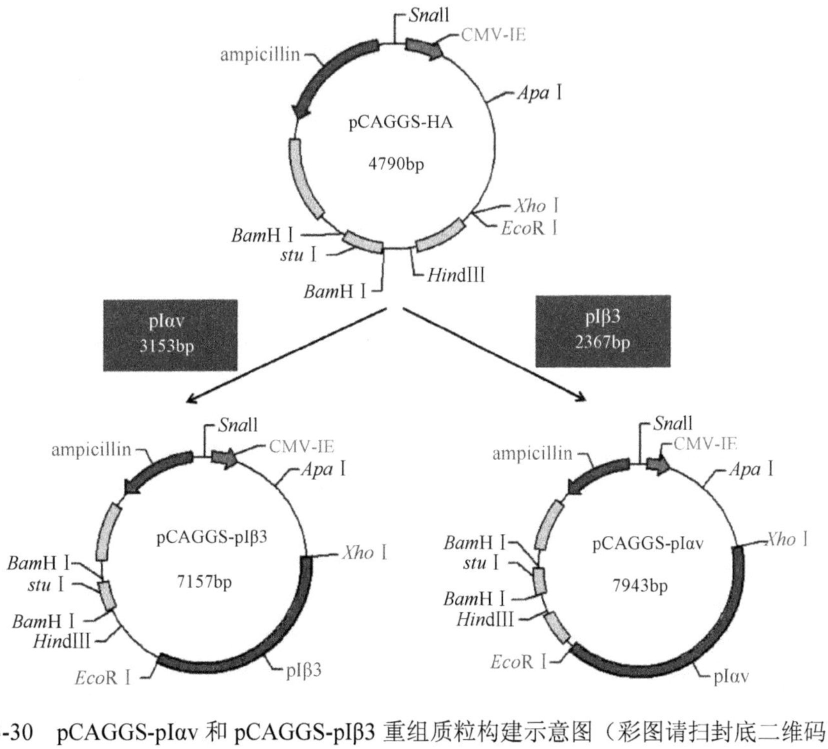

图 3-30　pCAGGS-pIαv 和 pCAGGS-pIβ3 重组质粒构建示意图（彩图请扫封底二维码）

5′-ATTGAATTCATGGCTTTCCCCCCTAGACGA-3′，pIαv-R 为 5′-ATACTCGAG-TTAGGTCTCGGAGTTGCCCTC-3′; pIβ3-F 为 5′-ATTGAATTCATGAGAGCTAGA-CCTCTGTGGGC-3′, pIβ3-R 为 5′-ATACTCGAGTTAGGTGCCTCTGTAGGTGATG-TTGGT-3′。以上基因序列及引物均由哈尔滨博仕生物技术有限公司合成。

（2）重组质粒的鉴定

将重组真核质粒分别进行 *Eco*R Ⅰ、*Xho* Ⅰ酶切和 PCR 鉴定。双酶切体系如下：*Eco*R Ⅰ 0.5μL、*Xho* Ⅰ 0.5μL、质粒 2μL、10×smart buffer 1μL、ddH$_2$O 6μL。37℃水浴 4h 后取 5μL 样品于 1%琼脂糖凝胶电泳中分析。PCR 反应体系（50μL）：2×premix Taq 酶 25μL、上游和下游引物各 1μL、模板 2μL、ddH$_2$O 21μL。PCR 反应条件：95℃预变性 5min，94℃变性 45s，63℃退火 45s，72℃延伸 3min，共 35 个循环，72℃再延伸 5min。取 3μL PCR 扩增产物于 1%琼脂糖凝胶电泳中分析。

（3）重组质粒的大量提取

将以上鉴定为阳性质粒的穿刺菌接种于 LB（Amp$^+$）液体培养基中，置于摇床中 37℃培养 12h。再将培养的菌液按 1∶1000 的比例接种于 LB（Amp$^+$）液体培养基中，置于摇床中 37℃培养 16h，然后大量提取质粒。具体步骤如下：将培养的菌液置于离心管中，配平后用 4℃离心机 6000*g* 离心 15min，弃掉上清液；加入 10mL buffer P1（预先加入 RNase A 和 Lyse Blue，4℃保存）重悬沉淀并混匀；加入 10mL buffer P2，轻轻上下颠倒离心管数次，混合液全部变为蓝色视为混匀，混匀后室温静置 5min；加入 10mL buffer P3，上下颠倒数次，至混合液完全变成白色，混匀后迅速倒入滤筒，室温静置 10min；10min 后，去掉滤筒的盖子，然后缓慢地将活塞插入滤筒并将细菌裂解液过滤到新的 50mL 离心管中；加入 2.5mL buffer ER，上下颠倒混匀，冰浴 30min，（冰浴期间用 10mL buffer QBT 平衡 QIAGEN-tip 500，使其依靠重力作用排净）；冰浴后将液体倒入平衡好的 QIAGEN-tip 500 柱中，并依靠重力作用排净；加入 30mL buffer QC，并依靠重力排净，并重复一次；加入 15mL buffer QN，洗脱质粒 DNA 至 50mL 离心管中；加入 10.5mL 异丙醇，上下颠倒混匀，用 4℃离心机 16 000*g* 离心 30min，小心弃掉上清液；加入 5mL 70%乙醇重悬沉淀，用 4℃离心机 16 000*g* 离心 15min，小心弃掉上清液；室温放置 10min 干燥后，加入适量的 buffer TE，溶解 DNA 沉淀；用紫外分光光度计测其 A_{260}，确定其浓度，于−20℃保存备用。

（4）CHO 细胞的培养

CHO 细胞的复苏：将冻存的 CHO 细胞从液氮罐中取出，将冻存管迅速置于 37℃水浴中，缓慢转动使其融化，1000*g* 离心 3min，弃掉上清液，用 DMEM 将细胞重新悬起后，相同条件下离心，再将细胞移入含有 10%胎牛血清的 DMEM 细胞培养液中，轻轻摇动细胞培养瓶使细胞均匀分布于培养液中，将细胞置于 37℃ 5% CO_2 的细胞培养箱中培养，6h 后换液。

CHO 细胞的传代：待 CHO 细胞在细胞瓶中长至单层后，进行细胞传代。弃掉细胞瓶内的培养液，用磷酸盐缓冲液（PBS，pH 7.4）清洗细胞，重复 3 次，然后加入适量的胰酶进行消化，至细胞消化成单个细胞，也可在显微镜下观察，细胞呈分散的圆形，弃掉胰酶，用含有 10%胎牛血清的 DMEM 培养液将细胞从瓶壁上吹下来，用吸管轻轻吹打细胞数下，混匀后将细胞转移至新的细胞瓶中继续培养，细胞再次长至单层后，以相同方法继续传代。

（5）转染

CHO 细胞传代时，将细胞密度调整为 0.5×10^6～1×10^6 个/mL，均匀铺于 6 孔板中，每孔 2mL，培养细胞 12h 左右，细胞汇合密度达 70%～90%，按照转染试剂说明书进行转染。具体步骤如下：将转染试剂 Attractene Transfection Reagent、1×opti-MEM、重组质粒 pCAGGS-pIαv 和重组质粒 pCAGGS-pIβ3 置于室温一段时间，使试剂调整到室温；向各个离心管中加入 100μL 1×opti-MEM，再分别加入 pCAGGS-pIαv 和 pCAGGS-pIβ3 重组质粒各 2μg，对照组加入 pCAGGS-HA 空载体，再加入转染试剂 4.5μL；将混合液充分混匀，室温静置 15min；对细胞重新更换含 10%胎牛血清的 DMEM 培养基，然后将上述混合液加入细胞培养基中；置于 37℃ 5% CO_2 的培养箱中培养 6～12h 后，更换新鲜的含 10%胎牛血清 DMEM 培养基；为了验证重组质粒 pCAGGS-pIαv 和 pCAGGS-pIβ3 在 CHO 细胞内的表达效果，设置重组质粒单转染组与共转染组，24h 后收取细胞；为检测不同时间内整合素 αvβ3 蛋白的表达水平，在共转染后的 12h、24h、36h、48h、60h 分别收取细胞。

（6）间接免疫荧光试验

将上述单转染组、共转染组及共转染不同时间的细胞分别进行间接免疫荧光试验，具体操作如下：将转染后的细胞培养基倒掉，用 PBS 洗 3 次，然后用适量的 4%多聚甲醛覆盖于细胞上，4℃条件下固定 30min，PBS 洗 3 次，每次 3min；加入 0.2% Triton X-100 室温孵育 10min，PBS 洗 3 次，每次 3min；每个实验组及对照组对应加入适量 1∶200 稀释的猪整合素 αv/β3 多克隆抗体，室温孵育 2h，PBS 洗 3 次，每次 3min；加入适量 1∶500 稀释的 FITC 标记的山羊抗小鼠 IgG，室温避光孵育 1h，PBS 洗 3 次，每次 3min；最后在每孔中加入适量 PBS，在倒置荧光显微镜下进行观察。

（7）转染细胞蛋白表达量的测定

收集单转染组、共转染组及共转染不同时间的细胞，利用 Western blotting 方法检测整合素蛋白的表达情况，具体步骤如下：进行 10% SDS-PAGE；将分离的蛋白转印至 NC 膜上，条件为 15V 1h；以 5%脱脂乳室温封闭 2h，PBS 洗膜 3 次，每次 10min；pCAGGS-pIαv 单转染组与其对照组中加入 1∶200 稀释的猪整合素 αv 抗体，pCAGGS-pIβ3 单转染组与其对照组中加入 1∶200 稀释的猪整合素 β3 抗体，pCAGGS-pIαv 和 pCAGGS-pIβ3 共转染组与其对照组中加入 1∶200 稀释的猪整合

素 αvβ3 抗体，室温孵育 2h，PBS 洗膜 3 次，每次 10min；加入 1∶2000 稀释的 IRDye 700DX 羊抗鼠 IgG，室温避光孵育 1h，PBS 洗膜 3 次，每次 10min；在荧光扫描成像系统上进行扫描分析。获得图像后，利用 Image J 软件进行灰度值分析，再利用 GraphPad Prism 作图分析。

（8）病毒接种

通过以上实验确定共转染质粒在 24～36h 表达量最高，选择该时间段接种病毒。将 PEDV 稀释至 10^3TCID$_{50}$ 后接种细胞，实验组细胞为共转染质粒的 CHO 细胞，以 V 表示，对照组细胞为转染空质粒的 CHO 细胞，以 C 表示，在 37℃ 5% CO_2 的培养箱中培养 1h 后，更换新鲜 DMEM 培养基，分别于接种病毒后 12h、15h、18h、21h、24h 固定细胞。

（9）病毒感染率的测定

利用间接免疫荧光检测病毒感染情况，其中以 PEDV N 蛋白单克隆抗体为一抗，FITC 标记的山羊抗小鼠 IgG 为二抗，操作步骤同上。在倒置荧光显微镜下进行观察，3 个重复样品分别在白光、DAPI、FITC 荧光下随机选择视野拍摄照片。利用 Image-Pro Plus 6.0 软件进行细胞核计数及感染细胞计数，采用 SPSS 20.0 进行统计分析，数据以 $\bar{X}\pm S$ 表示，应用独立样本 t 检验的方法比较数据的差异性，$P<0.05$ 表示差异性显著，再利用 GraphPad Prism 6 软件绘制图表。

3. 结果

（1）pCAGGS-pIαv 和 pCAGGS-pIβ3 重组质粒鉴定结果

pCAGGS-pIαv 和 pCAGGS-pIβ3 重组质粒用 *Eco*R Ⅰ和 *Xho* Ⅰ进行双酶切，鉴定结果显示，获得了约 3.3kb、2.4kb 的目的基因片段及约 4.8kb 的 pCAGGS-HA 载体片段，如图 3-31 所示。PCR 鉴定结果显示，分别获得了约 3.3kb、2.4kb 的目的基因片段，如图 3-32 所示。以上结果证明目的基因已被正确插入 pCAGGS-HA 载体中。

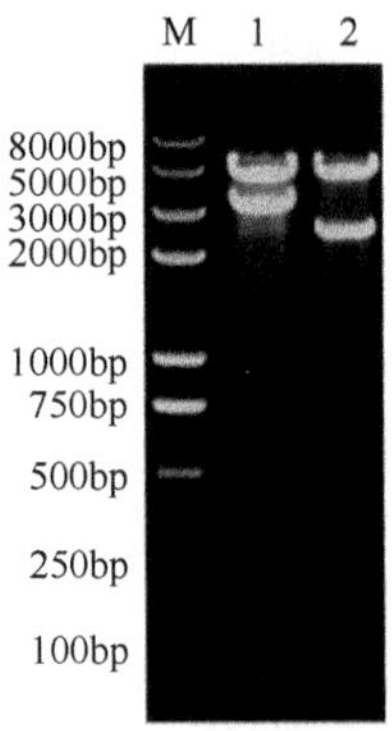

图 3-31 重组质粒双酶切鉴定结果

M. DNA Marker；1. pCAGGS-pIαv 双酶切产物；2. pCAGGS-pIβ3 双酶切产物

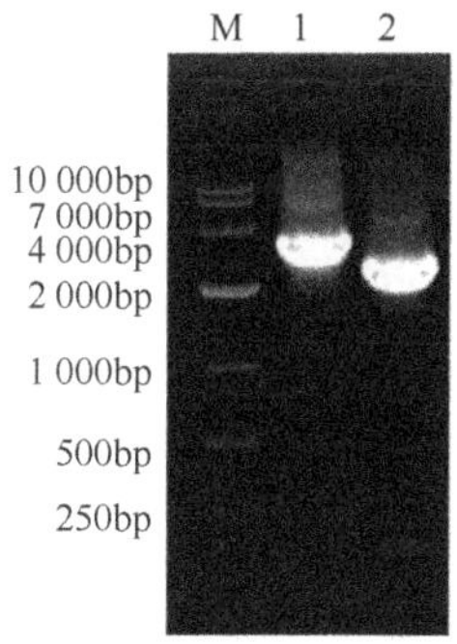

图 3-32 重组质粒 PCR 鉴定结果

M. DNA Marker；1. pCAGGS-pIαv PCR 产物；2. pCAGGS-pIβ3 PCR 产物

（2）pCAGGS-pIαv 和 pCAGGS-pIβ3 转染细胞的蛋白表达结果

用重组质粒 pCAGGS-pIαv 和 pCAGGS-pIβ3 单转染并共转染 CHO 细胞，转染 24h 后进行间接免疫荧光测定，结果显示，单转染组与共转染组的重组质粒都成功在 CHO 细胞内表达，而共转染组蛋白的表达量最高，如图 3-33 所示。平行样品的 Western blotting 鉴定结果表明，共转染组整合素 αvβ3 蛋白表达水平最高，与间接免疫荧光检测结果一致，如图 3-34 所示。

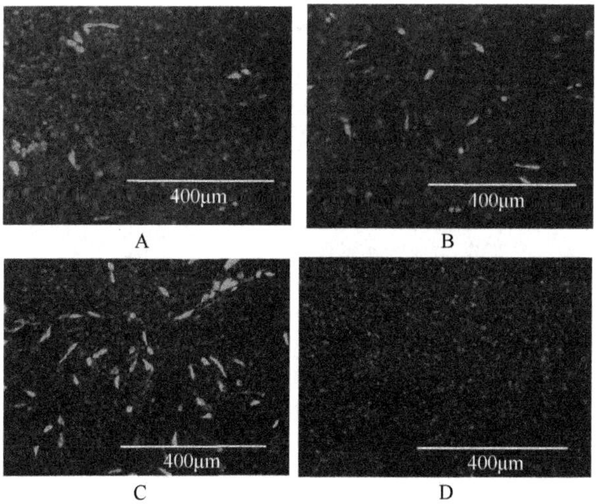

图 3-33 重组质粒单转染与共转染间接免疫荧光测定（彩图请扫封底二维码）

A. pCAGGS-pIαv 转染 CHO 细胞；B. pCAGGS-pIβ3 转染 CHO 细胞；C. pCAGGS-pIαv 和 pCAGGS-pIβ3 共转染 CHO 细胞；D. pCAGGS-HA 空质粒转染 CHO 细胞

（3）pCAGGS-pIαv 和 pCAGGS-pIβ3 重组蛋白表达时间的测定

用 pCAGGS-pIαv 和 pCAGGS-pIβ3 重组质粒共转染 CHO 细胞，分别于 12h、24h、36h、48h、60h 收取细胞，间接免疫荧光检测结果显示，12～60h 整合素 αvβ3

蛋白均在 CHO 细胞内有表达，36h 后表达整合素蛋白的细胞开始老化，如图 3-35 所示。平行样品的 Western blotting 鉴定结果表明，24～36h 整合素 αvβ3 蛋白在 CHO 细胞内的表达量最高，如图 3-36 所示。

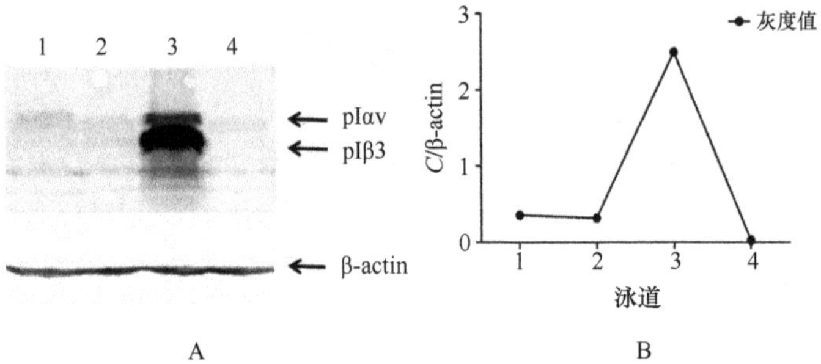

图 3-34　重组质粒单转染和共转染 Western blotting 检测

A. 重组蛋白表达结果；B. 重组蛋白表达分析；1. pCAGGS-pIαv 重组蛋白；2. pCAGGS-pIβ3 重组蛋白；3. pCAGGS-pIαv 和 pCAGGS-pIβ3 重组蛋白；4. pCAGGS-HA 空载体对照

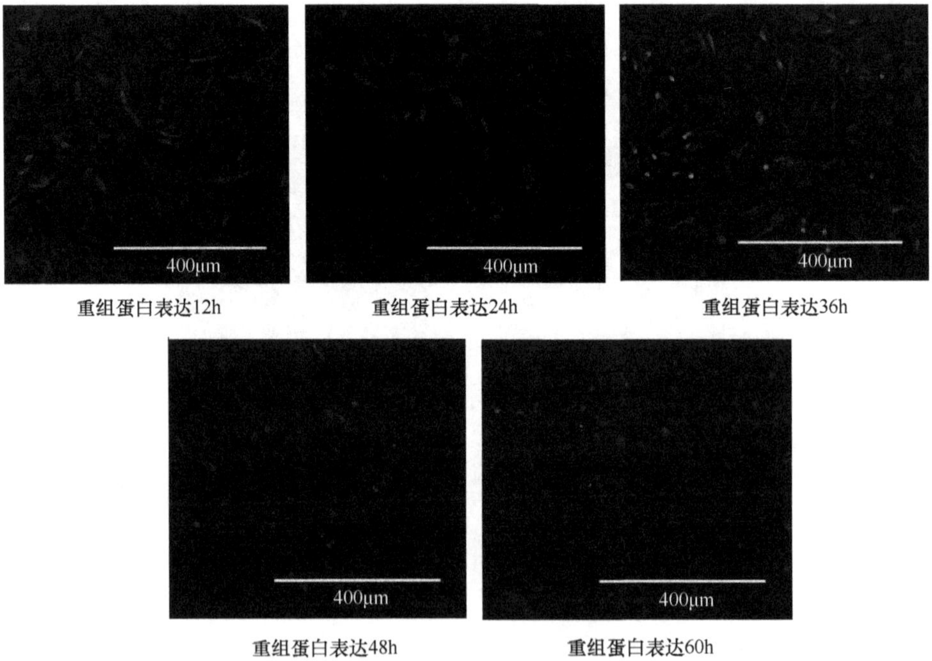

图 3-35　重组蛋白表达时间的间接免疫荧光检测（彩图请扫封底二维码）

（4）PEDV 在 CHO 细胞中的感染鉴定与分析

用 pCAGGS-pIαv 和 pCAGGS-pIβ3 重组质粒共转染 CHO 细胞 24h 后接种 PEDV，利用间接免疫荧光检测病毒感染情况，利用 Image-Pro Plus 6.0 软件进行细胞核及感染细胞计数，利用 SPSS 20.0 软件进行统计学分析（表 3-2），再利用 GraphPad Prism 6 软件绘制图表，如图 3-37 所示，15～18h 实验组与对照组 PEDV 感染率差异显著。

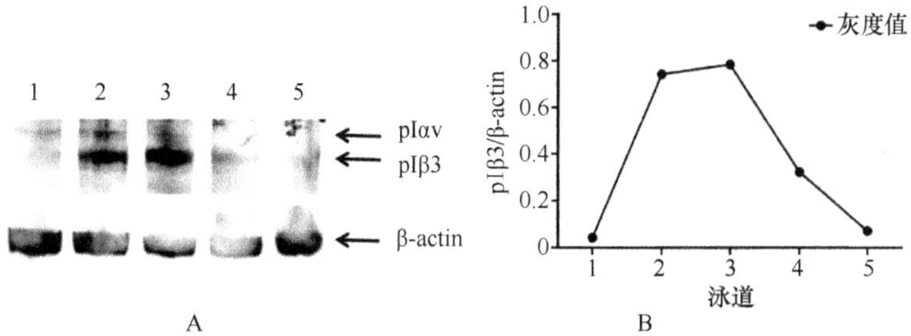

图 3-36　重组蛋白表达时间的 Western blotting 检测

A. 重组蛋白表达时间结果；B. 重组蛋白表达时间分析

表 3-2　不同时间 CHO 细胞的 PEDV 感染率统计（n=3，$\bar{X} \pm S$）

时间/h	实验组	对照组	P
12	0.011±0.004 97	0.049±0.001 33	0.064
15	0.186±0.004 19	0.107±0.000 74	0.038
18	0.213±0.008 29	0.133±0.000 87	0.024
21	0.256±0.005 39	0.165±0.004 99	0.812
24	0.216±0.002 53	0.132±0.000 60	0.064

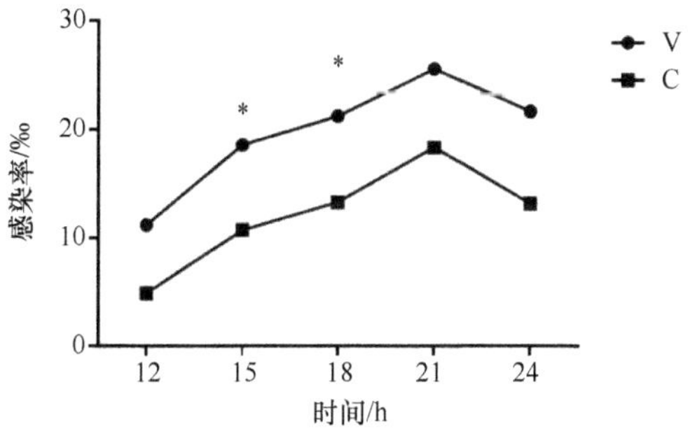

图 3-37　不同时间 CHO 细胞的 PEDV 感染率示意图

*表示实验组与对照组差异显著（$P<0.05$）

4. 讨论

病毒表面囊膜蛋白与宿主细胞表面受体蛋白的相互作用是病毒能否侵入宿主细胞并复制的关键所在。随着对病毒及病毒受体研究的不断深入，目前人们认为病毒受体是一组位于细胞表面的蛋白质分子复合物。大量研究显示，整合素在众多病毒感染中发挥作用，具有成为共性受体蛋白的趋势，在病毒学研究领域备受关注。前期研究揭示，在 Vero E6 细胞中鉴定的 627 个膜蛋白中，有 17 种蛋白与病毒受体相关，其中包括整合素蛋白。Sun 等（2015a）报道，PEDV 感染 Vero E6 细胞后，整合素 β3 蛋白表达水平上调。进一步分析表明，PEDV 的纤突蛋白（S）中含有整合素配体识别序列 DGE、KGE、RLD 和 LDV，具有与整合素相互作用的氨基酸残基。因此猪整合素 β3 在 PEDV 感染过程中可能发挥着潜在作用。

本试验仍采取人工合成基因的方法，确保基因的准确性，将合成的猪整合素 αv 和猪整合素 β3 全基因连接至 pCAGGS-HA 真核表达载体上，然后将重组质粒 pCAGGS-pIαv 和 pCAGGS-pIβ3 转染至 CHO 细胞，间接免疫荧光及 Western blotting 结果均表明共转染组在重组蛋白 CHO 细胞中的表达量均高于单转染组，此前牟丹蕾等（2003）也证实 αvβ3 共转染 CHO 细胞后，能有效地提高蛋白在细胞膜上的表达量。在共转染后的不同时间点采样，结果表明转染后 24～36h 整合素 αvβ3 蛋白在 CHO 细胞内的表达量最高，因此选择该时间段接种病毒，研究过表达整合素 αvβ3 的 CHO 细胞是否能够介导 PEDV 的吸附或感染作用。CHO 细胞为 PEDV 的非易感细胞，正常细胞却能感染 PEDV，说明 CHO 细胞可能存在某种受体蛋白或某种信号通路介导 PEDV 的感染，其中不排除内源性整合素的可能。

虽然过表达整合素 αvβ3 的 CHO 细胞与对照组细胞的 PEDV 感染率差异显著，但是间接免疫荧光试验并不能对 PEDV 感染量进行定量，缺失整合素 αvβ3 的 CHO 细胞是否能够降低 PEDV 感染率，这一问题仍待探索，因此，整合素 αvβ3 介导 PEDV 的感染作用仍需进一步研究。

三、猪流行性腹泻病毒感染介导 Vero 细胞差异磷酸化蛋白筛选及功能解析

（一）Vero E6 细胞感染猪流行性腹泻病毒样品制备

1. 试验材料

（1）病毒与细胞

PEDV CV777 毒株、非洲绿猴肾细胞（Vero E6 细胞）克隆株和 PEDV N 蛋白单克隆抗体（2G3）由中国农业科学院哈尔滨兽医研究所馈赠。

（2）主要生化试剂

DMEM 培养基（Gibco 公司），胎牛血清（Gibco 公司），蛋白质 Marker（Fermentas 公司），HRP 标记的羊抗鼠二抗（北京中杉金桥生物技术有限公司），SDS-PAGE 凝胶试剂盒（北京索莱宝科技有限公司），ECL 发光试剂盒（北京索莱宝科技有限公司），FITC 标记二抗（上海碧云天生物技术有限公司），BCA 蛋白质定量试剂盒（上海碧云天生物技术有限公司）。

（3）仪器设备

微量移液器（GA96826-P2，法国 Gilson），电子天平（FA1004N，上海菁海

仪器有限公司），台式恒温振荡器（IS-RDD3 型，美国 Crystal 公司），室温台式离心机（Centrifuge 5418，德国 Eppendorf 公司），低温台式高速离心机（5427R，德国 Eppendorf 公司），电热恒温水浴槽（DK-8D 型，上海精宏实验设备有限公司），生物安全柜（BSL-1360ⅡA2，北京东联哈尔仪器制造有限公司），制冰机（SANYO SIM-F 124，日本 SANYO），脱色摇床（TS-Ⅰ型，海门市麒麟医用仪器厂），酶标仪（ST-360，上海科华实验系统有限公司），电泳仪（Power Pac TW Universal Power Supply，Bio-Rad），半干转印仪（Trans-Blot SD Cell，Bio-Rad），稳压稳流型电泳仪（YY-Ⅲ-8B，北京市六一仪器厂），红外荧光扫描成像系统（Odyssey，美国 Li-COR 公司），倒置荧光显微镜（德国 Olympus 公司）。

2. 试验方法

（1）Vero E6 细胞的培养

1）Vero E6 细胞的复苏

将冻存的 Vero E6 细胞从液氮罐中取出，迅速置于 37℃水浴中缓慢解冻，待其融化后，将冻存管中的液体移到含有 5mL DMEM 培养液的无菌离心管中，室温条件下 10 000*g* 离心 10min，弃掉上清液，再向离心管中加入含 10%胎牛血清的 DMEM 细胞培养液，轻轻吹吸均匀。将离心管中液体移至 25cm^2 细胞培养瓶中，37℃ 5% CO_2 条件下培养，于倒置显微镜下观察细胞生长情况。

2）Vero E6 细胞的培养

待 Vero E6 细胞生长至单层细胞后，进行传代培养，传代培养方法如下：弃掉培养液，用无菌 PBS（pH 7.4）清洗细胞 3 次，加入 3mL 0.05%胰酶，轻轻平摇细胞瓶，使胰酶覆盖单层细胞表面，进行消化，边消化边在显微镜下观察，直到细胞状态呈现分散变圆，在即将脱落时，倒掉胰酶，注意不要将细胞倒掉，向细胞瓶中加入含 5%胎牛血清的 DMEM 细胞培养液 20mL，用吸管轻轻吹下细胞，将脱落的细胞混匀，转移至 75cm^2 的培养瓶中继续培养，待长至单层后重复上述传代方法，继续传代培养。

（2）Vero E6 细胞样品的制备

1）PEDV 感染 Vero E6 细胞样品的处理

根据 1988 年 Hofmann 和 Wyler 报道的方法，待单层 Vero E6 细胞生长至细胞瓶的 70%～80%时，用病毒接种液（含 100U/mL 青霉素、100μg/mL 链霉素和 10μg/mL 胰蛋白酶的 DMEM）将 PEDV 稀释成 10^3TCID_{50} 后接种细胞，在 37℃ 5% CO_2 的培养箱中培养 36h，然后观察细胞病变（CPE）。病毒感染细胞后 36h，细胞的基本结构没有明显的变化，也不出现细胞衰落的现象。参考 Sun 等（2015a）PEDV 感染 Vero E6 细胞蛋白质组学实验，进行样品的处理。对病毒感染后 36h 的细胞进行磷酸化蛋白质组学分析。

细胞培养 36h 后，吸出六孔细胞培养板中的培养液，小心加入适量预冷的 PBS（pH 7.4），尽量保持细胞的贴壁状态。轻微晃动后吸出 PBS，再次小心加入适量 PBS。洗涤 3 次，最后吸净 PBS，加入 1mL SDT（4% SDS，1mmol/L DTT，150mmol/L pH 8.0 的 Tris-HCl）裂解液，使裂解液布满平皿底部。用细胞刮刀将细胞和裂解液刮下，转移至离心管中，沸水浴和超声裂解，25℃ 14 000*g* 离心 20min，取上清液。利用 BCA 蛋白质定量提取方法对样品进行定量，将已经处理好的蛋白质样品进行 SDS-PAGE 检测。在试验中，按照上述方法制备 3 个 PEDV 感染的细胞样品，分别命名为 V1、V2、V3，未感染细胞样品对照组分别命名为 C1、C2、C3。所有处理样品均储存于−80℃冰箱中备用。

2）间接免疫荧光试验验证 PEDV 在 Vero E6 细胞的繁殖

A. 当培养转染后的细胞至 36h 时，取出培养箱内的细胞，用 PBS 清洗 3 次细胞，10min/次。

B. 加入 500μL 4%的多聚甲醛于室温固定细胞 30min，用 PBS 清洗 3 次细胞，10min/次。

C. 加入 500μL 0.2% Triton X-100，透膜 15min，用 PBS 清洗 3 次细胞，10min/次。

D. 加入 500μL 5%脱脂乳室温封闭 30min，用 PBS 清洗 3 次细胞，10min/次。

E. 加入 1∶500 稀释的抗 PEDV N 蛋白的鼠单克隆抗体，37℃孵育 2h，用 PBS 清洗 3 次细胞，10min/次。

F. 加入 1∶500 稀释的 FITC 标记的二抗，避光孵育 30min，用 PBS 清洗 3 次细胞，10min/次。

G. 用 DAPI（1∶1000 稀释）在避光条件染细胞核 1h，用 PBS 清洗 3 次，5min/次。

H. 滴加缓冲甘油，于倒置荧光显微镜下进行观察。

3）BCA 法测定蛋白浓度

A. 配制蛋白标准溶液：从 BCA 试剂盒中将 0.8mL 蛋白标准配置液加入 20mg 的蛋白标准品中，经充分溶解后配制成浓度为 25mg/mL 的蛋白标准溶液，于−20℃冰箱中保存。

B. 取 2μL 25mg/mL 的蛋白标准溶液加入 98μL PBS 稀释终浓度为 0.5mg/mL 的蛋白标准溶液，于−20℃冰箱中保存。

C. 按 50∶1 的体积比取 BCA 试剂 A 与 BCA 试剂 B 配制成 BCA 工作液，充分混匀，BCA 工作液配置好后立即使用。

D. 将 0.5mg/mL 的蛋白标准溶液按 0μL、1μL、2μL、4μL、8μL、12μL、16μL、20μL 分别加到 96 孔板的标准品孔中，每孔加 ddH_2O 补足到 20μL。相当于标准品浓度分别为 0mg/mL、0.025mg/mL、0.05mg/mL、0.1mg/mL、0.2mg/mL、0.3mg/mL、

0.4mg/mL、0.5mg/mL。

E. 在96孔板的每个样品孔中加入1μg的样品蛋白，并用 ddH_2O 补足至20μL。

F. 在各标准品孔及样品孔中加入200μL BCA工作液，37℃下放置20～30min。

G. 将96孔板置于酶标仪上，测定570nm波长时样品的吸光度。以标准品的蛋白质含量为横坐标，吸光度为纵坐标，绘制出标准曲线。

H. 根据样品的吸光度从标准曲线上得出样品的蛋白质含量，用样品蛋白质的含量除以试验中加入的样品体积即可得出蛋白质的浓度。通过计算得出各样品的总蛋白质浓度。

4）Western blotting 试验验证 PEDV 在 Vero E6 细胞中表达

A. 取15μg的细胞样品（V1～V3，C1～C3），与4×蛋白 loading buffer 混匀后，煮沸10min。

B. 然后通过12%的 SDS-PAGE 进行分离，电泳时间为1.5h。

C. 细胞样品分离后，利用半干转印仪将蛋白转印至NC膜中，15V电压下转印35min。

D. 转印完成后，将膜取出放置于含有5%脱脂乳的PBS中，37℃恒温箱中孵育2h。用预先配制好的PBS缓冲液洗3次，3min/次。

E. 再将NC膜置于含有抗PEDV N蛋白抗体的PBS（1∶200稀释）中，4℃过夜孵育。再用PBS洗膜5次，10min/次。

F. 取出NC膜放置于含有辣根过氧化物酶标记的羊抗鼠二抗的PBS（1∶5000稀释）中，避光室温孵育1h。取出NC膜清洗5次，10min/次。

G. 在化学发光检测试剂（ECL超敏发光液）中避光孵育3min后，利用仪器捕捉试验结果。

3. 结果

（1）PEDV病毒感染Vero E6细胞形态学变化

倒置显微镜下观察结果显示：未感染组Vero E6细胞贴壁，呈单层生长，细胞生长状态良好。与对照组相比，试验组呈现出清晰的细胞病变（CPE）现象，细胞出现收缩，细胞融合，但是并没有细胞脱落现象，细胞结构保持完整（图3-38）。

（2）间接免疫荧光检测

将PEDV N蛋白鼠单克隆抗体作为一抗，对表达PEDV的Vero E6细胞进行间接免疫荧光检测。结果显示，Vero E6细胞PEDV感染组出现特异性绿色荧光，对照组未见绿色荧光。试验证明PEDV在Vero E6细胞系中成功表达（图3-39）。

（3）蛋白质浓度定量结果

应用BCA蛋白质定量试剂盒对制备的PEDV感染组和未感染组Vero E6细胞蛋白质进行定量，定量结果如表3-3所示。

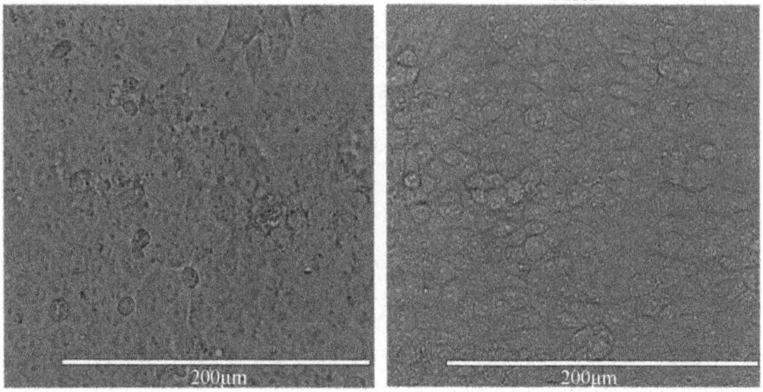

图 3-38 感染 PEDV 的 Vero E6 细胞的制备（彩图请扫封底二维码）
PEDV. Vero E6 细胞 PEDV 感染组；Mock . Vero E6 细胞未感染组

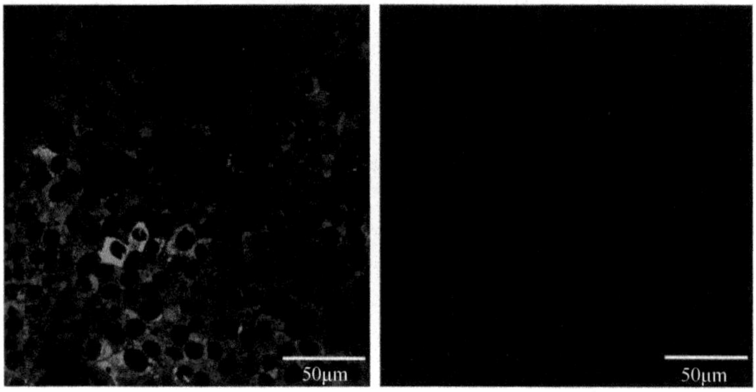

图 3-39 PEDV 在 Vero E6 细胞上繁殖的间接免疫荧光鉴定（彩图请扫封底二维码）
PEDV. Vero E6 细胞 PEDV 感染组；Mock. Vero E6 细胞未感染组

表 3-3 BCA 法测得的蛋白质含量

组别	浓度/（μg/μL）（36h）		
	组 1	组 2	组 3
PEDV 感染细胞	4.1	3.5	3.5
未感染细胞	4.3	4.1	4.3

（4）PEDV 在 Vero E6 细胞中的繁殖鉴定

为了证实 PEDV 在 Vero E6 细胞中繁殖，应用 Western blotting 试验技术对感染 PEDV 的 Vero E6 细胞和对照组进行验证，结果显示 V 组（V1、V2、V3）细胞样品检测结果均为阳性。C 组（C1、C2、C3）细胞样品未出现条带，检测结果为阴性（图 3-40）。

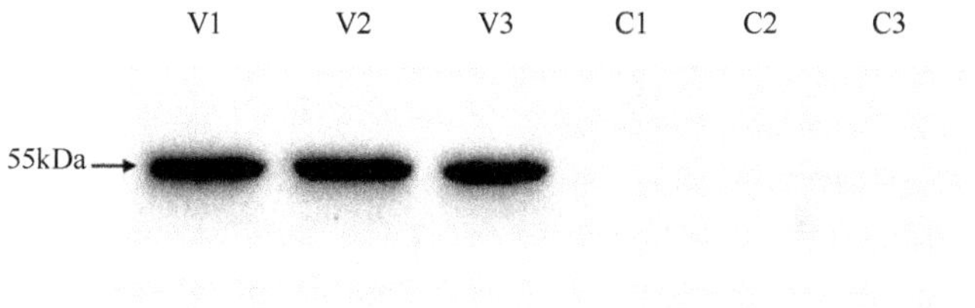

图 3-40 PEDV 在 Vero E6 细胞上繁殖的 Western blotting 鉴定

对照组为 C1～C3（3 个生物学重复）；Vero E6 细胞 PEDV 感染组为 V1～V3（3 个生物学重复）

4. 讨论

无论对于何种蛋白质组学技术，试验样品的制备可以说是极为重要的步骤之一。本试验采用 Vero E6 细胞膜作为试验样品，细胞膜是识别和传递信息的主要场所，对于物质的选择性运输、物质的转运功能及细胞之间的相互识别具有重要的意义。构成细胞膜的磷脂双分子层和膜蛋白在细胞膜上的比例不同且磷脂双分子层具有疏水性，因此，生物的多样性和膜蛋白的复杂性使膜蛋白的磷酸化蛋白质组学研究具有一定的难度。在本试验中使用 SDT（4% SDS，1mmol/L DTT，150mmol/L pH 8.0 的 Tris-HCl）裂解液和煮沸对 Vero E6 细胞进行处理，获得了较好的蛋白质样品。有研究表明，在本试验中使用的离子型去污剂 SDS 可以对疏水性蛋白质和膜蛋白产生增溶效果（Taylor and Pfeiffer，2003）。DTT 具有不与 4-乙烯基吡啶或丙烯酰胺作用，且在等电聚焦的过程中极大增加角蛋白溶解度的优点（Govorun and Archakov，2002）。样品处理中为防止蛋白酶和磷酸化蛋白酶的存在导致蛋白质发生降解，采取小量蛋白质提取的方法，SDS 缓冲液经煮沸后加入高 pH 的 Tris 碱来抑制蛋白酶的作用（Simpson，2003）。

Vero 细胞在科学研究领域中有明显的优势，也是常用的传代细胞系。首先，Vero 细胞无其他外源致病因子的污染。其次，有研究证实 Vero 细胞传代至 134～174 代时遗传稳定，没有致瘤变异。最后，Vero 细胞在传代过程中能够良好地生长，细胞膜界限明显，生长速度较快。自 PED 在 1971 年被报道以来，各国研究者先后在 Vero 细胞、仔猪膀胱、猪肾的原代细胞和 KSEK6、IB-RS-2、MA104、CPK、ESK 的传代细胞上培养 PEDV（Kadoi et al.，2002）。直到 1984 年，宣华等应用猪肠组织原代单层细胞分离培养 PEDV，细胞接毒后在第 5 代观察到明显的 CPE。由于大多数野生型毒株对细胞的适应性较差，因此出现的 CPE 不明显且病毒滴度较低。1988 年，研究者 Hofmann 和 Wyler 在利用胰酶的情况下，成功地在 Vero 细胞上培养了 PEDV，仅在第一代就可以在荧光下看到明显的细胞病变（Kweon et al.，1999）。在 2010 年，西北农林科技大学的王静等成功从仔猪中分离到肠上皮细胞（IEC），该细胞系来自 PEDV 的宿主细胞，肠上皮细胞系的成功建立为 PEDV 的后续研究奠定了理论基础。但是，目前 PEDV 在 IEC 上培养的研究报道相对较少。因此，在 PEDV 培养方面，Vero 细胞是目前公认的最为易感的细胞系。该细胞于 1962 年由日本千叶大学的 Yasumura 和 Kawakita 扩增出来，命名为 Vero（Bergholz et al.，1975）。已经有研究表明 Vero 细胞在人类和动物体内对许多病毒高度易感，且被广泛应用于病毒的分离和培养（Ozaki et al.，2004；Pan et al.，2012；Cheng et al.，2013）。本研究采用 Vero E6 细胞繁殖 PEDV。Vero E6 细胞是 Vero 细胞的克隆株，与 Vero 细胞相比较，Vero E6 细胞在 PEDV 感染研究中更为常用。虽然 Vero E6 细胞系在传代过程中稳定，重复性好，但是为了获取更准确的差异磷酸化蛋白，本试验中对试验组和对照组分别设置 3 个生物学重复，便于后续磷酸化蛋白的定量分析。

病毒与宿主细胞相互作用时，细胞膜在介导病毒感染过程中对差异磷酸化蛋白具有重要意义。因为在病毒感染宿主细胞过程中，主要是宿主的细胞膜成分发生改变。病毒感染细胞后释放的溶酶体作用于细胞的表面，使细胞之间发生细胞融合。病毒借助细胞融合扩散到未被感染的细胞中。在细胞培养过程中经常会出现特殊的病毒感染病变，都与细胞的融合有关。1988 年 Hofmann 和 Wyler 等的研究表明，Vero 细胞在 PEDV 接种 20h 后出现合胞体，72h 后细胞完全崩解，细胞结构被严重破坏。本研究采用 Vero E6 细胞培养 PEDV，试验中发现在病毒感染 36h 时，Vero E6 细胞出现细胞皱缩、细胞融合等清晰的 CPE，并且 Vero E6 细胞仍保持结构完整性。当病毒感染细胞少于 36h 时，Vero E6 细胞并没有表现出明显的 CPE，也就不能保证病毒在 Vero E6 细胞中复制。但是，在病毒感染细胞 36h 后，发现细胞结构发生破损，无法保证 Vero E6 细胞结构的完整性。因此我们选择在 PEDV 感染 Vero E6 细胞 36h 时进行磷酸化蛋白质组学分析定量检测样品。病毒感染 Vero E6 细胞 36h 的时间点，既能保证 PEDV 在 Vero E6 细胞的繁殖，又能保证 Vero E6 细胞结构的完整性。以上结果可为下一步应用 iTRAQ 技术对 PEDV 感染 Vero E6 细胞组和对照组差异表达磷酸化蛋白的检测奠定基础。

尽管 PEDV 感染 Vero E6 细胞出现了细胞病变，但是为了确定细胞病变是由 PEDV 引起的。本试验利用 PEDV N 蛋白的单克隆抗体，采用间接免疫荧光和 Western blotting 技术对细胞样品进行验证。间接免疫荧光检测结果显示 PEDV 感染组 Vero E6 细胞出现特异性绿色荧光，表明 PEDV 在 Vero E6 细胞系中成功表达。Western blotting 结果表明在 V 组出现特异性条带，在 C 组中未见条带，证明 PEDV 在 Vero E6 细胞中繁殖，病毒粒子存在。

5. 小结

本研究前期完成了 PEDV 感染 Vero E6 细胞样品的制备。形态学观察结果显示 Vero E6 细胞结构完整，间接免疫荧光试验和 Western blotting 试验结果表明，病毒感染 Vero E6 细胞 36h 时，PEDV 侵入细胞并且在细胞内大量繁殖。试验样品可进一步用于磷酸化蛋白质组学 iTRAQ 分析。

（二）基于 iTRAQ 技术的 Vero E6 细胞差异表达磷酸化蛋白质组学研究

1. 试验材料

（1）主要试验仪器

Q-Exactive 质谱仪（Thermo），低温高速离心机（Eppendorf 5430R），可见紫外分光光度计（尤尼柯 WFZ UV-2100），真空离心浓缩仪（Eppendorf Concentrator plus），600V 电泳仪（GE Healthcare EPS601），荧光定量 PCR 仪（Bio-Rad，788BR04021）。

（2）主要药品试剂

甘油（G0854 上海生工/500mL），溴酚蓝（161-0404 上海生工），SDS（161-0302 Bio-Rad），尿素（161-0731 Bio-Rad），Tris 碱（161-0719 Bio-Rad），DTT（161-0404 Bio-Rad），10kDa 超滤离心管（Sartorius），iTRAQ Reagent-8plex Multiplex Kit（AB SCIEX），乙腈（ACN）（I592230123 Merck），C18 Cartridge（66872-U Sigma），5×蛋白上样缓冲液（10% SDS，0.5%溴酚蓝，50%甘油，500mmol/L DTT，250mmol/L Tris-HCl，pH 6.8），SDT（4% SDS，100mmol/L Tris-HCl，1mmol/L DTT，pH 7.6），UA buffer（8mol/L 尿素，150mmol/L Tris-HCl，pH 8.0），0.1% FA 水溶液，二氧化钛（5020-75000 SHIMADZU），Hsp27 抗体（Santa 公司），Hsp70 抗体（Abcam 公司），GAPDH（北京中杉金桥生物技术有限公司），HRP 标记的羊抗鼠二抗（北京中杉金桥生物技术有限公司），总 RNA 提取试剂盒[天根生化科技（北京）有限公司]，反转录试剂盒（上海近岸科技有限公司），荧光定量 PCR 染料（大连 TaKaRa 公司）。

2. 试验方法

（1）酶解和肽段定量

取各样品 300μg，分别加入 DTT 至终浓度为 100mmol/L，沸水浴 5min，冷却至室温。加入 200μg UA buffer 混匀，转入 10kDa 超滤离心管，14 000*g* 离心 15min。加入 200μg UA buffer，14 000*g* 离心 15min，弃滤液。加入 100μg IAA（50mmol/L，IAA 溶于 UA 中），600r/min 振荡 1min，室温避光 30min，14 000*g* 离心 10min。加入 100μL UA buffer，14 000*g* 离心 10min，重复 2 次。加入 100μg Dissolution buffer，14 000*g* 离心 10min，重复 2 次。加入 40μg 胰蛋白酶缓冲液（将 5μg 胰蛋白酶加入 40μg Dissolution buffer 中），600r/min 振荡 1min，37℃ 18h。换新收集管，14 000*g* 离心 10min，取滤液，于 280nm 处测定吸光度，对肽段进行定量检测。

（2）肽段标记

取等量肽段（约 100μg），按照试剂盒 iTRAQ Reagent-8plex Multiplex Kit（AB

SCIEX）的说明书进行标记，如表 3-4 所示，每个样品重复标记 3 次。将标记后的肽段溶液混合，真空冻干，冻干后用于二氧化钛富集。

表 3-4　样品标记

样品	C1	C2	C3	V1	V2	V3
标记	113	114	115	116	117	118

（3）二氧化钛富集

将标记后的混合肽段溶液真空冻干，加入 1×DHB buffer［由 5×DHB buffer（3% DHB，80% ACN，0.1% TFA）与水按照 1∶4 稀释］复溶。向溶液中加入 TiO_2 beads，振荡 40min，离心，移去上清液。将 beads 转入具塞 tip 头中，加入 washing buffer1 洗涤 3 次，加入 washing buffer2 洗涤 3 次。加入 Elution buffer 洗脱，收集磷酸化肽段，真空浓缩，用 20μg 0.1% FA 水溶液溶解，取 5μg 用于质谱分析。

（4）质谱分析

1）毛细管高效液相色谱

将样品采用纳升流速 HPLC 液相系统 Easy nLC1000 进行分离。缓冲液：A 液为 0.1%甲酸水溶液，B 液为 0.1%甲酸乙腈水溶液（乙腈为 84%）。色谱柱以 95%的 A 液平衡。样品由自动进样器上样到上样柱（2cm×100μm 5μm-C18），再经分析柱 Thermo scientific EASY column（75μm×250mm 3μm-C18）分离，流速为 250nL/min。相关液相梯度如下：0～220min，B 液线性梯度为 0%～55%；220～228min，B 液线性梯度为 55%～100%；228～240min，B 液维持在 100%。

2）质谱鉴定

样品经毛细管高效液相色谱分离后用 Q-Exactive 质谱仪（Thermo Finnigan）进行质谱分析。分析时长为 240min，检测方式为正离子，母离子扫描范围为 300～1800m/z，一级质谱分辨率为 70 000（m/z 200），AGC 目标为 3e6，一级 Maximum IT 为 20ms，扫描范围数为 1，Dynamic exclusion 为 25.0s。多肽和多肽碎片的荷质比按照下列方法采集：每次全扫描后采集 10 个碎片图谱（MS2 scan），MS2 Activation type 为 HCD，Isolation window 为 2m/z，二级质谱分辨率为 17 500（m/z 200），Microscans 为 1，二级 Maximum IT 为 60ms，Normalized collision energy 为 29eV，Underfill ratio 为 0.1%。

（5）蛋白质鉴定与分析

采用软件 Mascot 2.2 和 Proteome Discoverer 1.4（Thermo）对质谱数据进行查库鉴定及定量分析。查库时将 RAW 文件通过 Proteome Discoverer 提交至 Mascot 服务器，选择已经建立好的数据库，然后进行数据库搜索。数据库为 uniprot_Cercopithecidae_129129_20150426.fasta（下载日期为 20150426，蛋白质序列共 129 129 条）。相关参数如表 3-5 所示，结果过滤参数为 Peptide FDR≤0.01。

表 3-5　样品鉴定参数

项目	数值
Type of search	MS/MS Ion search
Enzyme	Trypsin
Mass values	Monoisotopic
Missed cleavage	2
Fixed modification	Carbamidomethyl（C），iTRAQ8plex（N-term），iTRAQ8plex（K）
Variable modification	Oxidation（M），Phospho（ST），Phospho（Y）
Peptide mass tolerance	±20ppm
Instrument type	ESI-TRAP
Fragment mass tolerance	0.1Da
Protein mass	Unrestricted
Decoy database pattern	True
Database	uniprot_Cercopithecidae_129129_20150426.fasta
Database pattern	decoy

对 PEDV 感染细胞的蛋白质样品采用 Proteome Discoverer 1.4 软件根据肽段报告离子峰强度值进行定量分析，感染组和模拟对照组共 6 个样品，分别为 V1、V2、V3、C1、C2、C3。定量时以 C1、C2、C3 为内参进行比较。肽段定量结果为样品所在标签的信号强度值与其内参信号强度值的比值。V 组和 C 组差异表达磷酸化蛋白的确定必须各包括 3 个生物学重复，满足显著性（$P<0.05$）且两组差异比＞1.5 或＜0.67。在差异表达的磷酸化蛋白中，上调和下调蛋白基于 V 组和 C 组的平均定量比 V/C 来确定。上调蛋白 V/C＞1，下调蛋白 V/C＜1。数据分析采用双尾检验，双样本等方差假设。对 PEDV 感染组和对照组的 109 种差异表达磷酸化蛋白使用 Blast2 GO 注释。对已经确定的差异表达磷酸化蛋白使用 against KEGG GENES（human）检索，之后对应至 KEGG 通路。

（6）验证差异表达蛋白

为了确定 iTRAQ 鉴定出的 109 个差异表达磷酸化蛋白的准确性，选取其中一个上调蛋白，热休克蛋白 27（heat shock protein 27，Hsp27），进行 Western blotting 验证。将 V1～V3 组样品等量混到一个 EP 管中，命名为 V。将 C1～C3 组样品等量混合到一个 EP 管中，命名为 C。对样品 V 和 C 进行 Western blotting 验证。

A. 取 15μg 的细胞样品（V 和 C），与 4×蛋白上样缓冲液混匀后，煮沸 10min。

B. 然后通过 12%的 SDS-PAGE 进行分离，电泳时间为 1.5h。

C. 细胞样品分离后，利用半干转印仪将蛋白转印至 NC 膜中，15V 电压下转印 30min。

D. 转印完成后，将 NC 膜取出放置于含有 5% BSA 的 PBS 缓冲液中，37℃

温箱中孵育 2h。孵育后，用预先配制的 PBS 缓冲液洗一次，3min/次。

E. 再将 NC 膜分别置于含有 PBS 的抗 Hsp27 蛋白抗体（1∶100 稀释）和 GAPDH 抗体（1∶1000 稀释）中，4℃过夜孵育。再用 PBS 洗膜 5 次，10min/次。

F. 取出 NC 膜放置于含有辣根过氧化物酶标记的羊抗鼠二抗的 PBS（1∶5000 稀释）中，避光室温孵育 1h。取出 NC 膜清洗 5 次，10min/次。

G. 在化学发光检测试剂中孵育 3min 后利用仪器捕捉试验结果。

（7）验证样品中 Hsp70 的表达

采用 Western blotting 验证磷酸化蛋白样品中 Hsp70 的表达，除一抗稀释浓度不同外（Hsp70，1∶1000），其余试验步骤和试剂与（6）相同。

（8）细胞样品的制备、RNA 的提取及实时荧光定量 RT-PCR

1）细胞样品的制备

待生长状态良好的 Vero E6 细胞长到六孔板的 90%时，将 Vero E6 细胞分别在 4℃、37℃、42℃条件下培养 2h 后，放到 37℃、5% CO_2 细胞培养箱中培养 12h，收取细胞样品，同时进行接毒。接毒后 48h、72h 收取细胞样品。

2）细胞样品中总 RNA 的提取

A. 取反复冻融的细胞液 400μL，加入 600μL RZ，充分混匀。

B. 室温静置 5min，充分裂解。

C. 加入 200μL CH_3Cl，振荡 15s，放置 3min。

D. 离心（4℃、12 000*g*、10min），将上清液转移至新的 EP 管中。

E. 加入乙醇（步骤 D 中水相体积的 1/2），混匀，转入吸附柱 CR3 中，离心（4℃、12 000*g*、2min），弃掉收集管中的液体。

F. 向吸附柱 CR3 中加 500μL 去蛋白液 RD，离心（4℃、12 000*g*、2min），将 CR3 放入收集管中。

G. 向吸附柱 CR3 中加 500μL 漂洗液 RW，室温静置 2min，离心（4℃、12 000*g*、2min），弃除废液。

H. 重复步骤 G，弃除废液。

I. 空离（4℃、12 000*g*、3min），弃除废液。通风，晾干（5min）。

J. 将吸附柱 CR3 转入新的 1.5mL 离心管中，每管加入 30μL ddH_2O 溶解，室温静置 2min，离心（4℃、12 000*g*、2min）。

K. 使用紫外分光光度计测定 A_{260}/A_{280} 值，确定样品 RNA 含量及纯度，于−80℃保存备用。

3）cDNA 合成

cDNA 合成体系如表 3-6 所示，反应条件为 25℃ 5min，42℃ 30min，70℃ 5min。

表 3-6　cDNA 合成反应体系

试剂	用量/μL
5×buffer	4
RNA 酶抑制剂	1
dNTP	2
酶	1
引物	1
模板	11

4）SYBR Green　Ⅰ实时荧光定量 PCR

将反转录得到的 cDNA 样品通过荧光定量 PCR 仪进行扩增，检测样品中特定基因表达的差异。同时将 *β-actin* 设置为内参。扩增条件：95℃　3min 预变性，95℃　30s，55℃　30s，72℃　30s，进行 40 个循环的扩增，并收集荧光信号（表 3-7）。应用 Delta Delta Ct 法计算每个基因的相对 mRNA 表达水平。

表 3-7　PCR 反应体系

试剂	用量/μL
SYBR Green　Ⅰ（2×premix Taq 酶）	10
上游引物（10μmol/L）	0.4
下游引物（10μmol/L）	0.4
ddH_2O	7.2
cDNA 模板	2

3. 结果

（1）酶解肽段浓度测定

以 OD_{280} 评估酶解后肽段的相对浓度，以 OD_{280}=1.1 为 1μg/μL，将 OD_{280} 换算为浓度，详细结果见表 3-8。

表 3-8　肽段定量结果

样品	C1	C2	C3	V1	V2	V3
浓度/（μg/μL）	2.3	2.1	2.0	2.2	2.1	2.1

（2）磷酸化蛋白质鉴定结果统计

将标记后的肽段溶液混合，由二氧化钛富集磷酸化肽段后进行 Q-Exactive 质谱分析及 Mascot 查库。将结果合并后以 Peptide FDR≤0.01 筛选过滤。最终鉴定结果如表 3-9 所示：鉴定磷酸化肽段 2385 个，磷酸化蛋白质总数为 1134 个，已知磷酸化蛋白质 455 个，未知磷酸化蛋白质 679 个。GO 功能注释结果显示，参与生物过程的磷酸化蛋白质有 433 个，分类属于分子功能的磷酸化蛋白质有 226

个，分类属于所处细胞组分的蛋白质有 231 个。分析结果表明，在 V 组和 C 组中共存在 109 个差异表达的磷酸化蛋白质。其中包括 137 条磷酸化肽段，在这些磷酸化肽段上鉴定出 173 个磷酸化修饰位点，88 条磷酸化肽段上调，49 条磷酸化肽段下调。丝氨酸、苏氨酸和酪氨酸磷酸化位点作用比例分别为 85.5%（148/173）、13.9%（24/173）、0.6%（1/173）（图 3-41A），其中单一磷酸化位点占总数的 53%（58/109），多重磷酸化位点占 47%（51/109）（图 3-41B）。

表 3-9　磷酸化蛋白质鉴定结果统计

蛋白质分类	蛋白质数量（百分比）
鉴定磷酸化肽段	2385
鉴定磷酸化蛋白质	1134
已知磷酸化蛋白质	455（40.12%）
未知磷酸化蛋白质	679（59.88%）
生物过程注释的磷酸化蛋白质	433（38.18%）
分子功能注释的磷酸化蛋白质	226（19.93%）
细胞组分注释的磷酸化蛋白质	231（20.37%）
差异表达的磷酸化蛋白质	109（9.61%）

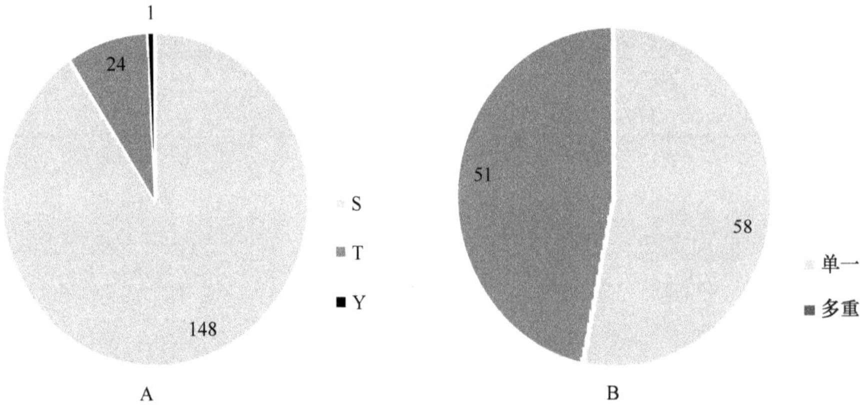

图 3-41　丝氨酸（S）、苏氨酸（T）、酪氨酸（Y）磷酸化作用位点分布（A）及每条肽链上单一磷酸化与多重磷酸化位点数目统计（B）

（3）定量比值频数分布分析

运用频数分布直方图对 iTRAQ 定量数据进行分析，每组标签与参考标签比值取 $\log_2$ 对数，分布范围为−1.5～1.5，由 Perseus 1.3.0.4 作图，见图 3-42，纵坐标为肽段数量，横坐标分别为两组样品与内参比值的 $\log_2$ 对数值。由图 3-42 可见，大部分肽段比值的 $\log_2$ 对数呈对称分布，符合统计学规律。

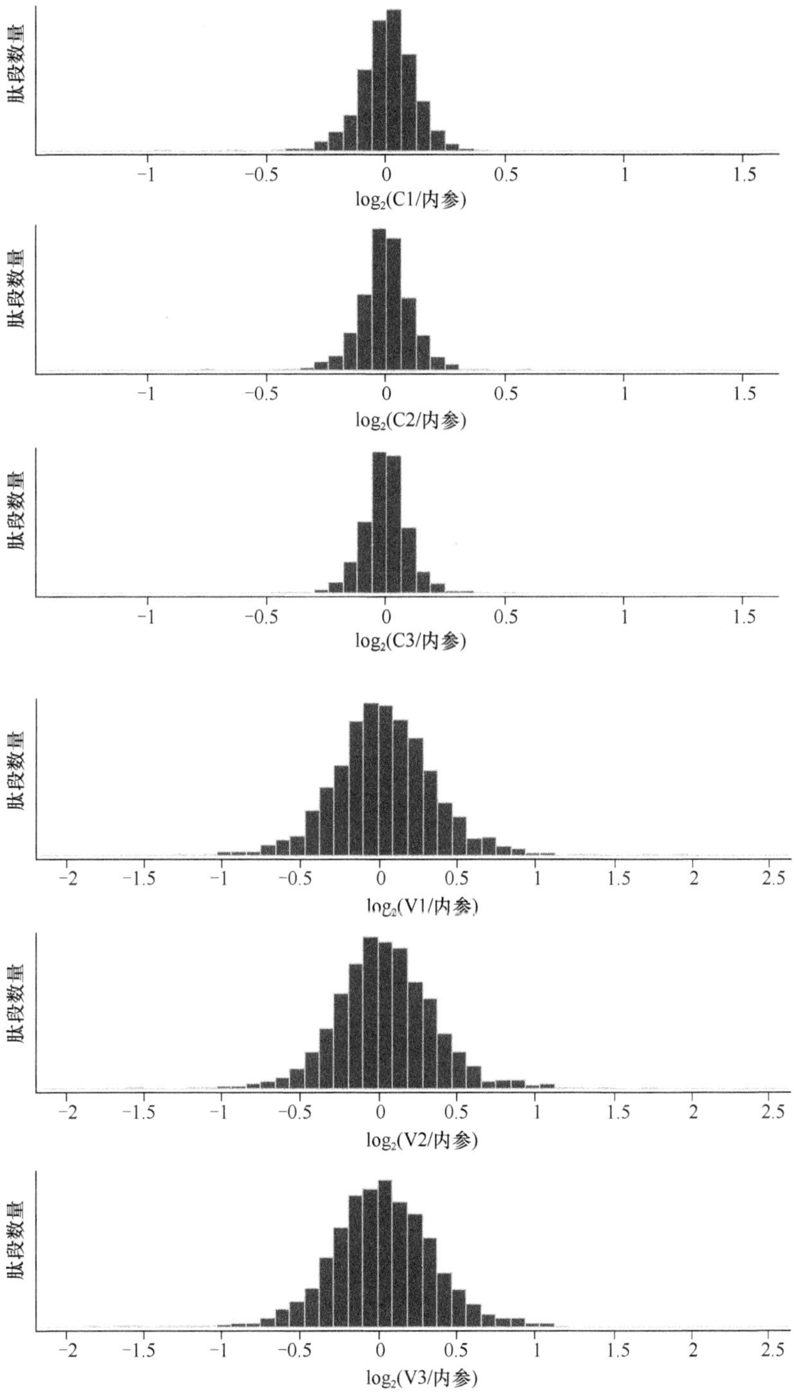

图 3-42　样品定量比值频数分布图

（4）差异表达磷酸化蛋白质结果

在 V 组和 C 组差异表达的 109 个磷酸化蛋白质中，上调磷酸化蛋白质中差异表达变化比最大的是色素框蛋白质同系物 3（chromobox protein homolog 3），V∶C=2.91∶1，下调磷酸化蛋白质中差异表达变化比最大的是异质核核糖核蛋白 C1/C2（heterogeneous nuclear ribonucleoprotein C1/C2），V∶C=1∶0.36。

（5）差异表达磷酸化蛋白质分子质量分布

差异表达磷酸化蛋白质分子质量分布如图 3-43 所示。差异表达磷酸化蛋白质分子质量范围为 7.8～516.4kDa。分子质量在 1～100kDa 的磷酸化蛋白质数量约占差异表达磷酸化蛋白质总数的 73.39%，大于 100kDa 的磷酸化蛋白质数量约占差异表达磷酸化蛋白质总数的 26.61%。

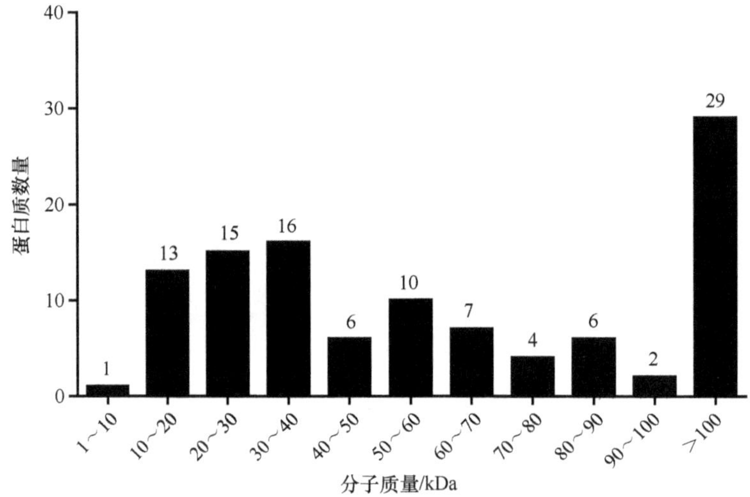

图 3-43　差异表达磷酸化蛋白质分子质量分布

（6）差异表达磷酸化蛋白质等电点分布

差异表达磷酸化蛋白质等电点分布如图 3-44 所示，差异表达磷酸化蛋白质等电点范围为 4.46～12.06。等电点在 4～10 的磷酸化蛋白质数量约占差异表达磷酸化蛋白质总数的 88.07%。等电点＞10 的磷酸化蛋白质数量约占差异表达磷酸化蛋白质总数的 11.93%。

（7）生物信息学分析（GO 分析）

基因本体（GO）分析旨在建立一套适用于各种物种的，对基因和蛋白质功能进行限定和描述的实用工具。在 GO 分类中，根据描述基因的分子功能、所处的细胞组分、参与的生物过程来表征 109 个差异表达磷酸化蛋白质的功能。GO 分类解析展示在图 3-45 中。

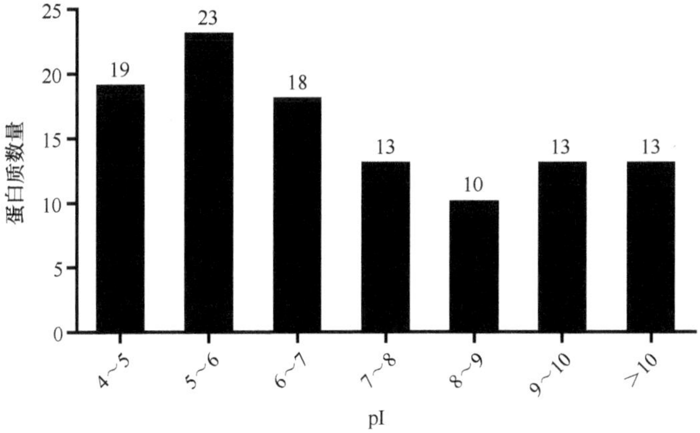

图 3-44　差异表达磷酸化蛋白质等电点分布

描述基因的分子功能分类（图 3-45A）中，在 109 个差异表达的磷酸化蛋白质中有 88 个差异表达的磷酸化蛋白质参与了 8 种类别的分子功能，其中分子功能富集在黏附（GO：0005488）功能，在黏附功能中上调磷酸化蛋白质和下调磷酸化蛋白质数量为最多。

在所处的细胞组分分类（图 3-45B）中，在 109 个差异表达的磷酸化蛋白质中有 84 个差异表达磷酸化蛋白质被注释和归类于 10 个组群的细胞组分中，其中上调磷酸化蛋白质和下调磷酸化蛋白质富集位置主要集中在细胞器（GO：0043226）和细胞（GO：0005623）。在高分子复合物（GO：0032991）、细胞膜（GO：0016020）和膜封闭腔（membrane enclosed lumen，GO：0031974）方面，上调磷酸化蛋白质的数量均高于下调磷酸化蛋白质。

在参与的生物过程分类（图 3-45C）中，在 109 个差异表达的磷酸化蛋白质中有 83 个差异表达的磷酸化蛋白质参与了 20 组生物过程，其中细胞过程（GO：0009987）、单生物过程（GO：0044699）、代谢过程（GO：0008152）及生物调节（GO：0065007）是上调磷酸化蛋白质和下调磷酸化蛋白质共同富集的生物学过程，且上调磷酸化蛋白质的数量多于下调磷酸化蛋白质。

（8）差异表达磷酸化蛋白质的 KEGG 通路和蛋白质相互作用网络调节

1）差异表达磷酸化蛋白质的 KEGG 通路

在本试验中，差异表达磷酸化蛋白质参与 113 条信号通路。在获得的差异表达磷酸化蛋白质中，上调差异表达磷酸化蛋白质单独参与的信号通路有 70 条，下调差异表达磷酸化蛋白质单独参与的信号通路有 20 条，上调差异表达磷酸化蛋白质和下调差异表达磷酸化蛋白质共同参与的信号通路有 23 条（图 3-46）。

2）磷酸化蛋白质相互作用网络调节

为了更加直观地展示出 109 个差异表达磷酸化蛋白质之间的潜在作用，根据

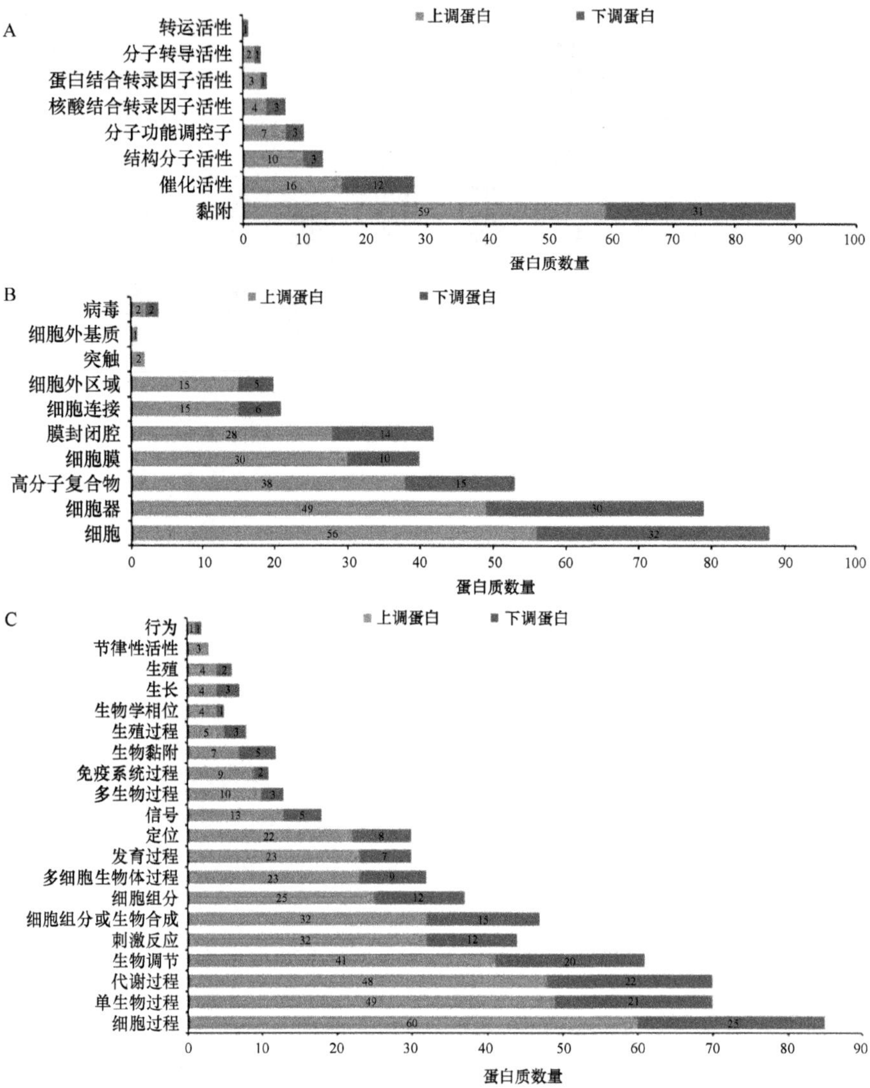

图 3-45　差异表达磷酸化蛋白质的基因本体

A. 描述基因的分子功能；B. 所处的细胞组分；C. 参与的生物过程

数据库的信息和研究结果，针对获得的磷酸化蛋白质相互作用网络图，我们选取 3 个具有研究价值的 PPI 网络图（图 3-47）。在图 3-47A 中，PPI 网络包含 63 个蛋白质，在我们的研究中差异表达的磷酸化蛋白质有 53 个，上调磷酸化蛋白质有 50 个，下调磷酸化蛋白质有 3 个。在图 3-47B 中，PPI 网络包含 32 个蛋白质，其中在我们的研究中差异表达的磷酸化蛋白质有 22 个，包括 3 个上调蛋白和 19 个下调蛋白。在图 3-47C 中，PPI 网络包含 94 个蛋白质，其中在我们的研究中差异表达的磷酸化蛋白质有 82 个，包括 51 个上调蛋白和 31 个下调蛋白。

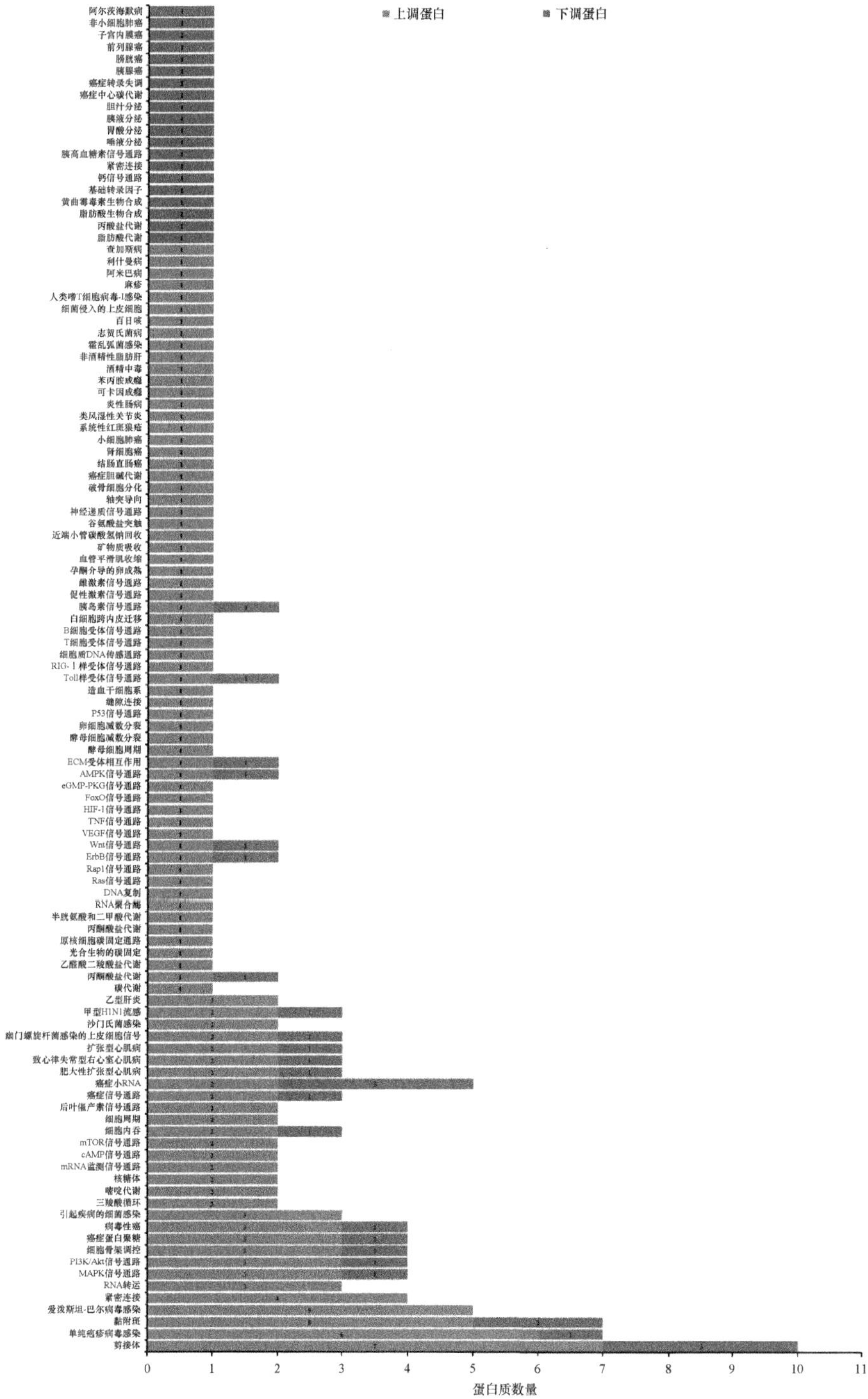

图 3-46　差异表达磷酸化蛋白质的 KEGG 通路分析

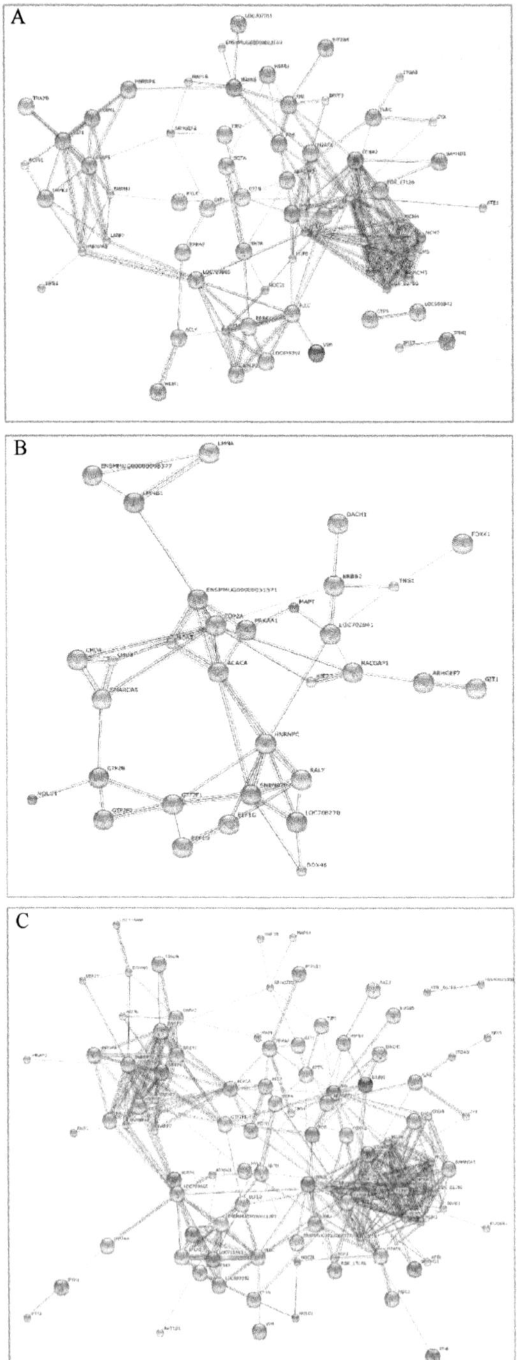

图 3-47　差异表达磷酸化蛋白质中筛选的蛋白质与蛋白质相互作用网络（PPI）
（彩图请扫封底二维码）

（9）差异表达蛋白质验证

1）差异表达蛋白质——热休克蛋白 27（Hsp27）的 Western blotting 验证

基于获得的磷酸化蛋白质组学数据，差异表达磷酸化蛋白质相应位点的磷酸化没有与之相对应的磷酸化蛋白质抗体，因此本试验选择差异表达磷酸化蛋白质的非磷酸化形式进行验证。验证结果表明该蛋白质在 V 组和 C 组中均有表达。且 Western blotting 灰度分析结果显示，与 C 相比，V 组蛋白质的表达量显著上调（P=0.03）（图 3-48，图 3-49）。

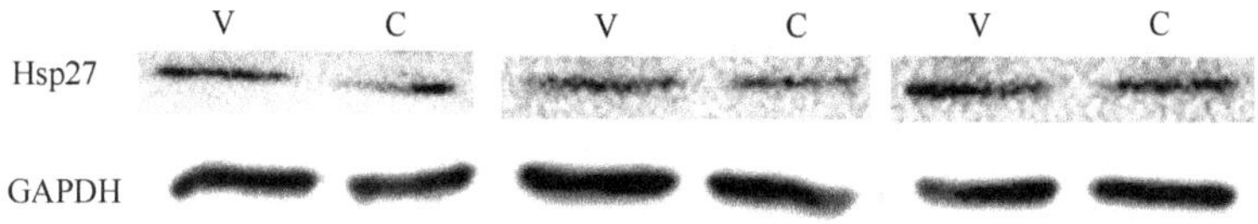

图 3-48 差异表达蛋白质的 Western blotting 验证（热休克蛋白 27）

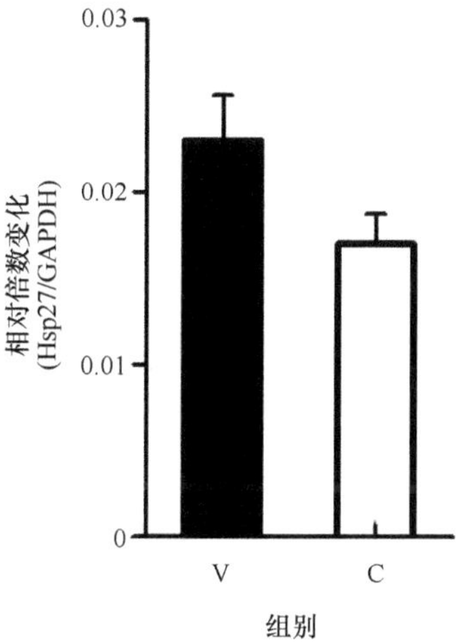

图 3-49 差异表达蛋白质的 Western blotting 灰度分析统计结果（热休克蛋白 27）

2）Western blotting 验证磷酸化蛋白质组学中热休克蛋白 70（Hsp70）的表达

为了验证 Hsp70 在 PEDV 磷酸化蛋白质组学中的表达，通过 Western blotting 试验对磷酸化蛋白质组学中的样品进行验证，结果表明，在磷酸化蛋白质组学样品中存在 Hsp70（图 3-50）。

（10）Western blotting 验证温度对热休克蛋白 70 的影响

用不同的温度刺激细胞后，Hsp70 仍可以在 Vero E6 细胞中正常表达。且 Western blotting 灰度分析结果显示，Hsp70 的表达水平随着温度的升高而升高（$P<0.05$）（图 3-51，图 3-52）。

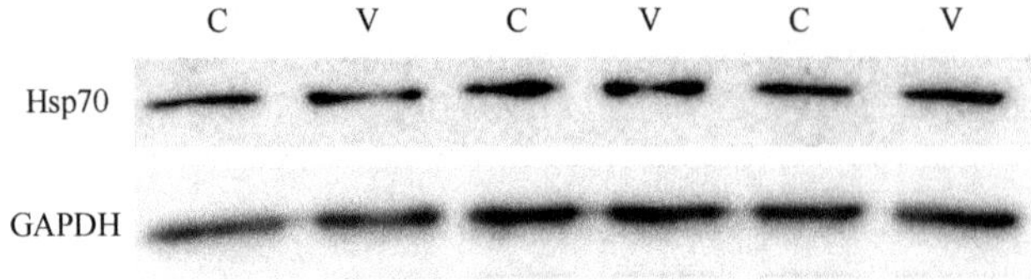

图 3-50　Western blotting 验证磷酸化蛋白质组学样品中热休克蛋白 70 的表达

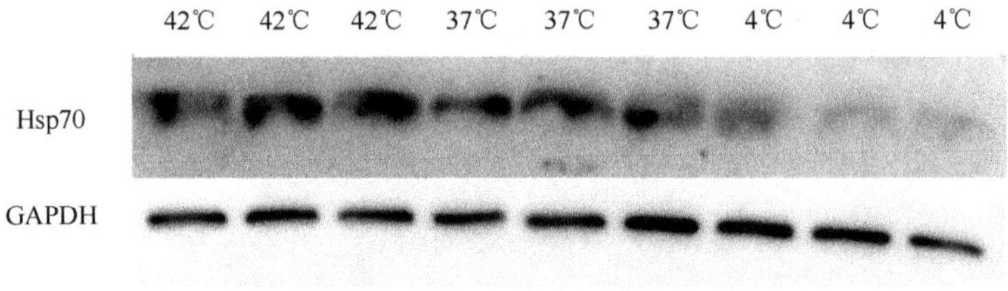

图 3-51　Western blotting 验证温度对热休克蛋白 70 的影响

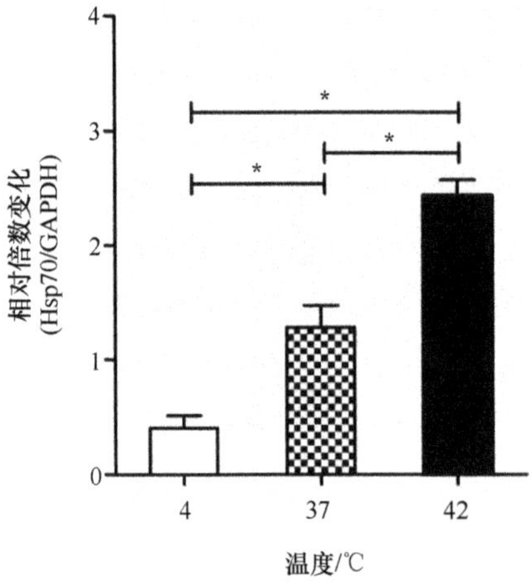

图 3-52　Western blotting 灰度分析验证温度对热休克蛋白 70 的影响

*表示不同处理间差异显著（$P<0.05$）

（11）荧光定量 PCR 鉴定 PEDV 的相对表达量

荧光定量 PCR 结果显示，在细胞接毒后 48h 和 72h，42℃条件下 PEDV mRNA 水平相对表达量与 4℃和 37℃相比显著上调（$P<0.05$）。表明差异表达的 Hsp70 直接影响 PEDV 的复制（图 3-53）。

4. 讨论

（1）磷酸化蛋白质组学

磷酸化蛋白质组学的研究是蛋白质组学研究的主要内容，采用蛋白质组学的研究理论和方法对细胞中所有的磷酸化蛋白质进行研究，进而分析特定磷酸化蛋

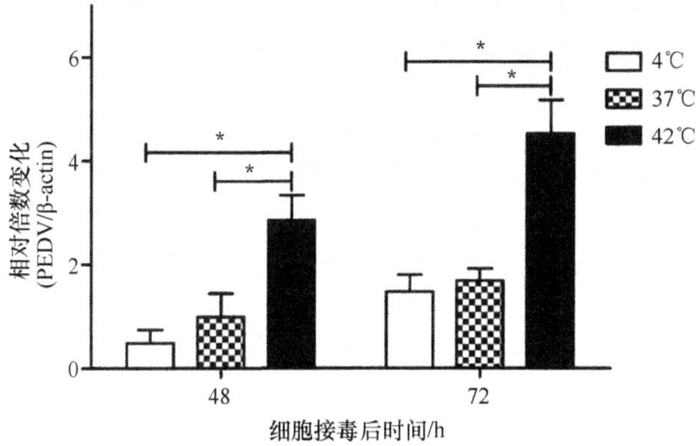

图 3-53　荧光定量 PCR 鉴定 Vero E6 细胞接毒后 PEDV mRNA 水平的相对表达量

*表示不同处理间差异显著（$P<0.05$）

白质修饰对生命活动过程的调控作用及分子机制。蛋白质的磷酸化位点通常发生在丝氨酸和苏氨酸，酪氨酸磷酸化位点占总磷酸化位点的比例不到 1%（Hunter，2009）。生物体内一种重要的蛋白质修饰就是磷酸化修饰，其对蛋白质的功能起到至关重要的作用（Kim et al.，2004）。细胞受到外界环境刺激时，首先是环境因子刺激细胞膜上的受体，启动细胞内的蛋白质磷酸化或去磷酸化等修饰过程，放大刺激信号，导致细胞增殖、分化、凋亡等一系列的变化（Steen et al.，2002）。蛋白质磷酸化修饰是信号转导和酶活性调控的核心，也是胞外信号流向胞内并且导致细胞发生功能变化的关键机制。病毒作为外界刺激信号感染宿主，宿主通过自身存在的免疫防护系统产生免疫应答，鉴定信号通路中存在的所有磷酸化蛋白，有利于理解错综复杂的信号转导通路，也有利于对疾病发生机制有更加深入的认识（Seo and Lee，2004）。因此，研究蛋白质磷酸化修饰对于更好地理解机体内受磷酸化蛋白质影响的信号通路是十分重要的（Nilsson，2012）。

磷酸化蛋白质的鉴定比普通蛋白质的鉴定要难很多，磷酸化蛋白质的含量低，磷酰键易断裂，且磷酸化和去磷酸化处于动态平衡，给磷酸化蛋白质的检测带来一定的困难。大多数蛋白质含有一个以上的磷酸化位点，并以不同磷酸化形式的混合物存在，因此在定量磷酸化蛋白质组学研究中鉴定蛋白质磷酸化位点对于探讨磷酸化蛋白质的功能尤为重要。本试验利用 iTRAQ 结合液相色谱-串联质谱（LC-MS/MS）联用技术对 PEDV 感染的细胞进行分析。该技术与传统的蛋白质双向电泳（2DE）或蛋白质 DIGE 双向电泳相比，具有高通量、结果直观、对样本类型无限制、数据结果可靠等优点。因此，从定量准确性、应用性等各方面综合考虑，本试验利用 iTRAQ 结合 LC-MS/MS 联用技术对制备的样品进行差异磷酸化蛋白质的鉴定。为了更好地对磷酸化蛋白质或肽段进行分离和富集，本试验利用金属氧化亲和层析技术，应用涂有 TiO_2 的球形填充物组成层析柱，TiO_2 和磷酸基团通过双齿配位桥进行配位亲和。为了对富集的肽段开展进一步的研究，本试验采用 LC-MS/MS 联用技术对获得的肽段进行分析。

（2）磷酸化蛋白质组学在病毒感染中的应用

蛋白质磷酸化是一种至关重要的翻译后修饰，在许多细胞过程的调节，包括细胞增殖、分化、凋亡和信号转导途径中起关键作用（Yan and He，2008）。磷酸化蛋白质组学主要从蛋白质表达水平和蛋白质修饰水平研究疾病发生机制，同时可以找出病原体与宿主细胞的互作蛋白、疾病早期监测和诊断的生物标记物及治疗靶标。近些年，基于质谱技术的高通量定量磷酸化蛋白质组学通过分析不同条件下的差异磷酸化蛋白质水平，已经成为信号转导通路和细胞应答的有效检测工具（Jensen，2006；Macek et al.，2009；Choudhary and Mann，2010）。

有学者利用定量磷酸化蛋白质组学技术对猪繁殖与呼吸综合征病毒（PRRSV）感染后 12h 和 36h 的细胞进行磷酸化蛋白质鉴定，分析结果表明，PRRSV 通过蛋白激酶活化 MAKP 和 NF-κB 信号通路，诱导细胞炎症因子的产生（Luo et al.，2014）。Zhang 等（2015b）通过定量磷酸化蛋白质组学技术对西尼罗病毒感染 36h 的细胞样品进行鉴定，并进行 RNA 沉默试验，发现西尼罗病毒感染 U251 细胞中核因子 p65 表达量显著降低，并导致细胞炎症因子表达量显著降低。Öhman 等（2015）应用磷酸化蛋白质组学技术对仙台病毒感染人上皮细胞 4h 细胞样品进行蛋白质组学分析，结合 mTOR 抑制剂和 RNA 沉默试验证明 mTOR 信号通路在仙台病毒感染细胞激活 IFN 表达中具有重要的作用。Söderholm 等（2016）通过磷酸化蛋白质组学技术对 A 型流感病毒感染的巨噬细胞进行分析，结果表明周期蛋白依赖性激酶（cyclin-dependent kinase，CDK）是 A 型流感病毒治疗的潜在靶点。Chien 等（2012）通过磷酸化蛋白质组学技术对马立克氏病病毒感染鸡胚成纤维细胞进行研究，结果揭示调节 4E-BP1 磷酸化的翻译起始复合物，4E-BP1 磷酸化的差异表达可为该病毒发病机制特定蛋白质的研究提供新的信息。iTRAQ 结合 LC-MS/MS 联用技术在定量磷酸化蛋白质组学研究病毒与宿主细胞相互作用中得到广泛的应用。石坤等（2016）采用 iTRAQ 技术检测 PCV2 感染后 24h 和 60h 细胞磷酸化蛋白质表达量的变化。数据分析表明，PCV2 在感染宿主细胞时可以抑制细胞凋亡，促进细胞自噬，推测可能是 Hippo、Notch 及磷脂酰肌醇信号通路的激活，导致部分蛋白激酶发生变化，为 PCV2 感染引起的免疫抑制和致病机制提供了基础数据。Dapat 等（2014）利用 iTRAQ 技术对流感病毒感染人上皮细胞进行分析，差异表达的磷酸化蛋白质主要涉及 RNA 加工和免疫系统修饰，分析结果表明，病毒与宿主相互作用网络中有 13 个网络含有在流感病毒感染期间磷酸化水平发生变化的蛋白质，研究结果为抗流感病毒药物的研发提供了理论依据。由此可见，蛋白质磷酸化修饰在病毒感染过程中发挥重要的作用。

本实验室前期已经对 PEDV 感染介导 Vero E6 细胞差异表达蛋白质的筛选及

功能进行了解析，其中差异表达的蛋白质涉及代谢、有机体系统、细胞过程、遗传信息处理、环境信息处理和疾病相关的信号通路。RIG-Ⅰ样受体、Rap1、自噬、MAPK、PI3K/Akt 和 Jak-STAT 信号通路，以及整合素 β2 和 β3 蛋白及半胱氨酸蛋白酶抑制剂-3 蛋白与 PEDV 感染具有相关性（Sun et al.，2015a）。为进一步认识 PEDV 与宿主在蛋白质翻译后的磷酸化修饰水平，本试验应用 iTRAQ 结合液相色谱-串联质谱（LC-MS/MS）联用技术对 PEDV 感染的细胞样品进行分析，鉴定出磷酸化肽段 2385 个，磷酸化蛋白质 1134 个，其中差异表达磷酸化蛋白质 109 个。

（3）病毒感染相关信号通路

病毒感染由细胞模式识别受体（PRR）识别病原体相关分子模式（PAMP），诱导激活抗病毒细胞内的信号转导途径。为了进一步探索蛋白质磷酸化在先天免疫应答中的作用，我们应用 KEGG 分析 PEDV 操纵的细胞信号转导途径。在本试验中，我们共获取 109 个差异表达磷酸化蛋白质，差异表达磷酸化蛋白质 KEGG 分析结果表明这些蛋白质共参与了 5 个病毒感染相关的信号通路，包括 Toll 样受体信号通路、MAPK 信号通路、PI3K/Akt 信号通路、RIG-Ⅰ样受体信号通路和 mTOR 信号通路。其中，Toll 样受体信号通路介导 PEDV 感染 IEC，活化 NF-κB 信号通路，激发宿主抗病毒的先天免疫反应（Cao et al.，2015）。已经鉴定出的 MAPK 信号通路包括 p38 MAPK、c-Jun 氨基端激酶（c-Jun N-terminal kinase，JNK）和胞外信号调节激酶（extracellular signal-regulated，ERK）信号通路。研究表明 PEDV 感染 Vero 细胞过程中 MAPK 信号通路发生磷酸化，并具有促进病毒感染的作用（Kim et al.，2015b；Lee et al.，2016）。有研究表明，Hsp27 在 PEDV 感染细胞过程中发挥重要的干扰素调节功能，且 Hsp27 磷酸化在 MAPK 信号通路调节细胞骨架基因的表达中发挥重要的作用（Kostenko et al.，2009；Sun et al.，2017）。研究报道，在 SARS-CoV 感染细胞过程中，PI3K/Akt 信号通路发生磷酸化对于细胞存活具有重要的作用，抑制 PI3K/Akt/GSK-3α/β 信号通路可以促进 PEDV 的增殖（Kong et al.，2016）。研究证明，RIG-Ⅰ样受体信号通路磷酸化的调节在抗 RNA 病毒先天免疫保护机制中扮演着重要的角色（Sun et al.，2011）。其他病毒还可以通过 mTOR 下游靶标蛋白的磷酸化增加 mTOR 的表达量，从而促进病毒蛋白质合成和病毒复制（Walsh and Mohr，2004；Walsh et al.，2005；Zaborowska and Walsh，2009）。除此之外，研究表明 mTOR 的磷酸化在仙台病毒感染人肺上皮细胞中对病毒和 IFN 的合成具有一定的调节作用（Öhman et al.，2015）。在 PEDV 感染细胞，活化 mTOR 信号通路的磷酸化已经被验证（Guo et al.，2016a；Lin et al.，2017a）。上述结果表明，病毒 PRR 对 PAMP 的识别能够调节 PEDV 感染过程中抗病毒信号通路的磷酸化。这些由 PEDV 触发的信号通路的磷酸化将为进一步研究 PEDV 提供一些基础数据，也会加深我们对 PEDV 与宿主之间相互作用激活相关信号通路的理解。

（4）差异表达磷酸化蛋白质与病毒感染

1）热休克蛋白与病毒感染

热休克蛋白是生物体内高度保守的应激性蛋白，根据热休克蛋白的大小、结构和功能，可将其分为 5 个主要的蛋白质家族，分别为 Hsp110、Hsp90、Hsp70、Hsp60 和小 Hsp（Powers and Workman，2007）。其中 Hsp27 属于小热休克蛋白家族成员之一，已有研究表明，Hsp27 是可以介导细胞骨架稳定性，并参与细胞发育、分化、生长和凋亡抑制的多功能蛋白（Sur et al.，2008；Rajaiya et al.，2012；Vidyasagar et al.，2012）。

在本试验中，我们采用 iTRAQ 结合 LC-MS/MS 联用技术对制备的样品进行磷酸化蛋白质数据分析，在获取的数据中，Hsp27 的表达量显著上调，本试验中 Hsp27 显著上调的结果与猪繁殖与呼吸综合征病毒（PRRSV）、爱泼斯坦-巴尔病毒（EBV）、传染性法氏囊病病毒（infectious bursal disease virus，IBDV）和经典猪瘟病毒（CSFV）感染细胞诱导 Hsp27 表达量上调的结果一致（Fukagawa et al.，2008；Sun et al.，2008b；Zhang et al.，2009；Sagong and Lee，2010；Zhou et al.，2014）。在 IBDV 诱导细胞感染中发现不同形式的 Hsp27 磷酸化蛋白位点，其中一个呈上升趋势，另一个呈下降趋势。相反，也存在一些病毒感染引起 Hsp27 表达量下调的现象，如猪圆环病毒 2 型（PCV2）（Zantema et al.，1989）。另外还有研究表明，PEDV 感染也可以使 Hsp27 的表达量下调（Zeng et al.，2015；Sun et al.，2017），在病毒感染细胞过程中，Hsp27 呈现动态变化，说明 PEDV 感染细胞后 Hsp27 表达量的改变不具有病毒特异性，因此，我们猜测这一变化可能与细胞的异质性有关。

Hsp27 根据蛋白位点的磷酸化状态执行各种功能（Arrigo，2001）。最近，体内和体外实验证明热休克蛋白在 PEDV 感染细胞过程中发生了显著变化（Tong et al.，2013）。小热休克蛋白家族成员 Hsp27 能够调节病毒感染细胞的过程（Sur et al.，2008；Rajaiya et al.，2012；Tong et al.，2013）。在应激期间，p38 MAPK 磷酸化修饰 Hsp27（Ser15、Ser78、Ser82）。研究证实，SARS-CoV 感染细胞可活化 p38 MAPK 信号途径，作为 p38 MAPK 的下游靶标蛋白，在 SARS-CoV 感染细胞过程中，Hsp27 丝氨酸发生磷酸化（Mizutani et al.，2005）。磷酸化 Hsp27 主要定位于细胞质中，Hsp27 的磷酸化修饰对单纯疱疹病毒的复制具有重要意义（Mathew et al.，2009）。在 PCV2 感染细胞过程中，Hsp27 在 Ser15 和 Ser78 位点发生磷酸化，最终可以促进 PCV2 的复制（Liu et al.，2013）。研究证明，p38 MAPK 信号途径和 PI3K/Akt 信号途径的活化在 PEDV 感染细胞过程中发挥重要的作用（Kong et al.，2016；Lee et al.，2016）。除此之外，许多病毒可以诱导 Hsp27 表达量的上调，介导不同的策略延迟细胞凋亡，可以提供足够的时间让病毒复制（Fukagawa et al.，2008）。Hsp27 直接抑制凋亡小体的形成，从而抑制细胞凋亡，还可参与 PI3K 依赖性机制，调节 Akt 活性，抑制细胞凋亡（Garrido et al.，2003；Havasi et al.，2008）。

在哺乳动物中，先天免疫系统是防御病毒感染的第一道防线。病原体相关分子模式（PAMP）与细胞模式识别受体（PRR）结合可以诱导 IFN-Ⅰ的产生和分泌，抵抗病毒复制并调节免疫系统。研究证明，PEDV 可以破坏 IFN-Ⅰ信号通路来延长病毒的存活时间（Guo et al.，2016b；Zhang et al.，2016a）。研究表明 IFN-β1 的敲除可以抵消由 Hsp27 过表达诱导的抗病毒效应物的抗病毒活性，证明 Hsp27 是针对 PEDV 感染细胞内抗病毒作用的上游调节剂（Sun et al.，2017）。目前已经有报道证明，多种病毒编码蛋白（nsp1、nsp3、nsp5、nsp7、nsp14、nsp15、nsp16、ORF3、E、M 和 N）被鉴定为 PEDV 干扰素拮抗剂（Zhang et al.，2016a），Hsp27 是否与这些蛋白质相互作用，从而促进 PEDV 在宿主微环境中的适应，这一问题需要进一步研究。

Hsp70 作为细胞分子伴侣的核心组成部分，被许多病毒所利用，参与病毒生命周期的不同阶段，包括进入、脱壳、病毒基因组复制、基因表达和病毒粒子形态调控。有证据表明 Hsp70 与病毒复制和转录复合物的形成有关，并调节许多病毒，如丙型肝炎病毒、单纯疱疹病毒 1 型、猪繁殖与呼吸综合征病毒及猪圆环病毒 2 型的复制。除此之外，Hsp70 和线粒体凋亡诱导因子可能也参与细胞的凋亡信号通路。Hsp70 虽不是差异表达的磷酸化蛋白质，但在制备的细胞样品中存在 Hsp70，说明它是值得关注的应激蛋白。目前，Hsp70 在 PEDV 感染中的作用还未见报道。

本试验结果表明高水平表达的 Hsp70 能够增加 PEDV 的表达量，但 Hsp70 的作用机制仍需进一步研究验证。热休克蛋白可能受到热应激的诱导，其在体内对 PEDV 感染的作用仍需要进一步研究。总之，关于热休克蛋白如何正向或反向影响病毒感染的信息，不仅可以说明关于热应激蛋白质的辅助作用，而且可以为新型抗病毒药物的研发提供基础依据。

2）核糖体蛋白与病毒感染

正链 RNA 病毒的基因组 RNA 需要通过募集宿主因子进行翻译（Kushner et al.，2003）。翻译因子在病毒 RNA 和蛋白质合成中起到关键作用（Kushner et al.，2003）。60S 酸性核糖体蛋白 P2（60S acidic ribosomal protein P2，RPLP2）位于核糖体颗粒的活性部分，在蛋白质合成过程中与 mRNA、tRNA 和翻译因子相互作用（Wool et al.，1991）。已经有研究证实，60S 核糖体蛋白水平的降低可以直接降低正链雀麦花叶病毒在酵母细胞中的靶向表达（Wool et al.，1991）。本试验中 60S 核糖体蛋白表达结果与 SARS 冠状病毒感染细胞、猪传染性胃肠炎病毒感染猪肾细胞的试验结果一致，60S 核糖体蛋白表达量均上调（Jiang et al.，2005；An et al.，2014）。表明核糖体蛋白表达量上调是宿主细胞中正链 RNA 病毒繁殖所需要的，因此推测 RPLP2 的磷酸化在 PEDV 病毒蛋白质的翻译过程中起到关键的作用。

3）核不均一核糖核蛋白与病毒感染

在获得的差异表达的宿主蛋白质中，有一部分参与病毒的复制和翻译。单股正链 RNA 病毒需利用宿主细胞 RNA 的加工和翻译机制完成病毒粒子 RNA 和蛋白质的合成（Li et al.，1999）。核不均一核糖核蛋白（heterogeneous nuclear ribonucleoprotein，hnRNP）是一类高度保守的 RNA 结合蛋白，广泛存在于动物的各种组织和细胞中，主要参与细胞中 mRNA 前体的剪接、mRNA 的转运、mRNA 稳定性的控制及转录调控。

有报道证明 hnRNP 参与多种病毒的复制（冯晓辉等，2015）。在本试验中，鉴定出 3 类 hnRNP 因子，包括 hnRNP A/B、hnRNP K 和 hnRNP C。hnRNP A/B 在人类免疫缺陷病毒（human immunodeficiency virus，HIV）感染过程中参与前体 mRNA 的剪接（Damgaard et al.，2002；Domsic et al.，2003）。hnRNP K 在 RNA 病毒感染过程中主要调控 mRNA 的剪接及病毒 RNA 的表达，抑制宿主细胞凋亡，促进病毒蛋白质的表达（Tsai et al.，2013；Fan et al.，2014）。hnRNP C 是一种通过羧基端 RGG 序列与 RNA 直接相互作用的含量丰富的核磷蛋白（Piñolroma and Dreyfuss，1993）。研究表明，hnRNP C 可以与丙型肝炎病毒嘧啶区结合，hnRNP C 参与丙型肝炎病毒 RNA 复制的起始及调节（Burd and Dreyfuss，1994）。在本试验中，PEDV 感染细胞后，hnRNP 磷酸化修饰的显著变化在 PEDV 的复制过程中可能具有重要的研究作用。

4）Na^+/H^+交换蛋白 3 与病毒感染

PEDV 是感染仔猪的肠道冠状病毒，临床上可导致仔猪发生水样腹泻和严重脱水。小肠和肾近曲小管刷状缘蛋白 Na^+/H^+交换蛋白 3（Na^+/H^+ exchanger 3，NHE3）是重要的钠离子吸收转运器，主要负责肠道内大部分中性盐的吸收，与 NHE 调节因子（NHE regulatory factor，NHERF）家族中的成员相结合发挥作用。NHE 调节因子家族中的成员主要定位于刷状缘或靠近刷状缘附近分布，且以动态的形式与其他蛋白质形成包含 NHE3 的蛋白复合物 NHERF3，而这种结合可以影响 NHE3 活性信号通路的转变（Donowitz et al.，2005）。已经有研究表明，NHERF3 在丝氨酸 509 位磷酸化，作为 NHERF 家族中的成员，其表达量可受炎症反应的影响而下调，最终促使炎性腹泻的发生（Nakamura et al.，2005；Lenzen et al.，2012）。在本试验中差异磷酸化蛋白 NHERF3 的表达量显著下调，因此我们猜想，PEDV 引发的炎症反应也可能介导 NHE3 功能紊乱而引起水盐转运失调的这一过程。综上所述，通过磷酸化蛋白质组学技术的研究揭示 PEDV 感染导致仔猪腹泻机制的一个新观点，可为预防和治疗该病提供一定的理论基础。

5）细胞骨架蛋白与病毒感染

细胞骨架变化与跨细胞膜运输密切相关，对病毒复制发挥重要的作用。细胞骨架细丝蛋白是动态的，分为 3 种类型：微丝（肌动蛋白丝）、微管和中间丝

（Naghavi and Goff，2007）。中间丝可以为细胞提供机械稳定性，而肌动蛋白丝和微管细胞骨架负责运输许多内源性物质及细胞内的微生物（Greber and Way，2006）。已经有研究证明，HIV-1 和皮舒纳病毒（Pixuna virus）利用细胞骨架蛋白进行感染和复制（Soll，1997；Gil et al.，2017）。有研究表明，细胞微丝状态的改变（稳定状态或者解聚状态）对 PEDV 的复制和释放具有重要的作用（高君恺，2013）。在本试验中差异表达的细胞骨架蛋白，其中微管相关蛋白和波形蛋白在病毒感染过程中至关重要。微管相关蛋白在细胞内运输病毒组分及感染宿主细胞中的病毒粒子中起重要作用（Greber and Way，2006）。波形蛋白是III型中间丝纤维蛋白的一种，作为典型的磷酸化蛋白，它可以被多种蛋白激酶磷酸化。已经有研究表明，中间丝的破坏可以降低登革热病毒、丙型肝炎病毒、蓝舌病毒的感染能力（Bhattacharya et al.，2007；Chen et al.，2008；Nitahara-Kasahara et al.，2009；Kanlaya et al.，2010）。综上所述，PEDV 感染和复制涉及的细胞骨架蛋白可能有助于病毒粒子的转运。

6）周期蛋白依赖性激酶与病毒感染

细胞周期调控的关键因素是周期蛋白依赖性激酶（cyclin-dependent kinase，CDK），该酶属于丝氨酸/苏氨酸蛋白激酶家族，可以在特定的细胞周期变化中被激活，使相应的底物发生磷酸化。研究表明，CDK 可作为 HIV-1 感染的治疗靶点（Rice，2016）。还有研究结果揭示了以细胞周期蛋白 A2/CDK1 在 SAMHD1 Thr592 的磷酸化作为其抗病毒活性的关键调控机制（Cribier et al.，2013）。在本试验中 CDK1 和 CDK11B 的表达量显著上调，其在 PEDV 复制过程中的具体作用还有待进一步研究验证。

第四章　猪流行性腹泻病毒感染临床症状

第一节　猪流行性腹泻病毒感染临床症状概述

一、仔猪临床症状

PEDV 潜伏期一般为 5～8d，人工感染 PEDV 的潜伏期为 8～24h。主要的临床症状为水样腹泻，或者腹泻伴随呕吐，呕吐多发生于吃食或吃奶后。症状的轻重因年龄的大小而有差异，年龄越小，症状越重。一周龄内新生仔猪发生腹泻后 3～4d，可呈现严重脱水而死亡，死亡率最高可达 100%。病猪体温正常或稍高，精神沉郁，食欲减退或废绝。

二、母猪临床症状

PEDV 阳性母猪常呈现精神萎顿、厌食和持续性腹泻大约一周，并逐渐恢复正常。少数猪恢复后生长发育不良。在同圈饲养的育肥猪感染后可出现腹泻，一周后康复，死亡率为 1%～3%。成年猪症状较轻，个别表现出呕吐症状，严重者水样腹泻 3～4d 后可自愈。

第二节　猪流行性腹泻病毒不同毒株感染临床症状

一、猪流行性腹泻病毒 S-INDEL 毒株感染临床症状

4 日龄传统哺乳仔猪接种野生型 S-INDEL PEDV USA/Iowa106/2013 毒株后，均出现腹泻。但是，与高毒力毒株相比，其潜伏期更长、腹泻持续时间较短。在仔猪致死率方面，高毒力 PC21A 毒株致死率可达 55%，而 S-INDEL 毒株致死率为 18%（Lin et al.，2015a）。5 日龄非哺乳仔猪（饲喂乳汁替代品和酸奶）接种 S-INDEL PEDV 毒株（USA/IL20697/2014）后，几乎不出现临床症状（Chen et al.，2016a）。但是，PEDV S-INDEL 毒株在某些环境下仍然可以引起严重的临床症状，例如，母猪被感染或有其他疾病时。

二、猪流行性腹泻病毒 non S-INDEL 毒株感染临床症状

non S-INDEL 毒株具有极高的感染性。1PFU 的高毒力毒株 PC22A 即可使40%的 4 日龄剖宫产非初乳喂养（CDCD）仔猪在 HPI（hours post infection，感染后小时数）24 内出现水样腹泻（Liu et al.，2015b）。所有年龄段的猪均可被高毒力 PEDV 感染，但是，临床症状的严重程度与年龄呈负相关。将日本 1999 年分离的高毒力 PEDV 毒株接种至 2～7 日龄的 CDCD 仔猪中，可导致 100%的发病率和死亡率；然而，接种至 2～4 周龄的仔猪中，仅表现出中度腹泻；接种至 8～12 周龄的仔猪中，无明显临床症状表现（Shibata et al.，2000）。

第五章　猪流行性腹泻病毒病理变化

第一节　猪流行性腹泻病毒病理变化概述

一、猪流行性腹泻病毒病理解剖学变化

PEDV 在自然感染和实验感染的仔猪中均能引起肉眼可见的病理变化（Pospischil et al.，1981；Hwang et al.，1994），主要表现：小肠膨胀，腔内充满大量黄色液体。在病毒接种 24h 后，仔猪的小肠绒毛出现组织学变化，主要表现：小肠绒毛上皮细胞空泡化、脱落，绒毛变短，该组织学变化与仔猪腹泻发生的时间相吻合。

二、猪流行性腹泻病毒病理组织学变化

Ducatelle 等（1981）从组织化学角度进行了研究，发现 PEDV 感染猪小肠的消化酶活性明显下降。Pospischil 等（1981）和 Sueyoshi 等（1995）认为 PEDV 的病理变化与猪传染性胃肠炎（TGE）极为相似，但在结肠未能观察到病理组织学变化。超微结构变化主要发生于小肠细胞的细胞质中（Horváth and Mocsári，1981），可见细胞器减少，出现电子半透明区，微绒毛和末端网状结构消失，部分细胞质渗入肠腔内，肠细胞变平，紧密连接消失，脱落进入肠腔，可见肠细胞内的病毒是通过内质网膜以出芽方式形成的（Ducatelle et al.，1981）。在结肠含病毒的肠细胞中出现了细胞病变，但未见细胞脱落。

PEDV 导致的病理组织学损伤包括急性肠炎、弥漫性肠炎、萎缩性肠炎，轻度浅表肠上皮细胞空泡化和结肠、盲肠的皮下水肿（Sueyoshi et al.，1995；Jung et al.，2014）。电子显微镜观察结果显示，在 4 头接种 CV777 毒株的仔猪中，其中 1 头仔猪的结肠上皮细胞出现了超微结构变化，但是缺少组织学损伤（Ducatelle et al.，1982）。在急性感染期的空肠前端或整个空肠绒毛上皮细胞中会出现空泡或大量脱落，萎缩绒毛常发生融合并被退化的新生扁平上皮覆盖，固有层出现明显的炎性细胞浸润。在通过口鼻感染病毒的仔猪脾、肝、肺、肾和肠系膜淋巴结中未见损伤。

在病毒感染的潜伏期，也就是说，在临床症状产生前，被感染的猪肠绒毛长度正常，但是，上皮细胞出现了空泡化并开始坏死（Debouck and Pensaert，1980）。

腹泻 1～3d 后，被感染猪的肠绒毛严重萎缩（Jung et al.，2014）。仔猪在感染后期（出现临床症状 84～120h 后），其肠绒毛出现了中到重度萎缩（Debouck and Pensaert，1980；Jung et al.，2014），表明细胞出现持续性坏死。PEDV 感染后，小肠隐窝层中的 LGR5 阳性细胞和表达 Ki67 蛋白的隐窝干细胞为增殖细胞（Jung et al.，2008）。因此 PEDV 引起吸收不良性腹泻的发病时间，主要与空肠绒毛的萎缩程度和隐窝干细胞的更新速度有关。

第二节　猪流行性腹泻病毒不同毒株的病理变化

一、经典猪流行性腹泻病毒毒株导致的病理变化

在早期研究中，有人检测了 PEDV 经典毒株 CV777 的感染及病理特征（Coussement et al.，1982；Debouck and Pensaert，1980），1～20 日龄的剖宫产非初乳喂养（CDCD）仔猪和传统仔猪，在接种 PEDV CV777 23～40h 后出现临床症状（Coussement et al.，1982）。仔猪出现腹泻大约 1d 后，肠绒毛长度与肠绒毛长度和隐窝深度的比值（VH/CD）均出现下降趋势，比值从健康猪的 7～8 下降至感染猪的 2～3（Debouck and Pensaert，1980）。从 HPI 60 开始，接种 PEDV CV777 的仔猪肠绒毛开始再生，这些再生的细胞被 CV777 二次感染，形成第二次感染高峰（Debouck and Pensaert，1980）。早期研究比较了 PEDV CV777 毒株与地方性 TGEV Miller 毒株的致病机理（Debouck and Pensaert，1980；Pospischil et al.，1981），PEDV CV777 毒株的感染在消化道呈现出更加广泛的纵向分布，既感染小肠和结肠上皮细胞，也可以感染绒毛基部的隐窝细胞。另外，PEDV CV777 的感染进程较 TGEV 慢（Debouck and Pensaert，1980；Saif，1989）。

然而，不是所有的 PEDV 毒株的病理学特征都与原型毒株 CV777 一致，1 日龄非初乳喂养仔猪感染韩国经典毒株 SNUVR971496 后，在 HPI 60 时出现严重的肠绒毛萎缩和极低的 VH/CD（1.11±0.34）。但是，经过免疫组织化学（Kim et al.，1999）和原位杂交（Kim and Chae，2003）试验分析后，在这些仔猪的肠上皮细胞和隐窝细胞中未检测到 PEDV 抗原或核酸，结肠中的阳性细胞也很少。在 TGEV 中也得到了相似的结果，因此，TGEV/PEDV 感染猪后的病理学特征与毒株种类、仔猪年龄、仔猪是否顺产、初乳/常乳的状态和环境改变有关。总之，在养殖场中 PEDV 和 TGEV 感染后的临床症状是不易区分的。

二、高毒力 non S-INDEL 猪流行性腹泻病毒毒株导致的病理变化

基于流行病学调查和养殖场的临床观测，自 2010 年出现的 non S-INDEL

PEDV 毒株为高致病性毒株，被称为高毒力 PEDV 毒株。在实验室中将高毒力 PEDV 毒株接种至无菌的（Jung et al.，2014）CDCD 仔猪（Liu et al.，2015b；Madson et al.，2016）和传统仔猪（Lin et al.，2015a；Madson et al.，2014）后，得到了相同的结果和结论。

第一，高毒力 PEDV 具有极高的感染性。1PFU 的高毒力毒株 PC22A（传至第三代）即可使 40%的 4 日龄 CDCD 仔猪在 HPI 24 内出现水样腹泻（Liu et al.，2015b）。相似地，另一株高毒力 PEDV 毒株 USA/IN19338/2013 在感染 5 日龄传统仔猪和 21 日龄断奶传统仔猪后的最小感染滴度分别为 0.056～0.56TCID$_{50}$/mL 和 56TCID$_{50}$/mL（Thomas et al.，2015）。

第二，PEDV 在哺乳仔猪中的感染速度极快并且致命。非常低的感染剂量即可在 HPI 24 内出现临床症状，在 HPI 96 内引起死亡（Liu et al.，2015b；Madson et al.，2016）。

第三，高毒力 PEDV 的感染发生在肠道。除了空肠、回肠，十二指肠、盲肠、结肠均容易感染 PEDV（Lin et al.，2015a；Madson et al.，2016）。PEDV 的抗原主要出现在绒毛顶端、侧壁和绒毛与隐窝的交界处（Jung et al.，2014）。偶尔也会有单个的或成串的隐窝上皮细胞被感染（Lin et al.，2015a；Liu et al.，2015b）。隐窝细胞的再生能力是否因 PEDV 的感染而受到影响仍然未知。Jung 等（2015a）研究了与隐窝细胞增殖有关的 Marker 基因 *Ki67* 和隐窝干细胞的 Marker 基因 *LGR5*，结果显示，与未接种 PEDV 的对照组传统仔猪相比，接种了 PEDV PC21A 毒株 3～5d 后，10～14 日龄传统仔猪的 LGR5 阳性细胞数量和肠隐窝细胞的数量显著上升，结果表明，隐窝细胞的再生是为了补偿肠绒毛的萎缩。

第四，高毒力 PEDV 导致严重的肠绒毛萎缩。在大部分感染高毒力 PEDV 毒株 PC21A 或 PC22A 的 CDCD 或传统哺乳仔猪中，VH/CD 往往小于 2，有些甚至小于 1（Lin et al.，2015a；Liu et al.，2015b）。而且，高毒力 PEDV 不仅严重破坏被感染的猪肠上皮细胞，还会快速感染再生的肠上皮细胞（Lin et al.，2015a）。如果仔猪没有在急性感染期死亡，它们将在感染后 5～8d 表现出中度到重度的肠绒毛萎缩。对粪便中脱落的病毒 RNA 量进行连续监测，结果显示，病毒 RNA 量在第一次高峰后持续减少，表明仍存在有限的肠上皮细胞用于 PEDV 持续复制，但是随着感染时间的延长，该种细胞越来越少（Lin et al.，2015a）。

第五，所有年龄段的猪均可被高毒力 PEDV 感染，接种 PC21A 或 PC22A 的仔猪和它们接触的母猪发病率为 100%（Lin et al.，2015a；Liu et al.，2015b）。但是，往往表现为年龄依赖性的 PEDV 感染免疫（Annamalai et al.，2015；Jung et al.，2015b）。在实验室将日本于 1999 年分离的 PEDV 毒株接种至 2～7 日龄的 CDCD 仔猪中，引起的发病率和死亡率均为 100%。然而，接种至 2～4 周龄的仔猪中，仅表现出中度腹泻；接种至 8～12 周龄的仔猪中，没有表现出临床症状（Shibata et al.，2000）。9 日龄和 26 日龄仔猪相比，感染 PEDV 后，肠上皮细胞恢复率下降（Jung et al.，2015b）、细胞溶解酶活性降低、自然杀伤细胞分泌的 IFN-γ 减少（Annamalai et al.，2015），这可能是解释年龄依赖性免疫的机理之一。然而，高毒力 PEDV 毒株导致断奶仔猪的生长严重滞后，生产率严重下降，如低产仔率和母猪泌乳能力减弱等，给整个养猪业的发展带来了严重的影响。

总之，高毒力 PEDV 的毒力以低感染剂量、潜伏期短、严重的临床症状和肠损伤及 PEDV 复制的广泛性（涵盖整个肠道）为特征。除了抗原的变化，该疾病的这些特征也解释了为什么高毒力 PEDV 在亚洲（Choi et al.，2014；Sun et al.，2012）和北美洲养猪业大国的暴发如此具有毁灭性（Stevenson et al.，2013；Vlasova et al.，2014）。

三、S-INDEL 猪流行性腹泻病毒毒株导致的病理变化

第一株 S-INDEL 毒株 OH851/2014 分离自一头没有显著临床症状的传统哺乳仔猪（Wang et al.，2014a）。此后不久，有 3 个实验室比较了 S-INDEL 和高毒力 PEDV 的致病性。在日本，一周龄的无特定病原体仔猪分别接种 S-INDEL PEDV ZK-O 和高毒力 PEDV ZK-CHR 后，S-INDEL 毒株引起的腹泻评分和粪便中病毒 RNA 滴度低于高毒力毒株，表明 S-INDEL 毒株的致病性较低（Yamamoto et al.，2015）。所有 4 日龄传统哺乳仔猪接种野生型 S-INDEL PEDV USA/Iowa106/2013 毒株后，均出现腹泻。然而，S-INDEL PEDV USA/Iowa106/2013 的致死率较高毒力 PEDV 毒株弱，证据如下：①潜伏期更长（临床症状和病毒 RNA 峰值出现较晚）；②腹泻持续时间较短；③VH/CD 的值较高；④PEDV 阳性肠上皮细胞较少；⑤肠道中病毒感染区域较小（不包含隐窝细胞）；⑥与高毒力 PC21A 毒株（55%）相比，总体仔猪致死率较低（18%）（Lin et al.，2015a）。Chen 等（2016b）在 5 日龄传统的非哺乳仔猪（饲喂乳汁替代品和酸奶）中接种 1 株 TC S-INDEL PEDV 毒株（USA/IL20697/2014）和 3 株高毒力 PEDV 毒株（USA/IN19338/2013、USA/NC35140/2013 和 USA/NC49469/2013）。相比之下，S-INDEL PEDV 毒株（USA/IL20697/2014）几乎不引起临床症状，仔猪体重下降较少，组织微损伤面积较小，粪便中病毒量和组织 PEDV 抗原量较少（Chen et al.，2016b）。然而，S-INDEL 毒株的致病性在不同个体和新生仔猪中是可变的，与在养殖场观察到的一样（Stadler et al.，2015），接种 S-INDEL USA/Iowa106/2013 的 3 窝仔猪致死率为 0%，而第四窝为 75%（Lin et al.，2015a）。另外，与感染 S-INDEL USA/Iowa106/2013 仔猪接触的母猪，也会被感染，4 头母猪中有两头出现厌食和腹泻。在德国南部（Stadler et al.，2015）和葡萄牙南部（Mesquita et al.，2015）暴发的欧洲 S-INDEL PEDV 毒株，仍然可以导致哺乳仔猪出现很高的死亡率（约 70%）。因此，虽然人

们一致认为 S-INDEL 毒株具有相对较低的致病性（Lin et al.，2015a；Yamamoto et al.，2015），但是，它们在某些环境下仍然可以引起严重的疾病，如母猪被感染或有其他疾病时。如果母猪食欲和产奶量下降，其乳源性免疫会受到影响（Chattha et al.，2015），依赖它们的哺乳仔猪很可能会死亡（Lin et al.，2015a；Mesquita et al.，2015）。而且，出生时重量较小的仔猪在哺乳过程中与其他同窝仔猪相比，其获取乳汁的效率较低，摄取的营养较少，获得的乳源性免疫也少。由 S-INDEL PEDV 引起的临床症状的严重程度与仔猪体重呈负相关（Lin et al.，2015a）。

四、连续传代的猪流行性腹泻病毒毒株导致的病理变化

连续传代的猪流行性腹泻病毒能形成毒性减弱的突变毒株，其仅仅导致猪出现轻度腹泻或不发病（Chen et al.，2015；Sato et al.，2011；Song et al.，2007，2003）。与亲本病毒相比，经过高度传代的 PEDV 的感染特性，如轻度或无临床症状、肠道损伤和组织抗原较少，仍然作为评价其毒性强弱的标志（Chen et al.，2015）。与 PEDV 相似，高毒力 TGEV 毒株（如 Miller）在细胞传代次数较少时（传至第三代），表现为潜伏期短，广泛感染整个小肠，感染大部分小肠上皮细胞，肠绒毛上皮被显著破坏。然而，通过 115 次或 P-350 次传代（P115 和 B1-350）后的 TGEV 毒性减弱，仅感染空肠和回肠，并且表现为分散的、模糊不清的肠绒毛上皮感染（Saif，1989；Saif et al.，2012）。另外，P115 毒株在上呼吸道中的复制滴度较肠道中更高（van Cott et al.，1993）。

五、猪流行性腹泻病毒 *S* 基因缺失导致的病理变化

对于 TGEV 来说，S 蛋白 S1 区域 NTD 的大片段缺失（224 个氨基酸）导致其毒力减弱，并且，其组织嗜性从肠道变为呼吸道（随后被确认为 PRCV）（Pensaert et al.，1986；Saif et al.，2012）。PEDV 弱毒毒株 PC177 的 S1 NTD 区域有一个 197 个氨基酸片段的缺失。与高毒力 PEDV PC22A 毒株相比，接种 1000$TCID_{50}$的 PEDV PC177 于 4 日龄 CDCD 仔猪中，仔猪表现出轻度腹泻，粪便中脱落的 PEDV RNA 滴度较低，轻度肠绒毛萎缩，肠组织内抗原含量较低。PC177 和 PC22A 引起的死亡率分别为 0%和 100%（Hou et al.，2017）。有报道称，7 日龄哺乳仔猪（n=120）接种了 S1 NTD 区域含有 194 个氨基酸缺失（23～216aa 缺失）的日本 PEDV 毒株（JPN/Tottori2/2014）后，表现与 PC177（34～230aa 缺失）类似，致死率为 0%（Murakami et al.，2015）。以上发现表明，S1 NTD 区域的大片段缺失可能与毒力减弱有关。另外，一株突变的中国野生型 PEDV 毒株（FL2013），分离自表现为轻度临床症状的母猪和其饲喂的 3 日龄仔猪（Zhang et al.，2015c）。FL2013 的骨

架基因组与其他高毒力 PEDV 毒株一样。然而，其 C 端的 *S* 基因与其他高毒力 PEDV 序列相比，有一个特异性的 21 个核苷酸的缺失，导致 7 个氨基酸缺失（FEKVHVQ）（Zhang et al.，2015c）。该缺失的 7 个氨基酸也出现在经典 PEDV LZC 中。病毒传染性、致病性和复制效率的改变，是否与 S 蛋白的大片段缺失或 S 蛋白的过早终止有关呢？这个问题可以在未来通过反向遗传技术来解答（Beall et al.，2016；Jengarn et al.，2015）。

第六章　猪流行性腹泻病毒诊断

目前 PEDV 的诊断方法分为病毒学诊断和血清学诊断两种。病毒学诊断的目的是检测核酸和蛋白质，而血清学诊断方法是检测免疫反应中产生的抗体。下面介绍的是美国于 2013 年开发的用于快速、特异检测 PEDV 的一组改良的诊断试剂和试验方法。

第一节　猪流行性腹泻病毒病原学诊断

一、猪流行性腹泻病毒的分离

Vero 细胞是用于 PEDV 分离和培养的最普遍的细胞（Chen et al.，2014a；Jung and Saif，2015）。在 Vero 细胞培养中 PEDV 复制产生的 CPE 是细胞融合的结果，合胞体形成后，达到分离病毒的目的（Chen et al.，2014a；Oka et al.，2014）。细胞培养中的 PEDV 分离鉴定通常由免疫荧光技术或 PT-PCR 完成（Chen et al.，2014a；Oka et al.，2014）。

细胞培养中 PEDV 的复制依赖于细胞培养液中的外源性胰蛋白酶（Chen et al.，2014a；Wicht et al.，2014b）。胰蛋白酶的蛋白水解活性导致 S 糖蛋白裂解成 S1 亚基和 S2 亚基，从而增强病毒与细胞和细胞与细胞的融合，以及病毒的感染力，并促进病毒从感染细胞的释放（Wicht et al.，2014a）。因此，在 PEDV 细胞分离培养液中必须添加外源性胰蛋白酶。

对外源性胰蛋白酶的依赖及缺少更好的细胞培养体系，使 PEDV 的分离培养十分困难。最近的两项研究对细胞培养中 PEDV 分离的综合方法进行了优化（Chen et al.，2014a；Oka et al.，2014）。但是，在 RT-PCR 检测的 138 份 PEDV 阳性临床样本中，将它们接种到 Vero 细胞中后只分离到 13 株 PEDV（Chen et al.，2014a；Oka et al.，2014）。所有这些分离株都是从肠道内容物（Oka et al.，2014）或肠组织匀浆（Chen et al.，2014a）中获得的，并没有从 RT-PCR 检测呈阳性的粪便样品中分离到病毒。然而，最近 Chen 等（2016b）从 RT-PCR 阳性粪便样品中分离到 3 株 PEDV。这些研究表明，PEDV 分离方法的成功率低，并且强调体外分离 PEDV 的细胞培养系统需要改进。原代小肠上皮细胞或表达 PEDV 受体猪氨肽酶 N（APN）的细胞系（Nam and Lee，2010；Shan et al.，2015），可能是宝贵的替代品并能够潜在地增加细胞培养中 PEDV 分离的成功率（Liu et al.，2015a）。

二、猪流行性腹泻病毒免疫荧光检测

免疫荧光（IF）技术已被广泛应用于检测细胞分离培养液中的 PEDV 抗原（Chen et al.，2014a；Oka et al.，2014），或在感染 PEDV 的肠组织冰冻切片中检测病毒抗原（Jung and Saif，2015；Jung et al.，2014）。该方法的原理为检测疑似感染 PEDV 的猪组织细胞培养液或超薄切片中的病毒抗原。

细胞内病毒抗原采用荧光标记的 PEDV 特异性抗体检测。在荧光显微镜下，在感染细胞的细胞质中可直观地观察到带有荧光的病毒抗原。使用免疫荧光检测方法在 PEDV 感染的不同阶段都能在小肠绒毛上皮细胞中检测到病毒抗原，包括疾病潜伏期的早期阶段（最初 HPI 12～24）。使用免疫荧光检测方法可以在出现临床症状后 72h 的肠道样品中检测到病毒抗原（Jung et al.，2014）。

三、猪流行性腹泻病毒免疫组织化学检测

免疫组织化学（IHC）已被广泛应用于肠组织中 PEDV 的抗原检测（Madson et al.，2016；Stevenson et al.，2013）。IHC 基于免疫（抗体）和化学反应（酶的底物）来检测组织切片中的 PEDV 抗原（Ramos-Vara，2017）。首先使用 PEDV 特异性抗体检测病毒抗原，随后使用酶标二抗经化学显影剂显色（Guscetti et al.，1998；Ramos-Vara，2017）。与 IF 检测方法相似，应用 IHC 可在临床症状出现之前（感染后 1d）到感染后 14d 检测到 PEDV 抗原（Guscetti et al.，1998；Madson et al.，2016）。IF 和 IHC 这些原位检测 PEDV 的方法，其主要优势在于，能够在感染期间的靶细胞和组织中检测出病毒抗原（Duraiyan et al.，2012）。此外，IHC 检测在福尔马林固定的石蜡包埋组织中进行，该组织可长期存储，并且存档的组织标本可反复观阅。

四、猪流行性腹泻病毒抗原 ELISA 检测

粪便中的 PEDV 抗原可以使用抗原捕获 ELISA 试剂盒进行检测（Aydin，2015；Rodák et al.，2005）。将样品孵育在包被 PEDV 特异性捕获抗体的固相（聚苯乙烯、聚乙烯或聚丙烯微孔板孔）载体上，当样品中存在 PEDV 抗原时便会结合捕获抗体。该检测抗体将结合病毒抗原，进一步与酶标二抗反应，随后由化学底物显色（Aydin，2015）。检测粪便样本中 PEDV 的抗原捕获 ELISA 试剂盒已被开发（Sozzi et al.，2010），然而，临床样品中的病毒检测可能会受到几个因素的影响（Rodák et al.，2005），包括样品采集的时间、储存条件及运送至实验室过程中的条件（如温度）（Jung and Chae，2004；Rodák et al.，2005）。例如，应用抗原捕获 ELISA 试

剂盒经常可在疾病的急性期检测到粪便中的 PEDV，但很少在疾病的潜伏期或恢复期检测到该病毒（Callebaut et al.，1982；Sozzi et al.，2010）。因此，必须在感染的急性期、临床症状出现不久后采集样品（Sozzi et al.，2010），并且冷冻运至实验室（Jung and Chae，2004）。

五、猪流行性腹泻病毒核酸 RT-PCR 检测

考虑到诊断的敏感度、特异性和快速性，分子诊断检测，如传统的实时反转录聚合酶链反应（real-time RT-PCR，rRT-PCR）检测方法已成为 PEDV 诊断中可供选择的方法（Gou et al.，2015；Zhao et al.，2014b）。在美国大多数兽医诊断实验室中，接收临床样品的 24h 内，rRT-PCR 结果即可被报道，因此，快速实施干预和控制措施会降低病毒进一步传播的风险。

基于 PCR 的检测方法可用于疑似感染病毒动物的粪便、直肠拭子或肠道样品中 PEDV 基因组的检测（Chen et al.，2014a；Jung et al.，2015a）。此外，口腔棉拭子（唾液）已常规用于 PEDV 感染的诊断（Bjustrom-Kraft et al.，2016；Gimenez-Lirola et al.，2016），并且 rRT-PCR 已被用于饲料样品的 PEDV 流行病学调查（Bowman et al.，2015；Dee et al.，2014）。基于 PCR 的检测方法提供了更敏感、特异、快速的替代病毒分离或其他抗原的检测方法，如 IF、IHC 和抗原捕获 ELISA。然而，由于 PCR 只检测病毒核酸，因此，当样品中存在非感染性病毒时可能出现假阳性反应。

设计 PEDV 检测引物时，病毒基因组的位置选择非常重要，要求它必须能够检测传播中的大多数 PEDV 毒株（如 PEDV 经典毒株和 *S* 基因缺失株）(Oka et al.，2014)，并且要与其他相似亲缘病毒区分，包括 TGEV 和 PDCoV。大多数基于 PCR 的 PEDV 检测方法都是针对病毒的一个结构蛋白基因，如 *N*、*M* 或 *S*（Miller et al.，2016；Song et al.，2006；Zhao et al.，2014b）。虽然这些基因代表了很好的诊断目标，但是，在设计新试验时考虑这些基因的突变性非常重要（Jarvis et al.，2016）。例如，*S* 基因是 PEDV 基因组中最常发生变异的区域之一（Chen et al.，2013b；Jarvis et al.，2016），美国和中国均有报道数个变异毒株在 S1 区出现缺失（Jarvis et al.，2016；Oka et al.，2014；Zhang et al.，2015a）。因此，应用新的 PCR 检测方法诊断 PEDV 的推广是十分重要的（Miller et al.，2016）。

（一）传统 RT-PCR

目前，已经有数个检测 PEDV 的传统 RT-PCR 方法（Ishikawa et al.，1997；Kubota et al.，1999）。这些方法包括在 RT-PCR 反应中使用病毒特异引物对 PEDV 目标区域进行扩增，随后电泳并在琼脂糖凝胶中观察扩增片段（Ishikawa et al.，

1997；Kubota et al.，1999）。一些研究还报道了用于检测和区分几个猪肠道病毒的多重 RT-PCR 方法，这些病毒包括 PEDV、TGEV 及猪轮状病毒（A 群）（Salem et al.，2010）。这些方法现在大多已被更敏感和快速的实时 RT-PCR（rRT-PCR）取代。

（二）实时 RT-PCR（rRT-PCR）

rRT-PCR 检测扩增子有两种常用方法：①使用可以插入双链 DNA 的非特异性荧光染料检测；②将荧光标记的特异性序列的寡核苷酸探针与靶序列探针杂交后检测（Arya et al.，2005）。考虑到以探针为基础的检测方法具有较高的诊断特异性，因此通常分子诊断是最好的选择。靶序列延伸过程中荧光探针荧光强度的增加由热循环仪实时检测（Arya et al.，2005）。

rRT-PCR 检测方法的主要优点在于分析的敏感性，并能在扩增反应同时检测靶序列（Arya et al.，2005）。此外，rRT-PCR 检测方法还具有高通量测试和自动化特点。rRT-PCR 的另一个优点是它的复用能力，它可以同时检测并且区分 PEDV 的不同毒株（Zhao et al.，2014b）或猪的其他肠道病毒病原体，包括与其密切相关的冠状病毒 TGEV 和 PDCoV（Zhao et al.，2014b）。最近，研究人员已经研制出可同时检测 PEDV、TGEV、A 群猪轮状病毒及猪圆环病毒 2 型（PCV2）的多重 rRT-PCR。研究结果显示，在中国 PEDV 是最常见的引起腹泻的病毒（42.1%），最常见的混合感染是 PEDV 和 PCV2（9%）（Zhao et al.，2014b）。该项研究是猪肠道感染诊断中多重 rRT-PCR 实用性和通用性检测的一个明显的例子。

2013 年美国 PED 暴发后（Chen et al.，2014a；Stevenson et al.，2013），有学者研制了数个基于 PCR 的 PEDV 感染诊断的检测方法（Stevenson et al.，2013）。最初使用的是基于凝胶的 PCR 检测法；然后，这些方法很快被更敏感和高通量的 rRT-PCR 检测方法取代（Wang et al.，2014b）。2014 年美国猪群出现 PDCoV 后（Wang et al.，2014a），有学者已研制出可同时检测并区分两种猪肠道冠状病毒的多重 rRT-PCR 检测方法。例如，在圣地亚哥州立大学（San Diego State University，SDSU）动物疾病与研究诊断实验室（Animal Disease and Research Diagnostic Laboratory，ADRDL），自 2014 年 7 月以来就已经常规使用能同时检测 PEDV、PDCoV 和 TGEV 的多重 rRT-PCR 试验方法。美国农业部应用这个方法检测了来自美国 25 个州的 22 000 个样本。这些样品中 PEDV 阳性率为 12%，PDCoV 阳性率为 1.8%，PEDV 和 PDCoV 混合感染阳性率为 1.8%。而 2014 年 7 月至 2015 年 3 月没有检测出 TGEV 的阳性样品。值得注意的是，在美国也呈现出类似的累计检出率，自 2014 年以来，PEDV 阳性率为 12.3%，PDCoV 阳性率为 2.2%（www.aphis.usda.gov/animal-health/secd）。

世界各地的研究团队已经开发了许多用于 PEDV 诊断的其他 rRT-PCR 检测方

法，并且这些方法的诊断和检测敏感性及特异性已经在临床样品和实验室中得到广泛的评估（Kim et al.，2007；Miller et al.，2016；Wang et al.，2014b；Zhao et al.，2014b）。最近，Miller 等（2016）评估了两种针对 PEDV *S* 基因和 *N* 基因的 rRT-PCR 检测方法。这些针对 *N* 基因和 *S* 基因的 rRT-PCR 的检出限分别为 $10^{-6}TCID_{50}/mL$ 和 $10^{-5}TCID_{50}/mL$，其对应的病毒悬液含量分别约为 $10^{-2.2}TCID_{50}/mL$ 和 $10^{-0.2}TCID_{50}/mL$（PEDV）（Miller et al.，2016）。此外，他们应用这些 rRT-PCR 方法共检测了 1064 个粪便拭子，其中 354 个样品的 *N* 基因检测呈阳性，而 349 个样品的 *S* 基因检测为阳性，这表明基于 *N* 基因的检测性能稍好。有趣的是，通过将已知 Ct 值的 PEDV 稀释后接种于 3 日龄的仔猪，能够确定病毒的感染剂量（$10^{1.3}TCID_{50}/mL$ 和 $10^{2.3}TCID_{50}/mL$），并且能将其与由 *N* 基因 rRT-PCR 检测得到的 Ct 值［分别是 24.14（±0.02）和 27.28（±0.07）］相关联（Miller et al.，2016）。

除科研团队和诊断实验室开发的 rRT-PCR 检测方法外，目前可用的还有多个商业试剂盒，包括在南达科他动物疾病研究诊断实验室使用的 PEDV、TGEV 和 PDCoV 多重检测方法（EZ-PED/TGE/PDCoV MPX 1.0；Tetracore Inc.，Rockville）。这些都是快速、准确检测 PEDV 感染的重要工具。

（三）等温扩增检测

环介导等温扩增（loop mediated isothermal amplification，LAMP）是一种简单、特异、成本低的核酸扩增方法（Notomi et al.，2015），最近已经被应用于感染性疾病的诊断，包括 PEDV 的检测（Notomi et al.，2015；Yu et al.，2015）。该方法使用 4～6 个引物，在链置换 DNA 聚合酶作用下识别靶 DNA 中的 6～8 个区域，链置换 DNA 聚合酶具有链置换活性，引物可同步结合到靶序列上，保证了检测的特异性（Notomi et al.，2015；Ren and Li，2011）。值得注意的是，该方法中导致大量核酸合成的扩增步骤可在单一的温度下进行（等温条件下）（Notomi et al.，2015；Ren and Li，2011）。该扩增反应可以使用廉价的设备（即水浴），而不需要热循环仪（Notomi et al.，2015；Oura et al.，2013）。此外，在反应体系中加入荧光染料后，可通过简单的目测判定结果（Tomita et al.，2008）。迄今为止，已经有两种用于 PEDV 诊断的等温扩增实验（Ren and Li，2011；Yu et al.，2015）。

2011 年，Ren 和 Li 设计了扩增 PEDV *N* 基因的 RT-LAMP 检测方法。研究者通过检测试验样品评估该方法的灵敏度，并与常规 RT-PCR 和抗原捕获 ELISA 进行灵敏度比较。RT-LAMP 检出限低于 RT-PCR（分别是 $10^{0.75}TCID_{50}/mL$ 和 $10^{2.25}TCID_{50}/mL$）和抗原捕获 ELISA（$1\times10^{-3}\mu g$ PEDV 微粒和 $1\times10^{-4}\mu g$ PEDV 微粒）。临床样品检测中这 3 种方法的诊断敏感性和特异性相近（Ren and Li，2011）。

最近，Yu 等（2015）开发并优化了检测 PEDV 的实时 RT-LAMP（rRT-LAMP）。该项研究中，研究者评估了 5 套针对 PEDV *M* 基因的引物。他们使用环介导等温扩增实时浊度仪检测靶序列的扩增，确定了该方法的敏感性，并通过检测 10 倍倍比稀释的已知 PEDV 量的病毒血清，同传统和实时 RT-PCR 做了比较。rRT-LAMP 和 rRT-PCR 的检出限相同，都是 $10^{-1}TCID_{50}/mL$，而传统 RT-PCR 的检出限是其他两种方法的 100 倍（$10^{1}TCID_{50}/mL$）。在热循环仪或实时仪不可用的情况下，基于 RT-LAMP 方法的诊断和检测灵敏度及特异性，外加它的低成本和高效特性，将使该方法成为 PEDV 诊断的替代方法（Yu et al.，2015）。

第二节 猪流行性腹泻病毒血清学诊断

目前，已经开发了若干检测血清、初乳、乳汁、粪便和唾液中 PEDV 抗体的试验，包括间接荧光抗体（IFA）试验、病毒中和试验、酶联免疫吸附试验（ELISA）和流式微球免疫荧光法（flow microsphere immunofluorescent assay，FMIA）（Gerber and Opriessnig，2015；Li et al.，2015c）。血清学检测是评价 PEDV 感染抗体反应的重要工具，是在一个指定畜群感染病毒之前，评价疫苗效果及接种策略的重要工具。PEDV 特异性抗体的检测也可用于评估母猪免疫，这可能有助于预测新生仔猪的保护。到目前为止，只确定一个 PEDV 血清型，并且当前的 PEDV 血清学检测方法能检测多种 PEDV 毒株，包括历史和当前的典型株及 *S* 基因缺失株（Chen et al.，2016a；Lin et al.，2015b）。值得注意的是，在 IFA 试验中，TGEV Miller 毒株和 4 株 PEDV 毒株的高免血清之间有交叉反应，但没有交叉中和活性（Chen et al.，2016a；Lin et al.，2015b）。在本节中，我们简要列出了目前的 PEDV 血清学检测方法。

一、猪流行性腹泻病毒抗体间接免疫荧光检测

目前，已经习惯应用间接荧光抗体（IFA）试验来检测 PEDV 抗体和评价猪群感染的免疫状态（Madson et al.，2014；Thomas et al.，2015）。IFA 试验是基于抗原抗体反应的试验。通常，使用 PEDV 感染的 Vero 细胞培养物作为抗原底物，检测疑似动物血清样品的抗体。如果样品是阳性，则 PEDV 特异性抗体会结合到固相抗原上。然后，用荧光标记的二抗检测这些抗体，在荧光显微镜下直接观察（Thomas et al.，2015；Clement et al.，2016）。IFA 检测显示出与 ELISA 相似的特异性，并且具有耗时少、易操作的优点（Lee，2015）。IFA 检测也可用于血清中 PEDV 特异抗体的定性（阳性或阴性）或定量（抗体效价）诊断。为了测定抗体滴度，血清连续 2 倍稀释后与 PEDV 感染细胞孵育，二者结合后在荧光显微镜下观察特异性荧光信号，抗体滴度为血清最高稀释度的倒数。IFA 试验可以在感染后第 7～14 天首次检测到 PEDV 特异性抗体，滴度至少可以保持到抗体水平开始

下降的感染后第 43 天。尽管 IFA 试验是检测急性感染期抗体的有效方法，但由于该方法的分析敏感性稍低，因此，它并不是确定感染 PEDV 前的优先检测方法。此外，IFA 抗体滴度的终点解释比其他 PEDV 抗体检测更主观。

二、猪流行性腹泻病毒病毒中和试验检测

病毒中和试验（viral neutralization test，VNT）已被广泛应用于 PEDV 特异性抗体检测（Okda et al.，2015）。病毒中和被定义为抗体介导的病毒感染减少［中和抗体（neutralizatial antibody，NAb）］（Klasse，2014）。由于结合了病毒粒子，NAb 能阻止病毒复制周期的一个或多个步骤（即侵入、结合细胞受体和脱壳），并导致病毒粒子的聚合和裂解，从而中和或减少病毒感染（Klasse，2014）。从历史上看，基于 VNT 的 CPE 已经被用于检测 PEDV 中和抗体（Paudel et al.，2014b）。然而，由于添加在培养基中的胰蛋白酶使细胞变圆、脱落，进而影响病毒之间精确的分化和胰蛋白酶诱导的细胞形态学变化，因此，基于 CPE 的中和滴度终点的解释很复杂（Okda et al.，2015）。

最近，研究者开发了一种 PEDV 荧光中和检测（fluorescent focus neutralization，FFN）方法（Okda et al.，2015；Thomas et al.，2015）。该方法可以快速评估 PEDV 中和抗体的滴度（约 30h），因为病毒抗原的检测能够早于病毒感染细胞的 CPE。采用 FFN 检测 PEDV 中和抗体，将血清样品倍比稀释后与一定量的 PEDV 孵育，使抗体与病毒结合。将病毒和抗体的混合物转移至敏感的 Vero 细胞培养物中，然后用荧光二抗评价 PEDV 感染性（Okda et al.，2015；Thomas et al.，2015）。NAb 滴度为最高血清稀释倍数的倒数，可引起 90%或更多荧光灶减少（相对于阴性对照样品）（Okda et al.，2015）。在感染实验动物 7～14d 后就可以检测到 PEDV 中和抗体，而这些高滴度的中和抗体在自然感染后至少 6 个月后才能被检测到（Clement et al.，2016）。

为了检测和定量初乳与乳汁中的 PEDV 中和抗体，研究者优化了 FFN 测定方法（Clement et al.，2016；Okda et al.，2015），这种方法对母源抗体检测非常重要。初乳中的 NAb 水平比血清高（4 倍），而乳汁中的 NAb 水平与血清中相似（Clement et al.，2016；Okda et al.，2015）。鉴于 VNT 或 FFN 能检测中和 PEDV 传染性的功能抗体，因此，这些方法常被应用于评价 PEDV 新型疫苗的研究（Collin et al.，2015；Goede et al.，2015）。此外，NAb 特异性很强，因此，VNT 能够鉴别与 PEDV 亲缘较近的 TGEV 之间的血清反应（Chen et al.，2016b；Lin et al.，2015b）。

三、猪流行性腹泻病毒抗体 ELISA 检测

目前，有两种 ELISA 试剂盒用于 PEDV 抗体的检测，包括间接 ELISA（Fan et

al.，2015；Gerber and Opriessnig，2015）和阻断或竞争 ELISA（Okda et al.，2015；van Nieuwstadt and Zetstra，1991）。间接 ELISA 试剂盒是基于全病毒制剂（Hofmann and Wyler，1990；Oh et al.，2005；Thomas et al.，2015）或细菌表达的重组病毒蛋白（S、N 和 M）开发而成的（Gerber and Opriessnig，2015；Gerber et al.，2014；Li et al.，2015c）。该方法中病毒抗原被包被在聚苯乙烯表面，并与测试样品共同孵育，以便形成抗原抗体复合物。该反应最后通过使用酶标二抗与显色底物进行检测（Aydin，2015）。

PEDV 阻断或竞争 ELISA 试剂盒是基于病毒特异的单克隆抗体或多克隆抗体开发而成的（Okda et al.，2015；van Nieuwstadt and Zetstra，1991），当将抗原加入微孔板，同时加入检测样品时，其同血清中的抗体竞争，使抗原结合到微孔板上（Aydin，2015）。该反应的检测方法同上述间接 ELISA 一样，使用酶标二抗后用显色底物检测。与间接 ELISA 相比，阻断或竞争 ELISA 的主要优势在于提高了特异性（Aydin，2015）。然而，该方法的特异性取决于阻断抗体的同种型及抗原的特异性（Carvajal et al.，1995）。

最近，圣地亚哥州立大学动物疾病与研究诊断实验室（SDSU ADRDL）开发了几种检测 PEDV 抗体的血清学检测方法，包括基于 N 蛋白的间接 ELISA 和阻断或竞争 ELISA（Okda et al.，2015）。这些方法已经通过实验室和临床样品的评估，而且显示出相似的诊断敏感性和特异性（间接 ELISA 为 97.9%和 97.6%；阻断或竞争 ELISA 为 98.2%和 98.0%）（Okda et al.，2015）。这两种检测方法均能在感染后 9～14d 检测到 N 蛋白特异性 IgG 抗体，抗体水平峰值出现在感染后 21d。应用这两种检测方法在感染后 43d 仍然能检测到 N 蛋白特异性抗体。然而，抗体水平在感染后 21d 略有下降（Okda et al.，2015）。

最近，研究者开发了一种检测唾液中 PEDV 特异性 IgG 和 IgA 抗体的间接 ELISA 试剂盒（Bjustrom-Kraft et al.，2016；Gimenez-Lirola et al.，2016）。值得注意的是，唾液中 PEDV 特异性 IgA 抗体水平到感染后 100d 仍在增加（Bjustrom-Kraft et al.，2016；Gimenez-Lirola et al.，2016）。这个结果使得唾液成为检测猪群感染 PEDV 的指示性样品。

四、猪流行性腹泻病毒抗体荧光微球免疫检测

流式微球免疫荧光法（FMIA）是基于流体荧光微球激光的扫描系统，该系统与 ELISA 相比具有几个优势，包括检测灵敏度高、样品处理量大，并能够同时检测多个病原抗体（Christopher-Hennings et al.，2013）。FMIA 先将一个特定的病毒抗原耦联至荧光微球，然后应用生物素和链霉亲和素/荧光检测系统检测特异性抗体的抗原，利用双激光仪器检测（如 Bio-Plex 200，Bio-Rad）抗原抗体反应，以

平均荧光强度（mean fluorescence intensity，MFI）表示结果（Okda et al.，2015）。

最近，研究者开发了一个用于检测血清中 PEDV 特异性抗体的基于 PEDV N 蛋白的 FMIA（Okda et al.，2015）。该方法经过了大量实验室和临床样品的检测，通过 FMIA 获得的结果与间接和阻断或竞争 ELISA 及 IFA 检测结果相比具有很高的相关性（卡帕评分＞0.91）（Okda et al.，2015）。而且，诊断的敏感性和特异性分别为 98.2%和 99.2%（Okda et al.，2015）。PEDV N 蛋白特异性抗体可最早于感染后 6d 检测到，其峰值在感染后 21d，并且直到感染后 43d 仍能检测到（Okda et al.，2015）。

PEDV 感染的快速、准确诊断对于实施有效的疾病控制措施来说是至关重要的。因此，可靠的病毒学和血清学诊断方法非常重要。病毒学检测可以快速地鉴别 PEDV 并将其与其他猪肠道病原菌区分开，同时，血清学检测可以提供关于感染 PEDV 前及感染率的有价值的信息。此外，血清学筛查可对新疫苗和该领域疫苗的接种策略进行评价。免疫测定方法（如 ELISA 和 FMIA）也可以评价抑制 PEDV 的同型特异性免疫应答。2013 年 PEDV 在美国的发生及其在亚洲的再次流行，引起了检测病毒或评价宿主感染反应的一系列诊断方法的改进。随着越来越多的检测试剂的出现（如 S、N 和 M 单克隆抗体），研究者可能会开发出用于 PEDV 现场快速诊断的其他新的诊断方法。

第七章　猪流行性腹泻病毒防治

第一节　猪流行性腹泻病毒疫苗

一、猪流行性腹泻病毒疫苗株的选择

高毒力 PEDV 毒株传播速度快、仔猪致死率高。亚洲经典 PEDV 弱毒疫苗针对变异毒株的保护效果不理想（Song et al.，2015a；Sun et al.，2015b）和北美洲缺乏 PEDV 口服弱毒疫苗（Jung and Saif，2015）的现状，迫使研究者加快新型 PEDV 毒株的高效疫苗的研发。PEDV 导致的哺乳仔猪（小于 7 日龄）死亡率达 100%，因此，PEDV 的免疫目标主要为哺乳母猪，母猪产生的母体被动免疫可以保护哺乳仔猪免受 PED 危害（Chattha et al.，2015；Saif et al.，2012）。该目标的实现需要选择最佳的病毒毒株和疫苗方案，该毒株需与流行毒株的抗原性接近，但是其对仔猪的致病性要尽可能弱。

（一）使用自生猪流行性腹泻病毒返饲或制成灭活苗

在 PEDV 有效疫苗形成之前，在美国和很多亚洲国家，人工返饲感染怀孕母猪，使其对仔猪产生乳源性免疫（Chattha et al.，2015；Jung and Saif，2015）。当哺乳仔猪获得足够多的乳源性抗体而受到保护后，PEDV 接种剂量为 100PFU 和 1000PFU 时，不会产生明显的临床症状（Liu et al.，2015b）。返饲采用来自同一个猪场中被 PEDV 污染的饲料，不考虑经典毒株和新型毒株抗原的突变，在阻止 PEDV 的二次感染上取得了一定效果。但是，这种方法在疾病控制的安全性上一直备受质疑（Chattha et al.，2015）。相反，灭活苗在疫苗安全性上具有一定优势，但是，与修饰的活疫苗相比，其诱导的中和/乳源性免疫反应相对较弱。截至目前，在美国针对条件性许可生产的 PEDV 灭活苗（Zoetis，Florham Park，NJ）或 α 病毒载体疫苗（Harrisvaccines，Ames，IA）具体效果的研究仍然较少。

（二）INDEL PEDV 形成的交叉保护不足以抵抗高毒力 PEDV 毒株

美国 PEDV S-INDEL 毒株能否作为有效的活疫苗用来交叉保护仔猪免受高毒力 PEDV 的感染，这个问题在多项研究中已被报道。基于 S 蛋白的进化树和抗原图谱分析，与 PEDV 原型毒株 CV777 相比，PEDV S-INDEL USA/Iowa106/2013 的抗原性与高毒力 PEDV PC22A 更接近。Lin 等（2015a）报道采集自处于 S-INDEL

感染恢复期的猪抗血清，经过细胞培养免疫荧光和 VNT 分析，其能够与高毒力毒株 PEDV PC22A 产生交叉反应。然而，这些体外免疫学分析仅仅检测了血清中的 IgG 抗体，可能无法反映体内接种条件下产生的乳源性抗体。由于 PEDV 感染小肠黏膜并在其中复制，因此，黏膜免疫的形成主要依赖于小肠黏膜、初乳和常乳中抗体的数量及质量，这对于最佳主动保护至关重要（Chattha et al.，2015；Saif，1999）。在 Goede 等（2015）的研究中，将 10 只母猪分为两组，一组从未感染过 PEDV，另一组自然感染 S-INDEL PEDV 后已经康复，在妊娠第 109 天通过口腔攻毒（高毒力 PEDV），随后，在仔猪 3 日龄时攻毒（高毒力 PEDV）。感染过 S-INDEL PEDV 的母猪为仔猪提供的乳源性免疫高于未感染过 PEDV 的母猪。然而，虽然母猪之前自然感染过 PEDV 并且再次攻毒，被动免疫的哺乳仔猪发病率的差异却很大，为 0%～100%。Lin 等（2015a）将研究重点放在感染 S-INDEL PEDV 的传统哺乳仔猪的主动免疫上。在仔猪 4 日龄时接种 S-INDEL PEDV USA/Iowa106/2013，在仔猪 24～32 日龄时攻毒（高毒力 PEDV PC21A）。大多数（81%，13/16）仔猪在接种 S-INDEL USA/Iowa106/2013 康复后，仍然由于攻毒（高毒力 PEDV PC21A）而发生腹泻，然而，没有仔猪（0%，0/4）能在感染高毒力 PEDV PC21A 后康复。因此，在仔猪攻毒（高毒力 PEDV PC21A）后，S-INDEL PEDV 只能为仔猪提供部分交叉保护。

（三）猪流行性腹泻病毒弱毒株可作为疫苗候选毒株

通过传代获得的 PEDV 弱毒株和自然 S-INDEL PEDV 毒株可作为活的弱毒苗候选毒株（Chen et al.，2015；Sato et al.，2011）。体外经高度传代的 PEDV 毒株可以在细胞中正常复制，但是在自然宿主中复制效率低下，导致病毒毒力减弱。高滴度、无其他病原污染的病毒可以被制成无活性或弱毒疫苗。很多基于经典 PEDV 毒株的活弱毒苗在亚洲国家应用了几十年（Sun et al.，2015b），这些疫苗不会使母猪和仔猪发病，但是可以在母猪中产生免疫反应（Song et al.，2007）。最近，Lin 等（2015a）利用美国 PEDV PC22A 毒株、Chen 等（2015）利用中国 PEDV YN 毒株，分别在体外经连续传代制作弱毒疫苗。高毒力 PEDV YN 毒株在体外培养的 Vero-C1008 细胞中连续传代至 200 代，在传至第 144 代时，10 日龄仔猪接种该毒株后，不产生明显的临床症状和组织损伤。YN-P144 与亲本毒株（YN-P1）相比，其在 S 蛋白中有 3 个氨基酸的缺失和 13 个氨基酸的替换，ORF3 蛋白末端有 8 个氨基酸缺失，其他蛋白也有变化（在 ORF1ab、E、M 和 N 区域的第 9 位、第 2 位、第 2 位和第 2 位氨基酸上）。然而，中和抗原表位没有变化。虽然还没有对血清学交叉反应的研究报道，但是，YN-P1 和 YN-P144 的 S 蛋白序列具有很高的同源性（99.13%）。在同一个研究中，PEDV YN-P144 对于妊娠母猪和仔猪是安全的，并且会在母猪和仔猪体内引起免疫反应，以对抗高毒力 PEDV

毒株。Lin 等（2017b）将美国高毒力 PEDV PC22A 毒株在 Vero 细胞中连续传代，传至第 100 代后，将其接种至 4 日龄 CDCD 仔猪中，表现为毒力减弱。然而，我们还要考虑弱毒 PEDV 毒株仍然具有在自然宿主中通过突变而恢复毒性的可能，或者与野生型毒株通过重组形成新毒株的可能，除非病毒基因无法发生重组或毒株具有有限的复制能力。

（四）利用反向遗传技术研制猪流行性腹泻病毒弱毒苗

通过反向遗传技术形成的 PEDV 毒株，可以在病毒基因水平发生突变，限制 PEDV 的体外重组（Beall et al.，2016；Jengarn et al.，2015）。PEDV CV777 弱毒株的 ORF3 蛋白出现缺失，DR13/1999 弱毒株中的 *ORF3* 基因发生了突变，表明 ORF3 区域而非 *S* 基因可能与体内病毒的毒力有关。之前研究表明，*ORF3* 基因编码离子通道蛋白并调节病毒复制（Wang et al.，2012）。然而，低传代次数的 YN 毒株（P15）也会出现 ORF3 蛋白的截短，表明其与体外细胞培养适应有关，对于毒性减弱不是必需的。通过反向遗传技术将 PEDV PC22A ORF3 替换为红色荧光蛋白（Beall et al.，2016），该 ORF3 缺失 PEDV 毒株对仔猪的毒力有所减弱。PEDV ORF3 的缺失并没有改变其病毒抗原性，但是，仅仅缺失 ORF3 不足以使病毒毒力减弱。随着 PEDV 毒力减弱的分子机理相关知识的积累，反向遗传技术在未来将会帮助我们合理地设计 PEDV 疫苗。

二、美国、加拿大猪流行性腹泻病毒疫苗的研究现状

2013 年，猪流行性腹泻病毒（PEDV）在美国迅速流行蔓延并造成哺乳仔猪大量死亡。新生仔猪最易患该病，并且其唯一的保护来源于母体的被动免疫。在美国暴发 PEDV 后的第三年，大部分存栏母猪已经感染，并且许多成为少有的地方病，但仍导致长期经济损失。这种地方性暴发的状态和猪群偶尔的自然发病，打破了我们之前对 PEDV 的了解，表明需要免疫母猪来保护仔猪。使用安全有效的疫苗刺激母猪对 PEDV 产生免疫是最好的办法；然而，开展这种母猪疫苗研究非常困难。

PEDV 在 2013 年的春天突然出现在美国（Chen et al.，2014a；Stevenson et al.，2013），之后迅速蔓延至全美，并且造成了 2013～2014 冬季期间惊人的死亡率。这次危机调控发生在 2014 年 6 月，相关研究人员将 PEDV 感染新病例报告给美国农业部，为其广泛数据库的建立提供了依据。最新统计数据显示，超过 2900 个猪舍中 PEDV 呈阳性，其中约 10%已经达到阴性状态（APHIS，2016）。自 2014 年以来，新病例发病率呈现周期性变化，冬季出现高峰，并且冬季发病率少于前一年。虽然 PEDV 流行的起源未知，但是分子流行病学研究表明，美国最初的

PEDV 分离株彼此之间的进化关系非常密切，并与 2012 年中国安徽省分离的毒株密切相关。曾经在美国，猪流行性腹泻病毒毒株已经演变成至少 4 个突变株（Huang et al.，2013；Jung and Saif，2015；Lee，2015）。理论上，使用安全有效的疫苗刺激母猪对 PEDV 产生免疫是最好的办法；然而，进行这样的母猪疫苗开发研究成本非常高，并且难度很大。为了降低成本和开发母猪疫苗的困难性，使用青年猪作为模型筛选潜在的疫苗，可以为今后评估母猪模型提供理论依据。以下为美国和加拿大目前 PEDV 疫苗的研究情况。

美国农业部的第一个条件性许可疫苗（2014 年 6 月批准）是猪流行性腹泻疫苗 RNA（PED RNA），是由哈里斯疫苗公司（Harrisvaccines™）使用 SirraVax SM RNA 粒子技术平台分离的 PEDV 病毒的 *S* 基因开发的，该系统是基于复制缺陷的委内瑞拉马脑炎病毒包装系统（Mogler et al.，2014；vander Veen et al.，2012）。之所以选择 PEDV *S* 基因进行表达，是因为它可以诱导中和抗体的产生（Bosch et al.，2003）。在商业研究中，使用复制子颗粒在 0d 和 21d 给青年猪首次免疫，3 周后采用现地 PEDV 肠组织匀浆口服方式加强免疫（Mogler et al.，2014）。接种复制子颗粒的猪与对照组相比无明显腹泻，并且前 72h 病毒脱落的概率降低了。在另一项研究中，给分娩前 6 周和前 2 周的母猪进行 PED RNA 免疫，仔猪在 10 日龄进行口服加强免疫，或在 7d 内使用 PEDV（USA/Colorado/2013）进行加强免疫。结果表明，在研究期间接种的母猪乳汁中含有病毒中和抗体。另外，在免疫母猪哺乳的仔猪体内能检测出中和抗体，仔猪死亡率降低（Mogler et al.，2015）。在另一项疫苗的开发研究中，在经历过暴发 PED 的母猪群中，使用初步诊断的病毒返饲感染 PEDV。6 周后，产仔前 7～10d 给成对母猪中的一只肌内注射 PED RNA，总共 6 对。其他母猪仅使用稀释液免疫作为对照。产仔后 24h 内允许交叉饲喂。尽管对照组断奶前的死亡率比疫苗处理组高，但在对比的一周内数据无统计学差异（Harris et al.，2015）。最近，另外一项研究（Crawford et al.，2016a）使用 PEDV 感染母猪和阴性母猪，产仔前约 1 周、5 周和 8 周给阴性母猪免疫 PED RNA 或空白对照剂。PEDV 感染母猪大约在产仔前 10 个月感染 PEDV，产仔前 1～4 周免疫 PED RNA。每一组都设对照母猪。自然分娩但不交叉饲喂，对 2～6 日龄仔猪加强免疫，具体时间取决于母猪分娩日期。所有阴性母猪试验组的仔猪口服 50%组织培养感染剂量（$TCID_{50}$）PEDV USA/Colorado/2013 加强免疫。感染母猪的仔猪使用由 RT-PCR 定量的含有 108 个拷贝基因的肠组织匀浆加强免疫。加强免疫后 14d，仔猪死亡率以初乳（产仔后 24h 内）和母猪乳汁（加强免疫后 7d）中的中和抗体来评价。自然免疫组和对照组仔猪死亡率分别是 69%和 91%，仅在自然免疫组的血清、初乳和加强免疫后 7d 的乳汁中检测到中和抗体。之前感染的母猪和对照组，仔猪死亡率分别为 45%和 59%，并且血清和初乳中的中和抗体对照组和免疫组的死亡率明显高于阴性母猪（Crawford et al.，2016b）。有人已经在自然感染 PEDV 的猪群使用了 PED RNA（Grenier et al.，2015）。该研究使用了 80 头母猪并分成两组。在产仔前 3 周，一组接种 PED RNA，另外一组不接种疫苗。在试验初及产仔前立刻采集所有母猪血清，采集所有母猪初乳样品，采集出生后 3d 内的仔猪血清用以评价母源 PEDV 抗体水平，同时记录仔猪死亡率和腹泻情况直至断奶。采用针对 PEDV S1 和 S2 蛋白的 ELISA 方法检测母猪血清、初乳和仔猪血清中的抗体水平。研究表明，使用 PED RNA 疫苗显著增加了初乳中 PEDV S1 和 S2 的特异性 IgG 抗体，但仔猪死亡率仅降低了不足 3%（Grenier et al.，2015）。

2014 年 9 月美国农业部同样批准了 Zoetis（Florham Park，New Jersey）条件性许可的全病毒灭活佐剂疫苗（Study Report NO. B826R-US-13-258，Zoetis Inc.）。为了证明预期的疗效，产仔前 5 周和 2 周使用 1/3 的制剂皮内注射疫苗或不免疫。接种疫苗母猪所产仔猪的中和抗体滴度比对照组母猪所产仔猪抗体高 7.4 倍，但没有给出仔猪死亡率资料。该研究中母猪首次免疫后大概 4 个月后再次免疫，其血清中和抗体滴度比最初疫苗免疫后平均高 4～6 倍。在一个经历过 PED 暴发的商品化猪场使用同样的母猪免疫程序，然后检测其实际效果。使用小母猪和不同胎次的母猪，断奶前仔猪死亡率相对减少 90.5%（疫苗组 0.6%，非疫苗组 6.3%），并且接种母猪还有额外的 1.8 只小猪存活。然而，研究中感染 PEDV 的母猪死亡率仅约为 10%，而母猪群感染 PEDV 很常见。根据产仔资料结果，包括仔猪出生存活数量、低生存力、死产或木乃伊数量，免疫母猪和对照剂免疫组比较结果相似。然而，现地经济资料分析显示，使用 Zoetis 的产品每窝仔猪能卖大约 100 美金。

在一个独立研究中，研究者使用 Zoetis 病毒灭活制剂接种与不接种比较效果。这些母猪自然感染或事先暴露于 PEDV（Schwartz and Rademacher，2015）。将 8 只预先繁殖母猪分成 4 组：组 1，事先感染，Zoetis PEDV 接种组（PE Vac）；组 2，PE 未接种生理盐水组（PE Non-Vac）；组 3，自然的，Zoetis PEDV 接种组（Naive Vac）；组 4，自然的，未接种生理盐水组（Naive Non-Vac）。该研究者对这些动物进行了检测，以确定它们是猪繁殖与呼吸综合征病毒（PRRSV）阴性猪，因为其是导致母猪过早流产的一个混杂因素。将母猪组 1 和组 2 进行分配，使两组中都有高滴度中和抗体与低滴度中和抗体母猪。适应性喂养 1 周后，母猪组 1 和组 3 在产仔前 5 周和 2 周肌肉注射疫苗，而母猪组 2 和组 4 注射生理盐水。所有母猪在 4d 内分娩。分娩当天（0d），采集母猪血清用于抗体检测（IgA 和 IgG）。采集 2 日龄和 9 日龄仔猪血清用于检测 IgA 和 IgG。在 5 日龄时，每个仔猪口服接种 1mL 含有稀释到定量 RT-PCR（quantitative RT-PCR，qRT-PCR）循环阈值（Ct）为 19 的 PEDV 的粪便。仔猪每天观察两次，连续 21d。研究表明，母猪血清 IgG 由之前感染 PEDV 引起，但自然接种疫苗母猪也能刺激产生类似幅度的 IgG 抗体滴度。PEDV 接种事先感染母猪血清和初乳中 IgG 水平均增加。IgG 反应模式在 IgA 滴度资料中没有再现。无论是 PE Vac（组 1）还是 PE Non-Vac（组 2），在所有的母猪和仔猪血清及乳汁样品中都有明显的阳性 IgA 滴度。组 1 产生的 IgA 抗体滴度最高，组 2 次之，组 3（Naive Vac）抗体滴度非常低，而组 4（Naive Non-Vac）几乎检测不到抗体水平。最后，研究者对仔猪死亡率进行了分析。事先感染的母猪 IgA 抗体滴度很高，无论再接种与否，仔猪在 PEDV 感染后都缓解了大多数临床症状，并未见死亡病例。天然母猪接种疫苗组没有引起乳汁和初乳中低 IgA 的反应，但无法阻止 15d 内仔猪 100%的死亡率。然而，组 3 死亡仔猪比组 4 出现得晚，显示 PEDV 感染后 11d 内死亡率为 100%。该文献作者认为，虽然 Zoetis 疫苗刺激了初乳和乳汁中的 IgG 水平，疫苗只略微增加了预先感染 PEDV 母猪的 IgA 水平，并且在天然母猪中刺激产生非常低水平的 IgA 抗体。此外，在自然免疫猪群里，接种疫苗没有引起足够的被动 IgA 抗体水平以减少或防止断奶前死亡率上升。该研究结果支持了仔猪必须摄取相当高水平的 IgA 才能抵抗 PEDV 得以生存的假设（Schwartz and Rademacher，2015）。

另一个研究集中在现场 PEDV 自体疫苗的制备（Collin et al.，2015）。该项研究中使用的 PEDV 来源于 PEDV 阳性肠组织匀浆合并物和 Newport 实验室（沃辛顿，明尼苏达）Vero 细胞传代分离物。为了获得制备自体疫苗制剂的病毒，需要将病毒在 Marc145 细胞上适应并扩大培养，首先在两个 25cm^2 的长颈瓶中培养，然后转至两个 1700cm 的滚瓶中扩增（NPL PEDV 2013 P10.1）。PEDV 保存株 P10.1 由定量 RT-PCR 测定 Ct 值为 21.2，抗体滴度为 6.6$\log_2$10TCID$_{50}$/mL。该全长基因序列（GenBank 登录号为 KM052365）与 USA/Colorado/2013（GenBank 登录号为 KF272920）的同源性高于 99.9%。向 PEDV/2013/P10.1 中添加 0.1mL 二乙烯亚胺（终浓度为 5%）灭活，与硫代硫酸钠中和并通过细胞传代 3 次证明病毒已灭活，实时荧光定量 PCR 检测滴度没有增加并且不出现 CPE。然后使用 10kDa 中空纤维过滤器浓缩 30 倍制备疫苗。为了测试灭活疫苗的免疫效果，将 4 周龄猪随机分为 8 组，每组包括 5～9 只接种疫苗的实验组和 5 只未接种疫苗的对照组。所有疫苗中都含有 67% TS6，这是专用的油水佐剂。疫苗采用颈部和背侧肌肉注射两种不同的免疫途径，以检查因免疫接种部位的免疫反应引起的任何潜在变化。第 0 天和第 21 天给猪接种疫苗并且每天观察疾病症状。第 0 天、第 21 天和第 35 天采血。接种后 3d 采集粪便拭子，通过 qRT-PCR 检测 PEDV *S* 基因以确定是否有 PEDV 扩散。该研究在第 35 天结束。采用间接荧光抗体（IFA）试验对 0d 血清样品进行分析，利用荧光中和检测（FFN）确认 PEDV 抗体缺乏。血清学结果（以平均滴度体现）显示所有接种（组 1=7.32；组 4=7.99；组 5=6.99，组 8=7.54）8$\log_2$10TCID$_{50}$/mL 的灭活病毒，以及接种 Triton X-100（以评估抗原的免疫原性治疗）处理的灭活病毒 8$\log_2$10TCID$_{50}$/mL 的处理组，与对照组相比都有较高的平均

FFN 中和滴度。该平均滴度在统计学上无差异。该给药途径及洗涤剂的存在与否在统计学上也没有差异。接种较少灭活病毒的组（组 2、组 3、组 7）FFN 滴度大约为 $1\log_2 10TCID_{50}$/mL，比其他组低。其他两种 ELISA 和 FMIA 试验，使用 PEDV 核蛋白（nucleoprotein，NP）作为抗原，但这些方法敏感性稍低，因此疫苗的研究结果不可靠。此外，从研究中得到的数据表明，疫苗使用（组 5～组 8）Triton X-100 处理的抗原改变了 NP 抗原性或免疫原性，导致 ELISA 和 FMIA 结果呈现阴性。然而，FFN 检测的中和抗体功能与 PEDV S 蛋白的抗原表位相关。在这项试验中，因为之后没有进行野生型毒株的攻击，所以不能确定保护性滴度（Collin et al.，2015）。

最近，为了确定最佳的获取量方法及最适合的疫苗研究方法，加拿大学者对 3 种真核表达系统（哺乳动物、酵母和昆虫）进行了测试（Makadiya et al.，2016）。该哺乳动物表达系统在 HEK-293T 细胞表达的 USA/Colorado/2013 PEDV 毒株的 S1 蛋白（在羧基端标记组氨酸），能够产生最多的及最适当的 N-糖基化蛋白。为了确定该制剂的免疫原性，对两只怀孕母猪分别肌肉免疫镍柱纯化的 S1 蛋白（400μg/剂）或生理盐水，每种与 TriAdj 佐剂多聚二钠羧酸乙基苯氧基磷腈、Toll 样受体（TLR）激动剂和一个先天免疫调节肽（IDR）（Snider et al.，2014）混合，第 0 天、第 14 天和第 28 天共免疫 3 次。在最后一次接种后，诱导分娩并在产仔当日采集初乳样品。仔猪由各自的母猪哺乳喂养，并于 4 日龄接种 $3\times10^2TCID_{50}$/mL PEDV 加强免疫。加强免疫时采集仔猪血液样品。每日采集每只仔猪的直肠拭子。结果表明，给母猪免疫接种能够诱导 S1 蛋白产生特异性 IgG 和 IgA，其能被动转移给仔猪。

三、中国猪流行性腹泻病毒疫苗的研究现状

（一）传统疫苗

王明和张为民（1997）采用 PEDV 毒株 *S* 基因制备了组织灭活 PEDV 疫苗。通过后海穴免疫，该 PEDV 组织灭活疫苗对于 3 日龄仔猪的保护率可达 77.28%，被动免疫保护率可达 97.06%，免疫保护时期可达 6 个月。改善组织灭活的 PEDV 疫苗需要面对复杂的准备程序、高额的支出、大量的时间投入和质量控制问题。马思奇等（1994）通过添加胰蛋白酶使 PEDV 适应 Vero 细胞，成功地在 Vero 细胞中连续传代 PEDV CV777 毒株。当毒株传至第 28 代时，将其用于制备 PEDV 灭活苗，通过后海穴免疫该疫苗后，仔猪的免疫保护率达到 85.19%，被动免疫保护率达到 85%。然而，灭活 PEDV 疫苗仍然有一些缺陷，包括需要高免疫剂量、多次免疫和免疫持续时间短。佟有恩等（1998）通过连续传代获得了 PEDV 弱毒株（毒株体外传至第 90 代），通过后海穴免疫该毒株后，对于 3～6 日龄仔猪，弱

毒 PEDV 疫苗的免疫保护率达到 95.52%，被动免疫保护率可达 96.2%。

基于灭活 PEDV 细胞培养，马思奇等（1995）制备了灭活的 TGEV 和 PEDV 二价疫苗。佟有恩等（1998）在 PEDV 弱毒疫苗的基础上制备了弱毒 TGEV 和 PEDV 二价疫苗。灭活的 TGEV 和 PEDV 二价疫苗与弱毒 TGEV 及 PEDV 二价疫苗（2003～2006 年）在中国猪场被广泛应用，并且在控制 TGEV 和 PEDV 感染过程中发挥了巨大作用。2010 年底暴发 PED 后，需要能有效预防猪病毒性腹泻的活疫苗。基于弱毒疫苗基础，中国农业科学院哈尔滨兽医研究所冯力研究员开发了 TGEV、PEDV 和 PRoV 的三价活疫苗（包括弱毒 H 毒株、弱毒 CV777 毒株和弱毒 HX 毒株），该疫苗在 2014 年 12 月 31 日被中华人民共和国农业部批准使用。该疫苗临床试验结果显示，其免疫保护率可达 95%，试验猪场病毒性腹泻发病率从 8%～12%降低到 3%～5%。未来，TGEV、PEDV 和 PRoV 的三价活疫苗将成为控制中国猪病毒性腹泻的有效工具，尤其针对 PEDV 的感染。

（二）基因工程疫苗

黏膜免疫在病毒性腹泻的免疫机理中发挥重要作用，小肠黏膜分泌的 IgA 抗体可以抵抗病原的侵入。口服疫苗可以刺激黏膜免疫反应，保护肠黏膜，增加血清中 IgA 抗体的含量，有效预防肠道疾病感染。对于 PEDV 口服疫苗，Hou 等（2007b）报道，乳酸菌中表达的 PEDV N 蛋白可以刺激产生针对 PEDV N 蛋白的黏膜 IgA 抗体和循环 IgG 抗体。Ge 等（2012）报道，口服免疫后，重组乳酸菌表达的 N 蛋白和中和抗原表位核心能够刺激小肠产生局部免疫反应和系统免疫反应。Liu 等（2012）构建了重组乳酸菌表达 PEDV *N* 基因或 *S* 基因的 S1 区域，口腔接种后进行检测，结果表明，N 蛋白可以通过重组乳酸菌表达的 S1 片段增强黏膜和系统免疫反应。

PEDV 的 S 蛋白为位于病毒颗粒表面的纤突糖蛋白，其可以诱导产生中和抗体，因此，该蛋白为疫苗研究的靶点。然而，S 蛋白是一个高度糖基化的蛋白，在体内表达的重组 S 蛋白经常失去抗原性。为了制备高效的 PEDV 疫苗，Meng 等（2013）使用真核表达载体构建了一种 DNA 疫苗，表达 PEDV *S* 基因。该疫苗能够有效地激活细胞调控的免疫反应并调节免疫动物产生大量抗体。Liang 等（2014）使用真核表达载体构建了表达 S 蛋白 S1 区域的重组质粒，他们又进一步在致弱的鼠伤寒沙门氏菌中表达编码 *S* 基因 S1 区域的重组质粒。目前，虽然 PEDV 口服疫苗和基因工程疫苗仍然处于研发阶段，没有在中国猪群投入使用，但是，这些研究使我们对 PEDV 疫苗有了更深入的了解，它们为未来开发高效的 PEDV 疫苗奠定了坚实的基础（Sun et al.，2016）。

第二节　猪流行性腹泻病毒特异性治疗

一、基于抗体治疗猪流行性腹泻病毒感染

（一）卵黄抗体

卵黄抗体（yolk immunoglobulin，IgY）又称卵黄免疫球蛋白，人们对它的研究可追溯到 19 世纪末至 20 世纪初。它是禽机体在受到外来抗原的刺激后激发法氏囊诱发的一系列特异性免疫应答反应中产生的，当外界一定量的抗原侵入后，机体稳态遭到破坏，禽类法氏囊内的 B 细胞接收到相应指令后就会分化为浆细胞并分泌出相应的特异性抗体，当这些抗体在血液循环系统的作用下流经卵巢时，特异性抗体（主要是免疫球蛋白 G）在卵细胞中蓄积，当量达到一定程度时便会在卵黄中形成 IgY。种蛋中的禽胚不断发育，能将卵黄中的 IgY 逐渐吸收，这样就保证了雏禽在破壳后发育初期拥有 IgY 提供的被动免疫能力，使雏禽免受部分病原的感染（王刚和吕殿红，2002）。IgY 是卵黄中唯一的免疫球蛋白，具有很强的特异性且无毒副作用，在禽类疾病的治疗和预防中得到广泛应用。随着科技的发展，IgY 被广泛应用于哺乳动物疫病的防控工作中，并取得了显著成果，其中就包括对流行性腹泻的预防与治疗（Lee et al.，2002）。大量临床实践证明仅靠疫苗免疫并不能有效地预防 PED；高免血清制作成本偏高，来源有限，难以将其大规模应用于实际生产中；特异性卵黄抗体的制作方法简便、成本低、稳定性高，应用前景更为广阔。目前，人们针对能引起仔猪腹泻的 PEDV 病原制备卵黄抗体，并通过相应的临床研究，发现它是一种方便安全、无毒副作用、见效快的生物活性制剂（崔立等，2002）。

IgY 作为一种新型的饲料添加剂，仔猪口服后能获得长期的被动免疫，且具备产量高、纯度高、稳定性高、抗高压、免疫测定中干扰小、制作方便、成本低、安全无毒副作用等特点，使其有望成为用于防治仔猪腹泻的最有潜力的抗生素替代品（黄红梅等，2012）。IgY 与母猪初乳中的抗体具有相同功能，且黏附抗原、中和病毒的能力远远强于母乳和高免血清中的抗体，对防治相应的消化道疾病效果更好。由于初产仔猪的消化系统未发育完全，经消化道服用的 IgY 能快速有效地透过新生仔猪的肠壁，在肠道内保持长久活性。如果吸收初乳时口服 IgY，被动保护作用将会显著增强（陈鲁勇等，2003）。王建明等（2002）认为卵黄抗体添加剂能显著降低断奶仔猪的发病率。崔焕忠等（2012）通过动物实验证明卵黄抗体对病毒性腹泻有很好的预防和治疗效果。李冰等（2014）制备的抗流行性腹泻卵黄抗体在进行预防和治疗流行性腹泻中取得了显著效果。陈鲁勇等（2003）通过实验证明，在断奶仔猪饲料中适当添加卵黄抗体能够提高断奶仔猪的日增重量，

增加采食量，提高饲料报酬。

（二）其他抗体

高免母牛初乳等也能对 PED 的防治起到很好的效果，减少仔猪的死亡率（Kweon et al.，2000；Shibata et al.，2001）。通过大肠杆菌来表达具有中和 PEDV 活性的鼠源单克隆抗体单链可变区（single chain variable fragment，scFv）可以在体外阻止 PEDV 对靶细胞的感染（Pyo et al.，2009），此外有文献报道表皮生长因子（epidermal growth factor，EGF）可促进隐窝上皮细胞增殖，从而促进因 PEDV 导致的肠部病变的恢复（Jung et al.，2008）。从猪 B 细胞分离到的 S 蛋白特异性抗体可以中和基因型为Ⅰ和Ⅱ的 PEDV 毒株（Fu et al.，2017）。由 PEDV S 蛋白的截短体（S1，390～789aa）重组蛋白免疫小鼠产生的单克隆抗体对于 PEDV 也有中和活性（Zhang et al.，2016b）。

二、基于药物治疗猪流行性腹泻病毒感染

很多中草药都有抗病毒的功效，可在控制疾病进程的同时改善机体机能。姜黄素是姜黄中的一种低分子量酚类物质，已有关于姜黄素抑制人疱疹病毒的报道，毕静（2013）发现，姜黄素在安全浓度范围内对 PEDV 的增殖能达到近 3 个滴度的抑制，具有显著抑制 PEDV 增殖的作用。从草药中提取的槲皮素 7-鼠李糖苷（quercetin 7-rhamnoside，Q7R）是一种吡喃类化合物，可以通过干扰 PEDV 复制而影响病毒感染的早期阶段（Choi et al.，2009）。中药防风中的 3 种香豆素被验证对 PEDV 合成 GP6 等关键结构蛋白的基因有显著抑制作用（Yang et al.，2015）。银杏果皮中的多糖细胞毒性较小且可显著抑制病变的发生，阻止 PEDV 吸附入侵宿主细胞，在病毒感染的早期阶段发挥作用（Lee et al.，2015）。蒲公英、紫花地丁、黄连、板蓝根联用，对于 PEDV 引起的肠黏膜损伤有明显的修复作用（Kim et al.，2015b）。除中草药外，一些化合物对于 PED 也有一定的治疗作用。例如，分离自链霉菌的吲哚倍半萜类化合物 D（xiamycin D）和分离自山茶花的齐墩果烷型三萜类化合物，均可以通过抑制 PEDV GP2 S 蛋白和 GP6 核衣壳蛋白的合成来抑制 PEDV 的复制（Kim et al.，2016；Yang et al.，2015）。还有报道称，经以福尔马林为基础的液体杀菌剂 SalCURB®处理过的饲料，无论饲料成分如何，其中的 PEDV 均会失去活性（Dee et al.，2015）。

第三节　猪流行性腹泻病毒综合防控措施

PED 现场诊断困难，传染性强，又没有可治疗的强效药物，使得 PED 时有暴

发，给猪场乃至整个养猪业带来了巨大的损失。因此，PED 的防控措施显得尤为重要。为此，猪场管理人员必须要提高认识，采取综合性防控措施，切实降低此类病患对安全养殖的威胁。就目前来说，主要的防控措施包括 PEDV 疫苗免疫、PEDV 返饲和 PEDV 生物安全防控等。

一、猪流行性腹泻病毒疫苗免疫

截至 2017 年，我国拥有正式批文的生产猪腹泻疫苗的企业共 13 家：哈尔滨维科生物技术开发公司、上海海利生物技术股份有限公司、吉林正业生物制品股份有限公司、瑞普（保定）生物药业有限公司、北京大北农科技集团股份有限公司、武汉科前生物股份有限公司、成都天邦生物制品有限公司、浙江诗华诺倍威生物技术有限公司、普莱柯生物工程股份有限公司、哈药集团生物疫苗有限公司、江苏南农高科动物药业有限公司、山东华宏生物工程有限公司、四川海林格生物制药有限公司。用于 PEDV 免疫预防的商品化疫苗主要分为两类，活疫苗和灭活疫苗。活疫苗包括 TGE、PED、PoRV（G5 型）三联活疫苗（弱毒华毒株+弱毒 CV777 毒株+NX 毒株）和 TGE、PED 二联活疫苗（HB08 毒株+ZJ08 毒株）。灭活疫苗包括“科泻宁”TGE、PED 二联灭活苗（WH-1 毒株+AJ1102 毒株）和 TGE、PED 二联灭活苗（华毒株+CV777 毒株），这些疫苗的使用对于 PEDV 感染的防控发挥了重要作用。

（一）TGE、PED、PoRV（G5 型）三联活疫苗（弱毒华毒株+弱毒 CV777 毒株+NX 毒株）

后海穴位（尾根与肛门中间凹陷的小窝部位）接种。按照瓶标签注明头份，用无菌生理盐水将疫苗稀释成 1mL/头份，经后海穴位接种，3 日龄仔猪进针深度为 0.5cm，进针深度随猪龄增大而加深，成猪为 4cm。妊娠母猪于产前 40d 接种，20d 后二免，每次 1mL。免疫母猪所生仔猪于断奶后 7～10d 接种疫苗 1mL；未免疫母猪所产仔猪于 3 日龄接种 1mL。

（二）TGE、PED 二联活疫苗（HB08 毒株+ZJ08 毒株）

后海穴位接种。紧急免疫：①种猪群，猪场发生腹泻疫情时，全群母猪普免 2 头份，15d 后未分娩母猪加强免疫 2 头份，之后转为常规免疫；②仔猪，出生仔猪乳前口服 0.5 头份，1～2h 后吃初乳，可降低死亡率。常规免疫：①后备母猪为相对易感群体，建议配种前完成两次免疫，每次 1 头份；②经产母猪产前 40d 和产前 20d 各免疫一次，每次 1 头份，疾病多发季节（寒冷季节）全群母猪加强免疫（普免）1 头份；③种公猪每半年免疫一次。

（三）“科泻宁”TGE、PED 二联灭活苗（WH-1 毒株+AJ1102 毒株）

后备母猪免疫：配种前免疫 2 次，间隔 3～4 周，每次接种 2mL/头；跟胎免疫，产前 4～5 周，接种 2mL/头。如猪场受到 PEDV 威胁，紧急免疫，普免 2mL/头；配种前免疫 2 次，间隔 3～4 周，每次接种 2mL/头；跟胎免疫，产前 5 周和 3 周分别免疫一次，每次接种 2mL/头；如果条件许可，可以考虑头胎母猪单独建场饲养。经产母猪免疫：每年 8～10 月普免 2 次，间隔 3～4 周，每次接种 2mL/头；跟胎免疫，产前 4～5 周一次，接种 2mL/头。PED 发病严重的猪场需普免加跟胎免疫，普免 2mL/头；跟胎免疫，产前 5 周和 3 周分别免疫一次，每次 2mL/头。季节性强化免疫，每年 8～10 月普免 2 次，间隔 3～4 周，每次接种 2mL/头。哺乳母猪免疫：临床上发现部分免疫猪场哺乳仔猪腹泻时间推迟到 7～10d，建议产后 2～3d 免疫一次（1mL/头），可有效减少腹泻的发生。部分猪场在转入保育舍后 5～7d 发现 PEDV，建议断奶前 5～7d 免疫一次，2mL/头。公猪免疫：每年普免 2 次，2mL/头。仔猪免疫：仔猪 3～5 日龄 1mL/头，其他日龄仔猪 2mL/头。

（四）TGE、PED 二联灭活苗（华毒株+CV777 毒株）

后海穴位接种。接种疫苗时，进针深度按猪龄大小为 0.5～4.0cm，3 日龄仔猪为 0.5cm，随猪龄增大而加深，成猪为 4cm，进针时保持与直肠平行或稍偏上。妊娠母猪于产仔前 20～30d 每头接种 4mL，其所生仔猪于断奶后 7d 内接种 1mL。体重 25kg 以下仔猪接种 1mL，25～50kg 育成猪接种 2mL，50kg 以上成猪每头接种 4mL。

上述疫苗在中国 PEDV 防控过程中发挥了重要作用，然而当前 PEDV 变异毒株在猪群中广泛流行，单纯经典 PEDV 疫苗针对变异毒株不能提供完全保护。业界共识是，免疫方案一般采取活疫苗+灭活疫苗，对 PEDV 的预防效果较好，而不能是灭活疫苗+活疫苗，这样效果不佳。然而，疫苗免疫效果的发挥与疫苗种类、免疫程序、猪群状态等多种因素密切相关，疫苗具体使用应根据猪场实际情况而定。

二、猪流行性腹泻病毒返饲

当前，猪流行性腹泻病毒（PEDV）流行范围广、危害严重。除进行疫苗免疫工作外，返饲常常也是猪场控制猪流行性腹泻的重要手段。国外猪场在发生 PED 时，通常采用返饲技术控制疫情。例如，美国在 2013 年暴发 PED，就是采取返饲措施及时控制了疫情。在过去的十年里，泰国也推荐利用返饲来控制商业猪群暴发的 PED。而国内猪场很少有成功利用返饲的案例，主要可能有两个方面的因素，一方面说明部分猪场在返饲的技术上缺乏正确的指导方案；另一方面暗示着部分猪场担忧返饲的安全性。目前，常用的 PEDV 返饲方法有两种，第一种方法是收集 1～2 日龄 PEDV 感染发病的仔猪，采集患病仔猪的小肠，粉碎匀浆后加牛奶和抗生素给怀孕母猪返饲；第二种方法是利用定位栏发病母猪粪便返饲。相比较而言，第一种方法风险较大，容易造成其他病原扩散与传播。简义虎等（2017）评估了母猪流行性腹泻返饲后免疫应答，实验结果表明，在产前 15～30d PEDV 返饲效果较好，病毒感染仔猪的风险最低。另外，业界也有建议，通过局部返饲+灭活疫苗免疫来预防 PEDV。然而，返饲是一把双刃刀，并不是所有猪场都适合返饲，必须配合实验室检测，确定返饲病料中无猪瘟、伪狂犬与猪蓝耳等疫病病原，才可利用返饲控制 PED 在本猪场的流行。另外，经产母猪不建议做返饲。

三、猪流行性腹泻病毒生物安全防控

对于暴发 PED 的猪场，除免疫接种外，还应从饲养管理、环境、饲料、运输车辆、饲养人员、粪污处理、死猪处理等方面做好生物安全防控。

（一）饲养管理

加强保温，适宜的圈舍温度是确保各类猪群正常活动、确保机体最佳状态的必要因素，同时适宜的圈舍温度能够提高猪只抵抗各种外界感染因素伤害的能力。特别是产房哺乳仔猪，更要做好保温工作。在 PED 发病期间，维持猪舍适宜的温度，能够有效降低因 PEDV 感染导致的仔猪死亡。对于刚出生的哺乳仔猪及发病仔猪还需要增加保温灯，给仔猪提供一个局域高温环境，特别是腹泻严重的仔猪。

加强猪只各个阶段的营养调控，改善猪只对疫病的抵抗力。切实保证圈舍和环境卫生，合理控制饲养密度，及时清理圈舍内的粪便，防止粪便积压产生过多有害气体。在 PED 流行期间要控制好饲养密度，防止密度过大引发的猪只咬伤、猪只压伤等情况。在对圈舍进行带猪消毒时要选择广谱、强效、气味小的消毒药，设施设备、生产工具等用烧碱消毒。猪舍带猪消毒可选择喷雾消毒和熏蒸消毒轮换进行。由于 PEDV 耐酸性较强，喷雾消毒尽量选择碱性消毒剂。选择中草药或者二氯异氰尿酸钠熏蒸类消毒剂，同时可以降低猪舍湿度。

（二）控制环境消毒和延长空栏

应进一步强化发病猪舍仔猪转出以后的清洗消毒工作。进行全方位清洗，两种消毒药轮换使用，最后用 3%烧碱溶液浸泡消毒。烧碱浸泡后的圈舍用清水再冲洗一次，然后空置 5d 以上，产房空置期间 24h 连续负压抽风排气。在准备引猪前 3d，密闭猪舍，进行固体甲醛熏蒸消毒 24h，然后自然通风，等待母猪上产床。

（三）饲料

PEDV 可以经粪口传播，污染的原料或全价饲料是潜在的传染源，加强饲料在各个环节的管理，避免被 PEDV 污染。在有些养猪生产体系中，PEDV 阴性群与阳性群的饲料厂与设备是分开使用的。应特别关注饲料的转运规划、行车路线等，先为 PEDV 阴性猪群转运饲料，然后再为发病猪群转运。

（四）运输车辆

除关注运输车辆的卫生消毒条件外，有些养猪生产体系也对其卡车车队进行了分类管理。例如，将感染场与阴性场的运输车辆分开。与屠宰场和收猪点接触的卡车应与种猪运输车或内部的转运车分类管理。

（五）人员、物资入场管理

为降低 PEDV 经由人员或物资传入猪场的风险，应严格执行人员和物资的入场程序。所有的进场物资都应进入猪场的消毒间内进行消毒。人员依照“丹麦式入场程序”，将场外的鞋、衣物等与生产区的鞋、衣物严格区分开，避免 PEDV 经由人或物资带入生产区。

（六）粪污的处理

PEDV 属于粪口传播的疫病病原，对粪污的管理应该严格执行。养猪生产者已经意识到，粪污处理设备专场专用有助于降低 PEDV 的水平传播。当必须在场间共用粪污处理设备时，应起草操作规程与检查程序以降低场间交叉感染的风险。污水处理工、卡车司机或饲料车在转运间不得存在交叉。

（七）死猪处理

PEDV 可致死哺乳仔猪，病死猪及与其接触的人员、设备都可能成为潜在的传染源。将病死猪尸体掩埋、火化、降解是减少 PEDV 传播的较好方法。

目前，尚无针对猪流行性腹泻病毒的特效药物，只有贯彻“防大于治”的方针，对健康猪群进行疫苗的预防接种，加强猪场生物安全管理，通过综合防控措施，才能有效控制猪流行性腹泻的发生和流行。由于猪病毒性腹泻病因十分复杂，当猪场仔猪发生腹泻时，首先通过临床检查和实验室诊断，确诊引起腹泻的所有病因，尤其是要重视混合感染，结合诊断结果实施精准的防控措施，进而控制疾病蔓延，降低经济损失。

参 考 文 献

毕静. 2013. 猪流行性腹泻病毒 AJ1102 株的分离、鉴定及其分子进化特征. 武汉: 华中农业大学博士学位论文.

陈鲁勇, 崔立, 邵红辉. 2003. 复合卵黄抗体在早期断奶仔猪中的应用研究. 上海交通大学学报(农业科学版), 21(2): 109-112.

崔焕忠, 姜海龙, 张加力, 等. 2012. 抗猪传染性胃肠炎病毒与猪流行性腹泻病毒卵黄抗体制备及其临床应用研究. 中国畜牧兽医, 36(6): 173-175.

崔立, 邵红辉, 陈鲁勇, 等. 2002. 复合卵黄抗体粉剂对早期断奶仔猪生长和腹泻的影响. 饲料博览, (11): 1-3.

冯力, 时洪艳, 陈建飞. 2005. 猪病毒性腹泻疾病的预防. 养猪, 28(5): 35-37.

冯晓辉, 汤承, 朱鑫, 等. 2015. 核不均一核糖核蛋白与病毒复制. 畜牧兽医学报, 46(6): 882-888.

甘振磊, 汤德元, 李春燕, 等. 2010. 猪流行性腹泻流行特点及流行现状的研究. 猪业科学, 27(12): 24-28.

高君恺. 2013. 猪流行性腹泻病毒对细胞微丝骨架及紧密连接的影响. 南京: 南京农业大学硕士学位论文.

葛俊伟, 姜艳萍, 汪淼, 等. 2009. 表面表达猪流行性腹泻病毒核蛋白蛋白的重组干酪乳杆菌诱导产生的免疫应答. 生物工程学报, 25(6): 813-818.

黄红梅, 吴健敏, 刘文娟, 等. 2012. 抗仔猪腹泻高免全蛋粉的制备及效果评价. 中国兽医学报, 32(11): 1604-1608.

简义虎, 李润成, 胡仕凤, 等. 2017. 母猪流行性腹泻返饲后免疫应答评估. 猪业科学, 34(5): 102-104.

李冰, 张显浩, 裴仉福, 等. 2014. 抗猪流行性腹泻病毒卵黄抗体的制备及应用. 中国畜牧兽医, 41(10): 68-72.

李树根, 李力施, 霍燕琼, 等. 1991. 使用细胞培养单层分离猪流行性腹泻病毒. 中国兽医科技, 21(10): 24-25.

廖延雄. 1995. 兽医微生物实验诊断手册. 北京: 中国农业出版社: 102-201.

马思奇, 王明, 冯力, 等. 1995. 猪传染性胃肠炎与猪流行性腹泻二联氢氧化铝细胞灭活疫苗的研究. 中国畜禽传染病, (6): 23-27.

马思奇, 王明, 周金法, 等. 1994. 猪流行性腹泻病毒适应 Vero 细胞培养及传代细胞毒制备氢氧化铝灭活疫苗免疫效力试验. 中国畜禽传染病, (2): 15-19.

牟丹蕾, 白雪帆, 黄长形, 等. 2003. 人整合素 αvβ3 在 CHO 细胞表达的研究. 中华微生物学和免疫学杂志, 23(8): 618-624.

钱永清, 闻人楚, 唐永兰, 等. 1999. 猪流行性腹泻病毒的分离培养与鉴定. 上海农业学报, 15(2): 41-44.

萨姆布鲁克 J, 弗里奇 E F, 曼尼阿蒂斯 T. 1992. 分子克隆实验指南. 2 版. 金冬雁, 黎孟枫, 等译. 北京: 科学出版社.
石坤, 魏建超, 邱亚峰, 等. 2016. PCV2 与 PRRSV 体外共感染对肺泡巨噬细胞系炎症反应的影响. 中国动物传染病学报, 24(3): 16-20.
孙东波, 冯力, 时洪艳, 等. 2006. 猪流行性腹泻病毒分子生物学研究进展. 动物医学进展, 7(10): 11-14.
孙东波, 朗洪武, 时洪艳, 等. 2007. PEDV S 蛋白 B 细胞抗原表位的筛选和鉴定. 生物化学与生物物理进展, 34(9): 971-977.
佟有恩, 冯力, 李伟杰, 等. 1998. 猪流行性腹泻弱毒株的培育. 中国预防兽医学报, 20(6): 329-332.
王刚, 吕殿红. 2002. 卵黄抗体应用研究进展. 动物医学进展, 23(1): 16-18.
王贵华, 王美君, 宫晓文, 等. 2013. 猪圆环病毒 2 型与猪捷申病毒混合感染的分子生物学诊断. 黑龙江畜牧兽医, (6): 131-132.
王建明, 孙奕南, 谢辛祺, 等. 2002. 卵黄抗体添加剂在早期断奶仔猪日粮中的应用. 广东饲料, 11(6): 14-15.
王静, 张彦明, 仝钢, 等. 2010. 新生仔猪小肠上皮细胞的分离培养和鉴定. 畜牧兽医学报, 41(1): 92-98.
王礞礞, 周艳君, 陈宗梅, 等. 2009. 我国猪群中 TTV 的鉴定及其分子流行病学分析. 中国预防兽医学报, 31(10): 751-755.
王明, 张为民. 1997. 猪传染性胃肠炎与猪流行性腹泻穴位针刺免疫的研究. 中国畜禽传染病, 19(6): 6-13.
王赟, 周璐, 周远程, 等. 2014. 猪环曲病毒套式 RT-PCR 检测方法的建立及应用. 中国兽医学报, 34(7): 1039-1042.
夏应菊, 訾占超, 蔡林, 等. 2012. 猪细环病毒和猪圆环病毒 2 型混合感染状况的调查. 畜牧兽医学报, 43(2): 424-430.
宣华, 邢德坤, 王殿瀛, 等. 1984. 应用猪胎肠单层细胞培养猪流行性腹泻病毒的研究. 中国兽医学报, (3): 202-208.
殷震, 刘景华. 1997. 动物病毒学. 2 版. 北京: 科学出版社: 688-690.
余丽芸, 侯喜林. 2005. 流行性腹泻病毒 M 基因与甲病毒载体重组 RNA 的构建. 动物医学进展, 26(5): 73-76.
张坤. 2010. 猪病毒性腹泻多重 RT-PCR 诊断方法的建立和应用及猪轮状病毒的分离. 武汉: 华中农业大学硕士学位论文.
张志, 董雅琴, 刘爽, 等. 2014. 我国部分省份猪流行性腹泻的流行病学监测. 中国动物检疫, 31(10): 47-51.
Aich P, Wilson H L, Kaushik R S, et al. 2007. Comparative analysis of innate immune responses following infection of newborn calves with bovine rotavirus and bovine coronavirus. J Gen Virol, 88: 2749-2761.
Akimkin V, Beer M, Blome S, et al. 2016. New chimeric porcine coronavirus in swine feces, Germany, 2012. Emerg Infect Dis, 22(7): 1314-1315.
Alberici L, Roth L, Sugahara K N, et al. 2013. De novo design of a tumor-penetrating peptide. Cancer Res, 73(2): 804-812.
Allan G M, McNeilly F, Ellis J, et al. 2000. Experimental infection of colostrum deprived piglets with porcine circovirus 2 (PCV2) and porcine reproductive and respiratory syndrome virus (PRRSV)

potentiates PCV2 replication. Arch Virol, 145(11): 2421-2429.

Alonso C, Goede D P, Morrison R B, et al. 2014. Evidence of infectivity of airborne porcine epidemic diarrhea virus and detection of airborne viral RNA at long distances from infected herds. Vet Res, 45: 73.

Alonso C, Raynor P C, Goyal S, et al. 2017. Assessment of air sampling methods and size distribution of virus-laden aerosols in outbreaks in swine and poultry farms. J Vet Diagn Invest, 29(3): 298-304.

Amimo J O, Vlasova A N, Saif L J. 2013. Detection and genetic diversity of porcine group A rotaviruses in historic (2004) and recent (2011 and 2012) swine fecal samples in Ohio: predominance of the G9P[13] genotype in nursing piglets. J Clin Microbiol, 51(4): 1142-1151.

An D J, Jeoung H Y, Jeong W, et al. 2011. Porcine kobuvirus from pig stool in Korea. Virus Genes, 42(2): 208-211.

An K, Fang L, Luo R, et al. 2014. Quantitative proteomic analysis reveals that transmissible gastroenteritis virus activates the JAK-STAT1 signaling pathway. J Proteome Res, 13(12): 5376-5390.

Angelini M M, Akhlaghpour M, Neuman B W, et al. 2013. Severe acute respiratory syndrome coronavirus nonstructural proteins 3, 4, and 6 induce double-membrane vesicles. MBio, 4(4): e00524-13.

Annamalai T, Saif L J, Lu Z, et al. 2015. Age-dependent variation in innate immune responses to porcine epidemic diarrhea virus infection in suckling versus weaned pigs. Vet Immunol Immunopathol, 168(3-4): 193-202.

APHIS. 2016. Swine Enteric Coronavirus Disease (SECD), including Porcine Epidemic Diarrhea virus (PEDv). [2017-8-1]. http://www.aphis.usda.gov/aphis/ourfocus/animalhealth/animal-disease-information/swine-disease-information/ct_ped_info.

Arrigo A P. 2001. Hsp27: novel regulator of intracellular redox state. Iubmb Life, 52(6): 303-307.

Arya M, Shergill I S, Williamson M, et al. 2005. Basic principles of real-time quantitative PCR. Expert Rev Mol Diagn, 5(2): 209-219.

Aydin H, Al-Khooly D, Lee J E. 2014. Influence of hydrophobic and electrostatic residues on SARS-coronavirus S2 protein stability: insights into mechanisms of general viral fusion and inhibitor design. Protein Sci, 23(5): 603-617.

Aydin S. 2015. A short history, principles, and types of ELISA, and our laboratory experience with peptide/protein analyses using ELISA. Peptides, 72(3): 4-15.

Bae J L, Lee J G, Kang T J, et al. 2003. Induction of antigen-specific systemic and mucosal immune responses by feeding animals transgenic plants expressing the antigen. Vaccine, 21(25-26): 4052-4058.

Baggen J, Thibaut H J, Staring J, et al. 2016. Enterovirus D68 receptor requirements unveiled by haploid genetics. Proc Natl Acad Sci U S A, 113(5): 1399-1404.

Ballesteros M L, Sánchez C M, Enjuanes L. 1997. Two amino acid changes at the N-terminus of transmissible gastroenteritis coronavirus spike protein result in the loss of enteric tropism. Virology, 227(2): 378-388.

Barry A F, Ribeiro J, Alfieri A F, et al. 2011. First detection of kobuvirus in farm animals in Brazil and the Netherlands. Infect Genet Evol, 11(7): 1811-1814.

Beall A, Yount B, Lin C M, et al. 2016. Characterization of a pathogenic full-Length cDNA clone and transmission model for porcine epidemic diarrhea virus strain PC22A. MBio, 7(1): e01451-15.

Belouzard S, Millet J K, Licitra B N, et al. 2012. Mechanisms of coronavirus cell entry mediated by the viral spike protein. Viruses, 4(6): 1011-1033.

Bergholz C M, Kiley M P, Payne F E. 1975. Isolation and characterization of temperature-sensitive mutants of measles virus. J Virol, 16(1): 192-202.

Bhattacharya B, Noad R J, Roy P. 2007. Interaction between Bluetongue virus outer capsid protein VP2 and vimentin is necessary for virus egress. Virol J, 4: 7.

Bi J, Zeng S, Xiao S, et al. 2012. Complete genome sequence of porcine epidemic diarrhea virus strain AJ1102 isolated from a suckling piglet with acute diarrhea in China. J Virol, 86(19): 10910-10911.

Biasini M, Bienert S, Waterhouse A, et al. 2014. SWISS-MODEL: modelling protein tertiary and quaternary structure using evolutionary information. Nucleic Acids Res, 42: W252-W258.

Bilodeau P S, Domsic J K, Mayeda A, et al. 2001. RNA splicing at human immunodeficiency virus type 1 3′ splice site A2 is regulated by binding of hnRNP A/B proteins to an exonic splicing silencer element. J Virol, 75(18): 8487-8497.

Bjustrom-Kraft J, Woodard K, Giménez-Lirola L, et al. 2016. Porcine epidemic diarrhea virus (PEDV) detection and antibody response in commercial growing pigs. BMC Vet Res, 12: 99.

Boehme K W, Compton T. 2004. Innate sensing of viruses by toll-like receptors. J Virol, 78(15): 7867-7873.

Boniotti M B, Papetti A, Lavazza A, et al. 2016. Porcine epidemic diarrhea virus and discovery of a recombinant swine enteric coronavirus, Italy. Emerg Infect Dis, 22(1): 83-87.

Bosch B J, van der Zee R, de Haan C A, et al. 2003. The coronavirus spike protein is a class Ⅰ virus fusion protein: structural and functional characterization of the fusion core complex. J Virol, 77(16): 8801-8811.

Bowman A S, Krogwold R A, Price T, et al. 2015. Investigating the introduction of porcine epidemic diarrhea virus into an Ohio swine operation. BMC Vet Res, 11: 38.

Brian D A, Baric R S. 2005. Coronavirus genome structure and replication. Curr Top Microbiol Immunol, 287: 1-30.

Brockway S M, Lu X T, Peters T R, et al. 2004. Intracellular localization and protein interactions of the gene 1 protein p28 during mouse hepatitis virus replication. J Virol, 78(21): 11551-11562.

Broliden P A, von Gegerfelt A, Clapham P, et al. 1992. Identification of human neutralization-inducing regions of human immunodeficiency virus type 1 envelope glycoproteins. Proc Natl Acad Sci U S A, 89(2): 461-465.

Burd C G, Dreyfuss G. 1994. Conserved structures and diversity of functions of RNA-binding proteins. Science, 265(5172): 615-621.

Burkard C, Verheije M H, Wicht O, et al. 2014. Coronavirus cell entry occurs through the endo-/lysosomal pathway in aproteolysis-dependent manner. PLoS Pathog, 10(11): e1004502.

Bushell M, Sarnow P. 2002. Hijacking the translation apparatus by RNA viruses. J Cell Biol, 158(3): 395-399.

Cai Z, Zhang T, Wan X F. 2010. A computational framework for influenza antigenic cartography. PLoS Comput Biol, 6(10): e1000949.

Callebaut P, Debouck P, Pensaert M. 1982. Enzyme-linked immunosorbent assay for the detection of the coronavirus-like agent and its antibodies in pigs with porcine epidemic diarrhea. Vet Microbiol, 7(4): 295-306.

Cao L, Ge X, Gao Y, et al. 2015. Porcine epidemic diarrhea virus infection induces NF-kappaB activation through the TLR2, TLR3 and TLR9 pathways in porcine intestinal epithelial cells. J Gen Virol, 96(7): 1757-1767.

Carvajal A, Lanza I, Diego R, et al. 1995. Evaluation of a blocking ELISA using monoclonal antibodies for the detection of porcine epidemic diarrhea virus and its antibodies. J Vet Diagn

Invest, 7(1): 60-64.

Chang S H, Bae J L, Kang T J, et al. 2002. Identification of the epitope region capable of inducing neutralizing antibodies against the porcine epidemic diarrhea virus. Mol Cells, 14(2): 295-299.

Chasey D, Cartwright S F. 1978. Virus-like particles associated with porcine epidemic diarrhoea. Res Vet Sci, 25(2): 255-256.

Chattha K S, Roth J A, Saif L J. 2015. Strategies for design and application of enteric viral vaccines. Annu Rev Anim Biosci, 3: 375-395.

Chen F, Zhu Y, Wu M, et al. 2015. Comparative genomic analysis of classical and variant virulent parental/attenuated strains of porcine epidemic diarrhea virus. Viruses, 7(10): 5525-5538.

Chen J, Liu X, Lang H, et al. 2013a. Genetic variation of nucleocapsid genes of porcine epidemic diarrhea virus field strains in China. Arch Virol, 158(6): 1397-1401.

Chen J, Liu X, Shi D, et al. 2013b. Detection and molecular diversity of spike gene of porcine epidemic diarrhea virus in China. Viruses, 5(10): 2601-2613.

Chen J, Wang C, Shi H, et al. 2010. Molecular epidemiology of porcine epidemic diarrhea virus in China. Arch Virol, 155(9): 1471-1476.

Chen Q, Gauger P C, Stafne M R, et al. 2016b. Pathogenesis comparison between the United States porcine epidemic diarrhoea virus prototype and S-INDEL-variant strains in conventional neonatal piglets. J Gen Virol, 97(5): 1107-1121.

Chen Q, Li G, Stasko J, et al. 2014a. Isolation and characterization of porcine epidemic diarrhea viruses associated with the 2013 disease outbreak among swine in the United States. J Clin Microbiol, 52(1): 234-243.

Chen Q, Thomas J T, Giménez-Lirola L G, et al. 2016a. Evaluation of serological cross-reactivity and cross-neutralization between the United States porcine epidemic diarrhea virus prototype and S-INDEL-variant strains. BMC Vet Res, 12: 70.

Chen W, Gao N, Wang J L, et al. 2008. Vimentin is required for dengue virus serotype 2 infection but microtubules are not necessary for this process. Arch Virol, 153(9): 1777-1781.

Chen X, Yang X, Zheng Y, et al. 2014b. SARS coronavirus papain-like protease inhibits the type Ⅰ interferon signaling pathway through interaction with the STING-TRAF3-TBK1 complex. Protein Cell, 5(5): 369-381.

Cheng B Y, Ortiz-Riaño E, de la Torre J C, et al. 2013. Generation of recombinant arenavirus for vaccine development in FDA-approved Vero cells. J Vis Exp, (78): e50662.

Cheun-Arom T, Temeeyasen G, Srijangwad A, et al. 2015. Complete genome sequences of two genetically distinct variants of porcine epidemic diarrhea virus in the eastern region of Thailand. Genome Announc, 3(3): e00634-15.

Chia M Y, Chung W Y, Chiang P S, et al. 2014. Monitoring antigenic variations of enterovirus 71: implications for virus surveillance and vaccine development. PLoS Negl Trop Dis, 8(7): e3044.

Chien K Y, Blackburn K, Liu H C, et al. 2012. Proteomic and phosphoproteomic analysis of chicken embryo fibroblasts infected with cell culture-attenuated and vaccine strains of Marek's disease virus. J Proteome Res, 11(12): 5663-5677.

Chiou H Y, Huang Y L, Deng M C, et al. 2017. Phylogenetic analysis of the spike (S) gene of the new variants of porcine epidemic diarrhoea virus in Taiwan. Transbound Emerg Dis, 64(1): 157-166.

Choe S E, Park K H, Lim S I, et al. 2016. Complete genome sequence of a porcine epidemic diarrhea virus strain from vietnam, HUA-14PED96, with a large genomic deletion. Genome Announc, 4(1): e00002-16.

Choi H J, Kim J H, Lee C H, et al. 2009. Antiviral activity of quercetin 7-rhamnoside against porcine epidemic diarrhea virus. Antiviral Res, 81(1): 77-81.

Choi J C, Lee K K, Pi J H, et al. 2014. Comparative genome analysis and molecular epidemiology of the reemerging porcine epidemic diarrhea virus strains isolated in Korea. Infect Genet Evol, 26: 348-351.

Choudhary C, Mann M. 2010. Decoding signaling networks by mass spectrometry-based proteomics. Nat Rev Mol Cell Biol, 11(6): 427-439.

Choudhury B, Dastjerdi A, Doyle N, et al. 2016. From the field to the lab—an European view on the global spread of PEDV. Virus Res, 226: 40-49.

Christopher-Hennings J, Araujo K P, Souza C J, et al. 2013. Opportunities for bead-based multiplex assays in veterinary diagnostic laboratories. J Vet Diagn Invest, 25(6): 671-691.

Chu D K, Poon L L, Guan Y, et al. 2008. Novel astroviruses in insectivorous bats. J Virol, 82(18): 9107-9114.

Chuck C P, Chow H F, Wan D C, et al. 2011. Profiling of substrate specificities of 3C-like proteases from group 1, 2a, 2b, and 3 coronaviruses. PLoS One, 6(11): e27228.

Clement T, Singrey A, Lawson S, et al. 2016. Measurement of neutralizing antibodies against porcine epidemic diarrhea virus in sow serum, colostrum, and milk samples and piglet serum samples after feedback. J Swine Heal Prod, 24(3): 147-153.

Clementz M A, Chen Z, Banach B S, et al. 2010. Deubiquitinating and interferon antagonism activities of coronavirus papain-like proteases. J Virol, 84(9): 4619-4629.

Cochrane R A, Schumacher L L, Dritz S S, et al. 2017. Effect of pelleting on survival of porcine epidemic diarrhea virus-contaminated feed. J Anim Sci, 95(3): 1170-1178.

Collin E A, Anbalagan S, Okda F, et al. 2015. An inactivated vaccine made from a U.S. field isolate of porcine epidemic disease virus is immunogenic in pigs as demonstrated by a dose-titration. BMC Vet Res, 11: 62.

Connor R F, Roper R L. 2007. Unique SARS-CoV protein nsp1: bioinformatics, biochemistry and potential effects on virulence. Trends Microbiol, 15(2): 51-53.

Corman V M, Baldwin H J, Tateno A F, et al. 2015. Evidence for an ancestral association of human Coronavirus 229E with bats. J Virol, 89(23): 11858-11870.

Cornillez-Ty C T, Liao L J, Yates J R III, et al. 2009. Severe acute respiratory syndrome coronavirus nonstructural protein 2 interacts with a host protein complex involved in mitochondrial biogenesis and intracellular signaling. J Virol, 83(19): 10314-10318.

Cottam E M, Maier H J, Manifava M, et al. 2011. Coronavirus nsp6 proteins generate autophagosomes from the endoplasmic reticulum via an omega some intermediate. Autophagy, 7(11): 1335-1347.

Coussement W, Ducatelle R, Debouck P, et al. 1982. Pathology of experimental CV777 coronavirus enteritis in piglets. I. Histological and histochemical study. Vet Pathol, 19(1): 46-56.

Cox E, Pensaert M B, Callebaut P, et al. 1990. Intestinal replication of a porcine respiratory coronavirus closely related antigenically to the enteric transmissible gastroenteritis virus. Vet Microbiol, 23(1-4): 237-243.

Crawford K, Lager K M, Kulshreshtha V, et al. 2016a. Status of vaccines for porcine epidemic diarrhea virus in the United States and Canada. Virus Res, 226: 108-116.

Crawford K, Mogler M, Hicks J, et al. 2016b. Protective efficay of a replicon particle vaccine in both naïve sows and previously exposed gilts against porcine epidemic diarrhea virus. Proceedings of the Annual Meeting of the American Association of Swine Practitioners, 47: 212-213.

Cribier A, Descours B, Valadão A L, et al. 2013. Phosphorylation of SAMHD1 by cyclin A2/CDK1 regulates its restriction activity toward HIV-1. Cell Rep, 3(4): 1036-1043.

Cruz J L, Sola I, Becares M, et al. 2011. Coronavirus gene 7 counteracts host defenses and modulates virus virulence. PLoS Pathog, 7(6): e1002090.

Damgaard C K, Tange T Ø, Kjems J. 2002. hnRNP A1 controls HIV-1 mRNA splicing through cooperative binding to intron and exon splicing silencers in the context of a conserved secondary structure. RNA, 8(11): 1401-1415.

Dapat C, Saito R, Suzuki H, et al. 2014. Quantitative phosphoproteomic analysis of host responses in human lung epithelial (A549) cells during influenza virus infection. Virus Res, 179: 53-63.

Dastjerdi A, Carr J, Ellis R J, et al. 2015. Porcine epidemic diarrhea virus among farmed pigs, Ukraine. Emerg Infect Dis, 21(12): 2235-2237.

de Haan C A, Haijema B J, Schellen P, et al. 2008. Cleavage of group 1 coronavirus spike proteins: how furin cleavage is traded off against heparan sulfate binding upon cell culture adaptation. J Virol, 82(12): 6078-6083.

Debbink K, Lindesmith L C, Ferris M T, et al. 2014. Within-host evolution results in antigenically distinct GII.4 noroviruses. J Virol, 88(13): 7244-7255.

Debouck P, Pensaert M. 1980. Experimental infection of pigs with a new porcine enteric coronavirus, CV 777. Am J Vet Res, 41(2): 219-223.

Dee S, Clement T, Schelkopf A, et al. 2014. An evaluation of contaminated complete feed as a vehicle for porcine epidemic diarrhea virus infection of naive pigs following consumption via natural feeding behavior: proof of concept. BMC Vet Res, 10: 176.

Dee S, Neill C, Clement T, et al. 2015. An evaluation of porcine epidemic diarrhea virus survival in individual feed ingredients in the presence or absence of a liquid antimicrobial. Porcine Health Manag, 1: 9.

Delmas B, Gelfi J, L'Haridon R, et al. 1992. Aminopeptidase N is a major receptor for the enteropathogenic coronavirus TGEV. Nature, 357(6377): 417-420.

Deng F, Ye G, Liu Q, et al. 2016. Identification and comparison of receptor binding characteristics of the spike protein of two porcine epidemic diarrhea virus strains. Viruses, 8(3): 55.

Desmarets L M, Theuns S, Olyslaegers D A, et al. 2013. Establishment of feline intestinal epithelial cell cultures for the propagation and study of feline enteric coronaviruses. Vet Res, 44: 71.

Diel D G, Lawson S, Okda F, et al. 2016. Porcine epidemic diarrhea virus: an overview of current virological and serological diagnostic methods. Virus Res, 226: 60-70.

Ding Z, Fang L, Jing H, et al. 2014. Porcine epidemic diarrhea virus nucleocapsid protein antagonizes beta interferon production by sequestering the interaction between IRF3 and TBK1. J Virol, 88(16): 8936-8945.

Domsic J K, Wang Y, Mayeda A, et al. 2003. Human immunodeficiency virus type 1 hnRNP A/B-dependent exonic splicing silencer ESSV antagonizes binding of U2AF65 to viral polypyrimidine tracts. Mol Cell Biol, 23(23): 8762-8772.

Donowitz M, Cha B, Zachos N C, et al. 2005. NHERF family and NHE3 regulation. J Physiol, 567(1): 3-11.

Drexler J F, Corman V M, Drosten C. 2014. Ecology, evolution and classification of bat coronaviruses in the aftermath of SARS. Antiviral Res, 101: 45-56.

Du J, Jiang Y W, Bai A B, et al. 2004. The epidemiological investigation of porcine epidemic diarrhea in GuangXi. Anim Sci Vet Med, 21(6): 52-53.

Duarte M, Gelfi J, Lambert P, et al. 1993. Genome organization of porcine epidemic diarrhoea virus. Adv Exp Med Biol, 342: 55-60.

Duarte M, Laude H. 1994. Sequence of the spike protein of the porcine epidemic diarrhoea virus. J Gen Virol, 75(5): 1195-1200.

Ducatelle R, Coussement W, Debouck P, et al. 1982. Pathology of experimental CV777 coronavirus enteritis in piglets. Ⅱ. Electron microscopic study. Vet Pathol, 19(1): 57-66.

Ducatelle R, Coussement W, Pensaert M B, et al. 1981. *In vivo* morphogenesis of a new porcine enteric coronavirus, CV 777. Arch Virol, 68(1): 35-44.

Dufkova L, Scigalkova I, Moutelikova R, et al. 2013. Genetic diversity of porcine sapoviruses, kobuviruses, and astroviruses in asymptomatic pigs: an emerging new sapovirus GIII genotype. Arch Virol, 158(3): 549-558.

Duraiyan J, Govindarajan R, Kaliyappan K, et al. 2012. Applications of immunohistochemistry. J Pharm Bioallied Sci, 4(S2): S307-S309.

Eckert D M, Kim P S. 2001. Mechanisms of viral membrane fusion and its inhibition. Annu Rev Biochem, 70: 777-810.

Elschner M, Prudlo J, Hotzel H, et al. 2002. Nested reverse transcriptase-polymerase chain reaction for the detection of group A rotaviruses. J Vet Med B Infect Dis Vet Public Health, 49(2): 77-81.

Esper F, Ou Z, Huang Y T. 2010. Human coronaviruses are uncommon in patients with gastrointestinal illness. J Clin Virol, 48(2): 131-133.

Fan B, Lu K Y, Sutandy F X R, et al. 2014. A human proteome microarray identifies that the heterogeneous nuclear ribonucleoprotein K (hnRNP K) recognizes the 5′ terminal sequence of the hepatitis C virus RNA. Mol Cell Proteomics, 13(1): 84-92.

Fan J H, Zuo Y Z, Shen X Q, et al. 2015. Development of an enzyme-linked immunosorbent assay for the monitoring and surveillance of antibodies to porcine epidemic diarrhea virus based on a recombinant membrane protein. J Virol Methods, 225: 90-94.

Fang X, Gao J, Zheng H, et al. 2007. The membrane protein of SARS-CoV suppresses NF-kappaB activation. J Med Virol, 79(10): 1431-1439.

Farsani S M, Dijkman R, Jebbink M F, et al. 2012. The first complete genome sequences of clinical isolates of human coronavirus 229E. Virus Genes, 45(3): 433-439.

Feng L. 2014. The updated epidemic and controls of swine enteric coronavirus in China. Chicago: International Meeting of Swine Enteric Coronavirus Diseases.

Finkbeiner S R, Zeng X L, Utama B, et al. 2012. Stem cell-derived human intestinal organoids as an infection model for rotaviruses. MBio, 3(4): e00159-12.

Foddai A, Nielsen L H, Møgelmose V, et al. 2015. Probability of introducing porcine epidemic diarrhea virus into Danish pig herds by imported spray-dried porcine plasma. Porcine Health Manag, 1: 18.

Follis K E, York J, Nunberg J H. 2006. Furin cleavage of the SARS coronavirus spike glycoprotein enhances cell-cell fusion but does not affect virion entry. Virology, 350(2): 358-369.

Fu F, Li L, Shan L, et al. 2017. A spike-specific whole-porcine antibody isolated from a porcine B cell that neutralizes both genogroup 1 and 2 PEDV strains. Vet Microbiol, 205: 99-105.

Fu Y, Quan R, Zhang H, et al. 2012. Porcine reproductive and respiratory syndrome virus induces interleukin-15 through the NF-κB signaling pathway. J Virol, 86(14): 7625-7636.

Fukagawa Y, Nishikawa J, Kuramitsu Y, et al. 2008. Epstein-Barr virus upregulates phosphorylated heat shock protein 27 kDa in carcinoma cells using the phosphoinositide 3-kinase/Akt pathway. Electrophoresis, 29(15): 3192-3200.

Gallagher T, Perlman S. 2013. Public health: broad reception for coronavirus. Nature, 495(7440): 176-177.

Gao Q, Zhao S, Qin T, et al. 2015. Effects of porcine epidemic diarrhea virus on porcine monocyte-derived dendritic cells and intestinal dendritic cells. Vet Microbiol, 179(3-4): 131-141.

Garrido C, Schmitt E, Candé C, et al. 2003. HSP27 and HSP70: potentially oncogenic apoptosis inhibitors. Cell Cycle, 2(6): 579-584.

Ge F F, Yang D Q, Ju H B, et al. 2013. Epidemiological survey of porcine epidemic diarrhea virus in swine farms in Shanghai, China. Arch Virol, 158(11): 2227-2231.

Ge J W, Liu D Q, Li Y J. 2012. Construction of recombinant lactobacilli expressing the core neutralizing epitope (COE) of porcine epidemic diarrhea virus and a fusion protein consisting of COE and *Escherichia coli* heat-labile enterotoxin B, and comparison of the immune responses by orogastric immunization. Can J Microbiol, 58(11): 1258-1267.

Gerber P F, Gong Q, Huang Y W, et al. 2014. Detection of antibodies against porcine epidemic diarrhea virus in serum and colostrum by indirect ELISA. Vet J, 202(1): 33-36.

Gerber P F, Opriessnig T. 2015. Detection of immunoglobulin (Ig) A antibodies against porcine epidemic diarrhea virus (PEDV) in fecal and serum samples. MethodsX, 2: 368-373.

Gibbs M J, Armstrong J S, Gibbs A J. 2000. Sister-scanning: a Monte Carlo procedure for assessing signals in recombinant sequences. Bioinformatics, 16(7): 573-582.

Gil P I, Albrieullinás G, Mlewski E C, et al. 2017. Pixuna virus modifies host cell cytoskeleton to secure infection. Sci Rep, 7(1): 5757.

Gimenez-Lirola L, Kraft J B, Woodard J B, et al. 2016. PEDV antibody responses in fecal and oral fluid specimens. New Orleans: American Association of Swine Veterinarians.

Godet M, Grosclaude J, Delmas B, et al. 1994. Major receptor-binding and neutralization determinants are located within the same domain of the transmissible gastroenteritis virus (coronavirus) spike protein. J Virol, 68(12): 8008-8016.

Goede D, Morrison R B. 2016. Production impact & time to stability in sow herds infected with porcine epidemic diarrhea virus (PEDV). Prev Vet Med, 123: 202-207.

Goede D, Murtaugh M P, Nerem J, et al. 2015. Previous infection of sows with a mild strain of porcine epidemic diarrhea avirus confers protection against infection with a severe strain. Vet Microbiol, 176(1-2): 161-164.

Gou H, Deng J, Wang J, et al. 2015. Rapid and sensitive detection of porcine epidemic diarrhea virus by reverse transcription loop-mediated isothermal amplification combined with a vertical flow visualization strip. Mol Cell Probes, 29(1): 48-53.

Govorun V M, Archakov A I. 2002. Proteomic technologies in modern biomedical science. Biochemistry (Moscow), 67(10): 1109-1123.

Graham R L, Sims A C, Brockway S M, et al. 2005. The nsp2 replicase proteins of murine hepatitis virus and severe acute respiratory syndrome coronavirus are dispensable for viral replication. J Virol, 79(21): 13399-13411.

Greber U F, Way M. 2006. A superhighway to virus infection. Cell, 124(4): 741-754.

Grenier L, Connor J, Graham A, et al. 2015. Evaluation of a PED vaccine on piglet mortality and sow immunity. Proceedings of the Annual Meeting of the American Association of Swine Practitioners, 46: 361.

Guerrero C A, Mendez E, Zarate S, et al. 2000. Integrin alpha(v)beta(3) mediates rotavirus cell entry. Proc Natl Acad Sci U S A, 97(26): 14644-14649.

Guo D, Zhu Q, Zhang H, et al. 2014. Proteomic analysis of membrane proteins of Vero cells: exploration of potential proteins responsible for virus entry. DNA Cell Biol, 33(1): 20-28.

Guo L, Luo X, Li R, et al. 2016b. Porcine epidemic diarrhea virus infection inhibits interferon signaling by targeted degradation of STAT1. J Virol, 90(18): 8281-8292.

Guo X, Hu H, Chen F, et al. 2016a. iTRAQ-based comparative proteomic analysis of Vero cells infected with virulent and CV777 vaccine strain-like strains of porcine epidemic diarrhea virus. J

Proteomics, 130: 65-75.

Guscetti F, Bernasconi C, Tobler K, et al. 1998. Immunohistochemical detection of porcine epidemic diarrhea virus compared to other methods. Clin Diagn Lab Immunol, 5(3): 412-414.

Hagemeijer M C, Ulasli M, Vonk A M, et al. 2011. Mobility and interactions of coronavirus nonstructural protein 4. J Virol, 85(9): 4572-4577.

Hanke D, Jenckel M, Petrov A, et al. 2015. Comparison of porcine epidemic diarrhea viruses from Germany and the United States, 2014. Emerg Infect Dis, 21(3): 493-496.

Hao J, Xue C, He L, et al. 2014. Bioinformatics insight into the spike glycoprotein gene of field porcine epidemic diarrhea strains during 2011-2013 in Guangdong, China. Virus Genes, 49(1): 58-67.

Harris A J, Wiseman B, Harris D L. 2015. Evaluation of a porcine epidemic diarrhea vaccine to reduce preweaning mortality. Proceedings of the Annual Meeting of the American Association of Swine Practitioners, 46: 127.

Havasi A, Li Z, Wang Z, et al. 2008. Hsp27 inhibits Bax activation and apoptosis via a phosphatidylinositol 3-kinase-dependent mechanism. J Biol Chem, 283(18): 12305-12313.

Have P, Moving V, Svansson V, et al. 1992. Corona virus infection in mink (*Mustela vison*): serological evidence of infection with a coronavirus related to transmissible gastroenteritis virus and porcine epidemic diarrhea virus. Vet Microbiol, 31(1): 1-10.

Herold J, Gorbalenya A E, Thiel V, et al. 1998. Proteolytic processing at the amino terminus of human coronavirus 229E gene 1-encoded polyproteins: identification of a papain-like proteinase and its substrate. J Virol, 7(2): 910-918.

Hirata Y, Broquet A H, Menchen L, et al. 2007. Activation of innate immune defense mechanisms by signaling through RIG-I/IPS-1 in intestinal epithelial cells. J Immunol, 179(8): 5425-5432.

Hofmann H, Pyrc K, van der Hoek L, et al. 2005. Human coronavirus NL63 employs the severe acute respiratory syndrome coronavirus receptor for cellular entry. Proc Natl Acad Sci U S A, 102(22): 7988-7993.

Hofmann M, Wyler R. 1988. Propagation of the virus of porcine epidemic diarrhea in cell culture. J Clin Microbiol, 26(11): 2235-2239.

Hofmann M, Wyler R. 1989. Quantitation, biological and physicochemical properties of cell culture-adapted porcine epidemic diarrhea coronavirus (PEDV). Vet Microbiol, 20(2): 131-142.

Hofmann M, Wyler R. 1990. Enzyme-linked immunosorbent assay for the detection of porcine epidemic diarrhea coronavirus antibodies in swine sera. Vet Microbiol, 21(3): 263-273.

Horváth I, Mocsári E. 1981. Ultrastructural changes in the small intestinal epithelium of suckling pigs affected with a transmissible gastroenteritis (TGE)-like disease. Arch Virol, 68(2): 103-113.

Hou X L, Yu L Y, Liu J. 2007a. Development and evaluation of enzyme-linked immunosorbent assay based on recombinant nucleocapsid protein for detection of porcine epidemic diarrhea (PEDV) antibodies. Vet Microbiol, 123(1-3): 86-92.

Hou X L, Yu L Y, Liu J, et al. 2007b. Surface-displayed porcine epidemic diarrhea viral (PEDV) antigens on lactic acid bacteria. Vaccine, 26(1): 24-31.

Hou Y, Lin C M, Yokoyama M, et al. 2017. Deletion of a 197-amino-acid region in the N-terminal domain of spike protein attenuates porcine epidemic diarrhea virus in piglets. J Virol, 91(14): e00227-17.

Hua R, Zhou Y, Wang Y, et al. 2004. Identification of two antigenic epitopes on SARS-CoV spike protein. Biochem Biophys Res Commun, 319(3): 929-935.

Huang C, Lokugamage K G, Rozovics J M, et al. 2011. Alphacoronavirus transmissible gastroenteritis virus nsp1 protein suppresses protein translation in mammalian cells and in

cell-free HeLa cell extracts but not in rabbit reticulocyte lysate. J Virol, 85(1): 638-643.
Huang Y W, Dickerman A W, Piñeyro P, et al. 2013. Origin, evolution, and genotyping of emergent porcine epidemic diarrhea virus strains in the United States. MBio, 4(5): e00737-13.
Hunter T. 2009. Tyrosine phosphorylation: thirty years and counting. Curr Opin Cell Biol, 21(2): 140-146.
Huss A R, Schumacher L L, Cochrane R A, et al. 2017. Elimination of porcine epidemic diarrhea virus in an animal feed manufacturing facility. PLoS One, 12(1): e0169612.
Hwang E K, Kim J H, Jean Y H, et al. 1994. Current occurrence of porcine epidemic diarrhoea in Korea. RDA J Agric Sci, 36: 587-596.
Ishikawa K, Sekiguchi H, Ogino T, et al. 1997. Direct and rapid detection of porcine epidemic diarrhea virus by RT-PCR. J Virol Methods, 69(1-2): 191-195.
Ivanov K A, Hertzig T, Rozanov M, et al. 2004. Major genetic marker of nidoviruses encodes a replicative endoribonuclease. Proc Natl Acad Sci U S A, 101(34): 12694-12699.
Ivanov K A, Ziebuhr J. 2004. Human coronavirus 229E nonstructural protein 13: characterization of duplex-unwinding, nucleoside triphosphatase, and RNA 5′-triphosphatase activities. J Virol, 78(14): 7833-7838.
Jackova A, Sliz I, Mandelik R, et al. 2017. Porcine kobuvirus 1 in healthy and diarrheic pigs: genetic detection and characterization of virus and co-infection with rotavirus A. Infect Genet Evol, 49: 73-77.
Jarvis M C, Lam H C, Zhang Y, et al. 2016. Genomic and evolutionary inferences between American and global strains of porcine epidemic diarrhea virus. Prev Vet Med, 123: 175-184.
Jengarn J, Wongthida P, Wanasen N, et al. 2015. Genetic manipulation of porcine epidemic diarrhoea virus recovered from a full-length infectious cDNA clone. J Gen Virol, 96(8): 2206-2218.
Jensen O N. 2006. Interpreting the protein language using proteomics. Nat Rev Mol Cell Biol, 7(6): 391-403.
Jiang X S, Tang L Y, Dai J, et al. 2005. Quantitative analysis of severe acute respiratory syndrome (SARS)-associated coronavirus-infected cells using proteomic approaches: implications for cellular responses to virus infection. Mol Cell Proteomics, 4(7): 902-913.
Jung K, Annamalai T, Lu Z, et al. 2015b. Comparative pathogenesis of US porcine epidemic diarrhea virus (PEDV) strain PC21A in conventional 9-day-old nursing piglets vs. 26-day-old weaned pigs. Vet Microbiol, 178(1-2): 31-40.
Jung K, Chae C. 2004. Effect of temperature on the detection of porcine epidemic diarrhea virus and transmissible gastroenteritis virus in fecal samples by reverse transcription-polymerase chain reaction. J Vet Diagn Invest, 16(3): 237-239.
Jung K, Eyerly B, Annamalai T, et al. 2015a. Structural alteration of tight and adherens junctions in villous and crypt epithelium of the small and large intestine of conventional nursing piglets infected with porcine epidemic diarrhea virus. Vet Microbiol, 177(3-4): 373-378.
Jung K, Hu H, Saif L J. 2016. Porcine delta coronavirus induces apoptosis in swine testicular and LLC porcine kidney cell lines *in vitro* but not in infected intestinal enterocytes *in vivo*. Vet Microbiol, 182: 57-63.
Jung K, Kang B K, Kim J Y, et al. 2008. Effects of epidermal growth factor on atrophic enteritis in piglets induced by experimental porcine epidemic diarrhea virus. Vet J, 177(2): 231-235.
Jung K, Saif L J. 2015. Porcine epidemic diarrhea virus infection: etiology, epidemiology, pathogenesis and immunoprophylaxis. Vet J, 204(2): 134-143.
Jung K, Wang Q, Scheuer K A, et al. 2014. Pathology of US porcine epidemic diarrhea virus strain PC21A in gnotobiotic pigs. Emerg Infect Dis, 20(4): 662-665.

Kadoi K, Sugioka H, Satoh T, et al. 2002. The propagation of a porcine epidemic diarrhea virus in swine cell lines. New Microbiol, 25(3): 285-290.

Kaku Y, Sarai A, Murakami Y. 2001. Genetic reclassification of porcine enteroviruses. J Gen Virol, 82(2): 417-424.

Kamitani W, Narayanan K, Huang C, et al. 2006. Severe acute respiratory syndrome coronavirus nsp1 protein suppresses host gene expression by promoting host mRNA degradation. Proc Natl Acad Sci U S A, 103(34): 12885-12890.

Kanlaya R, Pattanakitsakul S N, Sinchaikul S, et al. 2010. Vimentin interacts with heterogeneous nuclear ribonucleoproteins and dengue nonstructural protein 1 and is important for viral replication and release. Mol Biosyst, 6(5): 795-806.

Kanno T, Ishihara R, Hatama S, et al. 2013. Antigenic variation among recent Japanese isolates of bovine coronaviruses belonging to phylogenetically distinct genetic groups. Archives of Virology, 158(5): 1047-1053.

Kekarainen T, Sibila M, Segales J. 2006. Prevalence of swine Torque teno virus in post-weaning multisystemic wasting syndrome (PMWS)-affected and non-PMWS-affected pigs in Spain. J Gen Virol, 87(4): 833-837.

Khatri M. 2015. Porcine epidemic diarrhea virus replication in duck intestinal cell line. Emerg Infect Dis, 21(3): 549-550.

Kido H, Micic M, Smith D, et al. 2007. A novel, compact disk-like centrifugal microfluidics system for cell lysis and sample homogenization. Colloids Surf B Biointerfaces, 58(1): 44-51.

Kim H B, Lee C Y, Kim S J, et al. 2015b. Medicinal herb extracts ameliorate impaired growth performance and intestinal lesion of newborn piglets challenged with the virulent porcine epidemic diarrhea virus. J Anim Sci Technol, 57: 33.

Kim J H, Lee J, Oh B, et al. 2004. Prediction of phosphorylation sites using SVMs. Bioinformatics, 20(17): 3179-3184.

Kim O, Chae C. 2000. In situ hybridization for the detection and localization of porcine epidemic diarrhea virus in the intestinal tissues from naturally infected piglets. Vet Pathol, 37(1): 62-67.

Kim O, Chae C. 2003. Experimental infection of piglets with a korean strain of porcine epidemic diarrhoea virus. J Comp Pathol, 129(1): 55-60.

Kim O, Chae C, Kweon C H. 1999. Monoclonal antibody-based immunohistochemical detection of porcine epidemic diarrhea virus antigen in formalin-fixed paraffin-embedded intestinal tissues. J Vet Diagn Invest, 11(5): 458-462.

Kim S H, Ha T K, Oh W K, et al. 2016. Antiviral indolosesquiterpenoid xiamycins C-E from a halophilic actinomycete. J Nat Prod, 79(1): 51-58.

Kim S H, Kim I J, Pyo H M, et al. 2007. Multiplex real-time RT-PCR for the simultaneous detection and quantification of transmissible gastroenteritis virus and porcine epidemic diarrhea virus. J Virol Methods, 146(1-2): 172-177.

Kim S H, Lee J M, Jung J, et al. 2015a. Genetic characterization of porcine epidemic diarrhea virus in Korea from 1998 to 2013. Arch Virol, 160(4): 1055-1064.

Kim S Y, Song D S, Park B K. 2001. Differential detection of transmissible gastroenteritis virus and porcine epidemic diarrhea virus by duplex RT-PCR. J Vet Diagn Invest, 13(6): 516-520.

Kim Y, Lee C. 2014. Porcine epidemic diarrhea virus induces caspase-independent apoptosis through activation of mitochondrial apoptosis-inducing factor. Virology, 460-461: 180-193.

Kim Y, Lee C. 2015. Extracellular signal-regulated kinase (ERK) activation is required for porcine epidemic diarrhea virus replication. Virology, 484: 181-193.

Kim Y, Yang M, Goyal S M, et al. 2017. Evaluation of biosecurity measures to prevent indirect transmission of porcine epidemic diarrhea virus. BMC Vet Res, 13(1): 89.

Kindler E, Thiel V. 2014. To sense or not to sense viral RNA—essentials of coronavirus innate immune evasion. Curr Opin Microbiol, 20: 69-75.

Klasse P J. 2014. Neutralization of virus infectivity by antibodies: old problems in new perspectives. Adv Biol, (6): 1-24.

Knipe D M, Howley P M, Griffin D E. 2001. Virus-Host Cell Interactions. 4th ed. Philadelphia: Lippincott Williams & Wilkins: 1187-1197.

Knuchel M, Ackermann M, Muller H K, et al. 1992. An ELISA for detection of antibodies against porcine epidemic diarrhoea virus (PEDV) based on the specific solubility of the viral surface glycoprotein. Vet Microbiol, 32(2): 117-134.

Kong N, Wu Y, Meng Q, et al. 2016. Suppression of virulent porcine epidemic diarrhea virus proliferation by the PI3K/Akt/GSK-3alpha/beta pathway. PLoS One, 11(8): e0161508.

Kostenko S, Johannessen M, Moens U. 2009. PKA-induced F-actin rearrangement requires phosphorylation of Hsp27 by the MAPKAP kinase MK5. Cell Signal, 21(5): 712-718.

Krempl C, Herrler G. 2001. Sialic acid binding activity of transmissible gastroenteritis coronavirus affects sedimentation behavior of virions and solubilized glycoproteins. J Virol, 75(2): 844-849.

Krempl C, Schultze B, Laude H, et al. 1997. Point mutations in the Sprotein connect the sialic acid binding activity with the entero pathogenicity of transmissible gastroenteritis coronavirus. J Virol, 71(4): 3285-3287.

Kubota S, Sasaki O, Amimoto K, et al. 1999. Detection of porcine epidemic diarrhea virus using polymerase chain reaction and comparison of the nucleocapsid protein genes among strains of the virus. J Vet Med Sci, 61(7): 827-830.

Kuri T, Eriksson K K, Putics A, et al. 2011. The ADP-ribose-1″-monophosphatase domains of severe acute respiratory syndrome coronavirus and human coronavirus 229E mediate resistance to antiviral interferon responses. J Gen Virol, 92(8): 1899-1905.

Kushner D B, Lindenbach B D, Grdzelishvili V Z, et al. 2003. Systematic, genome-wide identification of host genes affecting replication of a positive-strand RNA virus. Proc Natl Acad Sci U S A, 100(26): 15764-15769.

Kweon C H, Kwon B J, Lee J G, et al. 1999. Derivation of attenuated porcine epidemic diarrhea virus (PEDV) as vaccine candidate. Vaccine, 17(20-21): 2546-2553.

Kweon C H, Kwon B J, Woo S R, et al. 2000. Immunoprophylactic effect of chicken egg yolk immunoglobulin (Ig Y) against porcine epidemic diarrhea virus (PEDV) in piglets. J Vet Med Sci, 62(9): 961-964.

La Bonnardière C, Laude H. 1983. Interferon induction in rotavirus and coronavirus infections: a review of recent results. Ann Rech Vet, 14(4): 507-511.

Laude H, Chapsal J M, Gelfi J, et al. 1986. Antigenic structure of transmissible gastroenteritis virus. I. Properties of monoclonal antibodies directed against virion proteins. J Gen Virol, 67(1): 119-130.

Laude H, Charley B, Gelfi J. 1984. Replication of transmissible gastroenteritis coronavirus (TGEV) in swine alveolar macrophages. J Gen Virol, 65(2): 327-332.

Leary T P, Erker J C, Chalmers M L, et al. 2002. Detection of mammalian reovirus RNA by using reverse transcription-PCR: sequence diversity within the lambda3-encoding L1 gene. J Clin Microbiol, 40(4): 1368-1375.

Lee C. 2015. Porcine epidemic diarrhea virus: an emerging and re-emerging epizootic swine virus. Virol J, 12: 193.

Lee C, Kim Y, Jeon J H. 2016. JNK and p38 mitogen-activated protein kinase pathways contribute to porcine epidemic diarrhea virus infection. Virus Res, 222: 1-12.

Lee E N, Sunwoo H H, Menninen K, et al. 2002. *In vitro* studies chicken egg yolk antibody (IgY) against *Salmonella enteritidis* and *Salmonella typhimurium*. Poult Sci, 81(5): 632-641.

Lee H M, Lee B J, Tae J H, et al. 2000. Detection of porcine epidemic diarrhea virus by immunohistochemistry with recombinant antibody produced in phages. J Vet Med Sci, 62(3): 333-337.

Lee J H, Park J S, Lee S W, et al. 2015. Porcine epidemic diarrhea virus infection: inhibition by polysaccharide from *Ginkgo biloba* exocarp and mode of its action. Virus Res, 195: 148-152.

Lee S, Lee C. 2014. Outbreak-related porcine epidemic diarrhea virus strains similar to US strains, South Korea, 2013. Emerg Infect Dis, 20(7): 1223-1226.

Lee S, Lee C. 2015. Functional characterization and proteomic analysis of the nucleocapsid protein of porcine delta coronavirus. Virus Res, 208: 136-145.

Lenzen H, Lünnemann M, Bleich A, et al. 2012. Downregulation of the NHE3-binding PDZ-adaptor protein PDZK1 expression during cytokine-induced inflammation in interleukin-10-deficient mice. PLoS One, 7(7): e40657.

Li B X, Ge J W, Li Y J. 2007. Porcine aminopeptidase N is a functional receptor for the PEDV coronavirus. Virology, 365(1): 166-172.

Li C, Li Z, Zou Y, et al. 2013a. Manipulation of the porcine epidemic diarrhea virus genome using targeted RNA recombination. PLoS One, 8(8): e69997.

Li F. 2015. Receptor recognition mechanisms of coronaviruses: a decade of structural studies. J Virol, 89: 1954-1964.

Li H P, Huang P, Park S, et al. 1999. Polypyrimidine tract-binding protein binds to the leader RNA of mouse hepatitis virus and serves as a regulator of viral transcription. J Virol, 73(1): 772-777.

Li N, Ren A, Wang X, et al. 2015a. Influenza viral neuraminidase primes bacterial coinfection through TGF-beta-mediated expression of host cell receptors. Proc Natl Acad Sci U S A, 112(1): 238-243.

Li R, Qiao S, Yang Y, et al. 2014. Phylogenetic analysis of porcine epidemic diarrhea virus (PEDV) field strains in central China based on the ORF3 gene and the main neutralization epitopes. Arch Virol, 159(5): 1057-1065.

Li R, Qiao S, Yang Y, et al. 2016a. Genome sequencing and analysis of a novel recombinant porcine epidemic diarrhea virus strain from Henan, China. Virus Genes, 52(1): 91-98.

Li S Y, Yang L Y, Yang Y Y. 2010. Laboratory diagnosis of porcine epidemic diarrhea virus. Swine Ind Sci, 12: 54-57.

Li W, Li H, Liu Y, et al. 2012. New variants of porcine epidemic diarrhea virus, China, 2011. Emerg Infect Dis, 18(8): 1350-1353.

Li W, van Kuppeveld F J M, He Q, et al. 2016b. Cellular entry of the porcine epidemic diarrhea virus. Virus Res, 226: 117-127.

Li W, Wicht O, van Kuppeveld F J, et al. 2015b. A single point mutation creating a furin cleavage site in the spike protein renders porcine epidemic diarrhea *Coronavirus* trypsin independent for cell entry and fusion. J Virol, 89(15): 8077-8081.

Li Y, Zheng F, Fan B, et al. 2015c. Development of an indirect ELISA based on a truncated S protein of the porcine epidemic diarrhea virus. Can J Microbiol, 61(11): 811-817.

Li Z, Chen F, Yuan Y, et al. 2013b. Sequence and phylogenetic analysis of nucleocapsid genes of porcine epidemic diarrhea virus (PEDV) strains in China. Arch Virol, 158(6): 1267-1273.

Liang E T, Liao X D, Huang X B, et al. 2014. Construction and identification of attenuated *Salmonella typhimurium* harboring S gene of porcine epidemic diarrhea virus. Chin Vet Sci, 44:

264-270.

Liao Q J, Ye L B, Timani K A, et al. 2005. Activation of NF-kappaB by the full-length nucleocapsid protein of the SARS coronavirus. Acta Biochim Biophys Sin, 37(9): 607-612.

Lin C M, Annamalai T, Liu X, et al. 2015a. Experimental infection of a US spike-insertion deletion porcine epidemic diarrhea virus in conventional nursing piglets and cross-protection to the original US PEDV infection. Vet Res, 46: 134.

Lin C M, Gao X, Oka T, et al. 2015b. Antigenic relationships among porcine epidemic diarrhea virus and transmissible gastroenteritis virus strains. J Virol, 89(6): 3332-3342.

Lin C M, Hou Y, Marthaler D G, et al. 2017b. Attenuation of an original US porcine epidemic diarrhea virus strain PC22A via serial cell culture passage. Vet Microbiol, 201: 62-71.

Lin C M, Saif L J, Marthaler D, et al. 2016. Evolution, antigenicity and pathogenicity of global porcine epidemic diarrhea virus strains. Virus Res, 226: 20-39.

Lin C N, Chung W B, Chang S W, et al. 2014. US-like strain of porcine epidemic diarrhea virus outbreaks in Taiwan, 2013-2014. J Vet Med Sci, 76(9): 1297-1299.

Lin H, Li B, Chen L, et al. 2017a. Differential protein analysis of IPEC-J2 cells infected with porcine epidemic diarrhea virus pandemic and classical strains elucidates the pathogenesis of infection. J Proteome Res, 16(6): 2113-2120.

Lissenberg A, Vrolijk M M, van Vliet A L, et al. 2005. Luxury at a cost? Recombinant mouse hepatitis viruses expressing the accessory hemagglutinin esterase protein display reduced fitness *in vitro*. J Virol, 79(24): 15054-15063.

Liu C, Tang J, Ma Y, et al. 2015a. Receptor usage and cell entry of porcine epidemic diarrhea coronavirus. J Virol, 89(11): 6121-6125.

Liu D Q, Ge J W, Qiao X Y, et al. 2012. High-level mucosal and systemic immune responses induced by oral administration with *Lactobacillus*-expressed porcine epidemic diarrhea virus (PEDV) S1 region combined with *Lactobacillus*-expressed N protein. Appl Microbiol Biotechnol, 93(6): 2437-2446.

Liu J, Bai J, Zhang L, et al. 2013. Hsp70 positively regulates porcine circovirus type 2 replication *in vitro*. Virology, 447(1-2): 52-62.

Liu X, Lin C M, Annamalai T, et al. 2015b. Determination of the infectious titer and virulence of an original US porcine epidemic diarrhea virus PC22A strain. Vet Res, 46: 109.

Lowe J, Gauger P, Harmon K, et al. 2014. Role of transportation in spread of porcine epidemic diarrhea virus infection, United States. Emerg Infect Dis, 20(5): 872-874.

Lu G, Wang Q, Gao G F. 2015. Bat-to-human: spike features determining 'host jump' of coronaviruses SARS-CoV, MERS-CoV, and beyond. Trends Microbiol, 23(8): 468-478.

Luo R, Fang L, Jin H, et al. 2014. Label-free quantitative phosphoproteomic analysis reveals differentially regulated proteins and pathway in PRRSV-infected pulmonary alveolar macrophages. J Proteome Res, 13(3): 1270-1280.

Luo X, Guo L, Zhang J, et al. 2017. Tight junction protein occludin is a porcine epidemic diarrhea virus entry factor. J Virol, 91(10): e00202-17.

Ma Y, Zhang Y, Liang X, et al. 2016. Two-way antigenic cross-reactivity between porcine epidemic diarrhea virus and porcine deltacoronavirus. Vet Microbiol, 186: 90-96.

Macek B, Mann M, Olsen J V. 2009. Global and site-specific quantitative phosphoproteomics: principles and applications. Annu Rev Pharmacol Toxicol, 49: 199-221.

Madson D M, Arruda P H, Magstadt D R, et al. 2016. Characterization of porcine epidemic diarrhea virus isolate US/Iowa/18984/2013 infection in 1-day-old cesarean-derived colostrum-deprived piglets. Vet Pathol, 53(1): 44-52.

Madson D M, Magstadt D R, Arruda P H, et al. 2014. Pathogenesis of porcine epidemic diarrhea virus isolate (US/Iowa/18984/2013) in 3-week-old weaned pigs. Vet Microbiol, 174(1-2): 60-68.

Makadiya N, Brownlie R, van den Hurk J, et al. 2016. S1 domain of the porcine epidemic diarrhea virus spike protein as a vaccine antigen. Virol J, 13: 57.

Makino S, Keck J G, Stohlman S A, et al. 1986. High-frequency RNA recombination of murine coronaviruses. J Virol, 57(3): 729-737.

Marthaler D, Bruner L, Collins J, et al. 2014. Third strain of porcine epidemic diarrhea virus, United States. Emerg Infect Dis, 20(12): 2162-2163.

Martin D, Rybicki E. 2000. RDP: detection of recombination amongst aligned sequences. Bioinformatics, 16(6): 562-563.

Martin D P, Posada D, Crandall K A. et al. 2005. A modified bootscan algorithm for automated identification of recombinant sequences and recombination breakpoints. AIDS Res Hum Retroviruses, 21(1): 98-102.

Masuda T, Murakami S, Takahashi O, et al. 2015. New porcine epidemic diarrhoea virus variant with a large deletion in the spike gene identified in domestic pigs. Arch Virol, 160(10): 2565-2568.

Mathew S S, Selva M P D, Burch A D. 2009. Modification and reorganization of the cytoprotective cellular chaperone Hsp27 during herpes simplex virus type 1 infection. J Virol, 83(18): 9304-9312.

Meng F, Ren Y, Suo S, et al. 2013. Evaluation on the efficacy and immunogenicity of recombinant DNA plasmids expressing spike genes from porcine transmissible gastroenteritis virus and porcine epidemic diarrhea virus. PLoS One, 8(3): e57468.

Meng F, Suo S, Zarlenga D S, et al. 2014. A phage-displayed peptide recognizing porcine aminopeptidase N is a potent small molecule inhibitor of PEDV entry. Virology, 456-457: 20-27.

Mesquita J R, van der Honing R H, Almeida A, et al. 2015. Outbreak of porcine epidemic diarrhea virus in Portugal, 2015. Transbound Emerg Dis, 62(6): 586-588.

Miller L C, Crawford K K, Lager K M, et al. 2016. Evaluation of two real-time polymerase chain reaction assays for porcine epidemic diarrhea virus (PEDV) to assess PEDV transmission in growing pigs. J Vet Diagn Invest, 28(1): 20-29.

Millet J K, Whittaker G R. 2015. Host cell proteases: critical determinants of coronavirus tropism and pathogenesis. Virus Res, 202: 120-134.

Mina-Osorio P. 2008. The moonlighting enzyme CD13: old and new functions to target. Trends Mol Med, 14(8): 361-371.

Mizutani T, Fukushi S, Saijo M, et al. 2005. JNK and PI3k/Akt signaling pathways are required for establishing persistent SARS-CoV infection in Vero E6 cells. Biochim Biophys Acta, 1741(1-2): 4-10.

Mogler M A, Gander J, Harris D L. 2014. Development of an alphavirus RNA particle-based vaccine against porcine epidemic diarrhea virus. Proceedings of the Annual Meeting of the American Association of Swine Practitioners, 45: 63-64.

Mogler M A, Gander J F, Ray D D, et al. 2015. Evaluation of PED RNA vaccine efficacy in dam vaccination, suckling piglet challenge model. Proceedings of the Annual Meeting of the American Association of Swine Practitioners, 46: 257-258.

Murakami S, Miyazaki A, Takahashi O, et al. 2015. Complete genome sequence of the porcine epidemic diarrhea virus variant Tottori2/JPN/2014. Genome Announc, 3(4): e00877-15.

Naghavi M H, Goff S P. 2007. Retroviral proteins that interact with the host cell cytoskeleton. Curr Opin Immunol, 19(4): 402-407.

Nakamura T, Shibata N, Nishimotoshibata T, et al. 2005. Regulation of SR-BI protein levels by phosphorylation of its associated protein, PDZK1. Proc Natl Acad Sci U S A, 102(38): 13404-13409.

Nam E, Lee C. 2010. Contribution of the porcine aminopeptidase N (CD13) receptor density to porcine epidemic diarrhea virus infection. Vet Microbiol, 144(1-2): 41-50.

Narayanan K, Ramirez S I, Lokugamage K G, et al. 2014. Coronavirus nonstructural protein 1: common and distinct functions in the regulation of host and viral gene expression. Virus Res, 202: 89-100.

Nilsson C L. 2012. Advances in quantitative phosphoproteomics. Anal Chem, 84(2): 735-746.

Nitahara-Kasahara Y, Fukasawa M, Shinkai-Ouchi F, et al. 2009. Cellular vimentin content regulates the protein level of hepatitis C virus core protein and the hepatitis C virus production in cultured cells. Virology, 383(2): 319-327.

Notomi T, Mori Y, Tomita N, et al. 2015. Loop-mediated isothermalamplification (LAMP): principle, features, and future prospects. J Microbiol, 53(1): 1-5.

Oem J K, Chang B S, Joo H D, et al. 2007. Development of an epitope-blocking-enzyme-linked immunosorbent assay to differentiate between animals infected with and vaccinated against foot-and-mouth disease virus. J Virol Methods, 142(1-2): 174-181.

Oh J, Lee K W, Choi H W, et al. 2014. Immunogenicity and protective efficacy of recombinant S1 domain of the porcine epidemic diarrhea virus spike protein. Arch Virol, 159(11): 2977-2987.

Oh J S, Song D S, Yang J S, et al. 2005. Comparison of an enzyme-linked immunosorbent assay with serum neutralization test for serodiagnosis of porcine epidemic diarrhea virus infection. J Vet Sci, 6(4): 349-352.

Öhman T, Söderholm S, Paidikondala M, et al. 2015. Phosphoproteome characterization reveals that Sendai virus infection activates mTOR signaling in human epithelial cells. Proteomics, 15(12): 2087-2097.

Oka T, Saif L J, Marthaler D, et al. 2014. Cell culture isolation and sequence analysis of genetically diverse US porcine epidemic diarrhea virus strains including a novel strain with a large deletion in the spike gene. Vet Microbiol, 173(3-4): 258-269.

Okda F, Liu X, Singrey A, et al. 2015. Development of an indirect ELISA, blocking ELISA, fluorescent microsphere immunoassay and fluorescent focus neutralization assay for serologic evaluation of exposure to North American strains of porcine epidemic diarrhea virus. BMC Vet Res, 11: 180.

Oldham J. 1972. Letter to the editor. Pig Farming, Suppl: 72-73.

Oura C A, Edwards L, Batten C A. 2013. Virological diagnosis of African swine fever—comparative study of available tests. Virus Res, 173(1): 150-158.

Ozaki H, Govorkova E A, Li C, et al. 2004. Generation of high-yielding influenza A viruses in African green monkey kidney (Vero) cells by reverse genetics. J Virol, 78(4): 1851-1857.

Padidam M, Sawyer S, Fauquet C M. 1999. Possible emergence of new geminiviruses by frequent recombination. Virology, 265(2): 218-225.

Pan Y, Tian X, Li W, et al. 2012. Isolation and characterization of a variant porcine epidemic diarrhea virus in China. Virol J, 9: 195.

Park J, Park E, Yu J, et al. 2015. Development of transgenic mouse model expressing porcine aminopeptidase N and its susceptibility to porcine epidemic diarrhea virus. Virus Res, 197: 108-115.

Park J E, Cruz D J, Shin H J. 2010b. Trypsin-induced hemagglutination activity of porcine epidemic diarrhea virus. Arch Virol, 155(4): 595-599.

Park J E, Shin H J. 2014. Porcine epidemic diarrhea virus infects and replicates in porcine alveolar

macrophages. Virus Res, 191: 143-152.
Park S, Kim S, Song D, et al. 2014. Novel porcine epidemic diarrhea virus variant with large genomic deletion, South Korea. Emerg Infect Dis, 20(12): 2089-2092.
Park S J, Kim H K, Moon H J, et al. 2010a. Molecular detection of porcine kobuviruses in pigs in Korea and their association with diarrhea. Arch Virol, 155(11): 1803-1811.
Park S J, Kim H K, Song D S, et al. 2011. Molecular characterization and phylogenetic analysis of porcine epidemic diarrhea virus (PEDV) field isolates in Korea. Arch Virol, 156(4): 577-585.
Park S J, Kim H K, Song D S, et al. 2012. Complete genome sequences of a Korean virulent porcine epidemic diarrhea virus and its attenuated counterpart. J Virol, 86(10): 5964.
Park S J, Moon H J, Luo Y, et al. 2008. Cloning and further sequence analysis of the ORF3 gene of wild- and attenuated-type porcine epidemic diarrhea viruses. Virus Genes, 36(1): 95-104.
Park S J, Song D S, Park B K. 2013. Molecular epidemiology and phylogenetic analysis of porcine epidemic diarrhea virus (PEDV) field isolates in Korea. Arch Virol, 158(7): 1533-1541.
Paudel S, Park J E, Jang H, et al. 2014a. Evaluation of antibody response of killed and live vaccines against porcine epidemic diarrhea virus in a field study. Vet Q, 34(4): 194-200.
Paudel S, Park J E, Jang H, et al. 2014b. Comparison of serum neutralization and enzyme-linked immunosorbent assay on sera from porcine epidemic diarrhea virus vaccinated pigs. Vet Q, 34(4): 218-223.
Pensaert M B, Callebaut P, Debouck P. 1982. Porcine epidemic diarrhea (PED) caused by a coronavirus: present knowledge. Proc Congr Int Pig Vet Soc, 7: 52.
Pensaert M B, Callebaut P, Vergote J. 1986. Isolation of a porcine respiratory, non-enteric coronavirus related to transmissible gastroenteritis. Vet Q, 8(3): 257-261.
Pensaert M B, de Bouck P. 1978. A new coronavirus-like particle associated with diarrhea in swine. Arch Virol, 58(3): 243-247.
Pensaert M B, Martelli P. 2016. Porcine epidemic diarrhea: a retrospect from Europe and matters of debate. Virus Res, 226: 1-6.
Piñolroma S, Dreyfuss G. 1993. hnRNP proteins: localization and transport between the nucleus and the cytoplasm. Trends in Cell Biology, 3: 151-155.
Poonsuk K, Gimenez-Lirola L G, Zhang J, et al. 2016. Does circulating antibody play a role in the protection of piglets against porcine epidemic diarrhea virus? PLoS One, 11(4): e0153041.
Posada D, Crandall K A. 2001. Evaluation of methods for detecting recombination from DNA sequences: computer simulations. Proc Natl Acad Sci U S A, 98(24): 13757-13762.
Pospischil A, Hess R G, Bachmann P A. 1981. Light microscopy and ultrahistology of intestinal changes in pigs infected with epizootic diarrhea virus (EVD): comparison with transmissible gastroenteritis (TGE) virus and porcine rotavirus infections. Zentralbl Veterinarmed B, 28(7): 564-577.
Powers M V, Workman P. 2007. Inhibitors of the heat shock response: biology and pharmacology. FEBS Lett, 581(19): 3758-3769.
Pyo H M, Kim I J, Kim S H. 2009. *Escherichia coli* expressing single-chain Fv on the cell surface as a potential prophylactic of porcine epidemic diarrhea virus. Vaccine, 27(14): 2030-2036.
Quist-Rybachuk G V, Nauwynck H J, Kalmar I D. 2015. Sensitivity of porcine epidemic diarrhea virus (PEDV) to pH and heat treatment in the presence or absence of porcine plasma. Vet Microbiol, 181(3-4): 283-288.
Raj V S, Mou H, Smits S L, et al. 2013. Dipeptidyl peptidase 4 is afunctional receptor for the emerging human coronavirus-EMC. Nature, 495(7440): 251-254.
Rajaiya J, Yousuf M A, Singh G, et al. 2012. Heat shock protein 27 mediated signaling in viral

infection. Biochemistry, 51(28): 5695-5702.

Ramos-Vara J A. 2017. Principles and methods of immunohistochemistry. Methods Mol Biol, 1641: 115-128.

Reguera J, Mudgal G, Santiago C. 2014. A structural view of coronavirus-receptor interactions. Virus Res, 194: 3-15.

Reguera J, Santiago C, Mudgal G, et al. 2012. Structural bases of coronavirus attachment to host aminopeptidase N and its inhibition by neutralizing antibodies. PLoS Pathog, 8(8): e1002859.

Ren X, Li P. 2011. Development of reverse transcription loop-mediated isothermal amplification for rapid detection of porcine epidemic diarrhea virus. Virus Genes, 42(2): 229-235.

Reuter G, Nemes C, Boros A, et al. 2013. Porcine kobuvirus in wild boars (*Sus scrofa*). Arch Virol, 158(1): 281-282.

Rice A P. 2016. Cyclin-dependent kinases as therapeutic targets for HIV-1 infection. Expert Opin Ther Targets, 20(12): 1453-1461.

Rodák L, Valícek L, Smíd B, et al. 2005. An ELISA optimized for porcine epidemic diarrhea virus detection in faeces. Vet Microbiol, 105(1): 9-17.

Sagong M, Lee C. 2010. Differential cellular protein expression in continuous porcine alveolar macrophages regulated by the porcine reproductive and respiratory syndrome virus nucleocapsid protein. Virus Res, 151(1): 88-96.

Saif L J. 1989. Comparative aspects of enteric viral infections. *In*: Saif L J, Theil K W. Viral Diarrhea of Man and Animals. Boca Raton: CRC: 9-34.

Saif L J. 1999. Enteric viral infections of pigs and strategies for induction of mucosal immunity. Adv Vet Med, 41: 429-446.

Saif L J, Pensaert M B, Sestak K, et al. 2012. Coronaviruses. *In*: Zimmerman J J, Karriker L A, Ramirez A, et al. Disease of Swine. New Jersey: John Wiley & Sons, Inc: 1-524.

Salem A N B, Sergei A C, Olga P B, et al. 2010. Multiplex nested RT-PCR for the detection of porcine enteric viruses. J Virol Methods, 165(2): 283-293.

Sanchez C M, Gebauer F, Sune C, et al. 1992. Genetic evolution and tropism of transmissible gastroenteritis coronaviruses. Virology, 190(1): 92-105.

Sasaki Y, Alvarez J, Sekiguchi S, et al. 2016. Epidemiological factors associated to spread of porcine epidemic diarrhea in Japan. Prev Vet Med, 123: 161-167.

Sasaki Y, Toyomaki H, Sekiguchi S, et al. 2017. Spatial dynamics of porcine epidemic diarrhea (PED) spread in the southern Kyushu, Japan. Prev Vet Med, 144: 81-88.

Sato T, Takeyama N, Katsumata A, et al. 2011. Mutations in the spike gene of porcine epidemic diarrhea virus associated with growth adaptation i*n vitro* and attenuation of virulence *in vivo*. Virus Genes, 43(1): 72-78.

Scherba G, Bromfield C R, Jarrell V L, et al. 2016. Evaluation of responses to both oral and parenteral immunization modalities for porcine epidemic diarrhea virus in production units. Journal of Swine Health and Production, 24: 21-28.

Schwartz T J, Rademacher C J. 2015. Evaluation of the effects of PEDv vaccine on PEDv naïve and previously PEDv-exposed sows in a challenge model comparing immune response and preweaning mortality. *In*: James D. McKean Swine Disease Conference Proceedings. Ames: Iowa State University: 36-40.

Schwarz B, Routledge E, Siddell S G. 1990. Murine coronavirus nonstructural protein ns2 is not essential for virus replication in transformed cells. J Virol, 64(10): 4784-4791.

Schwegmann-Wessels C, Bauer S, Winter C, et al. 2011. The sialic acid binding activity of the S protein facilitates infection by porcine transmissible gastroenteritis coronavirus. Virol J, 8: 435.

Seo J, Lee K J. 2004. Post-translational modifications and their biological functions: proteomic analysis and systematic approaches. J Biochem Mol Biol, 37(1): 35-44.

Shan Z, Yin J, Wang Z, et al. 2015. Identification of the functional domain of the porcine epidemic diarrhea virus receptor. J Gen Virol, 96(9): 2656-2660.

Shi D, Lv M, Chen J, et al. 2014. Molecular characterizations of subcellular localization signals in the nucleocapsid protein of porcine epidemic diarrhea virus. Viruses, 6(3): 1253-1273.

Shibata I, Ono M, Mori M. 2001. Passive protection against porcine epidemic diarrhea (PED) virus in piglets by colostrum from immunized cows. J Vet Med Sci, 63(6): 655-658.

Shibata I, Tsuda T, Mori M, et al. 2000. Isolation of porcine epidemic diarrhea virus in porcine cell cultures and experimental infection of pigs of different ages. Vet Microbiol, 72(3-4): 173-182.

Shirato K, Maejima M, Hirai A, et al. 2010. Enhanced cell fusion activity in porcine epidemic diarrhea virus adapted to suckling mice. Arch Virol, 155(12): 1989-1995.

Shirato K, Maejima M, Matsuyama S, et al. 2011b. Mutation in the cytoplasmic retrieval signal of porcine epidemic diarrhea virus spike (S) protein is responsible for enhanced fusion activity. Virus Res, 161(2): 188-193.

Shirato K, Matsuyama S, Ujike M, et al. 2011a. Role of proteases in the release of porcine epidemic diarrhea virus from infected cells. J Virol, 85(15): 7872-7880.

Simkins R A, Weilnau P A, Bias J, et al. 1992. Antigenic variation among transmissible gastroenteritis virus (TGEV) and porcine respiratory coronavirus strains detected with monoclonal antibodies to the S protein of TGEV. American Journal of Veterinary Research, 53(7): 1253-1258.

Simpson R J. 2003. Proteins and proteomics: a laboratory manual. Journal of Proteome Research, 3: 694.

Smith D J, Lapedes A S, de Jong J C, et al. 2004. Mapping the antigenic and genetic evolution of influenza virus. Science, 305(5682): 371-376.

Smith G P. 2005a. Minipreps: isolation of crude RF from 7-ml cultures. [2006-03-15]. http://www.biosci.missouri.edu/smithgp/PhageDisplayWebsite/RFminiprep2.doc.

Smith G P. 2005b. Affinity selection. [2006-03-15]. http://www.biosci.missouri.edu/smithgp/PhageDisplayWebsite/AffinitySelection.doc.

Smith J M. 1992. Analyzing the mosaic structure of genes. J Mol Evol, 34(2): 126-129.

Snider M, Garg R, Brownlie R, et al. 2014. The bovine viral diarrhea virus E2 protein formulated with a novel adjuvant induces strong, balanced immune responses and provides protection from viral challenge in cattle. Vaccine, 32(50): 6758-6764.

Snijder E J, Bredenbeek P J, Dobbe J C, et al. 2003. Unique and conserved features of genome and proteome of SARS-coronavirus, an early split-off from the coronavirus group 2 lineage. J Mol Biol, 331(5): 991-1004.

Snijder E J, van der Meer Y, Zevenhoven-Dobbe J, et al. 2006. Ultrastructure and origin of membrane vesicles associated with the severe acute respiratory syndrome coronavirus replication complex. J Virol, 80(12): 5927-5940.

Söderholm S, Kainov D E, Öhman T, et al. 2016. Phosphoproteomics to characterize host response during influenza A virus infection of human macrophages. Mol Cell Proteomics, 15(10): 3203-3219.

Soll D R. 1997. Researchers in cell motility and the cytoskeleton can play major roles in understanding AIDS. Cell Motil Cytoskeleton, 37(2): 91-97.

Song D, Moon H, Kang B. 2015a. Porcine epidemic diarrhea: a review of current epidemiology and available vaccines. Clin Exp Vaccine Res, 4(2): 166-176.

Song D, Park B. 2012. Porcine epidemic diarrhea virus: a comprehensive review of molecular epidemiology, diagnosis, and vaccines. Virus Genes, 44(2): 167-175.

Song D, Zhou X, Peng Q, et al. 2015b. Newly emerged porcine *Deltacoronavirus* associated with diarrhea in swine in China: identification, prevalence and full-length genome sequence analysis. Transbound Emerg Dis, 62: 575-580.

Song D S, Kang B K, Oh J S, et al. 2006. Multiplex reverse transcription-PCR for rapid differential detection of porcine epidemic diarrhea virus, transmissible gastroenteritis virus, and porcine group A rotavirus. J Vet Diagn Invest, 18(3): 278-281.

Song D S, Oh J S, Kang B K, et al. 2007. Oral efficacy of Vero cell attenuated porcine epidemic diarrhea virus DR13 strain. Res Vet Sci, 82(1): 134-140.

Song D S, Yang J S, Oh J S, et al. 2003. Differentiation of a Vero cell adapted porcine epidemic diarrhea virus from Korean field strains by restriction fragment length polymorphism analysis of ORF 3. Vaccine, 21(17-18): 1833-1842.

Sozzi E, Luppi A, Lelli D, et al. 2010. Comparison of enzyme-linked immunosorbent assay and RT-PCR for the detection of porcine epidemic diarrhea virus. Res Vet Sci, 88(1): 166-168.

Stadler J, Zoels S, Fux R, et al. 2015. Emergence of porcine epidemic diarrhea virus in southern Germany. BMC Vet Res, 11: 142.

Steen H, Pandey A, Andersen J S, et al. 2002. Analysis of tyrosine phosphorylation sites in signaling molecules by a phosphotyrosine-specific immonium ion scanning method. Sci STKE, 154: 16.

Stevenson G W, Hoang H, Schwartz K J, et al. 2013. Emergence of porcine epidemic diarrhea virus in the United States: clinical signs, lesions, and viral genomic sequences. J Vet Diagn Invest, 25(5): 649-654.

Sueyoshi M, Tsuda T, Yamazaki K, et al. 1995. An immunohistochemical investigation of porcine epidemic diarrhea. J Comp Pathol, 113(1): 59-67.

Sun D, Feng L, Shi H, et al. 2008a. Identification of two novel B cell epitopes on porcine epidemic diarrhea virus spike protein. Vet Microbiol, 131(1-2): 73-81.

Sun D, Shi H, Guo D, et al. 2015a. Analysis of protein expression changes of the Vero E6 cells infected with classic PEDV strain CV777 by using quantitative proteomic technique. J Virol Methods, 218: 27-39.

Sun D, Wang X, Wei S, et al. 2016. Epidemiology and vaccine of porcine epidemic diarrhea virus in China: a mini-review. J Vet Med Sci, 78(3): 355-363.

Sun D B, Feng L, Shi H Y, et al. 2007. Spike protein region (aa 636789) of porcine epidemic diarrhea virus is essential for induction of neutralizing antibodies. Acta Virol, 51(3): 149-156.

Sun H, Yang J, Zhang T, et al. 2013. Using sequence data to infer the antigenicity of influenza virus. MBio, 4(4): e00230-13.

Sun J, Jiang Y, Shi Z, et al. 2008b. Proteomic alteration of PK-15 cells after infection by classical swine fever virus. J Proteome Res, 7(12): 5263-5269.

Sun M, Ma J, Wang Y, et al. 2015b. Genomic and epidemiological characteristics provide new insights into the phylogeographical and spatiotemporal spread of porcine epidemic diarrhea virus in Asia. J Clin Microbiol, 53(5): 1484-1492.

Sun M, Yu Z, Ma J, et al. 2017. Down-regulating heat shock protein 27 is involved in porcine epidemic diarrhea virus escaping from host antiviral mechanism. Vet Microbiol, 205: 6-13.

Sun R Q, Cai R J, Chen Y Q, et al. 2012. Outbreak of porcine epidemic diarrhea in suckling piglets, China. Emerg Infect Dis, 18(1): 161-163.

Sun Z, Ren H, Liu Y, et al. 2011. Phosphorylation of RIG-Ⅰ by casein kinase Ⅱ inhibits its antiviral response. J Virol, 85(2): 1036-1047.

Sur R, Lyte P A, Southall M D. 2008. Hsp27 regulates pro-inflammatory mediator release in keratinocytes by modulating NF-kappaB signaling. J Invest Dermatol, 128(5): 1116-1122.

Suzuki T, Murakami S, Takahashi O, et al. 2015. Molecular characterization of pig epidemic diarrhoea viruses isolated in Japan from 2013 to 2014. Infect Genet Evol, 36: 363-368.

Tamura K, Stecher G, Peterson D, et al. 2013. MEGA6: molecular evolutionary genetics analysis version 6.0. Molecular Biology and Evolution, 30(12): 2725-2729.

Taylor C M, Pfeiffer S E. 2003. Enhanced resolution of glycosylphosphatidylinositol-anchored and transmembrane proteins from the lipid-rich myelin membrane by two-dimensional gel electrophoresis. Proteomics, 3(7): 1303-1312.

te Velthuis A J W, Arnold J J, Cameron C E, et al. 2010. The RNA polymerase activity of SARS-coronavirus nsp12 is primer dependent. Nucleic Acids Res, 38(1): 203-214.

Thomas J T, Chen Q, Gauger P C, et al. 2015. Effect of porcine epidemic diarrhea virus infectious doses on infection outcomes in naïve conventional neonatal and weaned pigs. PLoS One, 10(10): e0139266.

Tian P F, Jin Y L, Xing G, et al. 2014. Evidence of recombinant strains of porcine epidemic diarrhea virus, United States, 2013. Emerg Infect Dis, 20(10): 1735-1738.

Tian Y, Yu Z, Cheng K, et al. 2013. Molecular characterization and phylogenetic analysis of new variants of the porcine epidemic diarrhea virus in Gansu, China in 2012. Viruses, 5(8): 1991-2004.

Tobler K, Ackermann M. 1995. PEDV leader sequence and junction sites. Adv Exp Med Biol, 380: 541-542.

Tohya Y, Narayanan K, Kamitani W, et al. 2009. Suppression of host gene expression by nsp1 proteins of group 2 bat coronaviruses. J Virol, 83(10): 5282-5288.

Tomita N, Mori Y, Kanda H, et al. 2008. Loop-mediated isothermal amplification (LAMP) of gene sequences and simple visual detection of products. Nat Protoc, 3(5): 877-882.

Tong S W, Yang Y X, Hu H D, et al. 2013. HSPB1 is an intracellular antiviral factor against hepatitis B virus. J Cell Biochem, 114(1): 162-173.

Totura A L, Baric R S. 2012. SARS coronavirus pathogenesis: host innate immune responses and viral antagonism of interferon. Curr Opin Virol, 2(3): 264-275.

Tsai P L, Chiou N T, Kuss S, et al. 2013. Cellular RNA binding proteins NS1-BP and hnRNP K regulate influenza A virus RNA splicing. PLoS Pathog, 9(6): e1003460.

van Cott J L, Brim T A, Simkins R A, et al. 1993. Isotype-specific antibody-secreting cells to transmissible gastroenteritis virus and porcine respiratory coronavirus in gut- and bronchus-associated lymphoid tissues of suckling pigs. J Immunol, 150(9): 3990-4000.

van Dung N, Anh P H, van Cuong N, et al. 2016. Large-scale screening and characterization of enteroviruses and kobuviruses infecting pigs in Vietnam. J Gen Virol, 97(2): 378-388.

van Nieuwstadt A P, Zetstra T. 1991. Use of two enzyme-linked immunosorbent assays to monitor antibody responses in swine with experimentally induced infection with porcine epidemic diarrhea virus. Am J Vet Res, 52(7): 1044-1050.

vander Veen R L, Harris D L, Kamrud K I. 2012. Alphavirus replicon vaccines. Animal Health Research Reviews, 13(1): 1-9.

Verma H, Mor S K, Abdel-Glil M Y, et al. 2013. Identification and molecular characterization of porcine kobuvirus in U. S. swine. Virus Genes, 46(3): 551-553.

Vidyasagar A, Wilson N A, Djamali A. 2012. Heat shock protein 27 (HSP27): biomarker of disease and therapeutic target. Fibrogenesis Tissue Repair, 5(1): 7.

Vlasova A N, Marthaler D, Wang Q, et al. 2014. Distinct characteristics and complex evolution of

PEDV strains, North America, May 2013-February 2014. Emerg Infect Dis, 20(10): 1620-1628.

Vlasova A N, Zhang X, Hasoksuz M, et al. 2007. Two-way antigenic cross-reactivity between severe acute respiratory syndrome coronavirus (SARS-CoV) and group 1 animal CoVs is mediated through an antigenic site in the N-terminal region of the SARS-CoV nucleoprotein. J Virol, 81(24): 13365-13377.

von Brunn A, Teepe C, Simpson J C, et al. 2007. Analysis of intraviral protein-protein interactions of the SARS coronavirus ORFeome. PLoS One, 2(5): e459.

Vui D T, Tung N, Inui K, et al. 2014. Complete genome sequence of porcine epidemic diarrhea virus in Vietnam. Genome Announc, 2(4): e00753-14.

Walls A C, Tortorici M A, Bosch B, et al. 2016. Cryo-electron microscopy structure of a coronavirus spike glycoprotein trimer. Nature, 531(7592): 114-117.

Walsh D, Mohr I. 2004. Phosphorylation of eIF4E by Mnk-1 enhances HSV-1 translation and replication in quiescent cells. Genes Dev, 18(6): 660-672.

Walsh D, Perez C, Notary J, et al. 2005. Regulation of the translation initiation factor eIF4F by multiple mechanisms in human cytomegalovirus-infected cells. J Virol, 79(13): 8057-8064.

Wang C, Lan D, Hua X. 2011. Porcine kobuvirus from pig stool specimens in Shanghai, China. Virus Genes, 43(3): 350-352.

Wang D, Fang L, Shi Y, et al. 2015. Porcine epidemic diarrhea virus 3C-like protease regulates its interferon antagonism by cleaving NEMO. J Virol, 90(4): 2090-2101.

Wang D, Fang L, Xiao S. 2016b. Porcine epidemic diarrhea in China. Virus Res, 226: 7-13.

Wang E, Guo D, Li C, et al. 2016a. Molecular characterization of the ORF3 and S1 genes of porcine epidemic diarrhea virus non S-INDEL strains in seven regions of China, 2015. PLoS One, 11(8): e0160561.

Wang K, Lu W, Chen J, et al. 2012. PEDV ORF3 encodes an ion channel protein and regulates virus production. FEBS Lett, 586(4): 384-391.

Wang L, Byrum B, Zhang Y. 2014a. Detection and genetic characterization of deltacoronavirus in pigs, Ohio, USA, 2014. Emerg Infect Dis, 20(7): 1227-1230.

Wang L, Zhang Y, Byrum B. 2014b. Development and evaluation of a duplex real-time RT-PCR for detection and differentiation of virulent and variant strains of porcine epidemic diarrhea viruses from the United States. J Virol Methods, 207: 154-157.

Wang X M, Niu B B, Yan H, et al. 2013. Genetic properties of endemic Chinese porcine epidemic diarrhea virus strains isolated since 2010. Arch Virol, 158(12): 2487-2494.

Wang Y, Shi H, Rigolet P, et al. 2010. Nsp1 proteins of group Ⅰ and SARS coronaviruses share structural and functional similarities. Infect Genet Evol, 10(7): 919-924.

Wathelet M G, Orr M, Frieman M B, et al. 2007. Severe acute respiratory syndrome coronavirus evades antiviral signaling: role of nsp1 and rational design of an attenuated strain. J Virol, 81(21): 11620-11633.

Wicht O, Burkard C, de Haan C A, et al. 2014a. Identification and characterization of a proteolytically primed form of the murine coronavirus spike proteins after fusion with the target cell. J Virol, 88: 4943-4952.

Wicht O, Li W, Willems L, et al. 2014b. Proteolytic activation of the porcine epidemic diarrhea coronavirus spike fusion protein by trypsin in cell culture. J Virol, 88(14): 7952-7961.

Woo P C, Huang Y, Lau S K, et al. 2010. Coronavirus genomics and bioinformatics analysis. Viruses, 2(8): 1804-1820.

Woo P C, Lau S K, Lam C S, et al. 2012. Discovery of seven novel mammalian and avian coronaviruses in the genus delta coronavirus supports bat coronaviruses as the gene source of alphacoronavirus and beta coronavirus and avian coronaviruses as the gene source of gamma coronavirus and delta coronavirus. J Virol, 86(7): 3995-4008.

Wood E N. 1977. An apparently new syndrome of porcine epidemic diarrhoea. Vet Rec, 100(12): 243-244.

Woods R D. 2001. Efficacy of a transmissible gastroenteritis coronavirus with an altered ORF-3 gene. Can J Vet Res, 65(1): 28-32.

Wool I G, Chan Y L, Glück A, et al. 1991. The primary structure of rat ribosomal proteins P0, P1, and P2 and a proposal for a uniform nomenclature for mammalian and yeast ribosomal proteins. Biochimie, 73(7-8): 861-870.

Xia Y, Huo J Y, Lu C, et al. 2013. Genetic variation analysis of reemerging porcine epidemic diarrhea virus prevailing in central China from 2010 to 2011. Virus Genes, 46(2): 337-344.

Xing Y, Chen J, Tu J, et al. 2013. The papain-like protease of porcine epidemic diarrhea virus negatively regulates type Ⅰ interferon pathway by acting as a viral deubiquitinase. J Gen Virol, 94(7): 1554-1567.

Xiong J P, Mahalingham B, Alonso J L, et al. 2009. Crystal structure of the complete integrin alphaVbeta3 ectodomain plus an alpha/beta transmembrane fragment. J Cell Biol, 186(4): 589-600.

Xu X, Zhang H, Zhang Q, et al. 2013a. Porcine epidemic diarrhea virus E protein causes endoplasmic reticulum stress and up-regulates interleukin-8 expression. Virol J, 10: 26.

Xu X, Zhang H, Zhang Q, et al. 2013b. Porcine epidemic diarrhea virus N protein prolongs S-phase cell cycle, induces endoplasmic reticulum stress, and up-regulates interleukin-8 expression. Vet Microbiol, 164(3-4): 212-221.

Xu X G, Zhang H L, Zhang Q, et al. 2015. Porcine epidemic diarrhea virus M protein blocks cell cycle progression at S-phase and its subcellular localization in the porcine intestinal epithelial cells. Acta Virol, 59(3): 265-275.

Yamada Y, Liu D X. 2009. Proteolytic activation of the spike protein at a novel RRRR/S motif is implicated in furin-dependent entry, syncytium formation, and infectivity of coronavirus infectious bronchitis virus in cultured cells. J Virol, 83(17): 8744-8758.

Yamamoto R, Soma J, Nakanishi M, et al. 2015. Isolation and experimental inoculation of an S INDEL strain of porcine epidemic diarrhea virus in Japan. Res Vet Sci, 103: 103-106.

Yamamoto T, Suzuki T, Ohashi S, et al. 2016. Genomic motifs as a novel indicator of the relationship between strains isolated from the epidemic of porcine epidemic diarrhea in 2013-2014. PLoS One, 11(1): e0147994.

Yan G R, He Q Y. 2008. Functional proteomics to identify critical proteins in signal transduction pathways. Amino Acids, 35: 267-274.

Yang D Q, Ge F F, Ju H B, et al. 2014. Whole-genome analysis of porcine epidemic diarrhea virus (PEDV) from eastern China. Arch Virol, 159(10): 2777-2785.

Yang J L, Ha T K, Dhodary B, et al. 2015. Oleanane triterpenes from the flowers of *Camellia japonica* inhibit porcine epidemic diarrhea virus (PEDV) replication. J Med Chem, 58(3): 1268-1280.

Ye S, Li Z, Chen F, et al. 2015. Porcine epidemic diarrhea virus ORF3 gene prolongs S-phase, facilitates formation of vesicles and promotes the proliferation of attenuated PEDV. Virus Genes, 51(3): 385-392.

Yeager C L, Ashmun R A, Williams R K, et al. 1992. Human aminopeptidase N is a receptor for human coronavirus 229E. Nature, 357(6377): 420-422.

Youn S, Leibowitz J L, Collisson E W. 2005. *In vitro* assembled, recombinant infectious bronchitis viruses demonstrate that the 5a open reading frame is not essential for replication. Virology, 332(1): 206-215.

Yu X, Shi L, Lv X, et al. 2015. Development of a real-time reverse transcription loop-mediated isothermal amplification method for the rapid detection of porcine epidemic diarrhea virus. Virol J, 12: 76.

Yuan L, Chen Z, Song S, et al. 2015. p53 degradation by a coronavirus papain-like protease suppresses type Ⅰ interferon signaling. J Biol Chem, 290(5): 3172-3182.

Zaborowska I, Walsh D. 2009. PI3K signaling regulates rapamycin-insensitive translation initiation complex formation in vaccinia virus-infected cells. J Virol, 83(8): 3988-3992.

Zamolodchikova T. 2012. Serine proteases of small intestine mucosa-localization, functional properties, and physiological role. Biochemistry (Moscow), 77: 820-829.

Zantema A, de Jong E, Lardenoije R, et al. 1989. The expression of heat shock protein hsp27 and a complexed 22-kilodalton protein is inversely correlated with oncogenicity of adenovirus-transformed cells. J Virol, 63(8): 3368-3375.

Zell R, Krumbholz A, Henke A, et al. 2000. Detection of porcine enteroviruses by nRT-PCR: differentiation of CPE groups Ⅰ-Ⅲ with specific primer sets. J Virol Methods, 88(2): 205-218.

Zeng S, Zhang H, Ding Z, et al. 2015. Proteome analysis of porcine epidemic diarrhea virus (PEDV) -infected Vero cells. Proteomics, 15(11): 1819-1828.

Zhai S, Yue C, Wei Z, et al. 2010. High prevalence of a novel porcine bocavirus in weanling piglets with respiratory tract symptoms in China. Arch Virol, 155(8): 1313-1317.

Zhang B, Tang C, Yue H, et al. 2014. Viral metagenomics analysis demonstrates the diversity of viral flora in piglet diarrhoeic faeces in China. J Gen Virol, 95(7): 1603-1611.

Zhang H, Guo X, Ge X, et al. 2009. Changes in the cellular proteins of pulmonary alveolar macrophage infected with porcine reproductive and respiratory syndrome virus by proteomics analysis. J Proteome Res, 8(6): 3091-3097.

Zhang H, Sun J, Ye J, et al. 2015b. Quantitative label-free phosphoproteomics reveals differentially regulated protein phosphorylation involved in West Nile virus-induced host inflammatory response. J Proteome Res, 14(12): 5157-5168.

Zhang Q, Hu R, Tang X, et al. 2013. Occurrence and investigation of enteric viral infections in pigs with diarrhea in China. Arch Virol, 158(8): 1631-1636.

Zhang Q, Ke H, Blikslager A, et al. 2018. Type Ⅲ interferon restriction by porcine epidemic diarrhea virus and the role of viral protein nsp1 in IRF1 signaling. J Virol, 92(4): e01677-17.

Zhang Q, Shi K, Yoo D. 2016a. Suppression of type Ⅰ interferon production by porcine epidemic diarrhea virus and degradation of CREB-binding protein by nsp1. Virology, 489: 252-268.

Zhang Q, Yoo D. 2016. Immune evasion of porcine enteric coronaviruses and viral modulation of antiviral innate signaling. Virus Res, 226: 128-141.

Zhang Q, Zhang C, Gao M, et al. 2015a. Evolutionary, epidemiological, demographical, and geographical dissection of porcine bocavirus in China and America. Virus Res, 195: 13-24.

Zhang X, Pan Y, Wang D, et al. 2015c. Identification and pathogenicity of a variant porcine epidemic diarrhea virus field strain with reduced virulence. Virol J, 12: 88.

Zhang Y, Tian Y, Lin S L, et al. 2017. Two distinct genotypes of porcine epidemic diarrhoea virus in vaccinated pig flocks in Shandong Province of China, 2012-2015. Transbound Emerg Dis, 64(5): 1549-1556.

Zhang Y, Yao Y, Gao X, et al. 2016b. Development of a neutralizing monoclonal antibody against porcine epidemic diarrhea virus S1 protein. Monoclon Antib Immunodiagn Immunother, 35(1): 37-40.

Zhao P D, Bai J, Jiang P, et al. 2014b. Development of a multiplex TaqMan probe-based real-time PCR for discrimination of variant and classical porcine epidemic diarrhea virus. J Virol Methods, 206: 150-155.

Zhao S, Gao J, Zhu L, et al. 2014a. Transmissible gastroenteritis virus and porcine epidemic diarrhoea virus infection induces dramatic changes in the tight junctions and microfilaments of polarized IPEC-J2 cells. Virus Res, 192: 34-45.

Zheng X, Liu G, Opriessnig T, et al. 2016. Development and validation of a multiplex conventional PCR assay for simultaneous detection and grouping of porcine bocaviruses. J Virol Methods, 236: 164-169.

Zhou W, Ullman K, Chowdry V, et al. 2016. Molecular investigations on the prevalence and viral load of enteric viruses in pigs from five European countries. Vet Microbiol, 182: 75-81.

Zhou Y J, Zhu J P, Zhou T, et al. 2014. Identification of differentially expressed proteins in porcine alveolar macrophages infected with virulent/attenuated strains of porcine reproductive and respiratory syndrome virus. PLoS One, 9(1): e85767.

Zhou Y L, Ederveen J, Egberink H, et al. 1988. Porcine epidemic diarrhea virus (CV 777) and feline infectious peritonitis virus (FIPV) are antigenically related. Arch Virol, 102(1-2): 63-71.

Ziebuhr J. 2005. The coronavirus replicase. Curr Top Microbiol Immunol, 287: 57-94.

Ziebuhr J, Schelle B, Karl N, et al. 2007. Human coronavirus 229E papain-like proteases have overlapping specificities but distinct functions in viral replication. J Virol, 81(8): 3922-3932.

Ziebuhr J, Thiel V, Gorbalenya A E. 2001. The autocatalytic release of a putative RNA virus transcription factor from its polyprotein precursor involves two paralogous papain-like proteases that cleave the same peptide bond. J Biol Chem, 276(35): 33220-33232.

Zust R, Cervantes-Barragan L, Kuri T, et al. 2007. Coronavirus non-structural protein 1 is a major pathogenicity factor: implications for the rational design of coronavirus vaccines. PLoS Pathog, 3(8): e109.